“十四五”职业教育国家规划教材

高等职业院校教学改革创新精品教材·数字媒体系列

Premiere+After Effects 影视编辑与后期制作

（第2版）

李冬芸　杨振东　主编

王一如　秦　菊　赵　莹　副主编

電子工業出版社
Publishing House of Electronics Industry
北京•BEIJING

内 容 简 介

本书以 Adobe Premiere Pro CC 2018 和 Adobe After Effects CC 2018 软件为平台，主要面向高等职业教育的数字媒体、动漫制作和游戏设计等专业，以影视制作职业能力和文化素养为目标，围绕影视项目制作流程，培养学生影视编辑与后期特效的制作创作能力。主要内容包括三部分：第一部分是影视编辑，学习 Premiere 的影视编辑功能，以视频剪辑为重点，划分视频剪辑、动画与运动特效、转场特效、视频特效、字幕制作、音频编辑及渲染输出等八个能力模块；第二部分是特效制作，学习 After Effects 的影视特效功能，划分文字特效、色彩调节与视频抠像、粒子效果及绚丽光效、三维空间特效等六个能力模块；第三部分是企业案例，通过来自电视台、工作室的三个真实影视项目，学习综合应用 Premiere 的剪辑合成和 After Effects 的特效制作技术，制作微电影《占座》、电视栏目包装《聊城气象》和宣传短片《新年贺辞》。

本书主要面向高职高专院校影视编辑与特效制作的初、中级读者，或作为职业技能竞赛辅助教材，也可作为动漫、影视、后期、游戏等培训机构的培训教材。

图书在版编目（CIP）数据

Premiere +After Effects 影视编辑与后期制作 / 李冬芸，杨振东主编. —2 版. —北京：电子工业出版社，2021.1
ISBN 978-7-121-37908-6

Ⅰ. ①P… Ⅱ. ①李… ②杨… Ⅲ. ①视频编辑软件－高等学校－教材②图象处理软件－高等学校－教材 Ⅳ. ①TN94②TP391.413

中国版本图书馆 CIP 数据核字（2019）第 259397 号

责任编辑：左　雅
印　　刷：天津嘉恒印务有限公司
装　　订：天津嘉恒印务有限公司
出版发行：电子工业出版社
　　　　　北京市海淀区万寿路 173 信箱　　　邮编　100036
开　　本：787×1 092　1/16　印张：20.25　字数：520 千字
版　　次：2014 年 9 月第 1 版
　　　　　2021 年 1 月第 2 版
印　　次：2024 年 12 月第 15 次印刷
定　　价：59.80 元

凡所购买电子工业出版社图书有缺损问题，请向购买书店调换。若书店售缺，请与本社发行部联系，联系及邮购电话：（010）88254888，88258888。

质量投诉请发邮件至 zlts@phei.com.cn，盗版侵权举报请发邮件至 dbqq@phei.com.cn。

本书咨询联系方式：（010）88254580，zuoya@phei.com.cn。

前　　言

党的二十大报告指出，全面贯彻党的教育方针，落实立德树人根本任务，推进文化自信自强。本书坚持“育人的根本在于立德”理念，德技并修，铸魂育人，对标国家专业教学标准，融合 Premiere 和 After Effects 两个软件技术，通过能力模块划分、项目任务设计和教学内容编排，深入挖掘爱国精神、创新精神、工匠精神、奋斗精神、奉献精神等思政元素，弘扬劳动光荣、技能宝贵、创造伟大的时代风尚，加强学生职业道德、职业精神、行为习惯培养，推进党的二十大精神进教材进课堂进头脑，培养德智体美劳全面发展的高素质技术技能人才。

本书按照“边做边学”→“知识魔方”→“综合实例”→“情境设计”→“微课堂”→“实训与赏析”的体例结构编写，符合“实践→理论→再实践”的认知规律。

1．边做边学：行动导向。以典型实例作为能力模块的开篇，引出新知识，重点讲解操作技能和实例制作过程，使教师在“做中教”，学生在“做中学”，通过完成作品带来成就感，激发读者的学习兴趣。

2．知识魔方：实践到认知。针对能力模块包含的知识点，设计简单的小实例，重点讲解应用原理、操作方法和参数设置，使读者“做完即学会”，化解理论知识的难点。

3．综合实例：认知到再实践。针对该模块的能力要求，选择典型案例，带领读者进入经典应用的精彩世界，加深理解，提升对知识技能的综合应用能力。

4．情境设计：提高能力。基于工作过程，创设真实情境，设计综合案例，引导读者从影视项目的高度进行“情境创设”，并通过“技术分析”进行过程性剖析，最后由“项目制作”引领完成项目。该部分重点是项目的创意与策划，以及知识技能的综合应用技巧，以提高读者的实战能力为目标。

5．微课堂：拓展能力。或深入解读该模块中的某个知识点，或简单介绍某一前沿技术，或精讲某个热点问题等，并通过引入流行元素，拓宽读者的知识面，增强趣味性。

6．实训与赏析：针对模块的能力要求，设计实训题目，提供创作素材，提示创作思路，提出技术要求；精选经典影视作品，从技术应用、艺术效果、故事与剧本等不同角度进行剖析，使读者在“赏析”中获取知识、提高创意能力、提升艺术素养。

本书具有以下特点：

1．创新编写体例，强调能力培养。

打破传统的单元编写模式，建构“能力模块”，突出职业能力培养。以“边做边学”培养实践操作能力，以“知识魔方”培养知识认知能力，以“综合实例”或“经典案例”提高综合技能，以“情境设计”培养项目创意、策划和制作能力，以“企业案例”提高实战能力。

2．基于工作过程整合序化内容，“用实例说话”。

选择 Premiere + After Effects 软件平台，面向影视项目内容，构建知识体系，以制作流程为主线，序化“模块递进式”的知识结构，充分体现工作过程导向的教学理念。全书设计并制作的知识点实例、综合实例、经典案例、情境案例、企业案例超过 200 个，从知识讲解、综合技能应用到项目的创意与制作，全部“用实例说话”。

3. 引入流行元素，拓展知识面，增强趣味性。

①“微课堂”环节，将行业新理念、新动态、新技能穿插其中，丰富教学内容，拓展专业认知，增强趣味性。

②“实训与赏析”环节，从专业技术应用和艺术创意等不同角度剖析作品，开拓读者视野，提升艺术素养，进而提高职业能力。

③“小黑板”环节，或传授经验和技巧，或提出问题引起思考，或提出警示、强调重点与难点，引起读者重视。

4. 引入真实企业项目，提升职业能力。

本书的实例绝大多数来源于真实的企业项目，或是耳熟能详的影视节目，或是内容贴近校园生活的师生作品，包含影视制作的基本工作过程，承载职业岗位需求的基本技能，例如，《天下泉城》《聊城气象》《新年贺辞》来源于多家电视台；微电影《占座》《一眼三年》来源于编者所在学校“影视动画工作室”，曾在全国/省级比赛中获奖；新闻节目《新闻采访（马赛克）》、宣传片《大学第一课》、《我是主持人》等来源于编者所在学校的网络电视台专题栏目。实例项目制作规范、技术应用合理、艺术效果好，专业性、职业性和实用性较强。

5. 内容与时俱进，体现新工艺新技术新材料。

技术平台选取较新且运行稳定的版本，保证对新技术技能的学习，能实现作品的新工艺水平；选取大量具有极高时效性、代表性、价值性的项目、案例、实训素材。

6. 配套资源丰富翔实。

本书中 200 余个教学实例、案例、实训与赏析均提供原始素材、项目（工程）文件和视频文件，方便读者学习实践，可登录电子工业出版社华信教育资源网（http://www.hxedu.com.cn）下载。针对书中重点知识点和教学案例，配套 69 段案例微课视频，请扫描书中二维码观看学习。本书配套省级精品资源共享课和学银在线课资源“影视编辑与后期制作”，读者可登录课程进行学习。

本书的修订由校企合作完成，企业主编杨振东是济南东升国峰文化传媒有限公司高级特效师，企业案例 B 和 C 由杨振东编写，能力模块 1、2、4、5、6 和企业案例 A 由山东电子职业技术学院李冬芸编写，能力模块 8、9、10、11、14 由山东电子职业技术学院秦菊编写，能力模块 3、7 由山东电子职业技术学院赵莹编写，能力模块 12、13 由山东电子职业技术学院王一如编写。全书由李冬芸统稿。

本书的修订汇集了多位编者多年的教学工作实践和研究制作成果，但由于水平有限，难免有错误或疏漏之处，恳请广大读者批评指正。

编　者

目 录
CONTENTS

第一部分 影视编辑

第二部分 特效制作

第三部分　企 业 案 例

The King
Kobe Bryant

JERRY BRUCKHEIMER
ARMAGEDDON
MICHAEL BAY

第一部分 影视编辑

能力模块 1

初识影视制作

现代影视技术的发展，经历了模拟影视、数字影视和多媒体影视三个阶段。模拟影视技术基于20世纪50年代的磁带录像技术。20世纪70年代发展起来的光盘存储技术是数字影视技术的代表，DVD视盘给人们带来了远比磁带录像更高质量的视听享受。20世纪90年代，随着计算机硬件和音、视频压缩技术的发展，现代影视技术进入了多媒体时代，计算机、数字智能摄像机、视频切换台、非线编系统等先进设备的问世，为影视制作技术的发展提供了更广阔的创作空间。

关键词

非线性编辑　影视制作流程　Premiere Pro CC 2018非线编软件

任务与目标

1．学习、验证“知识魔方”，了解影视制作基础知识，掌握影视制作基本流程。

2．边做边学《我的地盘我做主》，熟悉Premiere Pro CC 2018的工作环境。

3．设计情境，制作校园短片《大学第一课》，掌握Premiere的编辑流程和步骤。

1.1　知识魔方　影视制作基础

视频（Video）泛指将一系列的静态画面以电信号的方式加以捕捉、记录、存储、处理、传送和重现的技术，被广泛应用于电视、摄录像、雷达、计算机监视器中。在电视制作技术中，视频又称为电视信号频率，频宽为0～6MHz。

1.1.1　数字视频

当连续的图像变换超过每秒25幅（帧）画面时，依据视觉暂留原理，人的眼睛将无法辨别单幅的静态画面，看上去是平滑连续的视觉效果，此时连续的画面被称作视频。

狭义的电影利用照相技术将动态的影像捕捉为一系列静态照片，即用胶片拍摄，用光学原理（放映机）按每秒24格放映，与视频属于不同技术。随着视频转换技术的发展，数字化的电影已属于视频。

1. 彩色电视制式

一个国家在播放电视节目时采用的特定制度和技术标准，叫作电视制式。不同国家的电视制式不相同，区别主要在于帧频、分解率、信号带宽和载频，以及色彩空间的转换关系。在黑白电视和彩色电视的发展过程中，分别出现过多种不同的制式。彩色电视机的图像显示是由红、绿、蓝三基色信号混合而成的，三种颜色信号不同的亮度构成了缤纷的彩色画面。如何处理三基色信号，并实现广播和接收，需要一定的技术标准，这就形成了彩色电视制式。目前有三种彩色电视制式：NTSC 制式、SECAM 制式和 PAL 制式。

（1）NTSC 制式：正交平衡调幅制式，1952 年由美国国家电视标准委员会（National Television System Committee，NTSC）制定。帧速率为 29.97 帧/秒（fps），每帧 625 行 262 线，标准分辨率为 720×480 像素。特点是成本低，兼容性好，但彩色不稳定。美国、墨西哥、加拿大、日本等国家采用该制式。

（2）SECAM 制式：行轮换调频制式［Sequential Coleur Avec Memoire（法语），SECAM］，1956 年由法国制定。帧速率为 25 帧/秒（fps），每帧 625 行 312 线，标准分辨率为 720×576 像素。SECAM 制式克服了 NTSC 制式相位失真的缺点，抗干扰能力强，效果介于 NTSC 制式和 PAL 制式之间，但成本较高，兼容性差。法国、东欧和非洲等国家和地区采用该制式。

（3）PAL 制式：正交平衡调幅逐行倒相制式（Phase Alternating Line，PAL），1962 年由德国制定。帧速率为 25 帧/秒（fps），每帧 625 行 312 线，标准分辨率为 720×576 像素。PAL 制式克服了 NTSC 制式相位敏感造成色彩失真的缺点，但成本较高，彩色闪烁。西欧、中东、澳洲、非洲等地区采用该制式。1982 年，我国批准采用 PAL 制式作为中国彩色电视制式。

2. 常见视频格式

（1）AVI 格式。AVI（Audio Video Interleaved，音频视频交错）于 1992 年由 Microsoft 公司推出，随着 Windows 3.1 一起被大家熟知。优点是图像质量好，能跨平台使用，可以使视频和音频交错在一起同步播放。缺点是视频体积过于庞大，压缩标准不统一。最普遍的问题是高版本 Windows 播放器不能播放早期编码的 AVI 视频，低版本 Windows 播放器也不能播放最新编码的 AVI 视频。

（2）MPEG 格式。MPEG（Moving Picture Expert Group，运动图像专家组）是运动图像压缩算法的国际标准，采用有损压缩方法减少运动图像中的冗余信息，即相邻两幅画面绝大多数是相同的，把后面图像和前面图像有冗余的部分去除，达到压缩的目的，最大压缩比可达到 200 : 1。目前 MPEG 格式包括三种格式：MPEG-1、MPEG-2 和 MPEG-4。

小黑板

细心的您是否注意到了，为什么没有 MPEG-3 格式？实际上，大家熟悉的 MP3 就采用 MPEG-3 编码格式。

（3）MOV 格式。QuickTime（MOV）是 Apple 公司开发的一种音/视频格式，被包括 Apple Mac OS、Microsoft Windows 在内的所有主流计算机平台支持。该格式支持 25 位彩色，支持 RLE、JPEG 等领先的集成压缩技术，提供 150 多种视频效果，并配有提供了 200 多种 MIDI 兼容音响和设备的声音装置。新版的 QuickTime 通过 Internet 提供实时的数字化信息流、工作流与文件回放功能。QuickTime 的主要特点：跨平台、存储空间较小、技术细节独立、具有开放性。

（4）DivX 格式。它是由 MPEG-4 衍生的视频编码（压缩）标准，即 DVDrip 格式，综合采用 MPEG-4 压缩技术对 DVD 视频图像进行压缩，采用 MP3 技术对音频进行压缩，视频与音频合成后加上外挂字幕形成视频格式。

（5）RM 格式。Real Media（RM）由 Real Networks 公司制定，使用 RealPlayer 或 Real One Player 进行播放。RM 压缩规范可以根据不同的网络传输速率制定不同的压缩率，实现在低速率的网络上进行影像数据实时传送和播放，不需要下载。可以通过 Real Server 服务器将其他格式的视频转换成 RM 格式，并由 Real Server 服务器对外发布和播放。

（6）ASF 格式。ASF（Advanced Streaming Format，高级流格式）是 Microsoft 公司推出的一种可以在线观看的视频压缩技术，使用 MPEG-4 压缩算法，压缩率和图像质量都不错，使用 Windows 的 Windows Media Player 就可以播放。

> **小黑板**
>
> ASF 格式与 RM 格式各有千秋，通常 RM 视频更柔和，而 ASF 视频则相对清晰。

（7）RMVB 格式。它是由 RM 格式升级形成的新视频格式，打破了 RM 格式平均压缩采样的方式，静止和动作场面少的画面场景采用较低的编码速率，留出更多的带宽空间供出现快速运动的画面场景利用，大幅提高了运动图像的画面质量。

（8）FLV 格式。FLV（Flash Video，Flash 视频）格式是一种全新的流媒体视频格式，随着 Flash MX 的推出发展而来。它的文件体积小、加载速度快，有效解决了视频文件导入 Flash 后导出的 SWF 文件体积庞大、不能在网络上很好地使用的问题。它利用 Flash Player 平台，无须额外安装其他视频插件。

（9）GIF 格式。GIF（Graphics Interchange Format，图形交换格式）由 CompuServe 公司推出，采用高压缩比，增加了渐显方式，主要用于图像文件的网络传输，其文件大小通常比其他图像文件小。GIF 格式可以同时存储若干幅静止图像，进而形成连续的动画。

（10）Flic 格式。它由 Autodesk 公司推出，是 Autodesk Animator / Animator Pro / 3D Studio 等 2D/3D 动画制作软件采用的彩色动画文件格式。

3. 帧（Frame）

帧是电视传输中的一幅静态图像。

4. 帧速率（Frame Rate）

帧速率即每秒传输的静态图像数，以帧/秒（fps）为单位。我国 PAL 彩色电视制式下的帧速率为 25fps。

5. 场（Field）

电视受信号频率带宽的限制，在制式规定的时间内无法将一帧图像扫描在屏幕上，而是分为上下半幅，即场，上半幅叫上场，下半幅叫下场。

普通电视一般采取隔行扫描方式，即先扫描 1、3、5 等奇数场，再扫描 2、4、6 等偶数场，或反之。奇数场对应下场，偶数场对应上场。先扫描奇数场时，称为下场优先；先扫描偶数场时，称为上场优先。随着数字电视技术和数字高清画面技术的发展，大多数电视不再隔行扫描，而是直接逐行扫描，即无场模式。

1.1.2 线性编辑与非线性编辑

1. 线性编辑

线性（Linear）是指连续存储视频、音频信号的方式，即信息存储的物理位置与接收信息的顺序是完全一致的。

线性编辑（简称“线编”）是一种磁带编辑方式。素材在磁带上按时间顺序排列，编辑人员先编辑素材的第一个镜头，最后编辑结尾的镜头。在编辑过程中，先使用组合编辑将素材顺序编辑成新的连续画面，再以插入编辑的方式对某段画面进行同样长度的替换。因为对磁带的任何改动都将直接影响记录在磁带上的信号的真实地址，从改动点至结尾的部分都将受到影响，需要重新编辑一次或进行复制。所以，要想删除、缩短、加长中间的某段画面，除非将该段画面之后的画面抹去重录。使用这种技术编辑完成画面，就不能轻易改变镜头的组接顺序。如图 1-1-1 所示为一对一线性编辑系统。

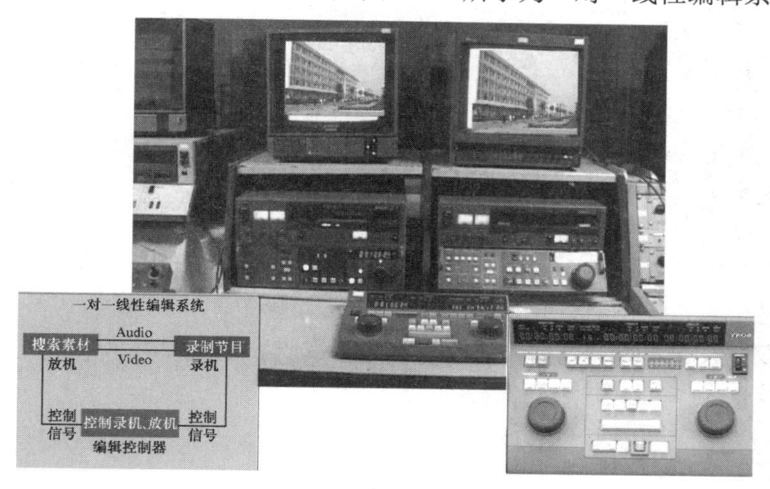

图 1-1-1　一对一线性编辑系统

2. 非线性编辑

非线性（Non-Linear）的概念是与“数字化”紧密联系的。非线性是指用硬盘、磁带、光盘等存储数字化视频、音频信息的方式，信息存储的位置是并列平行的，与接收信息的顺序无关。

非线性编辑（简称“非线编”）系统就是把输入的视频、音频信号进行 A/D 转换，并采用数字压缩技术将其存入计算机硬盘中，将传统线编系统中的切换台、数字特技台、录像机、录音机、编辑机、调音台、字幕机及图形创作系统等设备，用一台计算机、非线编卡及非线编软件代替。非线编系统已经成为影视后期制作的主流设备，由计算机、非线编卡、非线编软件组成，如图 1-1-2 所示。

图 1-1-2　非线性编辑系统

3. 蒙太奇

蒙太奇来自法语“Montage”，是“剪接”的意思，后来发展成电影中镜头组合的理论：电影将一系列在不同地点、从不同距离和角度、以不同方法拍摄的镜头排列组合起来，叙述情节，刻画人物，当不同镜头拼接在一起时，往往会产生各个镜头单独存在时不具有的特定含义。

在电影制作中，导演按照剧本或影片的主题思想和观众的心理顺序，先将一部影片分别拍成许多镜头，再按原定的创作构思把这些镜头有机地、艺术地按照生活逻辑、推理顺序、作者的观点倾向及其美学原则组织、剪辑在一起，使之产生连贯、对比、联想、衬托、悬念等连续及快慢不同的节奏，组成一部反映一定的社会生活和思想感情的影片，这些构成形式与构成方式叫作蒙太奇。

（1）第一个简单的例子。把A、B、C三个特写镜头以不同的次序组接起来，会出现怎样的内容与意义呢？

A：一个男人在笑；B：一把手枪直指着；C：男人脸上露出惊惧的表情。

① 按A→B→C次序组接。

内容：一个男人在笑，一把手枪直指过来，男人脸上露出惊惧的表情。

效果：这个男人是个懦夫、胆小鬼。

② 按B→C→A次序组接。

内容：一把手枪直指过来，一个男人脸上露出惊惧的表情……男人在笑。

效果：这个男人是一个勇敢的人。

本例不改变镜头本身的画面，只改变镜头的次序，就改变了一个场景的意义，得出完全不同的效果。

（2）第二个简单的例子。农夫山泉《tot苏打红茶》广告短片。

内容：男、女主角三次牵手，牵→断→牵。

意喻：t、o、t，爱情、遇见、不再错过。

广告词：苏打红茶，遇见就不再错过。

短片中有三个片段，把三个片段连接起来：青梅竹马的男、女主角（牵手），因为上大学而分开（断开），四年后再次重逢（再牵手），效果如图1-1-3所示。

图1-1-3 《tot苏打红茶》广告短片效果图

1.1.3 影视节目制作流程

一个完整的影视节目从策划、前期拍摄、后期编辑到最后完成，需要经过很多步骤。一般情况下，基本流程如下。

1. 前期制作流程

第一阶段：构思创作。

（1）节目构思，确立节目主题，搜集相关资料，草拟节目脚本。

（2）主创人员策划，写出分镜头方案。

（3）拍摄计划。计划是节目的基础，节目的构思越完善，拍摄的条件和困难考虑得越周全，节目制作就会越顺利。

（4）细化计划，例如，建造场景道具，征集影片、录像资料等。

第二阶段：现场录制（以演播室拍摄为例）。

（1）排演剧本。

（2）进入演播室前的排练。

（3）分镜头剧本，主要包括：镜头序列、景别、角度、技巧、摄像机编号等。

（4）演播室准备：舞美置景、服装配齐、灯光试验、通信联络、录像磁带等。

（5）摄像机准备。

（6）走场。

（7）带机排演：开始表演、导演处理、协调运用等。

（8）录像：正式录制或试录，每段的场记、时间标准，适当穿插及备份镜头的拍摄。

2. 后期制作流程

（1）素材准备：将磁带上的视频、音频素材采集到计算机磁盘上。

（2）素材编辑：确认编辑方式、导入素材、浏览素材、剪辑素材、组接素材。

（3）添加特效。

（4）制作字幕。

（5）制作动画。

（6）编辑声音，包括配音、音效和背景音乐。

（7）调色与合成。

（8）输出节目。

（9）播出并复制、存档。

1.1.4 Premiere Pro CC 2018 的新功能

Premiere 是 Adobe 公司出品的基于时间线的专业非线性视频编辑软件（简称“非线编软件”），是一个功能强大的实时视频和音频编辑工具。Adobe CC 2018 系列中的 Premiere Pro CC 2018 视频编辑软件通过“多个打开的项目”工作流程，可以轻松地同时对多个项目进行编辑。Premiere Pro CC 2018 引入了响应式设计和改进的图形端到端工作流程，在编辑 360/VR 内容时，可以为视频和音频提供完整的、身临其境的端到端编辑体验，并继续向提供业界最佳支持的方向发展，满足行业标准格式和字幕要求。

1. 多个开放项目

Premiere Pro CC 2018 允许同时在多个项目中打开、访问和工作，还允许编辑在不同剧集之间跳转、处理系列或剧集内容，而无须反复打开和关闭个别项目。对故事片进行处理时，多个打开的项目有助于大型作品的管理，可以将大型作品按照场景分解为单个项目，而不是通过选项卡结构访问各个场景时间轴来打开和关闭多个时间轴，还可以随心所欲地编辑项目，并轻松地将项目的一部分复制到另一个项目中。

2. 已共享项目

该功能帮助同一设施中的编辑团队在单个项目上协同工作。整个项目中的管理式访问允许用户在编辑项目时锁定项目，并为那些希望其看到工作但不允许其进行更改的人员提供只读访问权限。使用已共享项目，联合编辑/编辑及其助理可以同时访问单个项目，从而能够更快地完成更多工作，而不用担心覆盖工作。

3. 通过动态图形实现响应式设计

基本图形面板中新增了用于创建动态图形的响应式设计控件，动态图形的响应式设计包括基于时间和位置的控件，使动态图形能够智能地响应持续时间、长宽比和帧大小的变化，如图 1-1-4 所示。

通过响应式设计基于时间的控件，动态图形用户可以定义图形的片段，即便图形的整体持续时间发生变化，仍可保留开场和结束动画。图形也可以随着创意的变化而调整。

图 1-1-4　通过动态图形实现响应式设计

通过响应式设计基于位置的控件，可以启用固定的图形图层，以自动适应对其他图层或视频帧本身所做的更改，如定位或帧大小的更改。通过对位置应用特定的响应式设计名称，当更改标题或下沿字幕的长度时，图形将自动适应，不会有任何内容超出帧。

4. 使用头戴式显示器体验身临其境的 VR 编辑

Premiere Pro CC 2018 可以创建平滑的过渡、标题、图形和效果；在头戴式显示器中浏览 VR 时间轴的同时仍可以采用键盘驱动的编辑方式，如修剪或添加标记；也可以在身临其境的头戴式显示器环境（如 HTC Vive、Google Daydream VR 或 Oculus Rift）中进行编辑，如图 1-1-5 所示。此外，还可以在头戴式显示器环境中反复播放、更改方向和添加标记。

图 1-1-5　身临其境的 VR 编辑

5. 身临其境的 VR 音频编辑

Premiere Pro CC 2018 使用基于方向的音频编辑 VR 内容，以指数方式增加 VR 内容的身临其境感，可以按照指定方向/位置编辑音频；还可以将其导出为多声道模拟立体声音频，用于 YouTube 和 Facebook 等支持 VR 的平台。

6. 改进基本图形工作流程

Premiere Pro CC 2018 基本图形面板的增强功能包括：能够在节目监视器中同时直接

操控多个图形图层；支持标题滚动；在菜单中提供字体预览的新字体菜单，允许用户选择收藏夹，并具有过滤和改进的搜索选项，这使得用户使用基本图形面板时更直观。

7. 360/VR 动态过渡、标题和效果

Premiere Pro CC 2018 为 360/VR 提供了一套深入整合的 Mettle Skybox 增效工具套件，包括动态过渡、标题和效果。在 360/VR 中工作的用户不需要安装第三方增效工具，就能获得身临其境的动态过渡、标题和效果体验。

8. 更多输出格式

Premiere Pro CC 2018 支持最新的输出格式，包括 Sony X-OCN (RAW for Sony F55) 及超过 4GB 的.WAV 文件。

9. 无须安装 After Effects 即可使用 After Effects 创建的动态图形模板

用户可以直接使用在 After Effects 中创建的动态图形模板，无须在计算机上安装 After Effects。

1.2 边做边学《我的地盘我做主》

在视频编辑前，对非线编软件工作环境的搭建非常重要。尽管在默认的工作界面中能够完成编辑任务，但根据自己的操作特点和工作需要设置一个更合理的工作环境，能方便操作，大大提高工作效率。

1.2.1 熟悉 Premiere Pro CC 2018 工作界面

1. 默认工作界面

❶运行 Premiere Pro CC 2018，打开“加载”窗口，如图 1-2-1 所示，接着弹出“开始”窗口，如图 1-2-2 所示。

图 1-2-1 “加载”窗口

图 1-2-2 “开始”窗口

❷在“开始”窗口中，单击“打开项目”按钮打开项目...，打开“打开项目”对话框，选择合适的项目文件，单击打开(O)按钮，打开 Premiere 工作界面。或者在“最近使用项目”列表中单击项目文件，可以直接打开该项目，进入 Premiere 工作界面。

❸在“开始”窗口中，单击“新建项目”按钮，打开“新建项目”对话框，在“位置”选项栏中指定存储目录路径，在“名称”编辑栏中输入项目文件名，新建一个项目文件“搭建工作环境”。

❹单击确定按钮，打开“新建序列”对话框，单击“设置”选项卡，打开“新建序列—设置”对话框，在“编辑模式”列表中选择“DV PAL”，观察视频参数。在“显示模式”列表中选择“25fps 时间码”。在“音频—采样速率”列表中选择“48000Hz”，观察音频参数。在“序列名称”编辑栏中输入序列名称“搭建环境”。

❺单击“轨道”选项卡，打开“新建序列—轨道”对话框，输入或调整轨道数。单击“添加”按钮，把“音频 1”轨道添加到音频轨道列表中，如图 1-2-3 所示。

图 1-2-3 “新建序列—轨道”对话框

❻单击确定按钮，打开 Premiere 默认工作界面，导入素材，如图 1-2-4 所示。

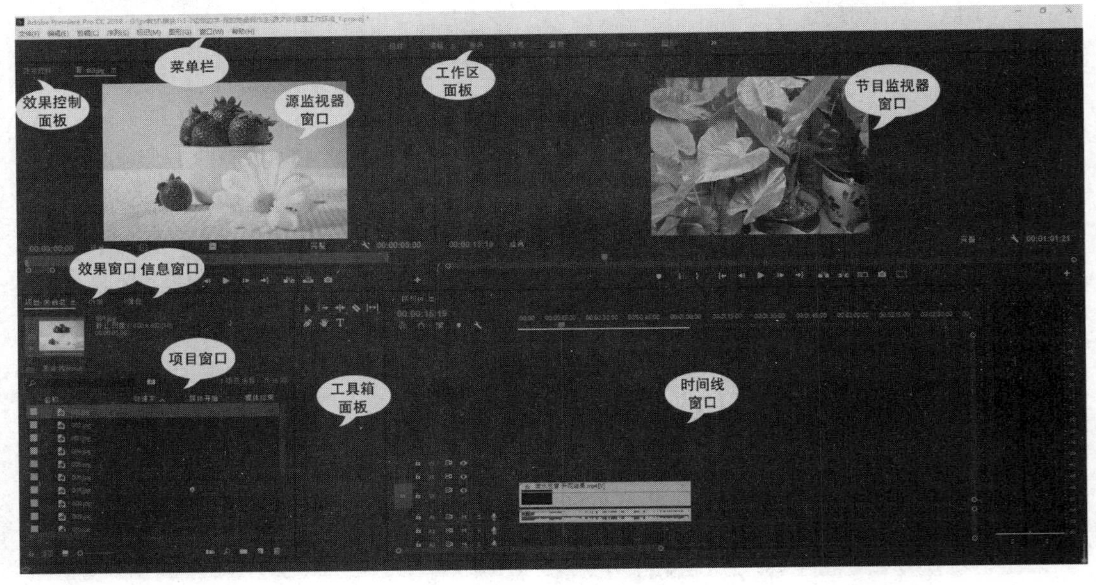

图 1-2-4 Premiere 工作界面

2. 常用功能窗口

Premiere Pro CC 2018 包括六个编辑窗口：项目（Object）、时间线（Timelines）、效果（Effects）、监视器（Monitor）、字幕（Title）、调音台（Audio Mixer）。执行菜单“文

件→窗口”命令，在菜单列表中的窗口名称前单击加上“√”，则该窗口在工作界面中被打开。

（1）“项目（Object）”窗口。“项目”窗口主要用于素材的存放和管理，导入到项目中的素材都存放在该窗口中，如图 1-2-5 所示。“项目”窗口分为上下两个窗格，上窗格是预览区，用来预览素材的播放内容和画面效果，并显示素材文件的属性；下窗格为素材列表区，包括列表视图和图标视图两种视图模式，如图 1-2-5 和图 1-2-6 所示。其中，在图标视图中，对视频素材、图像序列和音频素材都提供播放控制滑块，可以拖动滑块快速预览素材。对于其他静态素材，在文件图标的右下角提供一个使用次数的小图标，用来显示该素材在序列中的应用次数。

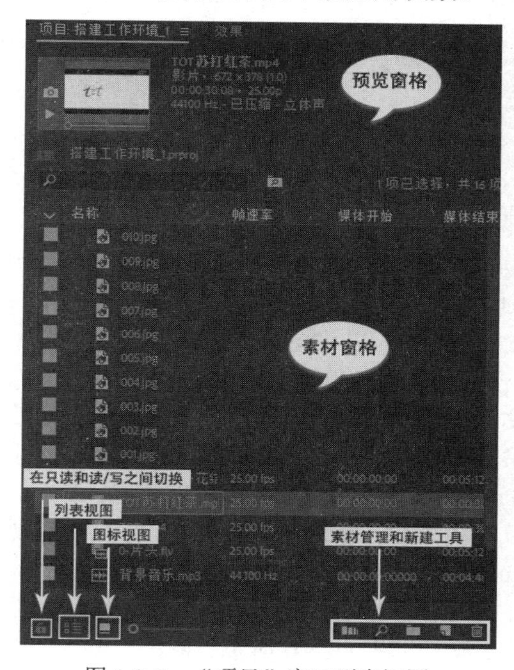

图 1-2-5　“项目”窗口列表视图

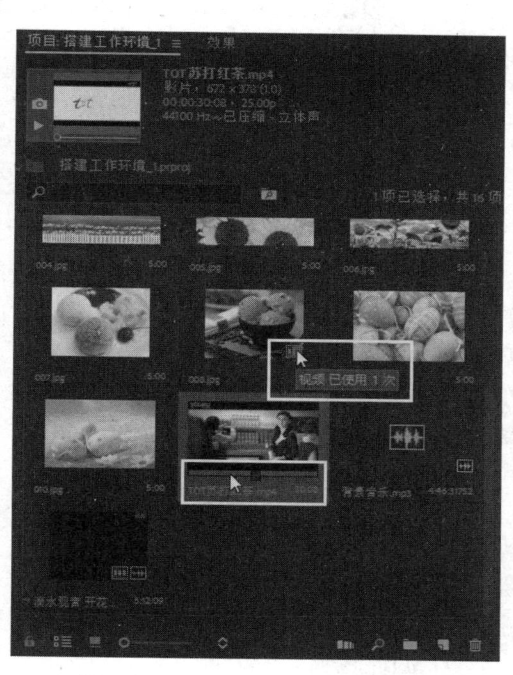

图 1-2-6　“项目”窗口图标视图

（2）“时间线（Timelines）”窗口。“时间线”窗口是编辑视频的工作区域，如图 1-2-7 所示。“时间线”窗口提供组成项目的视频序列、特效、字幕和转场效果的临时画面。默认序列包括三条视频轨道和三条音频轨道。轨道名称可以重命名，轨道数目可以通过“添加轨道”和“删除轨道”命令进行修改。在轨道的操作区域可以排列和放置素材片段，并在时间标尺中垂直对齐。

00:00:12:08 播放指示器位置：显示时间指示器的当前位置，提供四种不同的时间单位或显示模式，如图 1-2-8 所示。

00:00　00:00:15:00　00:00:30:00 时间标尺：显示编辑时序，左右滑动“缩进级别”滑块，可以缩进和伸展时间标尺。

同步锁定开关：对多个轨道中的多个素材进行左（入点）、右（出点）对齐设置。

切换轨道输出：显示或隐藏轨道的素材画面。

更改轨道缩放级别：伸缩轨道，更改轨道显示比例，当左右移动滑块时，改变轨道的当前浏览位置。

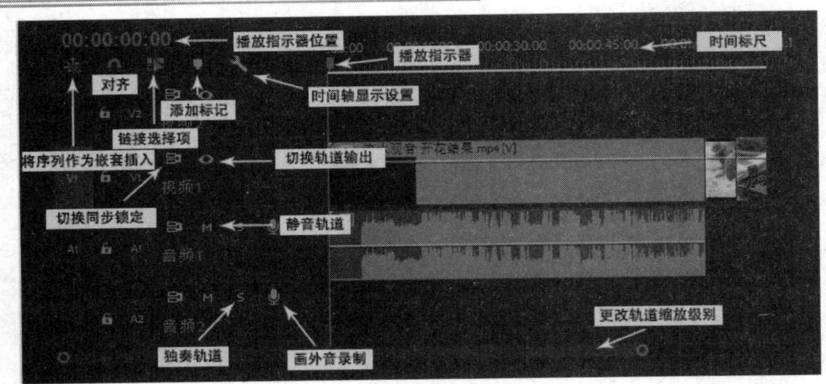

图 1-2-7 “时间线”窗口

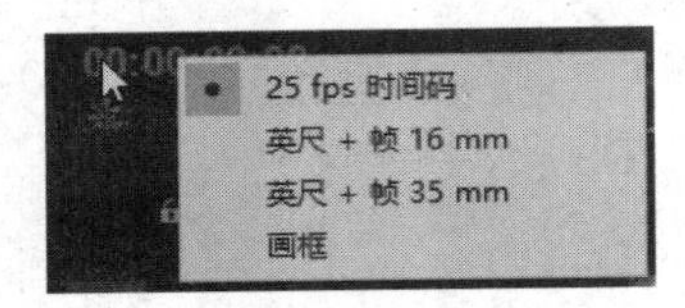

图 1-2-8 四种不同的时间单位

（3）“效果（Effects）”窗口。“效果”窗口提供所有内置的转场特效（Video Transitions）、视频特效（Video Effects）、音频特效（Audio Effects）、音频过渡（Audio Transitions）、预设（Presets）五大类特效，以文件夹形式存在和管理。每类特效都包含多个子类或多个特效文件夹，如图 1-2-9 所示。单击窗口右下角的“创建”按钮，可以创建一个自定义文件夹，将常用的特效拖曳到该文件夹可以方便查找和使用，以提高工作效率。对于自定义文件夹及文件夹内的特效，如果不再使用，可单击按钮直接将其删除。

（4）“监视器（Monitor）”窗口。Premiere Pro CC 2018 的“窗口”菜单列表中共包括五个监视器：源监视器（Source Monitor）、节目监视器（Sequence Monitor）、多机位监视器（Multi-Camera Monitor）、参考监视器（Reference Monitor）、修剪监视器（Trim Monitor），主要用于编辑素材时预览效果或进行对照剪辑。

① 源监视器：用于预览和预剪辑待编辑的素材，如图 1-2-10 所示。单击“设置”按钮，弹出快捷菜单，提供设置预览时的画面效果或素材图像信息的菜单列表。单击“按钮编辑器”中的“导出单帧”按钮，打开“导出帧”对话框，将时间指示器所在当前帧的画面导出为不同格式的图像文件，如图 1-2-11 所示。

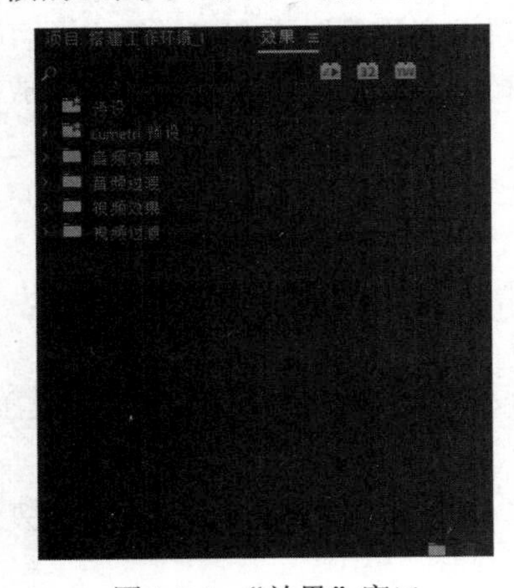

图 1-2-9 “效果”窗口

图 1-2-10 “源监视器”窗口

② 节目监视器：用于对已编辑完成的序列进行效果预览，如图 1-2-12 所示。

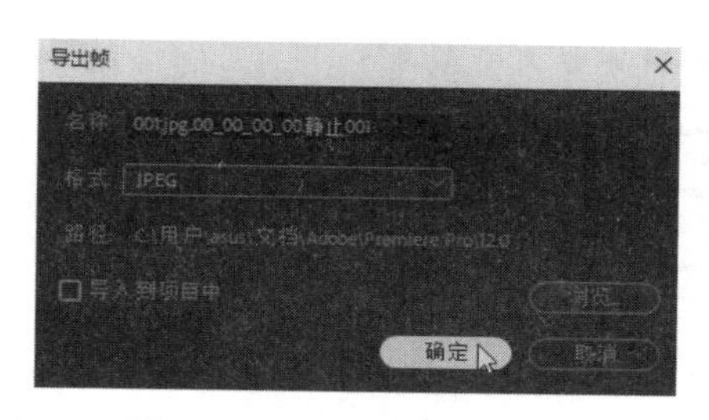

图 1-2-11 “导出帧”对话框

图 1-2-12 “节目监视器”窗口

③ 参考监视器：显示素材的波形，并与“节目监视器”窗口协调，多用于对素材进行颜色和音频的调整和编辑，同时在“节目监视器”窗口观看实时素材效果。

④ 修剪监视器：用于更精确地剪辑素材。当时间线轨道上的两个素材左右相邻，但前者的出点和后者的入点都需要剪辑时，可以直接在“修剪监视器”窗口中修改二者的连接点（切点），快速而精确地同时完成对两个素材的剪辑，如图 1-2-13 所示。

图 1-2-13 “修剪监视器”窗口

（5）“字幕（Title）”窗口。“字幕”窗口是一个组合窗口，由字幕工具（Tools）、字幕样式（Styles）、字幕动作（Actions）、字幕属性（Properties）及字幕（Title）五个功能面板组成。在“字幕”窗口中可以创建、修改字幕，制作艺术字幕，编辑动、静态字幕效果，还可以利用标记图像制作图形字幕等。将多个面板组合成一个窗口，大大方便了操作。

（6）“调音台（Audio Mixer）”窗口。“调音台”窗口混合不同的音频轨道，在此可以创建音频特效、录制音频素材、完成伴随视频的音频处理，同时混合音频轨道，可以制作音频特效。

3. 浮动面板

除了常用功能窗口，Premiere 还提供了大量浮动面板，以方便采集、剪辑、编辑和创建操作。常用浮动面板包括：工具（Tools）、特效控制台（Effect Controls）、媒体浏览器（Media Browser）、信息（Info）、历史（History）、标记（Marker）。

（1）“工具”面板：提供高级剪辑和编辑工具，如图 1-2-14 所示。（将在模块 2 中详细介绍）

图 1-2-14 “工具”面板

（2）“媒体浏览器”面板：查看计算机中的本地素材资源，类似 Windows 操作系统中的组件“我的电脑”。双击“媒体浏览器”面板中的素材文件，可以在“源监视器”窗口中预览，如图 1-2-15 所示。

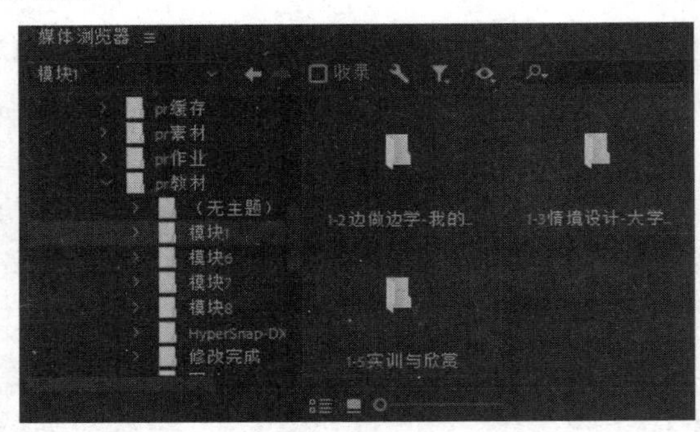

图 1-2-15 “媒体浏览器”面板

（3）“信息”面板：显示选中的素材文件、特效和时间线中的各种相关信息，如图 1-2-16 所示为某个视频素材的信息。

（4）“历史”面板：记录最近的 32 个操作步骤，如图 1-2-17 所示。利用该面板可以执行“撤销”操作，以返回到以前的某个操作步骤。

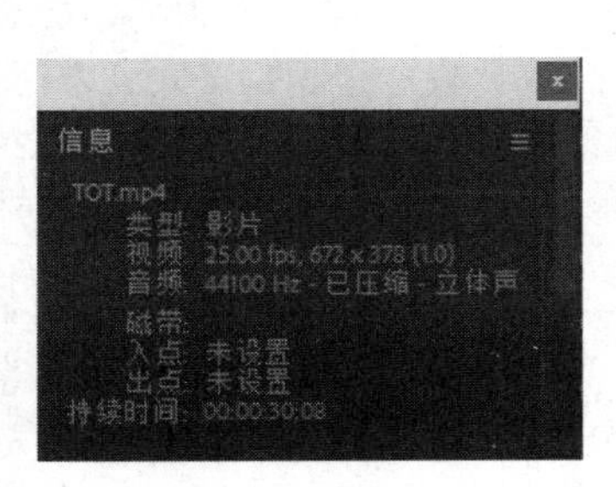

图 1-2-16 “信息”面板

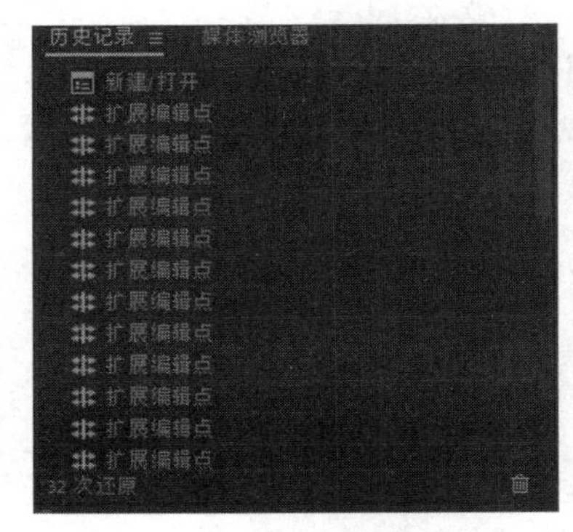

图 1-2-17 “历史”面板

（5）“特效控制台”面板。在“特效控制台”面板中进行特效参数的设置和调整。该面板包含两个窗格：特效编辑窗格和时间线视图窗格。在特效编辑窗格中，可以添加、删除、复制、停用特效，并设置特效参数值，实现不同的转场、视频、音频效果。在时间线视图窗格中，可以添加、删除、编辑关键帧，制作动态特效或动画。“特效控制台”面板默认包含三个常用特效：“运动”、“透明度”和“时间重映射”，如图 1-2-18 所示。

（6）“标记”面板：用于显示在“源监视器”或“节目监视器”窗口中为素材添加的标记。拖动鼠标或直接输入数值，可以修改素材的入点和出点的值，标记位置也会自动被修改。在备注编辑框内可以输入标记的备注信息，以便于编辑工作的开展，如图 1-2-19 所示。

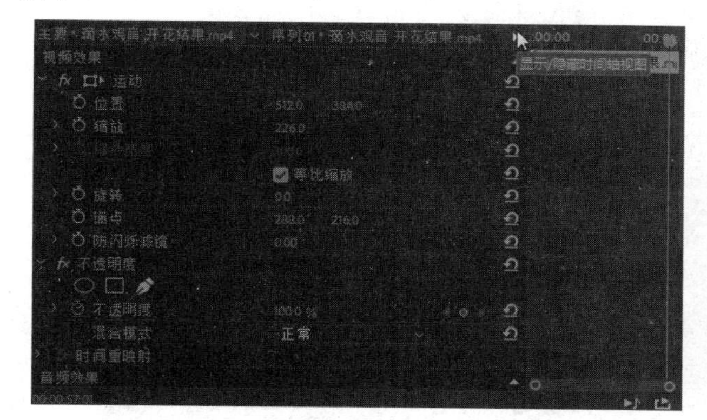

图 1-2-18 “特效控制台”面板

图 1-2-19 “标记”面板

1.2.2 搭建自己的工作环境

1-2-2 搭建 Premiere Pro CC 2018 工作环境

Premiere Pro CC 2018 默认的工作界面布局直观、简洁，充分体现了视频剪辑对素材编辑和时间线预览的需求。不过，根据个人的工作特点和操作要求搭建适合自己的工作环境，能大大地提高工作效率。

1. 内置工作区

执行菜单“窗口（Window）→工作区（Work Area）”命令，打开级联菜单，列表中是系统内设的“工作区（Work Area）1”“编辑工作区（Editor Work Area）”“视频工作区（Video Work Area）”“音频工作区（Audio Work Area）”“元数据工作区（Metadata Work Area ）”等不同工作性质的工作区命令。执行菜单“窗口（Window）→工作区（Work Area）→视频工作区（Video Work Area）”命令，打开视频工作区界面，如图 1-2-20 所示。

2. 自定义工作区

Premiere Pro CC 2018 中的功能面板以浮动和嵌入两种方式停放在工作界面中，多个功能面板可以组合在一起，并嵌入一个窗口区域，形成一个组合窗口。

（1）组合窗口。

❶执行菜单“窗口（Window）→信息（Info）”命令，打开“信息”面板。移动鼠标光标到面板的操作抓手处，按住鼠标左键，如图 1-2-21 所示。

❷拖曳“信息”面板到“效果”窗口的标签栏上方，出现蓝色背景提示条，如图 1-2-22 所示；或者拖曳“信息”面板到“效果”窗口正中央，出现蓝色背景提示条，如图 1-2-23 所示。

图 1-2-20　视频工作区界面

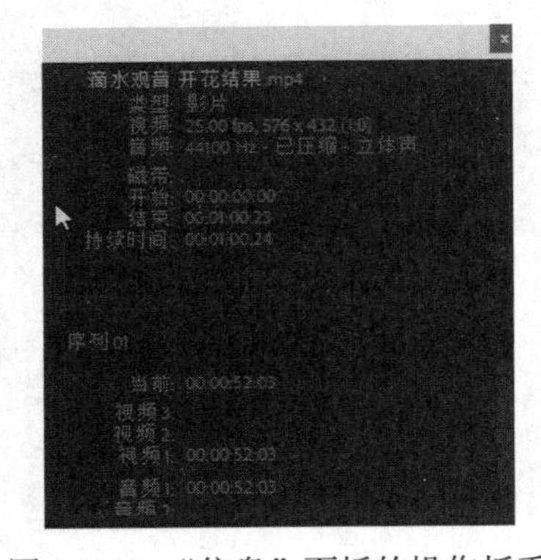

图 1-2-21　“信息”面板的操作抓手

图 1-2-22　将“信息”面板嵌入“效果”窗口（1）

❸放开鼠标左键，“信息”面板被嵌入“效果”窗口中，与窗口中的其他面板叠加组合，选项卡与窗口中的其他面板选项卡按顺序排列，如图 1-2-24 所示。

按照以上方法，可以把多个功能面板组合到一个窗口中，方便合理布局工作界面。

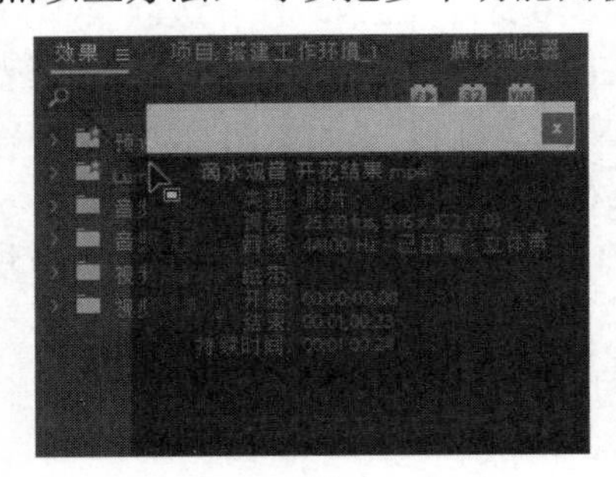

图 1-2-23　将“信息”面板嵌入“效果”窗口（2）

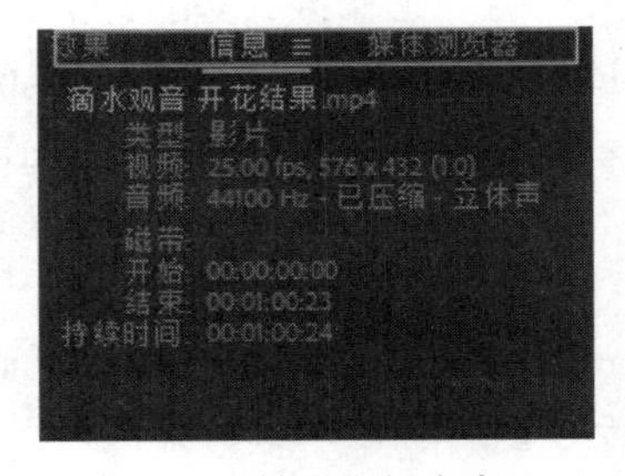

图 1-2-24　“效果”组合窗口（1）

小黑板

- 拖曳功能面板到另一个窗口进行组合时，窗口左侧出现蓝色背景提示条，如图 1-2-25 所示，放开鼠标，面板被组合在窗口左侧，与其他面板平铺排列，如图 1-2-26 所示。
- 按照以上方法，如果在窗口右侧出现蓝色背景提示条时放开鼠标，则面板被组合在窗口右侧，与其他面板平铺排列。如果在窗口底部出现蓝色背景提示条时放开鼠标，则面板被组合到窗口底部，与其他面板平铺排列。

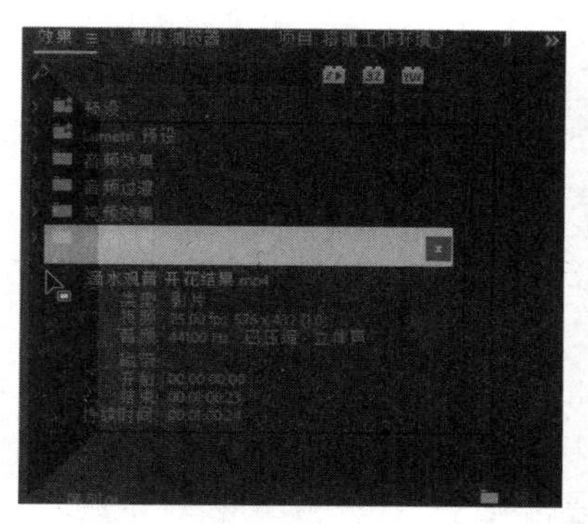

图 1-2-25　将“信息”面板拖曳到“效果”窗口左侧

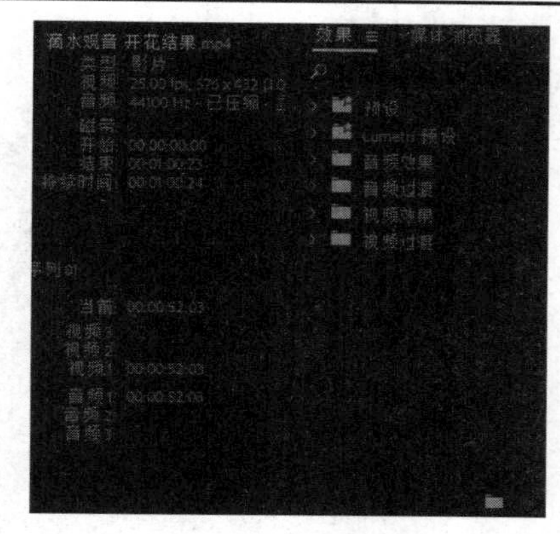

图 1-2-26　“效果”组合窗口（2）

（2）拆分窗口。

❶把鼠标光标放置在组合窗口某个功能面板的选项卡名称上方，右击，弹出快捷菜单，执行“浮动面板”命令，如图 1-2-27 所示。

❷该面板或子窗口从组合窗口中脱离，成为浮动面板或浮动窗口，如图 1-2-28 所示。

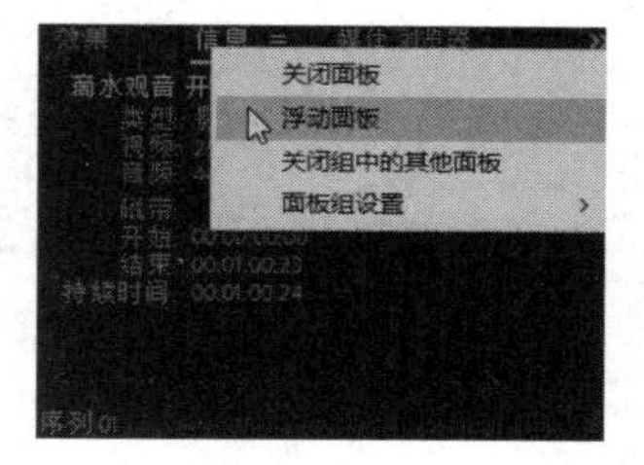

图 1-2-27　使“信息”面板脱离组合窗口

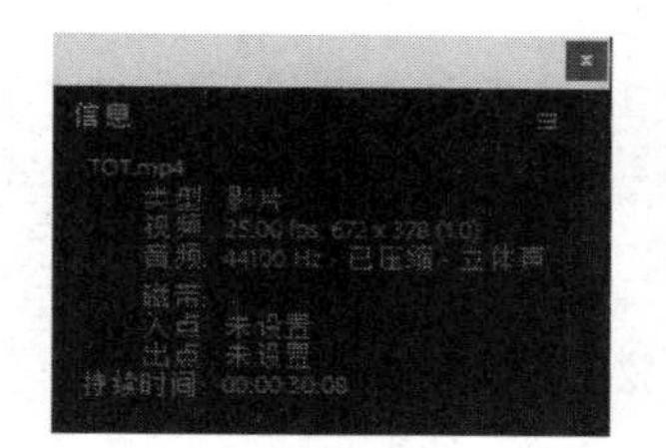

图 1-2-28　浮动面板

小黑板

单击组合窗口右上角的下拉按钮▾≡，弹出下拉菜单，执行“浮动窗口”命令，则该组合窗口从工作界面中弹出，变为浮动窗口状态。

（3）调整窗口大小。移动鼠标光标到两个相邻窗口的连接处，当鼠标光标变成双向箭头形状⇹时，按住鼠标左键并拖动鼠标，调整两个窗口的大小。按照以上方法自定义工作界面布局。

（4）自定义界面颜色。执行菜单“编辑（Edit）→首选项（Preference）→界面（Interface）”命令，打开“界面”对话框，左右拖动亮度滑块，可以调整工作界面的亮度值。

（5）自定义快捷键。应用快捷键能简化操作，提高操作速度和工作效率，Premiere 提供了自定义快捷键功能。执行菜单“编辑（Edit）→键盘快捷方式（Keyboard Shortcuts）”命令，打开“键盘快捷方式”对话框。

在“注释”栏中选择某一项操作或命令，如“渲染音频”。单击编辑按钮，“快捷键”栏处于可编辑状态。通过键盘直接按快捷键或组合键，如先按<Ctrl>键，再按字母<C>键，则设置该快捷键为组合键<Ctrl+C>。

当新输入的快捷键与其他快捷键冲突时，对话框给出冲突提示信息，如图 1-2-29 所示。此时，单击编辑按钮，进入快捷键编辑状态，可再次输入新的快捷键；如果输入有错误，则单击撤销按钮再次输入新值；或者单击跳转到按钮，跳转到冲突的快捷键编辑栏修改快捷键的值。对于不再使用的快捷键，可以直接单击清除按钮进行删除。

图 1-2-29　自定义快捷键

快捷键编辑完成后，单击确定按钮保存设置，创建的快捷键便可以在编辑工作中使用了。

1.3　情境设计《大学第一课》

1-3　校园短片《大学第一课》

1. 情境创设

火热的阳光炙烤着大地，也考验着大学生年轻的身躯和坚强的意志。军训是大学的第一堂课，军训课堂上有严明的纪律、紧张的训练，也有欢乐的笑脸。教官大声说："想尽一切办法，克服一切困难，完成一切任务，争取一切荣誉……"。

本项目是一个校园短片，主题是大学的第一堂课——军训，展现当代大学生的风采，突出军训生活给大学生带来的深刻变化，效果如图 1-3-1 所示。

图 1-3-1　《大学第一课》效果图

2. 技术分析

项目素材是军训视频和背景音乐，以及已完成的片头、片尾和字幕。

（1）创建项目，命名项目；创建序列，命名序列，设置序列参数。

（2）自定义工作界面布局。

（3）导入素材，将视频素材和音频素材添加到序列中。

（4）编辑轨道上的素材。

（5）预览效果，保存项目，导出视频。

3. 项目制作

STEP01 新建项目“大学第一课”

❶运行 Premiere Pro CC 2018，打开“开始”窗口。单击“新建项目”按钮，打开“新建项目”对话框。单击“位置”编辑栏右侧的浏览...按钮，为项目文件指定存储目录路径“模块 1/1-3 情境设计-大学第一课/源文件”，在“名称”栏输入文件名“大学第一课”，单击确定按钮。

❷打开“新建序列”对话框，在“序列名称”编辑栏输入序列名称“军训”。

❸单击“设置”选项卡，打开“新建序列—设置”对话框，单击“编辑模式”折叠按钮，打开“编辑模式”列表，选择“DV PAL”。单击“显示模式”折叠按钮，打开“显示模式”列表，选择“25fps 时间码”。单击“采样速率”折叠按钮，打开“采样速率”列表，选择“48000Hz”。

❹单击“轨道”选项卡，打开“新建序列—轨道”对话框，在“音频”区域单击按钮，将音频“轨道 1”添加到列表中，单击“轨道类型”折叠按钮，打开“轨道类型”列表，选择“标准”。

❺完成序列的设置，单击确定按钮，打开项目“大学第一课”工作界面。

STEP02 设置工作区布局

❶执行菜单“窗口→工作区→视频工作区”命令，打开视频工作区界面。

❷执行菜单“窗口→信息”命令，打开“信息”面板，并自动嵌入“效果”窗口中。

❸调整各窗口的尺寸和位置，使界面更符合自己的工作特点，如图 1-3-2 所示。

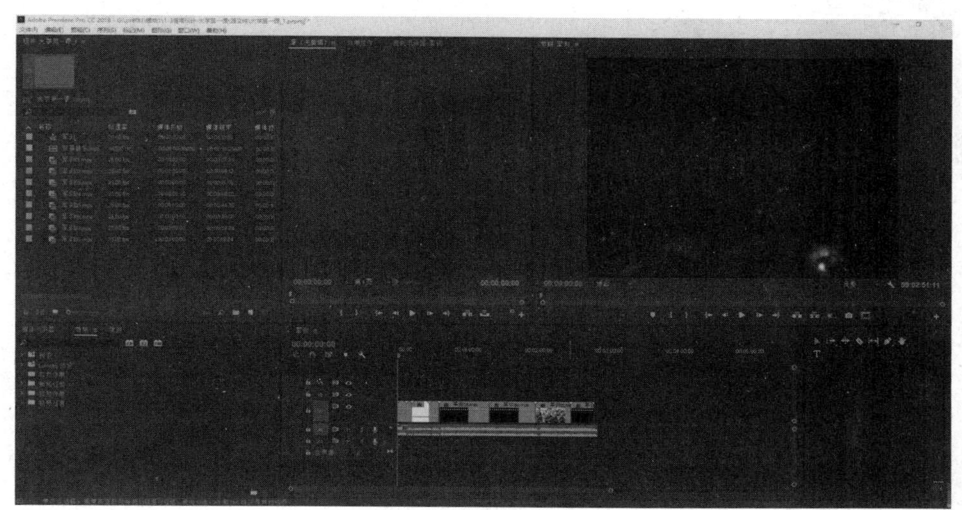

图 1-3-2 “大学第一课”工作区界面

STEP03 导入素材

❶在“项目”窗口的空白区域双击鼠标，打开“导入”对话框。

❷在“导入”对话框中打开配套资源“模块 1/1-3 情境设计-大学第一课/素材”文件夹，选中“军训 01.mov”～“军训 08.mov”和“背景音乐.mp3”共 9 个素材文件。

[本书所有素材可以登录电子工业出版社华信教育资源网（www.hxedu.com.cn）下载]

❸单击打开(O)按钮，将选中的素材导入“项目”窗口。

❹单击“项目”窗口底部的“图标视图”按钮，以图标方式浏览素材。

STEP04 预览素材

❶在“项目”窗口双击素材“军训 01.mov”的文件图标，在“源监视器”窗口单击按钮，播放序列或拖动时间指示器，快速浏览素材。

❷在“信息”面板中查看素材属性信息。

STEP05 编辑素材

❶将“时间线”窗口中的时间指示器定位到 00:00:00:00 位置。

❷单击“项目”窗口中的素材“军训 01.mov”，按住鼠标左键，将素材拖曳到“时间线”窗口的“视频 1”轨道上，与时间指示器左对齐，如图 1-3-3 所示。

❸依照步骤❷的方法，将“项目”窗口中的素材“军训 02.mov”拖曳到“视频 1”轨道的“军训 01.mov”右侧，出现对齐光标时放开鼠标，素材左右相连，如图 1-3-4 所示。

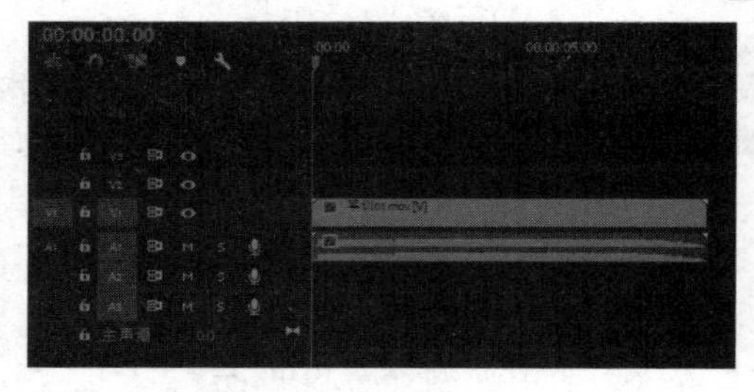

图 1-3-3　拖曳素材“军训 01.mov”到轨道上

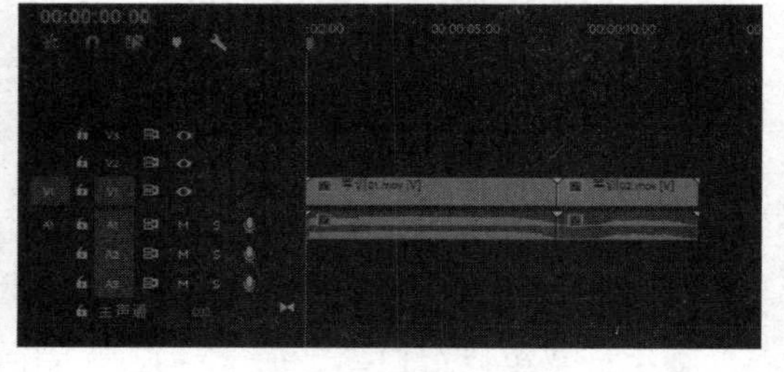

图 1-3-4　拖曳素材“军训 02.mov”到轨道上

❹依照步骤❷和步骤❸的方法，将“项目”窗口中的素材“军训 03.mov”～“军训 08.mov”按顺序依次拖曳到“视频 1”轨道上，分别排列在前一个素材的右侧，并使素材左右相连，如图 1-3-5 所示。

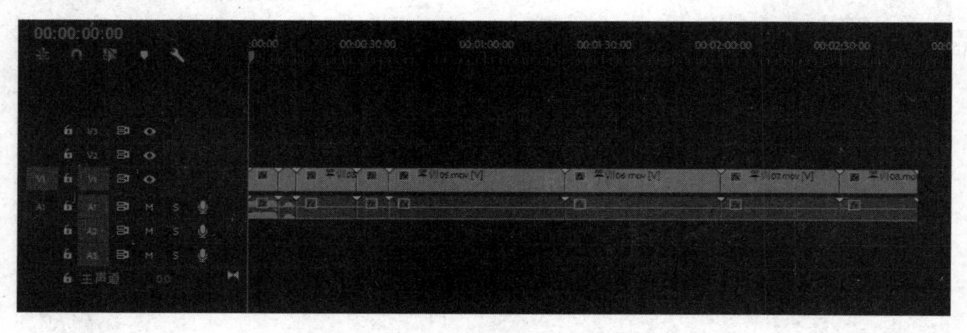

图 1-3-5　拖曳所有视频素材到轨道上

❺右击“视频 1”轨道中的“军训 01.mov”，弹出快捷菜单，执行“解除视音频链接”命令。单击“音频 1”轨道中的素材“军训 01.mov”，按<Delete>键，将该段音频素材删除。

❻依照步骤❺的方法，依次解除“军训 02.mov”～“军训 08.mov”素材的视音频链接关系，并删除所有音频素材。

❼将时间指示器定位到 00:00:00:00 位置。选择“项目”窗口中的“背景音乐.mp3”素材，将其拖曳到“音频 1”轨道上，并与时间指示器左对齐。

STEP06 预览效果

将时间指示器定位到 00:00:00:00 位置，单击“节目监视器”窗口底部的▶按钮，预览效果。

STEP07 保存项目，导出视频

❶执行菜单“文件（File）→存储（Save）”命令，或者按组合键<Ctrl+S>，保存项目文件。

❷在“时间线”窗口的任一位置单击，执行菜单“文件（File）→导出（Export）→媒体（Media）”命令，打开“导出设置”对话框。单击“样式”折叠按钮▼，在“格式”列表中选择“FLV”，单击“输出名称”右侧的“军训.avi”，打开“另存为”对话框，选择存储目录路径“模块 1/1-3 情境设计-大学第一课/效果”，在“文件名”编辑框内输入“大学第一课”，单击保存(S)按钮。

❸回到“导出设置”对话框，单击导出按钮，弹出导出进度框。

❹导出完成，系统回到“导出设置”对话框。至此，校园短片“大学第一课”制作完成。

4. 项目评价

本项目的主要目的是通过一个完整的校园影视短片，进一步熟悉 Premiere Pro CC 2018 的工作界面和基本操作，实践影视项目后期制作的基本流程，深化对非线编概念和非线编软件的认识和理解，了解视频、音频素材在非线编软件中的基本应用和操作，进一步体会“蒙太奇”这一概念在影视制作中的含义。

同时，在完成一个完整的影视短片后期制作的过程中，逐步培养影视项目的策划能力、视频编辑能力，以及对不同类型素材的选择和应用能力。

1.4 微课堂 常用音、视频格式转换器

1. 狸窝

狸窝是一款功能强大、界面友好的全能型音、视频转换工具，可以将 RM、RMVB、VOB、DAT、VCD、SVCD、ASF、MOV、QT、MPEG、WMV、MP4、3GG、DivX、XviD、AVI 等格式的视频文件转换为手机、MP4 等移动设备支持的音频格式。

狸窝不仅提供音、视频格式之间的转换，同时又是一款简单易用的音、视频编辑器，可以自己制作视频，还可以将不同的视频文件合并成一个文件。

2. 格式工厂

格式工厂可以将多种格式的视频转换为 MP4、3GP、MPG、AVI、WMV、FLV、SWF 等格式，将多种格式的音频转换为 MP3、WMA、AMR、OGG、AAC、WAV 等格式，还可以将多种格式的图片转换为 JPG、BMP、PNG、TIF、ICO、GIF、TGA 等格式。

格式工厂提取 DVD 中的内容到视频文件，备份 DVD 中的内容到本地硬盘，支持 iPod/iPhone/PSP/黑霉等多媒体指定格式。

格式工厂在媒体转换过程中可以修复某些损坏的视频文件，并对文件进行“减肥”，转换图片文件支持缩放、旋转、水印等功能。

3. 暴风转码

暴风转码是暴风影音推出的一款流行音、视频格式转换软件，可以将多种格式的音、视频文件转换成手机、MP4/MP3 播放器、iPod、PSP 等掌上设备支持的音、视频格式。

暴风转码具有支持源文件格式多；针对移动设备最常见的 MP4/3GP 格式转换进行专门优化；画质效果好；可以进行视频片段截取、音量放大、调整字幕字体和字号；批量转换；自动关机等特点。

4. 狂雷手机视频转换器

狂雷手机视频转换器是 Coolsee 团队推出的音、视频转换软件，可以将多种音、视频文件转换成 MP4、智能手机、iPod、PSP 等掌上设备支持的音、视频格式，新增加了视频分割器独立组件。特点是体积小、速度快，以及具有平均分割、等时间分割和自定义分割功能。

1.5 实训与赏析

1. 实训 《初识 Premiere》

❶运行 Premiere Pro CC 2018，创建一个新项目文件“初识 Premiere.prproj”。

❷在该项目中搭建不同风格的工作界面，调整界面颜色，使“节目监视器”窗口浮动，将“项目”窗口停靠在窗口的最左侧，且纵向跨“源监视器”和“时间线”两个窗口。

❸将配套资源“模块 1/1-5 实训与赏析/素材”文件夹下的所有素材导入项目“初识 Premiere”中，在“源监视器”窗口中预览素材，并按素材文件的列表顺序将其添加到序列轨道中。

❹在“节目监视器”窗口中预览序列效果。

❺保存项目文件，导出视频“初识 Premiere.avi”。

2. 赏析 电视散文《毕业了》的视听语言

电视散文是一种舒缓、淡雅、优美的艺术形式，具有浓郁的抒情色彩和较高的文化品位。其宗旨是表现天地人、音诗画、真善美；通过电视语言和文学语言的双重表达和有机结合，再现甚至升华文学作品中至纯的真情、至美的意境和至善的心灵。

“毕业”是一个沉重的动词，是一个让人一生难忘的名词，是感动时流泪的形容词。若干年后，假如我们还能够想起那段时光，也许这不属于难忘，也不属于永远，而仅仅是一段记录了成长经历的回忆——电视散文《毕业了》。

打开配套资源“模块 1/1-5 实训与赏析/赏析/电视散文-毕业了.mp4”，并进行欣赏，体会编辑技术与编辑技巧在影视制作中的重要性。

能力模块 2

视频剪辑

丰富的剪辑工具、伸缩自如的时间线、方便的轨道编辑方式和强大的鼠标拖曳支持，使 Premiere 的剪辑功能在影视制作中非常惹眼。

关键词

导入素材 管理素材 剪辑视频

任务及目标

1．制作短片《时装的节奏》，了解视频剪辑的基本操作。

2．学习、验证“知识魔方”，掌握 Premiere 视频剪辑的操作技巧。

3．设计情境，完成电影预告片《TOY3 预告片》，提高视频剪辑的操作技能。

4．边做边学，体会视频剪辑的重要性，逐步提高影视项目的综合制作能力。

2.1 边做边学 《时装的节奏》

本例是以变节奏为主的短片，如快镜头、慢镜头、倒播和定格，突出时装表演过程中，模特以不同的走秀节奏和方式展现不同的时装效果，如图 2-1-1 所示。

图 2-1-1 《时装的节奏》效果图

2.1.1 导入素材

❶新建项目：运行 Premiere Pro CC 2018，指定存储目录路径“模块 2/2-1 边做边学-时装的节奏/源文件”，创建项目，并命名为“时装的节奏”。

❷新建序列：在“新建序列”对话框中，选择“DV-PAL Standard，48kHz”编辑模

式，将序列命名为“时装”。

❸命名轨道：打开“时装”序列，在“时间线”窗口中，右击“视频 1”轨道头，弹出快捷菜单，执行“重命名”命令，轨道名称变为可编辑状态，输入新名称“时装”。按照以上方法，将“视频 2”轨道重命名为“背景”，“视频 3”轨道重命名为“字幕”，“音频 1”轨道重命名为“背景音乐”。

❹在“项目”窗口的空白区域双击，打开“导入”对话框，展开“模块 2/2-1 边做边学-时装的节奏/素材/视频”文件夹，选择“时装.mp4”文件，单击打开(O)按钮。

❺在“项目”窗口的空白区域双击，打开“导入”对话框，展开“模块 2/2-1 边做边学-时装的节奏/素材/背景”文件夹，双击“背景音乐.mp3”文件。

❻在“项目”窗口的空白区域双击，打开“导入”对话框，展开“模块 2/2-1 边做边学-时装的节奏/素材/背景”文件夹，双击“背景.psd”文件。打开“导入分层文件：背景”对话框，设置相关选项，如图 2-1-2 所示，导入单层图像“藤蔓.psd”。

❼在“项目”窗口的空白区域双击，打开“导入”对话框，展开“模块 2/2-1 边做边学-时装的节奏/素材/序列-快”文件夹，单击“字幕-快 00.tga”文件，勾选对话框中的☑图像序列复选框，导入图像序列。按照相同的方法，依次导入其他三个图像序列“字幕-慢 00.tga”、“字幕-退 00.tga”和“字幕-跳 00.tga”到“项目”窗口。

导入素材之后的“项目”窗口如图 2-1-3 所示。

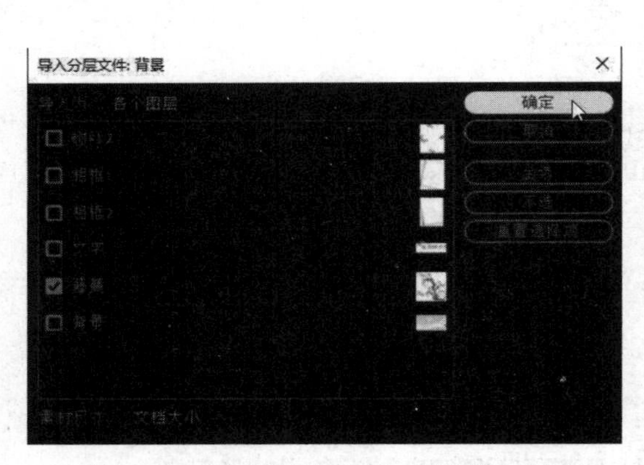

图 2-1-2 “导入分层文件：背景”对话框

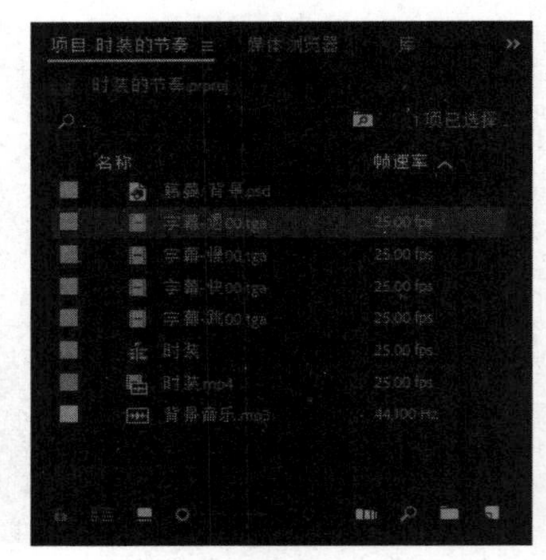

图 2-1-3 导入的素材

2.1.2 管理素材

2-1-2 《时装的节奏》-导入、管理素材

❶在“项目”窗口中右击，弹出快捷菜单，执行“新建文件夹”命令，输入文件夹名称“视频”，按<Enter>键。选择视频素材“时装.mp4”，按住鼠标左键，拖曳素材到“视频”文件夹中。

❷依照步骤❶的方法新建文件夹“背景”，将素材“藤蔓/背景.psd”和“背景音乐.mp3”依次拖曳到文件夹中。

❸依照步骤❶的方法新建文件夹“图像序列”，将素材“字幕-快 00.tga”、“字幕-慢 00.tga”、“字幕-退 00.tga”和“字幕-跳 00.tga”依次拖曳到文件夹中，如图 2-1-4 所示。

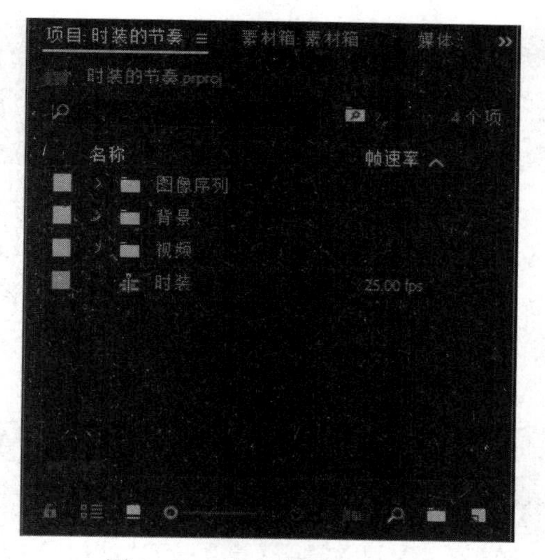

图 2-1-4　以文件夹管理素材

2.1.3　剪辑素材

2-1-3 《时装的节奏》-剪辑素材

STEP01 剪辑素材

❶添加视频素材：将时间指示器定位到 00:00:00:00 位置。在“项目”窗口展开“视频”文件夹，单击素材“时装.mp4”，并将其拖曳到“时装”轨道上，当素材入点贴近时间指示器并出现对齐提示光标时放开鼠标，素材与时间指示器左对齐。

❷调整画面尺寸：单击轨道中的“时装.mp4”素材，打开“特效控制台”面板，单击“运动”特效左侧的折叠按钮，调整参数“缩放比例”为“152%”。

❸解除视音频链接：单击轨道中的“时装.mp4”素材，右击，弹出快捷菜单，执行“解除视音频链接”命令，将音频与视频分离。单击“背景音乐”轨道中的音频素材，按<Delete>键将其删除。

❹剪辑素材：将时间指示器定位到 00:00:08:02 位置。在“工具”面板中选择“剃刀”工具，在时间指示器当前位置单击素材“时装.mp4”，对素材进行切割，将素材分为两个片段。按照以上方法将时间指示器分别定位到 00:01:14:02、00:01:27:03、00:01:40:09、00:02:32:16、00:02:46:16、00:03:02:10、00:14:58:21、00:15:06:21 位置，并在这些位置分别切割素材，将素材“时装.mp4”切割为 10 个片段，如图 2-1-5 所示。

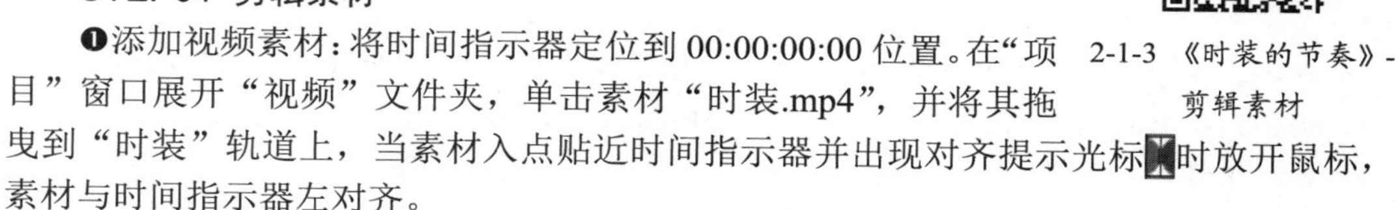

图 2-1-5　剪辑素材

❺单击第 2 个素材片段，按<Delete>键将其删除。按照相同的方法将第 5、8、10 个素材片段删除。

❻右击第 1、3 个素材片段之间的空白时间线（波纹），弹出快捷菜单，执行“波纹删除”命令，将空白时间线区域删除，如图 2-1-6 所示。按照相同的方法将其他空白时间线删除，各素材片段左右相邻且紧密排列。

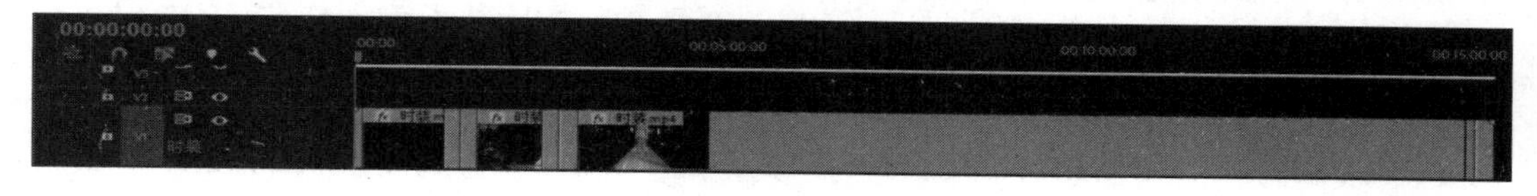

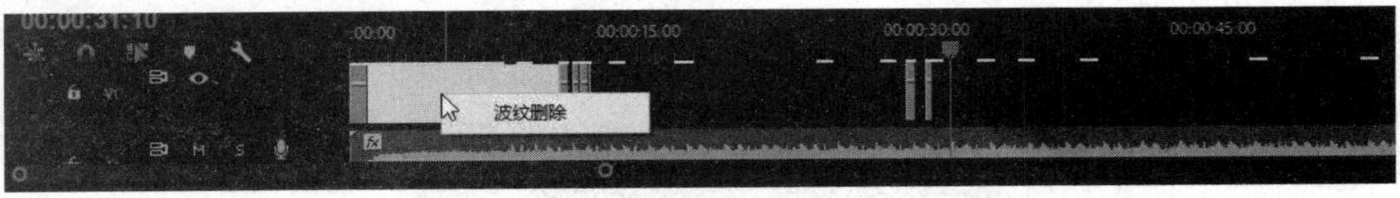

图 2-1-6 “波纹删除”命令

❼在第 1 个素材片段上方右击，弹出快捷菜单，执行“重命名”命令，打开“重命名素材”对话框，在“素材名”编辑框内输入新名称“片头”，将素材片段重命名为“片头”。按照相同的方法将第 2～5 个片段依次重命名为“时装 1”～“时装 4”，将最后一个片段重命名为“片尾”，如图 2-1-7 所示。

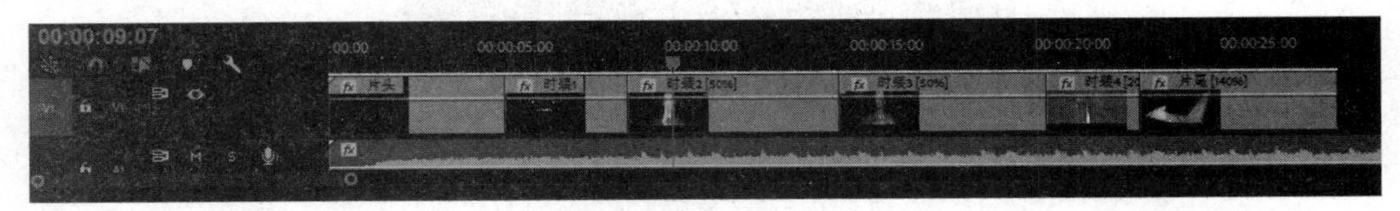

图 2-1-7　重命名素材

STEP02 编辑片头

❶添加背景素材：拖曳文件夹“背景”中的素材“藤蔓/背景.psd”到“背景”轨道中，与素材“片头”左对齐。

❷编辑素材：右击素材“背景”，弹出快捷菜单，执行“速度/持续时间”命令，打开“剪辑速度/持续时间”对话框，调整“持续时间”为 00:00:08:02（8 秒 2 帧）。

❸添加特效：执行菜单“文件（File）→效果（Effects）”命令，打开“效果”窗口，展开“视频切换→叠化”文件夹，拖曳转场特效“交叉叠化”到“背景”素材的出点处，出现图标时放开鼠标，特效被添加到素材出点。时间线如图 2-1-8 所示。

单击“节目监视器”中的按钮预览效果，如图 2-1-9 所示。

图 2-1-8 “片头”时间线

图 2-1-9 “片头”效果

STEP03 编辑“时装 1”变节奏效果

❶剪辑素材：将时间指示器定位到 00:00:09: 02 位置。在“工具”面板中选择“剃刀”工具，在时间指示器当前位置单击“时装 1”素材，切割素材为 2 个片段。将时间指示器分别定位到 00:00:11:23、00:00:12:12、00:00:15:06、00:00:17:00、00:00:19:00、00:00:20:23 位置，分别切割素材，将“时装 1”素材切割为 8 个片段。

❷重命名素材：右击第 1 个素材片段，弹出快捷菜单，执行“重命名”命令，将素材片段重命名为“时装 101”。按照相同的方法将其他素材片段依次重命名为“时装 102”～“时装 108”。

❸编辑慢镜头效果：选择素材片段“时装 102”，按组合键<Ctrl+C>复制素材。打开“剪辑速度/持续时间”对话框，设置“速度”为“50%”，勾选“波纹编辑，移动尾部剪辑”复选框，如图 2-1-10 所示。

❹编辑倒播效果：将时间指示器定位到 00:00:17:15 位置。按住<Shift>键，选择素材片段“时装 102”右侧的所有素材并向右拖曳，使素材片段“时装 103”与时间指示器左对齐。将时间指示器定位到“时装 102”的出点处（00:00:14:19），按组合键<Ctrl+V>，将素材片段“时装 102”粘贴到其右侧。选择新复制的“时装 102”，打开“剪辑速度/持续时间”对话框，设置参数如图 2-1-11 所示。

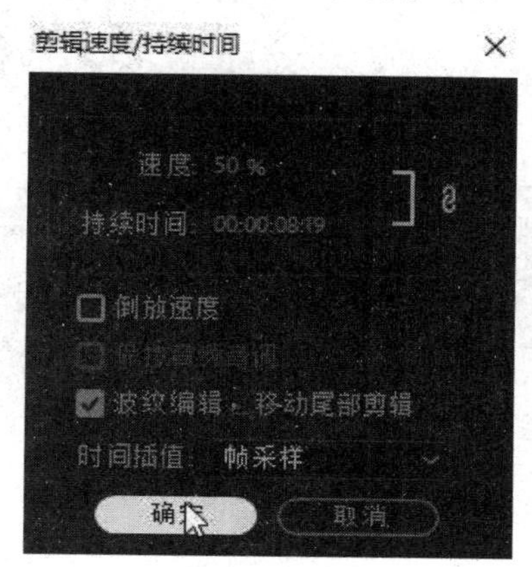

图 2-1-10 “剪辑速度/持续时间”对话框（1）

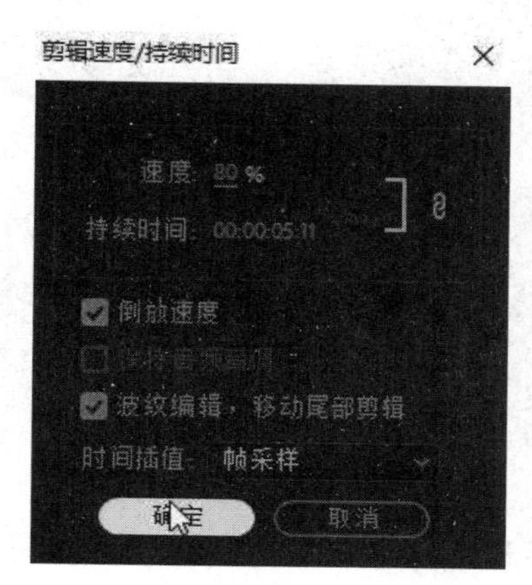

图 2-1-11 “剪辑速度/持续时间”对话框（2）

❺编辑慢镜头效果：选择素材片段“时装 104”，打开“剪辑速度/持续时间”对话框，设置“速度”为“50%”，勾选“波纹编辑，移动尾部剪辑”复选框。

❻编辑快镜头效果：选择素材片段“时装 106”，打开“剪辑速度/持续时间”对话框，设置“速度”为“150%”，勾选“波纹编辑，移动尾部剪辑”复选框。

❼编辑倒播效果：将时间指示器定位到 00:00:32:15 位置。用鼠标框选素材片段“时装 108”右侧的所有素材并向右拖曳，使片段“时装 108”的入点与时间指示器左对齐。将时间指示器定位到 00:00:28:20 位置，单击素材片段“时装 107”，按组合键<Ctrl+C>复制素材，连续按组合键<Ctrl+V>两次，粘贴两个“时装 107”素材片段。选择中间的“时装 107”片段，打开“剪辑速度/持续时间”对话框，勾选“倒放速度”复选框。

❽编辑跳帧效果：将时间指示器定位到 00:00:31:01 位置。在“工具”面板中选择“剃刀”工具，在时间指示器位置单击，对素材进行切割。将时间指示器分别定位到 00:00:31:10、00:00:31:19、00:00:32:04 位置，并在这些位置分别切割素材，将片段“时装 107”再切割为 5 个片段。右击第一个切割的片段，弹出快捷菜单，执行“帧定格”命令，打开“帧定格选项”对话框，勾选“定格位置—入点”复选框，如图 2-1-12 所示。按照相同的方法分别将切割片段 2、3、4、5 定格在“入点”位置。

图 2-1-12 “帧定格选项”对话框

❾添加字幕：将时间指示器定位到 00:00:08:18 位置，将“项目”窗口文件夹“图像序列”中的“字幕-慢 00.tga”拖曳到“字幕”轨道上，与时间指示器左对齐。按照相同的方法再次拖曳“字幕-慢 00.tga”到“字幕”轨道的 00:00:17:10 位置，拖曳“字幕-快

00.tga”到 00:00:24:11 位置，拖曳“字幕-退 00.tga”到 00:00:13:14 和 00:00:27:18 位置，拖曳“字幕-跳 00.tga”到 00:00:30:03 位置。

“时装 1”的变节奏效果编辑完成，时间线如图 2-1-13 所示，效果如图 2-1-14 所示。

图 2-1-13 “时装 1”时间线

图 2-1-14 “时装 1”变节奏效果图

STEP04 编辑“时装 2”变节奏效果

❶右击素材“时装 2”左侧的空白时间线，弹出快捷菜单，执行“波纹删除”命令。

❷依照 STEP03 的步骤❶～❾为素材“时装 2”编辑变节奏效果，时间线如图 2-1-15 所示，效果如图 2-1-16 所示。

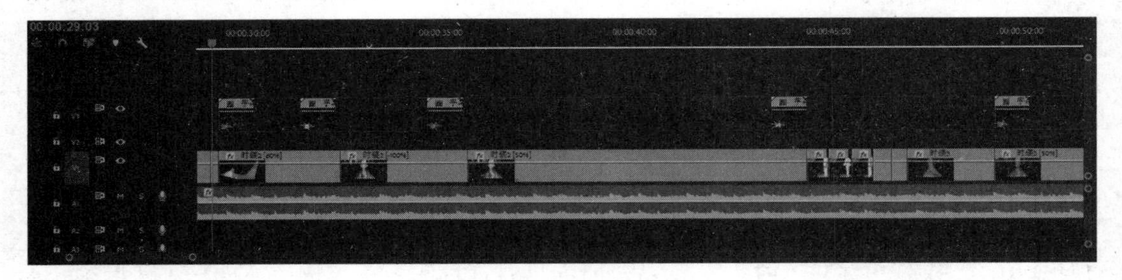

图 2-1-15 “时装 2”时间线

图 2-1-16 “时装 2”变节奏效果图

STEP05 编辑“时装 3”变节奏效果

❶右击素材“时装 3”左侧的空白时间线，弹出快捷菜单，执行“波纹删除”命令。

❷依照 STEP03 的步骤❶～❾为素材“时装 3”编辑变节奏效果，时间线如图 2-1-17 所示，效果如图 2-1-18 所示。

图 2-1-17 “时装 3”时间线

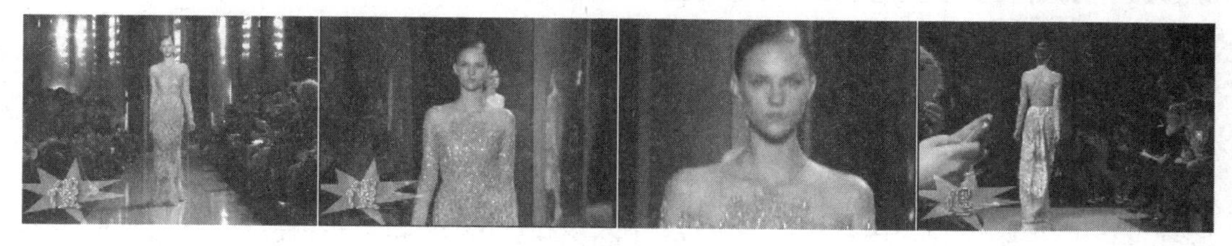

图 2-1-18 “时装 3”变节奏效果图

STEP06 编辑“时装 4”变节奏效果

❶右击素材“时装 4”左侧的空白时间线，弹出快捷菜单，执行“波纹删除”命令。

❷依照 STEP03 的步骤❶～❾为素材“时装 4”编辑变节奏效果，时间线如图 2-1-19 所示，效果如图 2-1-20 所示。

图 2-1-19 “时装 4”时间线

图 2-1-20 “时装 4”变节奏效果图

STEP07 编辑片尾

❶右击素材“片尾”左侧的空白时间线，弹出快捷菜单，执行“波纹删除”命令。

❷选择“片尾”素材片段，打开“剪辑速度/持续时间”对话框，设置“速度”为“140%”。

2.1.4 添加音乐

将时间指示器定位到 00:00:00:00 位置，拖曳“项目”窗口文件夹“背景”中的“背景音乐.mp3”到“背景音乐”轨道上，与时间指示器左对齐。

至此，短片“时装的节奏”编辑完成，时间线如图 2-1-21 所示。在“节目监视器”中预览效果，如图 2-1-1 所示。

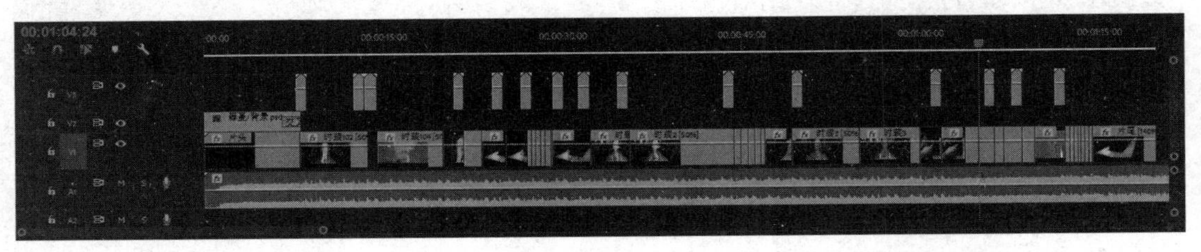

图 2-1-21 “时装的节奏”时间线

2.1.5 渲染输出

按组合键<Ctrl+S>保存项目“时装的节奏.prproj”。在“时间线”窗口任意位置单击，按<Enter>键渲染序列。执行菜单“文件（File）→导出（Export）→媒体（Media）”命令，导出视频“时装的节奏.flv”。

小黑板

在“时间线”窗口打开“吸附”按钮后，如果在轨道中拖曳一个素材靠近另一个素材或时间指示器，当两个素材边缘非常靠近或素材与时间指示器的位置非常靠近时，会出现吸附提示线，此时放开鼠标，两个素材边缘会紧密连接排列或素材与时间指示器的位置对齐。

2.2 知识魔方 Premiere 的剪辑技巧

2.2.1 采集视频

Premiere 通过两种渠道获取素材，一是利用其他数字软件创作素材，如 Photoshop 软件创作的图像文件；二是通过计算机从其他设备获取素材，例如，通过摄像机拍摄的视频素材和通过麦克风录制的音频素材。视频采集（Video Capture）就是将模拟摄像机、录像机及电视输出的模拟视频信号转换为数字视频，并按数字视频文件的格式保存。

在视频采集过程中，视频采集卡是最主要的设备，如图 2-2-1 所示，同时必须有非线编软件的配合。Premiere 通过 IEEE 1394 卡或安装有 IEEE 1394 接口的视频采集卡进行采集，如果源素材设备是数字设备，如数字摄像机、手机等，则可以直接通过 USB 接口进行采集。

❶正确连接计算机与源素材设备，打开电源。

❷运行 Premiere Pro CC 2018，执行菜单“文件→采集”命令，打开“采集”对话框，该窗口分为预览和设置两个窗格，如图 2-2-2 所示。

❸单击“记录”选项卡，打开“采集—记录”对话框，设置“采集”参数为“音频和视频”，在“记录素材到”列表中选择项目文件（一般情况下，该项目是正在被编辑的项目），在“时间码”的“设置入点”时间码上方，拖动鼠标或直接输入新数值，调整“入点”位置和“出点”位置，系统会自动计算入点与出点的持续时间。

图 2-2-1　视频采集卡

❹单击设置窗格中的“设置”选项卡，打开“采集—设置”对话框，在“捕捉位置”区域选择视频素材和音频素材的存储目录路径，如图 2-2-3 所示。

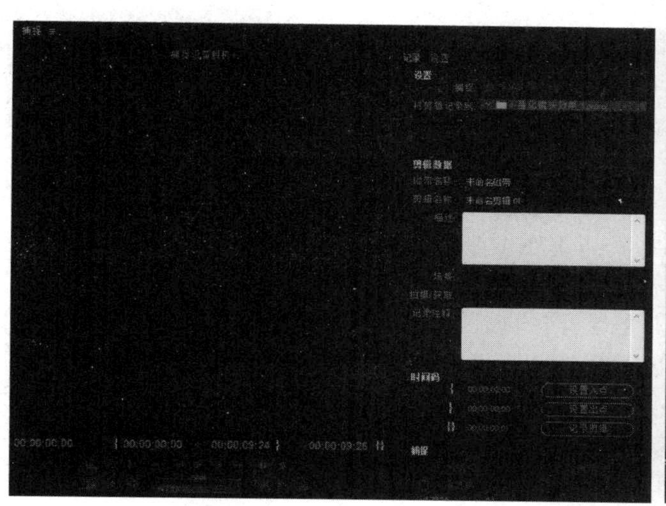

图 2-2-2　“采集”对话框

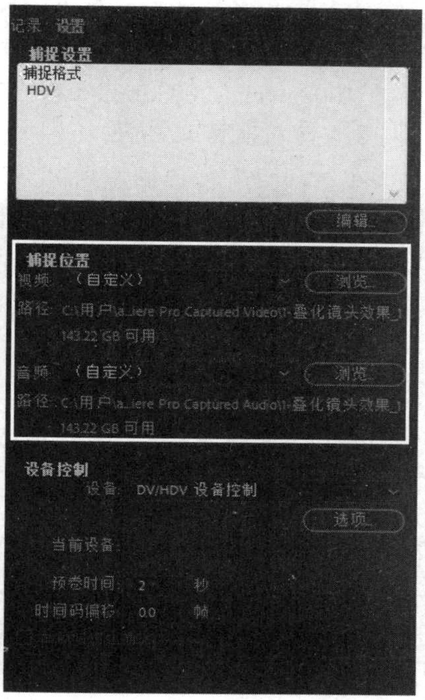

记录　设置
捕捉设置
捕捉格式
HDV
编辑
捕捉位置
视频：（自定义）　浏览
路径：C:\用户\a...iere Pro Captured Video\1-叠化镜头效果_1
143.22 GB 可用
音频：（自定义）　浏览
路径：C:\用户\a...iere Pro Captured Audio\1-叠化镜头效果_1
143.22 GB 可用
设备控制
设备：DV/HDV 设备控制
选项
当前设备：
预卷时间：2　秒
时间码偏移：0.0　帧

图 2-2-3　“采集—设置”对话框

❺单击预览窗格底部的“录制”按钮开始采集，窗口中同时播放被采集的素材片段。

❻采集完成后，系统会自动弹出“保存已采集素材”对话框，输入素材文件的名称，单击确定按钮，完成素材的采集。被采集的素材同时被导入当前被打开的项目中。

2.2.2　导入素材

素材被采集到本地磁盘后就可以将其导入“项目”窗口中。在 Premiere 中能够导入的素材包括视频、音频、图像文件、字幕、文件夹和 Premiere 项目文件及序列等。

1. 基本操作方法

Premiere 提供了三种导入素材的基本操作：一是执行菜单命令，二是在“项目”窗口中导入，三是快捷键方式。

（1）执行菜单命令：执行菜单“文件（File）→导入（Import）”命令，打开“导入”对话框，选择素材，单击打开(O)按钮，将素材导入“项目”窗口。

（2）通过“项目”窗口导入：在“项目”窗口的空白区域双击鼠标，直接打开“导入”对话框；或者在“项目”窗口的空白区域右击，弹出快捷菜单，执行“导入”命令，打开“导入”对话框。

（3）快捷键方式：停止当前编辑操作，按组合键<Ctrl+I>，直接打开“导入”对话框。

2. 导入素材文件

（1）导入单个素材：在“项目”窗口的空白区域双击鼠标，打开“导入”对话框，选择目录路径“模块 2/2-2 知识魔方/素材”，选中图片素材“001.jpg”，单击打开(O)按钮，导入单个素材文件。

（2）导入多个素材：在“项目”窗口的空白区域双击鼠标，打开“导入”对话框，选择目录路径“模块 2/2-2 知识魔方/素材”，按住<Shift>或<Ctrl>键，单击鼠标选中三个素材“002.avi”、“003.mp3”和“004.prtl”，单击打开(O)按钮，同时导入多个素材。

3. 导入素材文件夹

在“项目”窗口的空白区域双击鼠标，打开“导入”对话框，选择目录路径“模块 2/2-2 知识魔方/素材”，选中文件夹“照片”，单击导入文件夹按钮，导入文件夹。

4. 导入图像序列

图像序列是一组文件名按数字序号排列的图像文件，一般由动画制作软件产生，以帧为单位，生成单个图像文件，保存在一个独立的文件夹中。在 Premiere 中，可以将图像序列作为一个素材导入。

在“项目”窗口的空白区域双击鼠标，打开“导入”对话框，选择目录路径“模块 2/2-2 知识魔方/素材”，打开文件夹“星光”，单击第一个文件“星光 001.png”，勾选对话框底部的☑图像序列复选框，单击打开(O)按钮，导入图像序列，如图 2-2-4 所示。

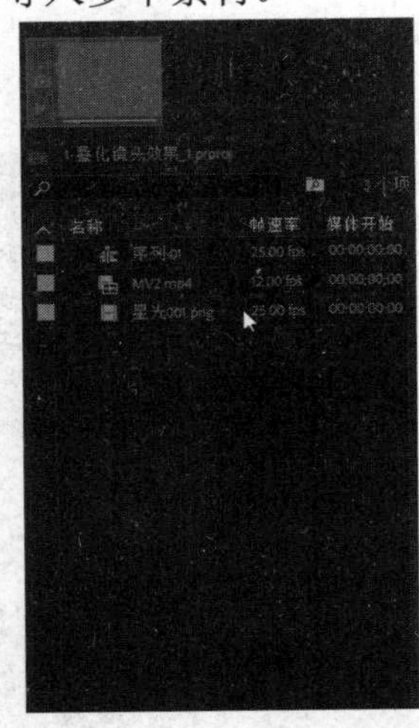

图 2-2-4　导入图像序列

小黑板

当勾选☑图像序列复选框后，虽然选择的是单个图像文件，但导入“项目”窗口中的是包含整个图像序列的动画文件，文件图标由原来的图像文件图标转换为视频文件图标，如图 2-2-4 所示。

5. 导入 PSD 分层素材

在“项目”窗口的空白区域双击鼠标，打开“导入”对话框，选择目录路径“模块 2/2-2 知识魔方/素材”，选中 PSD 分层图像文件“005.psd”，单击打开(O)按钮，打开“导入分层文件”对话框，单击“导入为”折叠按钮展开列表，按需要选择不同选项，再勾选需要的图层，如图 2-2-5 所示，单击确定按钮导入不同性质的图像。

- 合并所有图层：合并所有图层，导入合并后的图像文件。
- 合并的图层：合并指定的图层，导入合并后的图像文件。
- 各个图层：先指定一个或多个图层，再导入单个图层的图像文件。
- 序列：将分层文件以时间线合成的形式导入，形成独立的时间线合成效果。

在“单层”模式下，当选择导入多个图层时，每个图层单独生成一个 PSD 文件，多个文件一同被导入，并自动生成文件夹，文件夹名称与 PSD 文件同名，如图 2-2-6 所示。

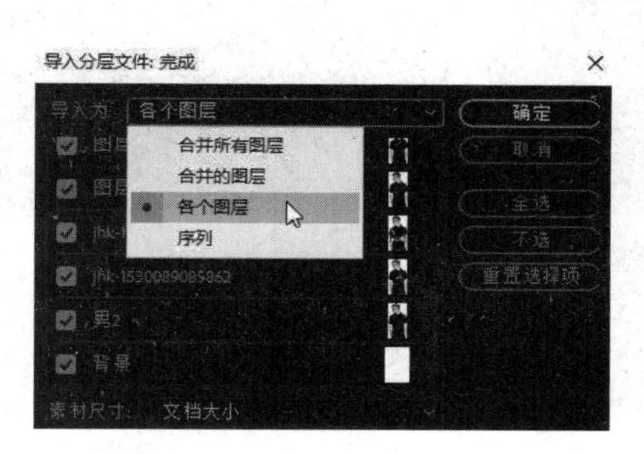

图 2-2-5 “导入分层文件”对话框

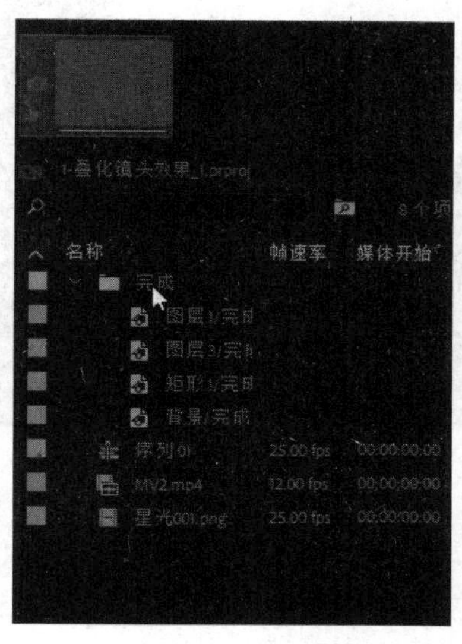

图 2-2-6 导入 PSD 单层图像文件

6. 导入序列

在“项目”窗口的空白区域双击鼠标，打开“导入”对话框，选择目录路径“模块 2/2-2 知识魔方/素材”，选中 Premiere 项目文件“006.prproj”，单击打开(O)按钮，打开“导入项目”对话框，如图 2-2-7 所示，在“项目导入类型”列表中选择“导入整个项目”单选按钮，单击确定按钮导入整个项目，如图 2-2-8 所示。

- 导入整个项目：将整个项目包含的序列、素材文件一次性导入，自动生成与项目文件同名的文件夹。
- 导入所选序列：选中该单选按钮时，弹出“导入 Premiere Pro 序列”对话框，该对话框中列出项目包含的所有序列，选择一个或多个序列，单击确定按钮，只将选择的序列导入，如图 2-2-9 所示。

2.2.3 创建素材

在 Premiere 中还可以直接创建一些视频素材，如影片播放前的倒计时片头、彩条镜头、字幕等。通过以下三种基本方法可以创建一个素材。

（1）执行菜单命令：执行菜单“文件→新建”命令，弹出级联菜单，执行相应命令。

（2）使用工具按钮：在“项目”窗口底部的工具栏列表中，单击“新建分项”按钮，弹出“新建分项”下拉菜单，如图 2-2-10[①]所示，选择相应命令。

（3）快捷键方式：在“项目”窗口的空白区域右击，弹出快捷菜单，执行“新建分项”命令，打开级联菜单，选择相应的子菜单命令。

① 注：软件截图中“蒙板”均为“蒙版”。

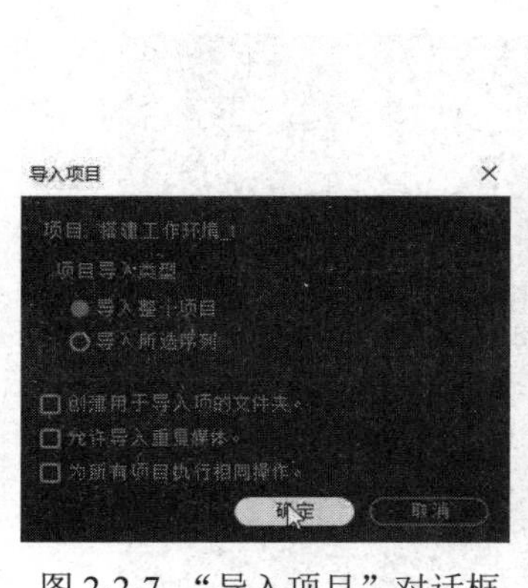

图 2-2-7 “导入项目”对话框

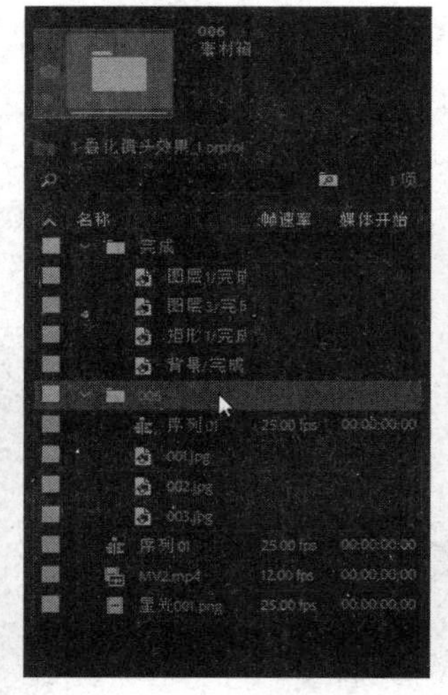

图 2-2-8 导入项目

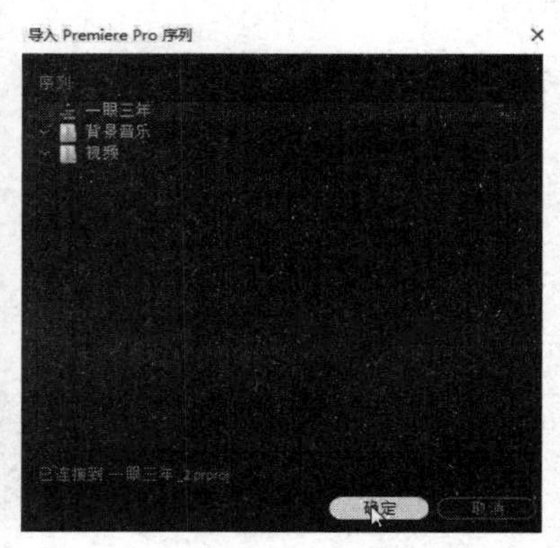

图 2-2-9 导入序列

1. 创建嵌套序列

在“项目”窗口的空白区域右击，在弹出的快捷菜单中执行“新建分项→序列”命令，打开“新建序列”对话框，新建名为“嵌套序列”的新序列。该序列被存放在“项目”窗口的素材列表中，同时被组合到当前“时间线”窗口中，并自动打开处于当前编辑状态，可以像一般素材一样进行编辑操作。

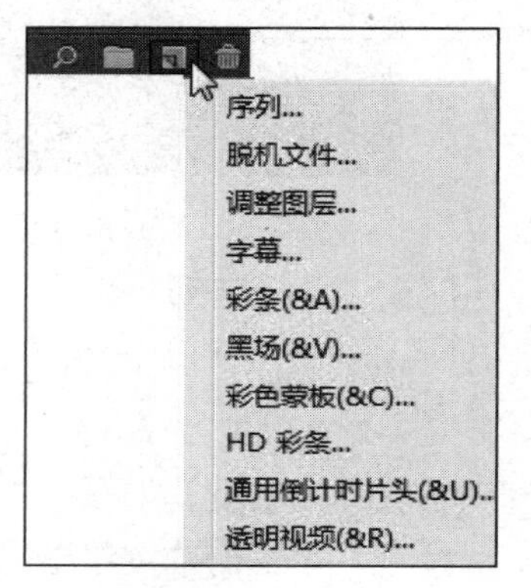

图 2-2-10 “新建分项”下拉菜单

2. 创建倒计时片头

执行“通用倒计时片头”命令，打开“新建通用倒计时片头”对话框，在对话框中设置属性，单击确定按钮。打开“通用倒计时设置”对话框，设置“擦除颜色”和“背景色”等参数，如图 2-2-11 所示，单击确定按钮，新建的倒计时片头素材被存放在“项目”窗口的素材列表中。

完成的倒计时片头可以直接被拖曳到“时间线”窗口，像一般素材一样进行编辑操作。预览效果如图 2-2-12 所示。

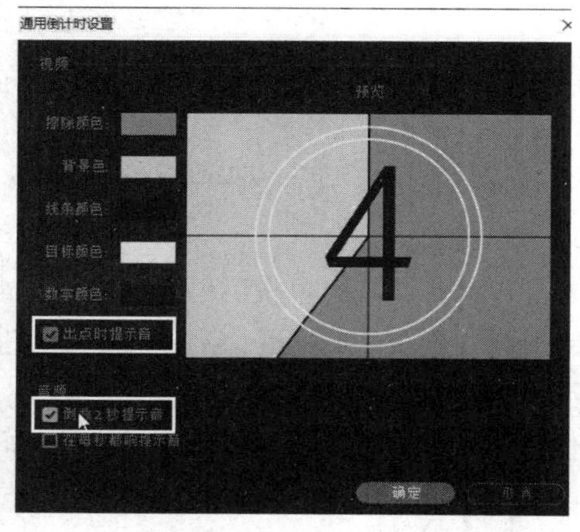

图 2-2-11 “通用倒计时设置”对话框

图 2-2-12 倒计时片头效果图

3. 创建字幕

在“项目”窗口的空白区域右击，在弹出的快捷菜单中执行“新建分项→字幕”命令，打开“新建字幕”对话框，在对话框中设置字幕属性，并命名为“茶飘香”，单击确定按钮，打开“字幕”窗口，输入并编辑字幕效果。完成字幕编辑后关闭窗口，字幕被存放在“项目”窗口的素材列表中。拖曳字幕到“时间线”窗口，像一般素材一样进行编辑操作，预览效果如图 2-2-13 所示。

4. 创建彩条

在“项目”窗口的空白区域右击，在弹出的快捷菜单中执行“新建分项→彩条”命令，打开“新建彩条”对话框。在对话框中设置彩条属性，单击确定按钮，彩条被存放在“项目”窗口的素材列表中。将彩条拖曳到“时间线”窗口，预览效果如图 2-2-14 所示。

5. 创建脱机文件

脱机文件是相对于当前项目而言的，是在磁盘上不可用的素材文件的占位符，用来记忆丢失的源素材信息。打开某个旧的项目时，如果其中的源素材文件被删除或其存储位置发生变化，即按素材的原链接路径找不到素材时，Premiere 会自动生成脱机文件，以替代该素材，如图 2-2-15 所示。

图 2-2-13　字幕应用效果图

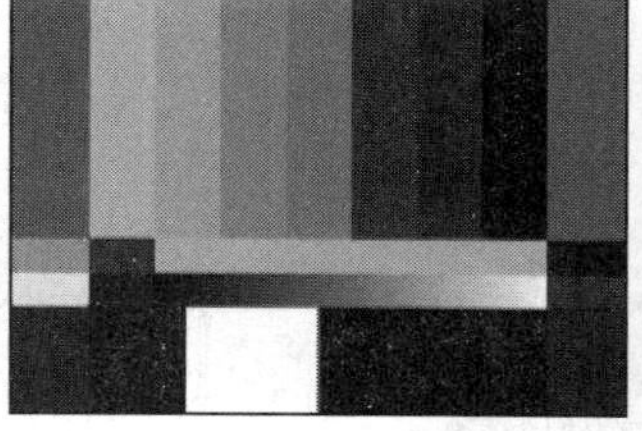

图 2-2-14　彩条效果图

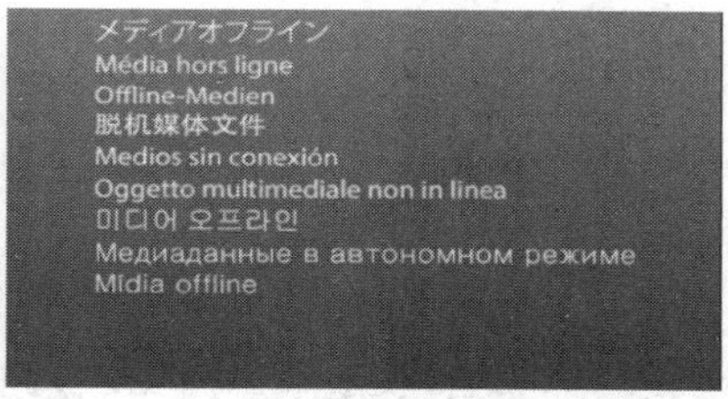

图 2-2-15　系统内置脱机文件

在“项目”窗口的空白区域右击，在弹出的快捷菜单中执行“新建分项→脱机文件”命令，打开“新建脱机文件”对话框，单击确定按钮，打开“编辑脱机文件”对话框，在对话框中设置脱机文件属性。新建的脱机文件被存放在“项目”窗口的素材列表中。拖曳脱机文件到“时间线”窗口，像一般素材一样进行编辑操作。

6. 创建颜色素材

在 Premiere 中还可以创建很多颜色素材，如黑场、彩色蒙版。黑场是一个黑色背景图片素材，一般情况下，它配合字幕等可以实现两个场景之间的转场效果，有时还会起到蒙版的作用，如图 2-2-16 所示。彩色蒙版是一个自定义彩色背景素材，一般情况下其可充当背景，或者通过添加其他特效，如轨道遮罩等，实现视频的叠加效果，如图 2-2-17 所示。

图 2-2-16　黑场转场效果图

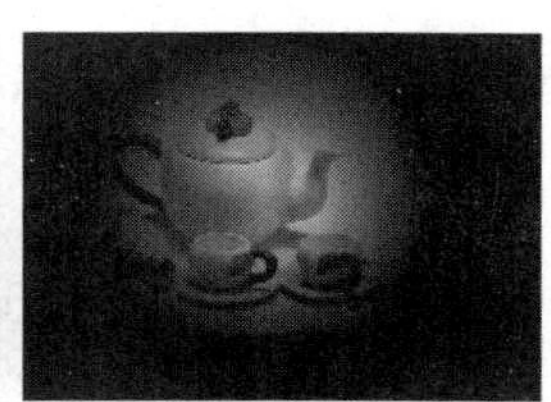

图 2-2-17　彩色蒙版效果图

7. 创建其他素材

在影视制作中，经常会反复用到视频中的某个片段，通过添加特效，增加影片的整体效果。此时，通常先将该素材片段导出生成新素材，再将其导入、应用到项目中。例如，先将影片中视觉效果非常好或特别能反映影片主题的某个镜头导出成图像序列，再将其以普通素材方式应用到影片中，或导出单帧静态图像并应用到影片中，就可以通过特效实现非常特别的效果。

2.2.4 查看属性

1. 查看磁盘上的素材属性

了解素材的属性，对正确使用素材能起到积极作用。执行菜单“文件→获取属性→文件”命令，打开“获取属性”对话框，选择要查看属性的文件，如“003.mp3”，单击打开(O)按钮，打开“属性”窗口，显示该音频素材的属性信息。

2. 查看项目中的素材属性

（1）执行菜单“窗口→信息”命令，打开“信息”面板。在“项目”窗口中单击一个素材文件，该素材的属性信息就显示在“信息”面板中。

（2）在“项目”窗口中选择素材“002.avi”，执行菜单“文件→获取属性→选择”命令，打开“属性”窗口，显示该视频素材的属性信息及速率分析图表，如图 2-2-18 所示。

（3）在“项目”窗口中选择素材文件“彩条”，右击，弹出快捷菜单，执行“属性”命令，打开“属性分析”窗口，显示该素材的属性信息，如图 2-2-19 所示。

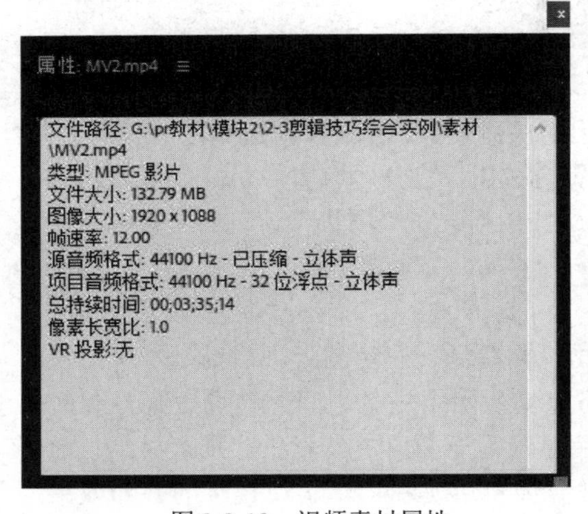

图 2-2-18　视频素材属性

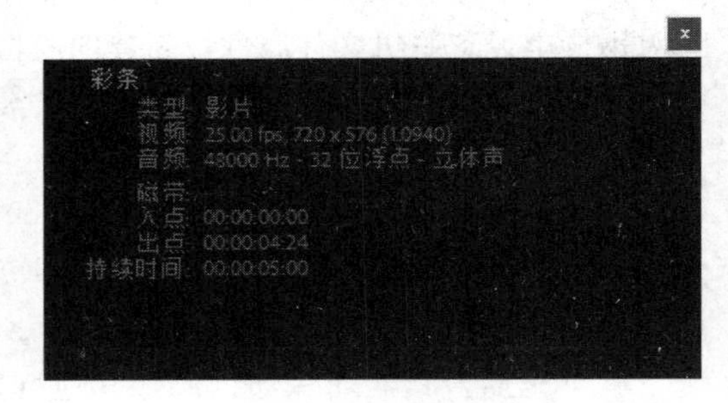

图 2-2-19　彩条属性

2.2.5 管理素材

当把很多不同类型、不同名字的素材导入“项目”窗口后，很容易出现混乱的局面，这就需要对素材进行合理的管理操作。

1. 重命名素材

导入“项目”窗口中的素材文件可以重新命名，以方便应用和管理。在“项目”窗口中选择某一素材，执行菜单“素材→重命名”命令，或者在素材上右击，弹出快捷菜单，执行“重命名”命令，直接输入新文件名即可。

2. 清除、复制、修改素材

（1）清除素材：在“项目”窗口中选择某一素材，在素材上右击，弹出快捷菜单，执行“清除”命令，当前素材被删除。

（2）制作副本：在“项目”窗口中选择某一素材，在素材上右击，弹出快捷菜单，执行“副本”命令，在同一个文件夹中复制了一个当前素材的副本。

（3）修改素材：在“项目”窗口中选择某一素材，执行菜单“素材→修改→时间码”命令，或者在素材上右击，弹出快捷菜单，执行“修改”命令，弹出级联菜单，执行“时间码”命令，打开“修改素材”对话框，通过“音频声道”、“解释素材”和“时间码”等不同的选项卡修改素材的相关属性。

3. 管理素材

在 Premiere 中可以创建文件夹对“项目”窗口中的素材进行分类管理，通过以下三种基本方法可以新建文件夹。

（1）菜单命令：执行菜单“文件→新建”命令，弹出级联菜单，执行“文件夹”命令。

（2）工具按钮：在“项目”窗口底部的工具栏中，单击“新建文件夹”工具按钮。

（3）快捷菜单命令：在“项目”窗口右击，弹出快捷菜单，执行“新建文件夹”命令。

通过以上方法可以直接在“项目”窗口新建一个文件夹，默认名称为“文件夹 01”，直接输入新的文件夹名称，并将素材文件拖曳到文件夹内即可。右击文件夹，弹出快捷菜单，执行“重命名”命令，或者在选中的文件夹上双击，都可以对文件夹进行重命名。

如图 2-2-20 所示为对“2.2 知识魔方.prproj”项目素材的文件夹管理结果。

4. 查找素材

Premiere 的“项目”窗口提供了素材搜索功能，在素材或素材文件夹比较多时方便查找、选择素材。单击“项目”窗口的“入口”下拉图标，在列表中选择“全部”选项，在“搜索”编辑框中输入要查找的素材文件名，如“黑场”，则素材“黑场”所在的文件夹自动被打开，并在当前位置显示查找的素材“黑场”，如图 2-2-21 所示。

5. 替换素材

当发现导入到“项目”窗口中的素材不合适，或素材在磁盘上的存储位置有变化时，可以直接用素材替换的方法解决问题，而不必重新导入素材。

在“项目”窗口选择要替换的源素材文件，执行菜单“素材→替换素材”命令，或者在素材上右击，弹出快捷菜单，执行“替换素材”命令，打开“替换素材”对话框，在对话框中选择替换的目标文件，单击选择按钮，则“项目”窗口中的源素材文件及应用在轨道上的素材直接被新素材替换。

> **小黑板**
>
> 当由于素材文件的存储位置发生变化而引起“脱机”时，找到新位置中的素材文件，使用“替换素材”的方法直接替换脱机素材文件即可。

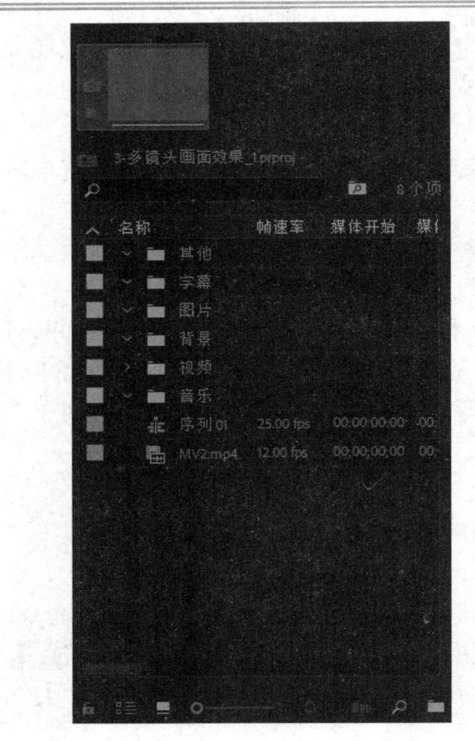

图 2-2-20　通过文件夹管理素材

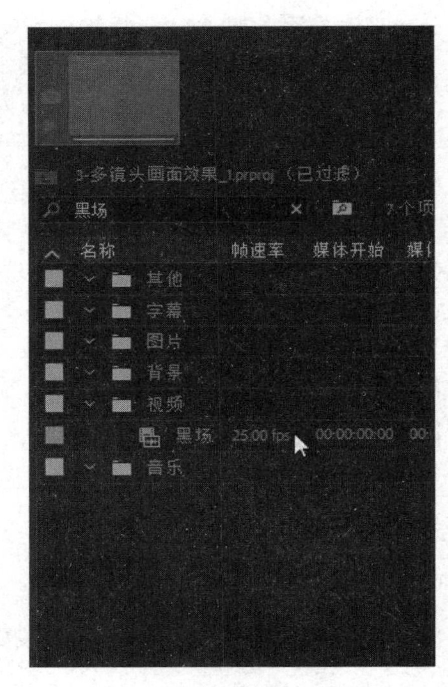

图 2-2-21　搜索素材“黑场”

2.2.6　在源监视器中剪辑素材

在 Premiere 中的源监视器负责存放和显示待编辑的源素材，通过“源监视器”窗口不但可以预览源素材，还可以进行简单编辑，以方便源素材在序列中的高级编辑。

执行菜单“窗口→源监视器”命令，打开“源监视器”窗口。在“项目”窗口中双击素材名，或者直接拖曳素材到“源监视器”窗口，单击“源监视器”窗口右下角工具栏列表中的“按钮编辑器”按钮，打开按钮编辑器，如图 2-2-22 所示，先将编辑工具拖曳到“源监视器”窗口中，再应用该工具对素材进行编辑。

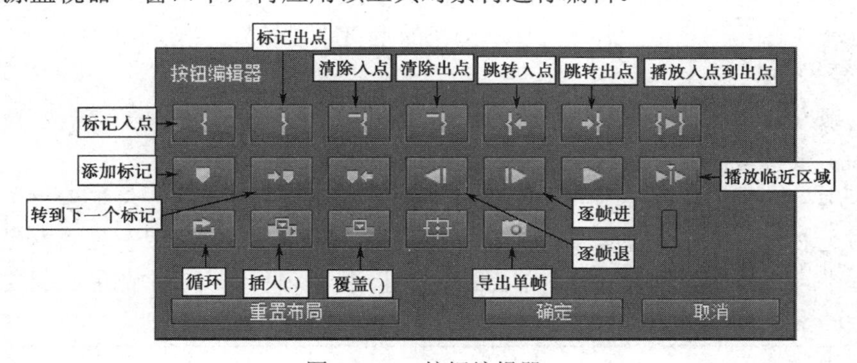

图 2-2-22　按钮编辑器

1. 剪辑素材

通过在源监视器中设置素材的入点和出点形成一个新的片段，将素材分段应用到序列轨道中。

❶在“项目”窗口中双击“通用倒计时片头”素材，在“源监视器”窗口中将其打开。

❷单击▶按钮预览效果，或者直接拖动时间指示器快速浏览。该素材开始点（入点）为00:00:00:00，结束点（出点）为00:00:11:00，播放持续时间为11秒。

❸单击“逐帧退”按钮或“逐帧进”按钮，定位时间指示器到00:00:06:00位置。

❹单击“标记入点”按钮，或右击，弹出快捷菜单，执行“标记入点”命令；或者执行菜单“标记→标记入点”命令，将当前位置设置为素材片段的开始点，即入点。

❺拖动时间指示器，将时间指示器精确定位到00:00:10:00（10秒）位置。

❻依照步骤❹的方法标记出点。此时，在“源监视器”窗口的时间标尺上，入点与出点之间以符号“{”与“}”连接，以灰色背景显示，该片段被标记，如图2-2-23所示。

❼将时间指示器定位到某一时间点。

❽在“源监视器”窗口任一位置单击，按住鼠标左键，并向“时间线”窗口拖曳，剪辑的素材片段被添加到时间指示器的当前位置，如图2-2-24所示。

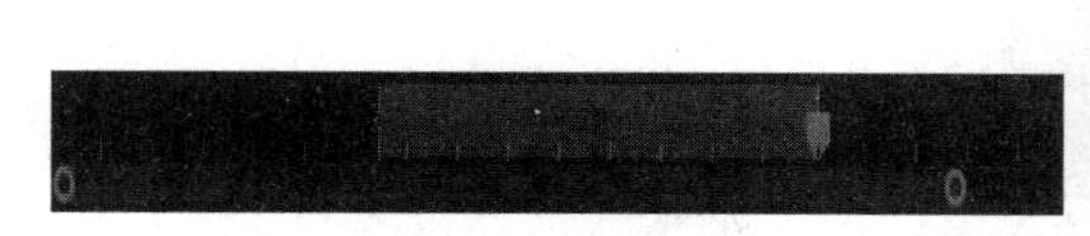

图2-2-23　定义素材片段

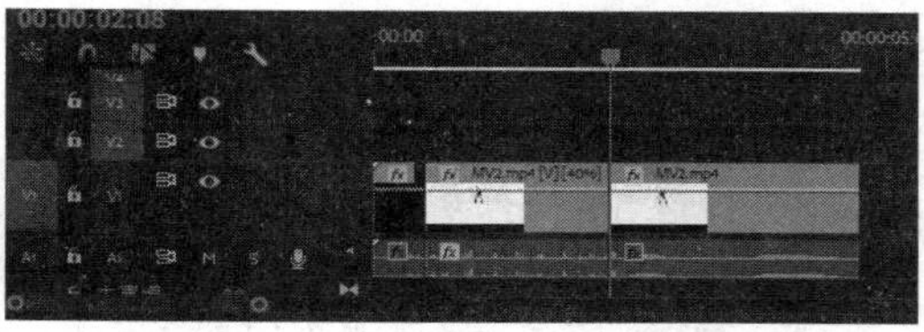

图2-2-24　添加素材片段

当需要在当前素材上剪辑新的片段时，先删除当前的入点和出点。单击“源监视器”窗口底部的“清除入点”按钮和“清除出点”按钮，或者在片段区域内右击，弹出快捷菜单，执行“清除入点”和“清除出点”命令，即可将入点和出点删除。

2. 分离视、音频

“源监视器”窗口提供两个工具按钮：“仅拖动视频”按钮和“仅拖动音频”按钮，可以将视、音频素材进行分离，并分别将其添加到“时间线”窗口单独进行编辑。

（1）仅添加视频素材：移动鼠标到按钮上方，当鼠标光标变成小手形状时，按住鼠标左键，拖曳鼠标到序列视频轨道上，素材中的视频部分被添加到视频轨道中。

（2）仅添加音频素材：移动鼠标到按钮上方，当鼠标光标变成小手形状时，按住鼠标左键，拖曳鼠标到序列音频轨道上，素材中的音频部分被添加到音频轨道，如图2-2-25所示。

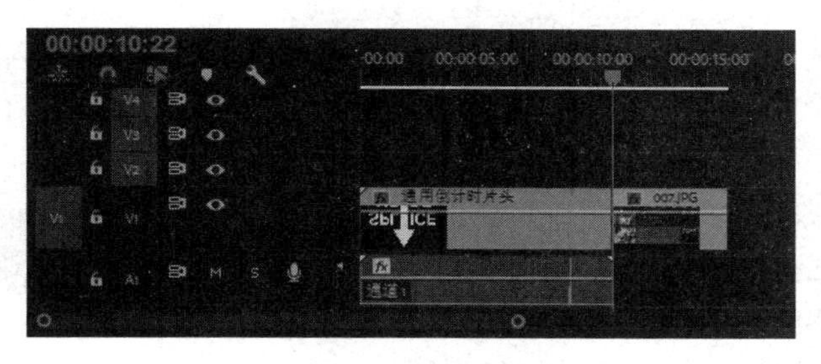

图2-2-25　素材视、音频分离

3. 插入素材和覆盖素材

将新的素材添加到已经有素材左右相邻排列的轨道中时，有两种方式：将新素材插入当前位置，原素材向右缩进，波纹变长；用新素材覆盖当前位置上的素材，波纹不变。如图 2-2-26 所示，“视频 1”轨道中有“彩条”和“007.jpg”两个素材左右相邻，将时间指示器定位在两个素材的切点位置，即两个素材的左右连接点处。

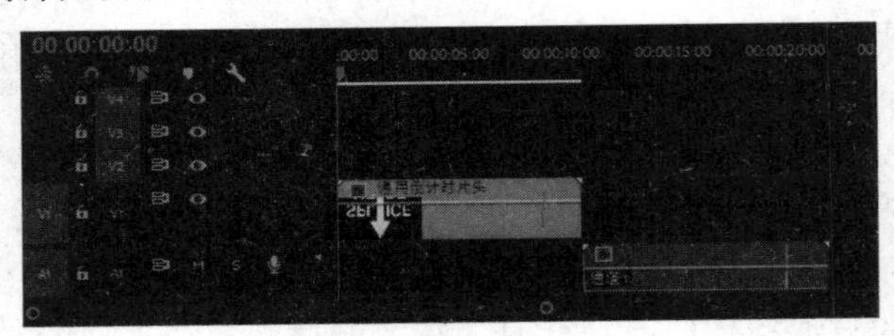

图 2-2-26　左右相邻的两个素材

（1）插入素材：在“源监视器”窗口中剪辑素材片段“通用倒计时片头”，片段持续时间为 2 秒。单击“源监视器”窗口底部工具栏中的“插入”按钮，素材片段被添加到“时间线”窗口时间指示器的当前位置，时间指示器自动右移至与素材保持右对齐，右侧的素材“007.jpg”自动向右缩进，波纹变长，如图 2-2-27 所示。

小黑板

若时间指示器所在位置是某个素材的中间，则插入素材片段时，素材在时间指示器位置被割断，形成两个片段，时间指示器右侧的片段自动右缩进。

（2）覆盖素材：在“源监视器”窗口中剪辑素材片段“通用倒计时片头”，单击工具栏中的“覆盖”按钮，素材片段被添加到“时间线”窗口时间指示器的当前位置，与时间指示器右对齐，与右侧素材“007.jpg”重叠的部分被覆盖，如图 2-2-28 所示。

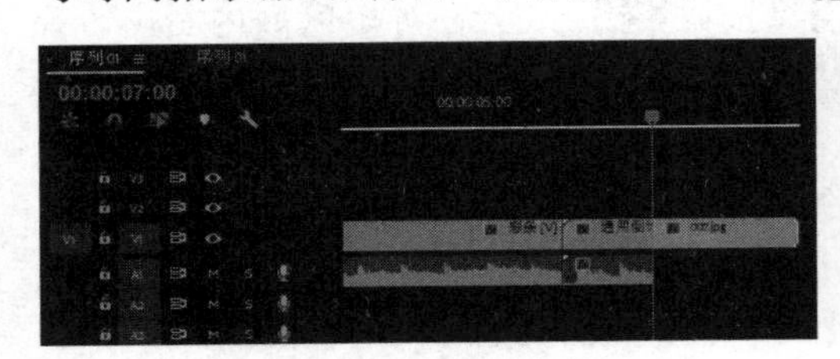

图 2-2-27　插入素材

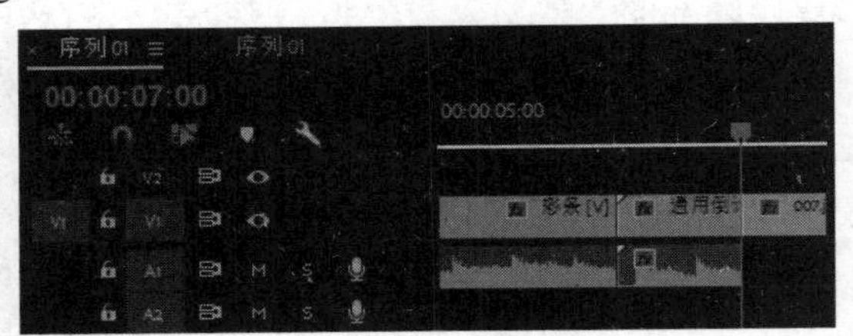

图 2-2-28　覆盖素材

4. 三点编辑和四点编辑

三点编辑和四点编辑是专业视频编辑中常用的方法，通过在“源监视器”和“节目监视器”窗口中为素材设置入点和出点的个数，对素材进行编辑。

（1）三点编辑：既可以是 2 个入点和 1 个出点，也可以是 1 个入点和 2 个出点。下面是在“源监视器”窗口中标记 1 个入点和出点，在“时间线”窗口只标记 1 个入点的三点编辑。

❶在“源监视器”窗口中剪辑素材片段“通用倒计时片头”，标记入点为 00:00:06:00，出点为 00:00:08:00，片段持续时间为 2 秒，如图 2-2-29 所示。

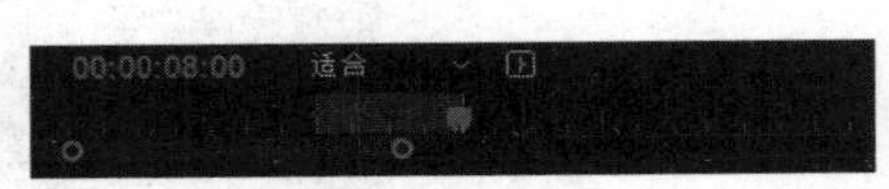

图 2-2-29　标记入点、出点

❷在“时间线”窗口中，将时间指示器定位到 00:00:02:00 位置，单击“节目监视器”工具栏中的按钮，标记序列入点，如图 2-2-30 所示。

❸单击“源监视器”工具栏中的按钮，素材片段被添加到“视频 1”轨道中，素材片段的入点与序列入点左对齐，如图 2-2-31 所示。

图 2-2-30 标记入点

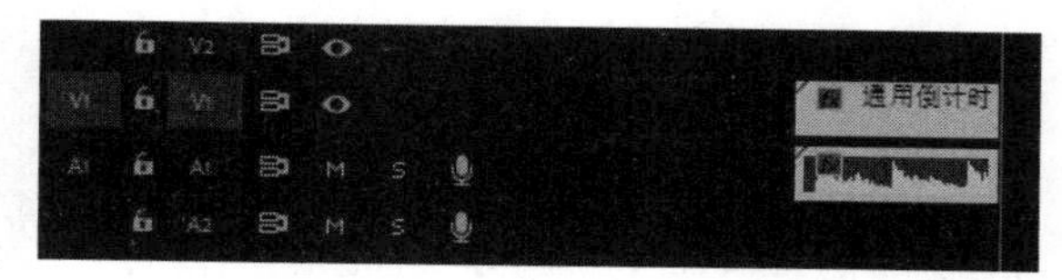

图 2-2-31 点编辑

> **小黑板**
>
> - 在“时间线”窗口只标记 1 个出点的三点编辑，在“时间线”窗口只标记序列出点，源素材片段被插入时，出点与出点右对齐。
> - 在“源监视器”窗口标记 1 个入点或出点，在“时间线”窗口标记序列入点和出点的三点编辑，只标记素材片段的入点时，默认素材的结束点为出点。

（2）四点编辑：2 个入点和 2 个出点的编辑，即在“源监视器”窗口标记素材片段的入点和出点，同时在“时间线”窗口标记序列入点和出点，操作与三点编辑基本相同。

（3）适配素材：在三点编辑和四点编辑中经常出现这样的情况：“时间线”窗口中标记的序列入点与出点之间的持续时间少于在“源监视器”窗口中剪辑的素材片段的持续时间，即如何将较长的源素材片段添加到较短的时间线轨道上？此时，系统会自动提示对素材进行适配。

当源素材片段的持续时间大于序列轨道上入点、出点之间的持续时间时，系统自动弹出“适配素材”对话框，提示对素材进行修改，如图 2-2-32 所示。

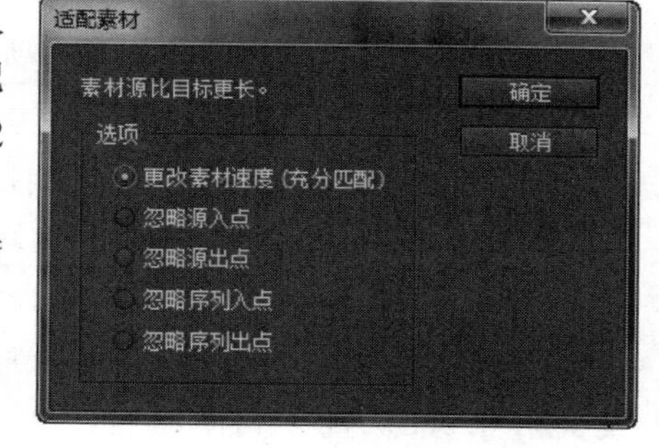

图 2-2-32 “适配素材”对话框

- 更改素材速度（充分匹配）：修改源素材的播放速度，以改变源素材长度。
- 忽略源入点：自源素材片段入点向右剪除多出的片段，以改变源素材片段的长度。
- 忽略源出点：自源素材片段出点向左剪除多出的片段，以改变源素材片段的长度。
- 忽略序列入点：删除“时间线”窗口中标记的序列入点。
- 忽略序列出点：删除“时间线”窗口中标记的序列出点。

2.2.7 在“时间线”窗口中剪辑素材

导入“项目”窗口的素材可以直接添加到“时间线”窗口的轨道中进行编辑。

1. 轨道操作

（1）重命名轨道：为了方便编辑，可以重命名轨道。单击选中轨道，在轨道头部的轨道名称上方右击，弹出快捷菜单，执行“重命名”命令。轨道名称变为可编辑状态，鼠标光标于编辑位置闪烁等待，直接输入新名称即可。

（2）添加、删除轨道。

① 移动鼠标光标到轨道名称上方，右击，弹出快捷菜单，执行“添加轨道…”命令，

打开“添加视音轨”对话框，设置相应参数，选择视频或音频轨道。其中，“放置”下拉列表中列出了新轨道的位置。

② 单击选中轨道，右击轨道头部，弹出快捷菜单，执行“删除轨道”命令，删除当前轨道。

③ 当需要一次删除多条轨道时，在任意一条轨道头部右击，弹出快捷菜单，执行“删除轨道…”命令，打开“删除轨道”对话框，选择要删除的轨道，单击确定按钮，删除指定轨道。

2. 添加素材

向“时间线”窗口添加素材有以下几种操作。

（1）插入素材：在“源监视器”窗口底部的工具栏中单击按钮，源素材或素材片段被添加到“时间线”窗口中时间指示器的当前位置，时间指示器自动右移至与素材保持右对齐，其右侧的素材自动向右缩进，波纹变长。

（2）覆盖素材：在“源监视器”窗口底部的工具栏中单击按钮，源素材或素材片段被添加到“时间线”窗口中时间指示器的当前位置，与时间指示器左对齐，右侧素材的重叠部分被覆盖，波纹长度不变。

（3）拖曳素材。

① 在“项目”窗口中选中一个或多个素材，将其拖曳到时间线轨道的任意位置，放开鼠标，素材被添加到当前位置。拖曳多个素材时，素材按选择的顺序左右排序。

② 在“源监视器”窗口的预览区域按住鼠标左键，拖曳素材片段到“时间线”窗口的某一轨道，放开鼠标，素材被添加到当前位置。这个操作相当于应用“覆盖”工具。

小黑板

应用“拖曳”方法添加素材到时间线轨道时，相当于执行“覆盖”操作，新素材会覆盖轨道当前位置原有的素材，波纹长度不变。因此，使用这种方法时要十分小心。

（4）自动匹配素材：在“项目”窗口的素材列表中选中一个或多个素材，单击窗口底部工具栏中的“自动匹配到序列”按钮，打开“自动匹配到序列”对话框，按需要设置相应参数，将素材添加到时间线轨道。

① 在“顺序”下拉列表中有以下两个选项。

- 排序：按照素材在“项目”窗口中的排列顺序，将素材左右相邻添加到时间线轨道。
- 顺序选择：按照在“项目”窗口中选择素材的时间顺序，将素材左右相邻添加到时间线轨道。

② 在“方法”下拉列表中有以下两个选项。

- 插入编辑：以“插入”方式添加素材到轨道。
- 覆盖编辑：以“覆盖”方式添加素材到轨道。

❶将时间指示器定位到 00:00:00:00 位置，在“项目”窗口中先后选中素材“009.jpg”和“007.jpg”，单击按钮，打开“自动匹配到序列”对话框，在“顺序”下拉列表中选择“顺序选择”选项，单击确定按钮，素材被添加到“视频 1”轨道上，如图 2-2-33（a）所示。

❷依照步骤❶的方法，在“顺序”下拉列表中选择“排序”选项，单击确定按钮，素材被添加到“视频 1”轨道上，如图 2-2-33（b）所示。

❸拖曳素材“001.jpg”到“视频 1”轨道上，并与时间指示器左对齐。将时间指示器定位到 00:00:02:00 位置，处于素材“001.jpg”中间。选中“项目”窗口中的素材“009.jpg”

和“007.jpg”，单击按钮，打开“自动匹配到序列”对话框，选择“方法”下拉列表中的“插入编辑”选项，单击确定按钮，素材被添加到“视频 1”轨道上，如图 2-2-33（c）所示，素材“001.jpg”被切割，时间指示器右侧的片段自动右缩进。

❹依照步骤❸的方法，在“自动匹配到序列”对话框中，选择“方法”下拉列表中的“覆盖编辑”选项，单击确定按钮，素材被添加到“视频 1”轨道上，如图 2-2-33（d）所示，时间指示器右侧的素材“001.jpg”片段被覆盖。

3. 复制和移动素材

重复利用素材是非线性编辑的特征之一。在“时间线”窗口中可以对素材进行复制、移动等操作，无须重复添加素材。

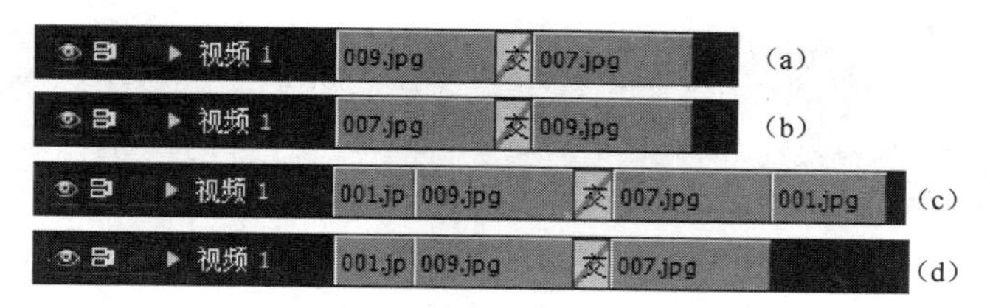

图 2-2-33　按不同“顺序”和“方法”自动匹配序列

（1）复制素材。

❶执行菜单“窗口→工具”命令，打开“工具”面板，单击工具。

❷在轨道中单击要复制的素材，按组合键<Ctrl+C>，或在素材上右击，弹出快捷菜单，执行“复制”命令。

❸单击选中另一个轨道，调整时间指示器的位置。

❹按组合键<Ctrl+V>，可将复制的素材粘贴到时间指示器当前位置，时间指示器随之向右缩进至与素材右对齐。

❺或者选中被复制的素材，按住<Alt>键的同时向另一个位置拖曳素材，将直接复制该素材。

（2）移动素材。

❶单击选中要移动的素材，按住鼠标左键，拖曳素材到其他轨道或其他时间位置，放开鼠标，素材被拖曳到当前位置。

❷单击选中要移动的素材，按组合键<Ctrl+X>，或在素材上右击，弹出快捷菜单，执行“剪切”命令。单击选中另一个轨道，调整时间指示器到另一个时间位置。按<Ctrl+V>组合键，将素材移动到时间指示器位置，时间指示器随之向右移动至与素材右对齐。

小黑板

不管是复制素材还是移动素材，都相当于执行“覆盖”功能，在操作过程中，要注意保护不想被覆盖的素材。

4. 修剪素材

如果有的素材没有在“源监视器”剪辑片段，在“时间线”窗口中可以通过“剃刀”工具完成剪辑，并将不需要的片段删除。

❶拖曳“项目”窗口中的“通用倒计时片头”素材到“视频 1”轨道上。

❷定位时间指示器到 00:00:03:00 位置，如图 2-2-34（a）所示。

❸在“工具”面板中单击“剃刀”工具。

❹移动鼠标到时间指示器位置，当鼠标光标变成▧形状时，如图 2-2-34（b）所示，单击素材“通用倒计时片头”，素材在当前位置被切割成两段，如图 2-2-34（c）所示。

❺在“工具”面板中选中▧工具，单击左侧片段，按<Delete>键将其删除，如图 2-2-34（d）所示。

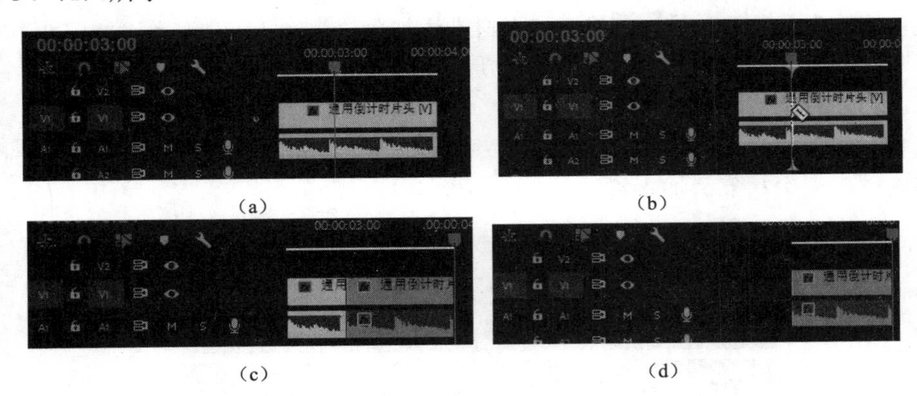

图 2-2-34　修剪素材

5. 调整速度与时间

一般情况下，图片素材和字幕的默认播放时间为 5 秒，音、视频素材的播放速度和播放时间由素材本身决定。Premiere 提供了调整素材的播放时间和播放速度的功能，而播放时间的调整是通过牺牲播放速度来实现的，反之亦然。

（1）通过鼠标调整图片素材时间：调整素材播放时间分为延长时间和缩短时间两种情况。

❶拖曳“项目”窗口中的素材“001.jpg”到“视频 1”轨道的 00:00:05:00 位置，单击选中轨道中的素材“001.jpg”。

❷定位时间指示器到 00:00:03:00 位置，移动鼠标光标到素材入点，当鼠标光标变成延长时间形状▧（箭头向外）时，按住鼠标左键并向左拖曳，素材入点与时间指示器左对齐且出现对齐提示光标▧时放开鼠标，素材时间被向左拉长至时间指示器位置，如图 2-2-35 所示。

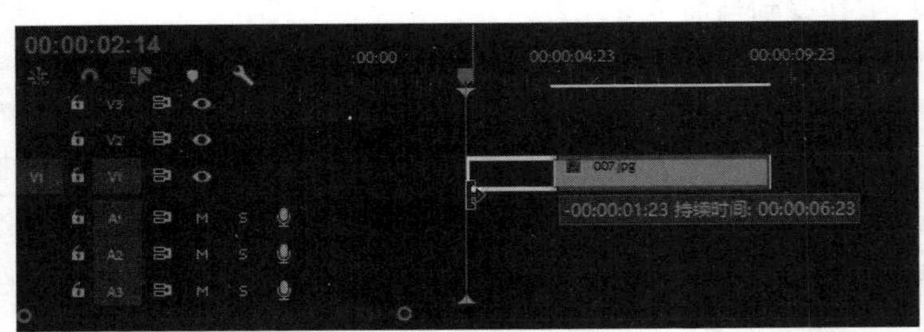

图 2-2-35　向左延长素材时间

❸定位时间指示器到 00:00:12:00 位置，移动鼠标光标到素材出点，当鼠标光标变成延长时间形状▧（箭头向外）时，按住鼠标左键并向右拖曳，素材出点与时间指示器右对齐且出现对齐提示光标▧时放开鼠标，素材时间被向右拉长至时间指示器位置，如图 2-2-36 所示。

图 2-2-36　向右延长素材时间

此时，素材向左、右两侧各延长了 2 秒，持续时间由原来的 5 秒延长至 9 秒。

同理，移动鼠标光标到素材入点，当鼠标光标变成缩短时间形状（箭头向内）时，按住鼠标左键并向右拖曳；或者移动鼠标光标至素材出点，当鼠标光标变成缩短时间形状（箭头向内）时，按住鼠标左键并向左拖曳，则素材的持续时间被缩短。

（2）使用菜单命令调整图片素材时间：选择图片素材，右击，弹出快捷菜单，执行“速度/持续时间”命令，打开“剪辑速度/持续时间”对话框，输入数值或拖曳鼠标调整新的持续时间，如图 2-2-37 所示，单击确定按钮。

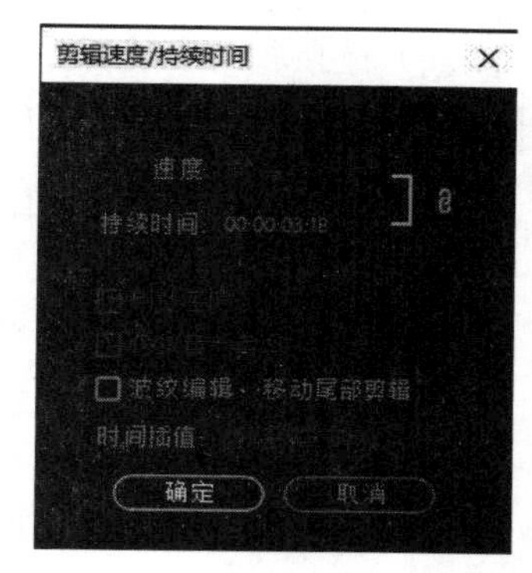

图 2-2-37　“剪辑速度/持续时间”对话框

小黑板

- 当通过鼠标操作延长素材持续时间时，必须保证素材左、右两侧没有相邻的素材。
- 一般情况下，先定位时间指示器位置，再调整素材时间。
- 勾选“剪辑速度/持续时间”对话框中的“波纹编辑，移动尾部剪辑”复选框时，右侧相邻的素材将自动向右缩进，否则会被延长的素材覆盖。

（3）调整视频素材的播放速度和持续时间：调整素材片段的播放时间是以牺牲播放速度来实现的。操作方法与图片素材基本一致。

❶拖曳“项目”窗口中的素材“通用倒计时片头”和“002.avi”到“视频 1”轨道上。

❷选择视频素材“通用倒计时片头”，右击，弹出快捷菜单，执行“速度/持续时间”命令，打开“剪辑速度/持续时间”对话框，调整持续时间为 00:00:05:00（5 秒），勾选“波纹编辑，移动尾部剪辑”和“保持音频音调”复选框。

❸单击确定按钮，持续时间被向右延长，右侧素材自动右缩进。

小黑板

视频素材的原始速度为 100%，当延长持续时间时，速度自动按比例变慢，小于 100%；反之，当缩短持续时间时，速度自动按比例变快，大于 100%。

6. 链接与解除链接

添加到“时间线”窗口中的若是音、视频合成素材，选择视频素材的同时选中音频素材，对视频的操作同时会影响音频，即音频与视频操作保持同步。如“修剪素材”和“调整视频素材的播放速度和持续时间”的例子。

（1）解除音、视频链接：选中轨道中的素材“通用倒计时片头[V]”（同时选中了音频素材），如图 2-2-38 所示。执行菜单“素材→解除视音频链接”命令，或在素材上右击，弹出快捷菜单，执行“解除音视频链接”命令。再次单击视频素材时，音频素材将不被选中，如图 2-2-39 所示，对视频素材的操作不再影响音频素材。

图 2-2-38　链接的音、视频

图 2-2-39　解除链接的音、视频

（2）链接视频和音频：按住<Shift>键，选中要进行链接的视频和音频素材“通用倒计时片头”，执行菜单“素材→链接视频和音频”命令，或在素材上右击，弹出快捷菜单，执行“链接视频和音频”命令。再次单击视频素材时，音频素材同时被选中。

小黑板

- 不论视频与音频素材是否左右对齐，执行“链接视频和音频”命令，它们都能被链接。
- 链接视频和音频素材时，注意音频与视频要吻合，即音画合一。

7. 编组与解组

在 Premiere 中，可以通过“编组”功能实现对“时间线”窗口中的多个素材进行统一操作，如复制、移动等，方便编辑。

（1）素材编组：按住<Shift>键，选中多个轨道上的多个音频和视频素材，执行菜单“素材→编组”命令，或在素材上右击，弹出快捷菜单，执行“编组”命令，素材被组合成一个素材组，单击其中任意一个素材将选中所有素材，可以进行复制、移动、剪切等操作。

（2）素材解组：单击选中素材组，执行菜单“素材→解组”命令，或者在素材上右击，弹出快捷菜单，执行“解组”命令，则素材组被解散。

8. 提升与提取

在 Premiere 中，提升编辑使素材中被删除的部分用黑色画面代替，提取编辑使后面的素材片段自动前移，同时清除因删除部分素材而产生的时间线波纹。

1）提升（Lift）

❶单击素材“通用倒计时片头”所在的“视频 1”轨道，定位时间指示器到 00:00:03:00 位置，执行菜单“标记→标记入点”命令。定位时间指示器到 00:00:06:00 位置，执行菜单“标记→标记出点”命令，如图 2-2-40 所示。

❷执行菜单“序列→提升”命令，或者单击“节目监视器”工具栏中的“提升”按钮。入点与出点之间的素材片段被删除，并产生空波纹，如图 2-2-41 所示。

图 2-2-40　标记入点和出点

图 2-2-41　提升编辑

2）提取（Extract）

❶同以上步骤❶。

❷执行菜单“序列→提取”命令，或者单击“节目监视器”工具栏中的“提取”按钮。入点与出点之间的素材片段被删除，出点右侧的素材片段自动左缩进，与左侧素材片段相邻，不会产生空波纹，如图 2-2-42 所示。

9. 标记素材

在素材的某个时间点打上标记，方便快速查找视频帧，或者与其他素材快速对齐。

图 2-2-42　提取编辑

1）添加标记（Add Marker）

❶在“源监视器”窗口中，定位时间指示器到 00:00:06:00 位置，执行菜单“标记→添加标记”命令，或者单击工具栏中的“标记”按钮，在时间标尺上方，时间指示器的当前位置被添加一个无编号标记点，如图 2-2-43（a）所示。插入该素材到“视频 1”轨道上，标记符号也被带入，如图 2-2-43（b）所示。

❷定位时间指示器到 00:00:03:00 位置，执行菜单“标记→添加标记”命令，或者单击轨道头工具列表中的图标，则在时间标尺上方，时间指示器的当前位置被添加一个标记，如图 2-2-44（a）所示。同时，“节目监视器”窗口时间标尺的同一位置也添加了一个标记，如图 2-2-44（b）所示。

图 2-2-43　在源素材中添加标记

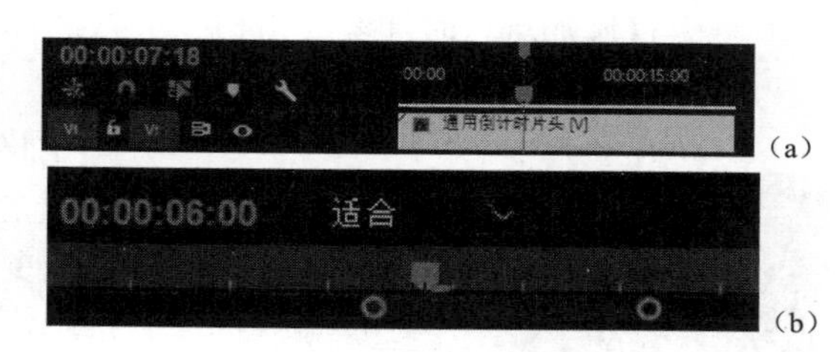

图 2-2-44　在序列中添加标记

2）编辑标记

在添加的标记上方右击，弹出快捷菜单，执行“编辑标记”命令，打开“标记”对话框，可以为标记命名、设置持续时间及添加备注信息等。

> **小黑板**
>
> 在“源监视器”、“节目监视器”或“时间线”窗口中，移动鼠标光标到某个标记上方，右击，弹出快捷菜单，执行“清除当前标记”命令，即可将当前标记删除。执行“清除所有标记”命令，即可删除素材中及时间标尺上的所有标记。

3）应用标记

❶查找标记：在“源监视器”窗口或“节目监视器”窗口中，单击工具栏列表中的“转到下一标记”按钮或“转到前一标记”按钮；或者在“时间线”窗口中，右击时间标尺，弹出快捷菜单，执行“转到下一标记”或“转到前一标记”命令，可以将时间指示器由当前位置直接跳转到下一个标记或前一个标记。

❷对齐素材：在“时间线”窗口中，拖曳带有标记的轨道素材到另一个带有标记的素材，且两个标记对齐时，显示提示光标，如图 2-2-45 所示。

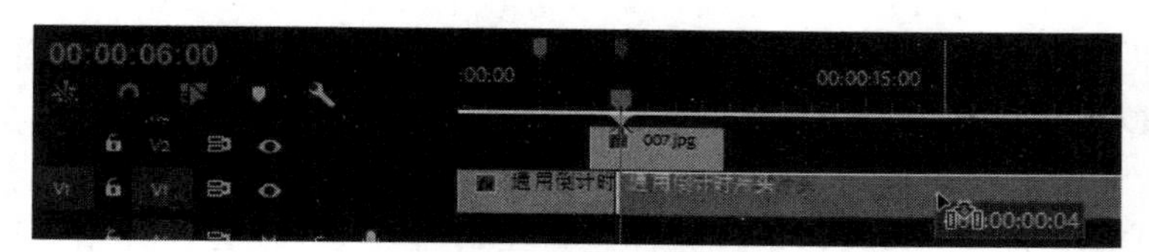

图 2-2-45　利用标记对齐素材

10. 同步素材

单击多个轨道中的同步锁定开关，选中轨道中的多个素材，右击，弹出快捷菜单，执行“同步”命令，打开“同步素材”对话框。勾选“素材开始”复选框，使选择的素材在入点处左对齐；勾选“素材结束”复选框，使选择的素材在出点处右对齐，如图2-2-46所示。

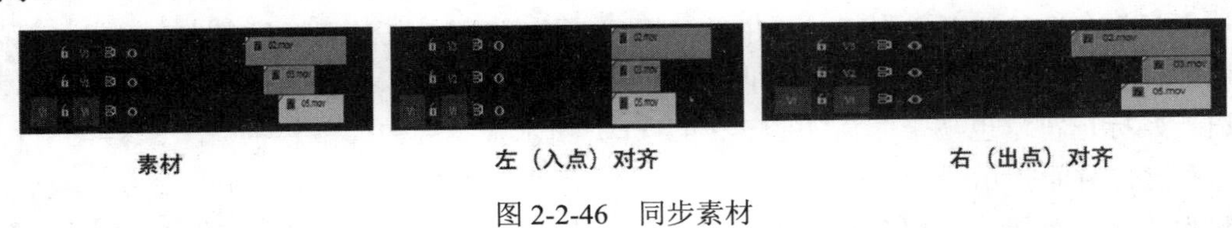

图2-2-46　同步素材

2.2.8　高级剪辑技巧

将素材添加到“时间线”窗口，可以进行帧定格、波纹编辑、速率伸缩等复杂编辑。

1. 帧定格

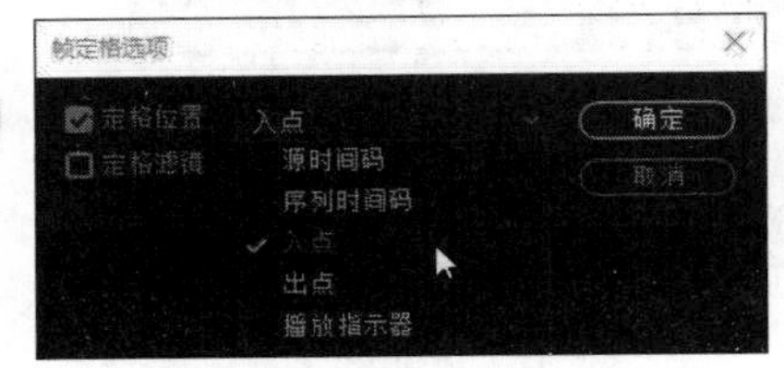

图2-2-47　“帧定格选项”对话框

帧定格是指定时间标尺中的某一帧，并使播放画面静止在这一帧。

❶拖曳素材“通用倒计时片头”到“视频1”轨道上，选中素材，右击，弹出快捷菜单，执行“帧定格”命令，打开“帧定格选项”对话框，在“定格位置”下拉列表中选择“入点”选项，如图2-2-47所示。对话框中的参数及其含义如表2-2-1所示。

❷在“时间线”窗口中拖动时间指示器，在“节目监视器”窗口中预览播放效果，画面静止在素材的第一帧（入点）。

表2-2-1　“帧定格选项”对话框中各项参数的含义

参数名		含　义
定格位置	入点	播放画面静止在素材片段的入点
	出点	播放画面静止在素材片段的出点
	标记0	播放画面静止在素材片段的标记0
定格滤镜		使素材包含的特效效果保持静止
反交错		使素材片段进行非交错处理

2. 嵌套素材

将轨道中的多个素材叠加在一起，生成新的序列（嵌套序列），并添加到当前序列中应用，可以再编辑，这种编辑方法叫作嵌套。这种方法简化了序列轨道，方便编辑。

❶拖曳素材“通用倒计时片头”、“001.jpg”、“007.jpg”和“彩条”到“序列01”的“视频1”和“视频2”轨道上，如图2-2-48所示。

❷拖动鼠标框选所有素材，鼠标光标停留在素材上方，右击，弹出快捷菜单，执行“嵌套”命令，选中的素材被叠加为一个新的序列“嵌套序列01”，如图2-2-49所示。

图 2-2-48　添加素材

图 2-2-49　生成嵌套序列

❸双击“嵌套序列 01”，打开序列，原来的素材自动处于编辑状态，如图 2-2-50 所示。

❹新建的“嵌套序列 01”自动添加到“项目”窗口的素材列表中。

3. 激活素材

在影片的制作过程中，如果因为项目文件过大或素材过多导致预览或操作速度变得非常缓慢，可以通过先将部分素材暂时设置为“失效”状态进行改善。在渲染项目前，再将素材由“失效”状态激活即可。

❶选中轨道中的素材“002.avi”，右击，弹出快捷菜单，取消勾选“启用”命令。轨道上的素材变成灰色背景，即不可编辑状态，如图 2-2-51 所示，在“节目监视器”中将无法预览该素材效果。

图 2-2-50　编辑嵌套序列

图 2-2-51　素材处于不可编辑状态

❷再次在素材上方右击，弹出快捷菜单，选择“启用”命令，则素材恢复可编辑状态，且在“节目监视器”中可以预览效果。

4. 波纹编辑

“波纹编辑”是 Premiere 的高级编辑工具，操作对象是经过剪辑的素材片段，可以实现在不覆盖左右相邻素材、不改变播放速度的情况下，对轨道中素材片段的入点和出点进行调整，序列时间随之变化。

❶在“源监视器”窗口中，分别剪辑素材片段“002.avi”、“通用倒计时片头”和“001.jpg”，并将三个素材片段插入“视频 1”轨道中，且按顺序自左向右相邻排列，如图 2-2-52 所示。

图 2-2-52　添加三个素材片段

❷在“工具”面板中选择波纹编辑工具，移动鼠标光标到素材片段“通用倒计时片头”的出点，当鼠标光标变成形状时，按住鼠标左键并向右拖曳，如图 2-2-53 所示。

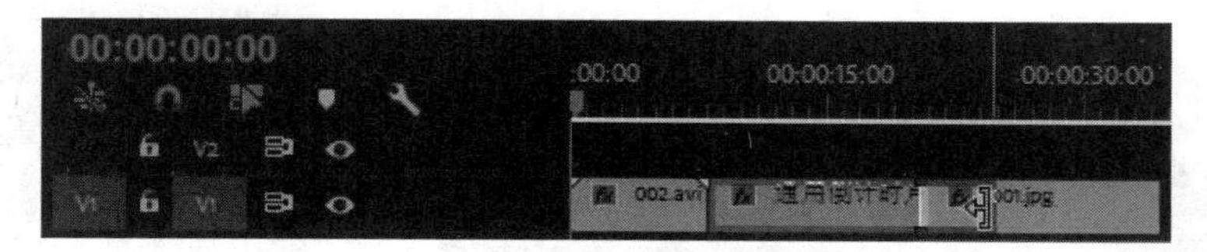

图 2-2-53　向右调整素材出点

❸放开鼠标，出点向右伸展，素材片段的持续时间变长，素材片段“001.jpg”自动向右缩进，序列的时间线波纹变长，如图 2-2-54 所示。在素材片段“通用倒计时片头”

上方右击，弹出快捷菜单，执行“速度/持续时间”命令，打开“剪辑速度/持续时间”对话框，观察发现，素材片段“通用倒计时片头”的“速度”为“100%”。

❹依照步骤❷的方法，向左拖曳素材片段“通用倒计时片头”的入点，如图2-2-55所示。

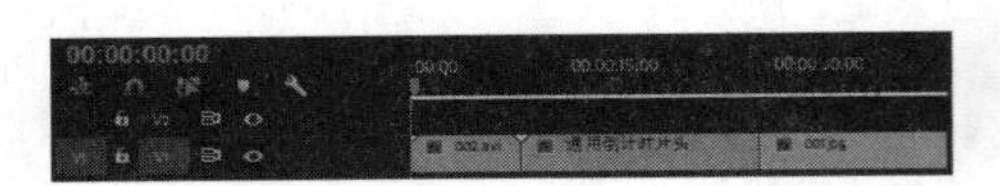

图2-2-54　素材片段自动右缩进

图2-2-55　向左调整素材入点

❺放开鼠标，入点向左伸展，素材片段的持续时间继续变长，素材片段“001.jpg”继续自动向右缩进，素材片段“002.avi”保持不变，序列的时间线波纹继续变长，如图2-2-56所示。继续观察，素材片段“通用倒计时片头”的“速度”仍然是“100%”。

❻依照步骤❷的方法，继续向左拖曳素材片段“通用倒计时片头”的入点，到达某个位置后，拖曳鼠标无效，同时在鼠标光标右下角显示提示信息“达到修剪媒体限制”，如图2-2-57所示。继续观察，素材片段“通用倒计时片头”的“速度”仍然是“100%”。

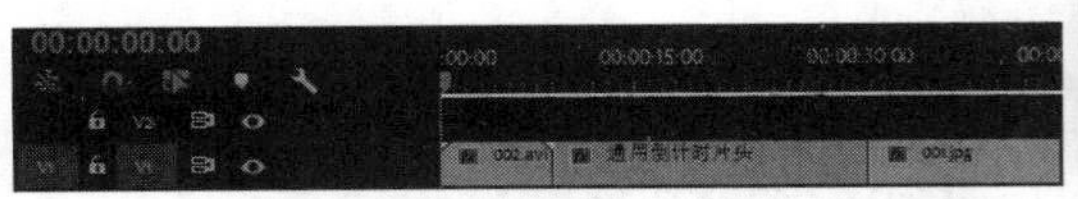

图2-2-56　素材片段继续自动向右缩进

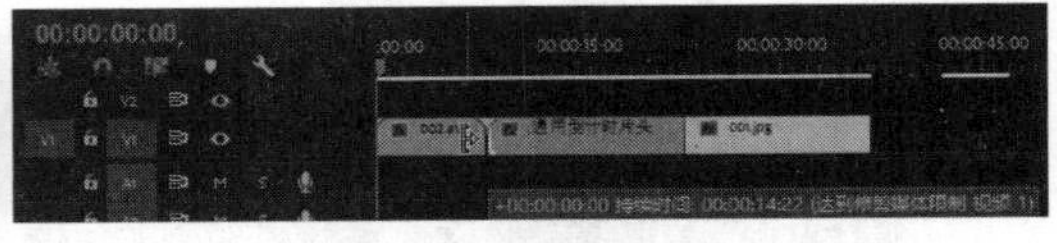

图2-2-57　调整入点受限制

小黑板

- 波纹编辑通过增加或减少素材片段的播放内容来增加或减少持续时间，并未牺牲素材的播放速度。
- 波纹编辑的对象必须是被剪辑的素材片段，在调整入点或出点时，当超过源素材的持续时间，或者少于源素材的持续时间时，编辑操作无效。即编辑入点和出点后的素材片段既不能超过源素材的持续时间，也不能少于源素材的持续时间。

5. 错落编辑

“错落编辑”是Premiere的高级编辑工具，操作对象是经过剪辑的素材片段，对时间线轨道中素材片段的入点和出点进行调整时，不覆盖左右相邻的素材，不改变序列的持续时间、素材的播放速度和持续时间，但改变素材片段的播放内容。

❶在“源监视器”窗口中，分别剪辑素材“010.flv”、“通用倒计时片头”和“001.jpg”，并将三个素材片段添加到“视频1”轨道中，且按顺序自左向右相邻排列。

❷在“工具”面板中选择“错落编辑”工具，移动鼠标光标到达素材片段“通用倒计时片头”入点，当鼠标光标变成形状时，按住鼠标左键并向左拖曳，如图2-2-58所示。同时，在“节目监视器”中预览素材片段内容的变化，如图2-2-59所示。

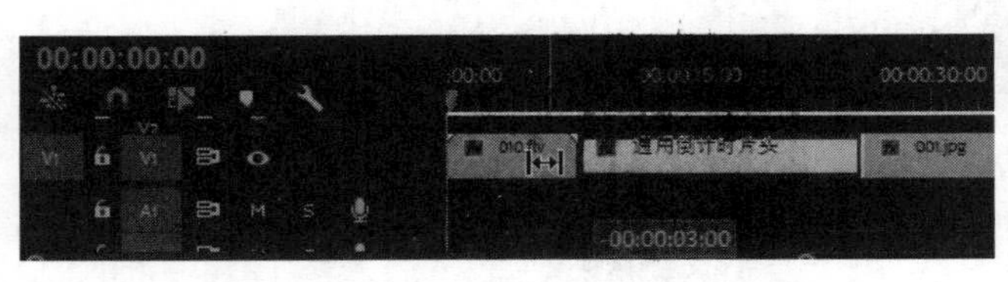

图2-2-58　使用“错落编辑”工具调整入点

图2-2-59　预览错落编辑效果

不同的操作的调整结果如下。

- 向左调整入点，入点向外伸展，播放内容向后平移相同时间，序列持续时间不变。
- 向右调整入点，入点向内收缩，播放内容向前平移相同时间，序列持续时间不变。
- 向左调整出点，出点向内收缩，播放内容向后平移相同时间，序列持续时间不变。
- 向右调整出点，出点向外伸展，播放内容向前平移相同时间，序列持续时间不变。

6. 滑动编辑

“滑动编辑”是 Premiere 的高级编辑工具，操作对象是经过剪辑的素材片段，对时间线轨道中素材片段的入点和出点进行调整时，发生变化的不是被操作的对象，而是其左右连接排列的相邻素材。滑动编辑不改变序列的持续时间，也不改变素材的播放速度，但改变左右相邻素材片段的持续时间。

❶在“源监视器”窗口中，分别剪辑素材“010.flv”、“通用倒计时片头”和“001.jpg”，并将三个素材片段插入“视频 1”轨道中，且按顺序自左向右相邻排列。

❷在“工具”面板中选择“滑动编辑”工具，移动鼠标光标到达素材片段“通用倒计时片头”入点，当鼠标光标变成形状时，按住鼠标左键并向左拖曳，如图 2-2-60 所示。

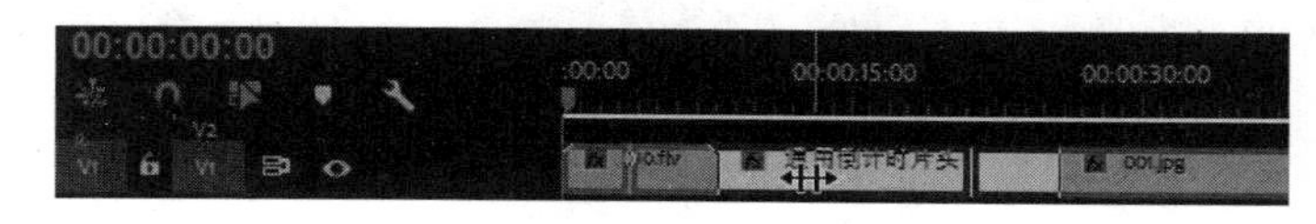

图 2-2-60　向左调整素材片段入点（1）

❸放开鼠标，左侧素材片段被覆盖，中间素材片段不变，右侧素材片段向左伸展相同时间，序列时间不变，如图 2-2-61 所示。

图 2-2-61　滑动编辑结果

7. 滚动编辑

“滚动编辑”是 Premiere 的高级编辑工具，操作对象是经过剪辑的素材片段，调整时间线轨道中素材片段的入点和出点时，左右相邻素材的入点和出点同时发生变化，即持续时间和播放内容都发生变化，素材的播放速度不变，序列的持续时间不变。

❶在“源监视器”窗口中，分别剪辑素材“010.flv”和“通用倒计时片头”，并将这两个素材片段插入“视频 1”轨道中，且按顺序自左向右相邻排列。

❷在“工具”面板中选择“滚动编辑”工具，移动鼠标光标到达素材片段“通用倒计时片头”入点，当鼠标光标变成形状时，按住鼠标左键并向左拖曳，如图 2-2-62 所示。在“节目监视器”中预览滚动编辑效果如图 2-2-63 所示。

❸放开鼠标，左侧素材片段被覆盖，右侧素材片段持续时间和播放内容变长，播放速度不变，序列持续时间不变，如图 2-2-64 所示。

❹继续向左拖曳鼠标，调整素材片段入点时，当弹出提示信息“达到最小修剪持续时间”时，调整操作不再有效，如图 2-2-65 所示，这说明素材片段的入点已经与源素材的入点对齐。

图 2-2-62　向左调整素材片段入点（2）

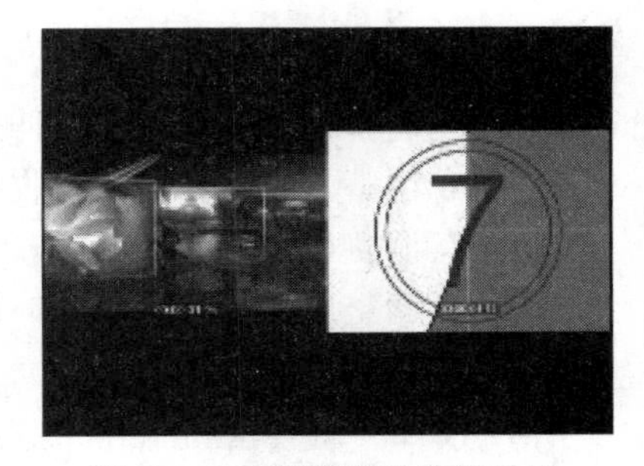
图 2-2-63　预览滚动编辑效果

图 2-2-64　左侧素材片段被覆盖

图 2-2-65　向左调整素材入点受限制

2.3　剪辑技巧综合实例

利用 Premiere 的剪辑工具，配合时间线和特效，可以制作出非常酷的视频效果。

2.3.1　双画面特写效果

2-3-1　制作双画面特写效果

❶新建项目“双画面特写”，导入素材“模块 2/2-3 剪辑技巧综合实例/素材/MV.mp4”到“项目”窗口，拖曳素材到“视频 1”轨道上。

❷将时间指示器定位到 00:00:06:16 位置，在“工具”面板中选择“剃刀”工具，在时间指示器当前位置单击素材，将素材切割为两个片段。按照相同的方法，分别在 00:00:11:14、00:00:13:12、、00:00:15:11、00:00:18:10、00:00:20:19 等位置单击素材，将素材切割为 7 个片段。单击第 1 个素材片段，按<Delete>键将其删除；单击第 7 个素材片段，按<Delete>键将其删除。

❸选择第 1 个素材片段，将其命名为“01”。按照相同的方法，将其他素材片段分别重命名为“02”～“05”。右击素材“01”左侧的空白时间线，执行“波纹删除”命令。

❹选择素材“02”，执行“解除视音频链接”命令，按住<Alt>键，向“视频 2”轨道平移，复制素材，且与“视频 1”轨道中的素材“02”两端对齐。

❺单击“视频 2”轨道上的“02”素材，打开“特效控制台”面板，设置“运动”特效“位置”参数为（618，288），设置“视频 1”轨道上的素材“02”的“运动”特效“位置”参数为（243，288）。

❻按照步骤❹、❺的方法，对素材片段“04”进行相同的设置。

❼打开“效果”窗口，展开“视频切换→叠化”文件夹，拖曳转场特效“黑场过渡”到素材片段“05”的出点，时间线如图 2-3-1 所示。

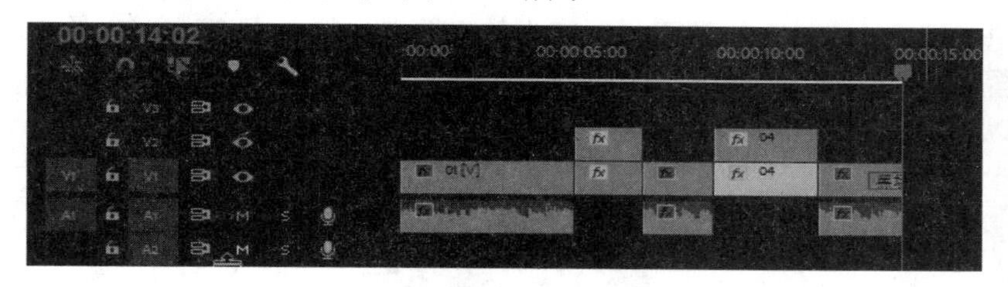

图 2-3-1 “双画面特写”时间线

在“节目监视器”中预览序列，效果如图 2-3-2 所示。

图 2-3-2 双画面特写效果

2.3.2 多镜头画面效果

2-3-2 制作多镜头画面效果

❶新建项目“多镜头画面”，导入素材“模块 2/ 2-3 剪辑技巧综合实例/素材/MV2.mp4”到“项目”窗口，拖曳素材到“视频 1”轨道上，设置“运动”特效的“缩放比例”为“41%”。

❷将时间指示器定位到 00:00:57:11 位置，选择“剃刀”工具，在时间指示器当前位置单击素材，将素材切割为两个片段。按照相同的方法，在 00:00:58:06 位置单击素材，将素材切割为 3 个片段。将时间指示器定位到 00:00:00:13 位置，选择第 2 个片段，执行“解除视音频链接”命令，并复制视频片段到“视频 2”轨道，与时间指示器左对齐。将时间指示器定位到 00:00:09:22 位置，再次切割素材，选择最左侧的素材片段，按<Delete>键将其删除。

❸按照步骤❷的方法，分别在 00:01:27:00、00:01:27:20 位置切割素材，复制两个切割点之间的素材片段，并将其粘贴到“视频 3”轨道，与“视频 2”轨道中的复制素材左对齐。

❹将两段复制素材分别重命名为“01”和“02”。分别选择素材“01”和“02”，打开“剪辑速度/持续时间”对话框，设置素材“持续时间”为 00:00:03:10（3 秒 10 帧），如图 2-3-3 所示。

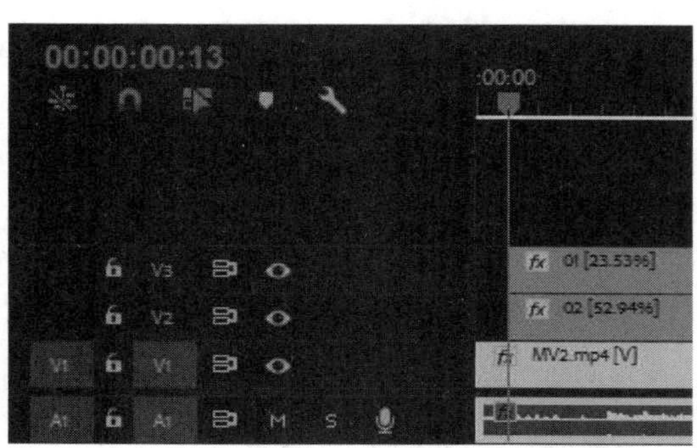

图 2-3-3 “多镜头画面”时间线（1）

❺选择素材“01”，打开“特效控制台”面板，设置“运动”特效的“缩放比例”为“20%”。将时间指示器定位到 00:00:00:13 位置，单击“位置”参数的关键帧记录器，

设置“位置”为（150，800）。在 00:00:01:01 位置，设置“位置”为（150，288）；在 00:00:02:18 位置，位置值保持不变；在 00:00:03:10 位置，设置“位置”为（855，360）。

❻按照步骤❺的方法，设置素材“02”的“缩放比例”为“20%”，并在相同时间位置分别设置“位置”为（518，-218）、（560，270）、（560，270）和（-195，360）。

经过以上操作，完成多镜头画面效果，如图 2-3-4 所示。

图 2-3-4 “多镜头画面”效果（1）

❼将时间指示器分别定位到 00:00:00:13 和 00:00:01:06 位置，选择“剃刀”工具，单击“视频 1”轨道中的素材“MV2”，切割素材。选择两个切割点之间的片段，打开“剪辑速度/持续时间”对话框，设置素材“速度”为“40%”，其他设置如图 2-3-5 所示。

❽单击“视频 1”轨道上的第 3 段素材片段“MV2”，执行“解除视音频链接”命令。将时间指示器分别定位到 00:00:04:19 和 00:00:05:15 位置，切割第 3 段视频素材“MV2”。选择两个切割点之间的素材片段，将其复制并粘贴到“视频 2”、“视频 3”和“视频 4”轨道中，并与时间指示器右对齐，如图 2-3-6 所示。

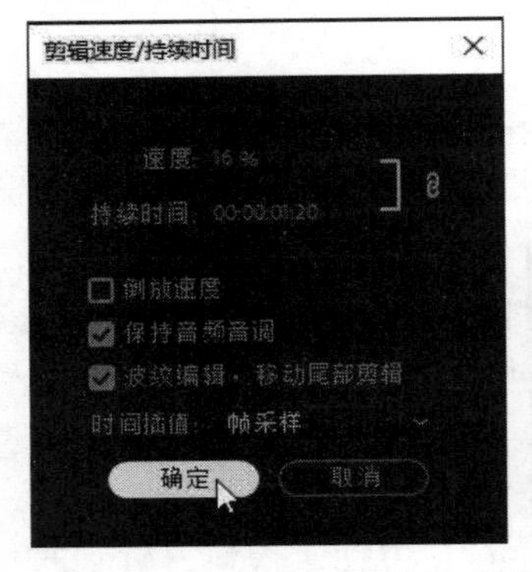

图 2-3-5 “剪辑速度/持续时间”设置

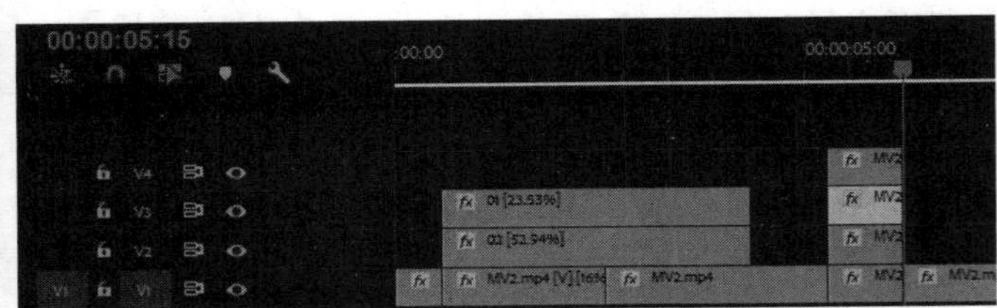

图 2-3-6 “多镜头画面”时间线（2）

❾选择“视频 4”轨道的素材片段，打开“特效控制台”面板，设置“运动”特效的“缩放比例”为“20%”，“位置”为（180，175）；设置“视频 3”轨道素材片段的“缩放比例”为“20%”，“位置”为（540，175）；设置“视频 2”轨道素材片段的“缩放比例”为“20%”，“位置”为（180，400）；设置“视频 1”轨道素材片段的“缩放比例”为“20%”，“位置”为（540，400）。

❿按照步骤❽、❾的方法，分别在 00:00:06:07 和 00:00:06:20 两个位置再次切割“视频 1”轨道上的素材“MV2”，复制并粘贴两个切割点之间的素材片段到“视频 2”、“视频 3”和“视频 4”轨道。设置“缩放比例”和“位置”与步骤❾相同。

至此，多镜头画面效果制作完成，时间线如图 2-3-7 所示，效果如图 2-3-8 所示。

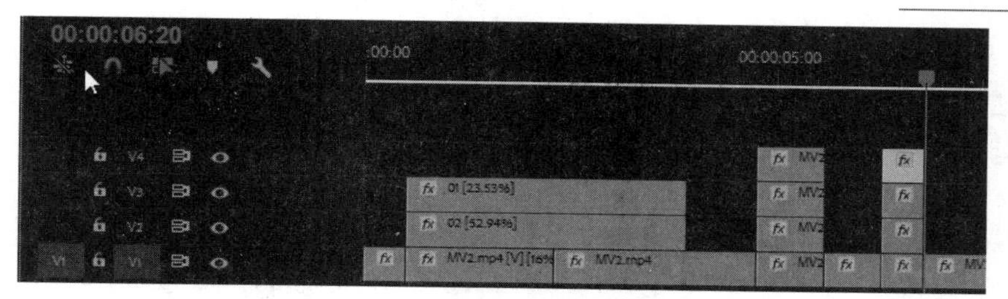

图 2-3-7 “多镜头画面”时间线（3）

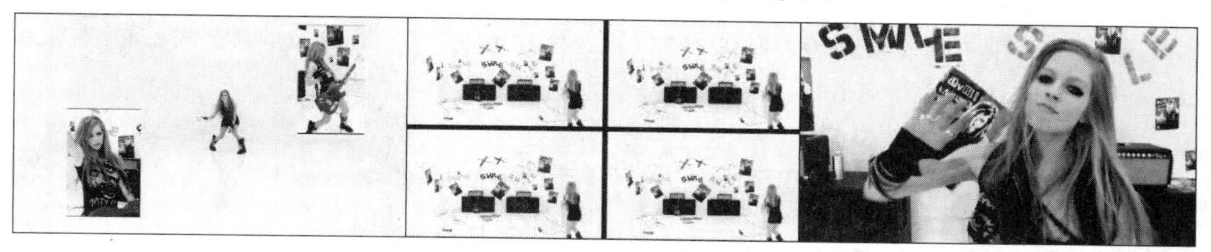

图 2-3-8 “多镜头画面”效果（2）

2.4 情境设计 《TOY 3 预告片》

1. 情境创设

作为一种载体，玩具是孩子想象力延伸的道具，是成人回味童真的影像厅。从那部开创了 3D 时代的《玩具总动员》开始，一个以跳跃的台灯为标志的动画公司，在世界动画史上一步步地留下清晰的足迹。它来了，《玩具总动员 3》（《TOY3》）……安迪开车准备离开时，默默地对所有玩具主角说“谢谢，伙计们！”《TOY3 预告片》的效果如图 2-4-1 所示。

图 2-4-1 《TOY 3 预告片》的效果

2. 技术分析

（1）剪辑视频，根据预告片的风格要求，针对视频故事情节剪辑精彩片段。

（2）从视频中导出单帧画像，用于加强预告片的效果。

（3）从视频中导出图像序列，实现透明合成效果。

（4）使用“钢笔”工具创建轨道关键帧，实现音频的淡入、淡出。

（5）应用“剃刀”工具将波纹删除。

3. 项目制作

STEP01 导入素材

❶运行 Premiere Pro CC 2018，创建名为“TOY3 预告片”的项目，将序列命名为“TOY3 预告”。

❷在“项目”窗口的空白区域双击，打开“导入”对话框，展开文件夹“模块 2/2-4 情境设计-TOY3 预告片/素材”，选择“TOY3.mov”视频素材，单击打开(O)按钮，导入素材到“项目”窗口。

❸将时间指示器定位到 00:00:00:00 位置，拖曳素材“TOY3.mov”到“视频 1”轨道上，并与时间指示器左对齐。

STEP02 创建图片素材

❶定位时间指示器到 00:00:55:17 位置，单击“节目监视器”窗口底部的“导出单帧”按钮，打开“导出帧”对话框，选择存储目录路径和文件格式，输入文件名“01”，如图 2-4-2 所示。

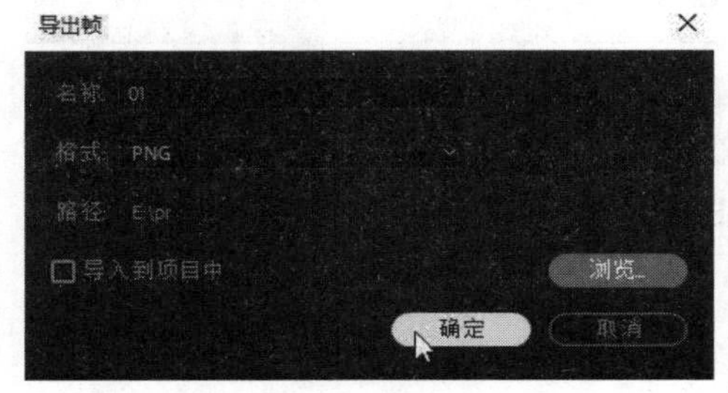

图 2-4-2 “导出帧”对话框

❷按照步骤❶的方法，分别将时间指示器定位到 00:01:08:14、00:01:12:12、00:01:13:07、00:01:15:02、00:01:25:18、00:01:31:08、00:02:00:04 位置，并导出该位置的单帧图像，分别保存为“02.png”～“07.png”。

STEP03 创建序列素材

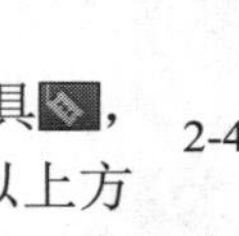

2-4-1 《TOY3 预告片》-创建素材

❶在“项目”窗口的空白区域右击，弹出快捷菜单，执行“新建分项→序列”命令，新建“序列 02”。

❷定位时间指示器到 00:01:53:14 位置，选择“剃刀”工具，在时间指示器当前位置单击素材“TOY3”，切割素材。按照以上方法，在 00:01:55:10 位置切割素材。

❸右击中间的素材片段，弹出快捷菜单，执行“解除视音频链接”命令，单击音频片段“TOY3”，按<Delete>键删除素材片段。

❹单击中间的素材片段，按<Ctrl+C>组合键复制素材。单击“序列 02”选项卡，按<Ctrl+V>组合键，将素材片段粘贴到“序列 02”的“视频 1”轨道中。

❺执行菜单“文件→导出→媒体”命令，打开“导出设置”对话框，选择“格式”列表中的“Targa”选项，单击“输出名称”右侧的“序列 02.tga”，如图 2-4-3 所示，打开“另存为”对话框，选择存储目录路径“模块 2/2-4 情境设计-TOY3 预告片/素材/序列”，输入文件名“TOY-3”，单击确定按钮。

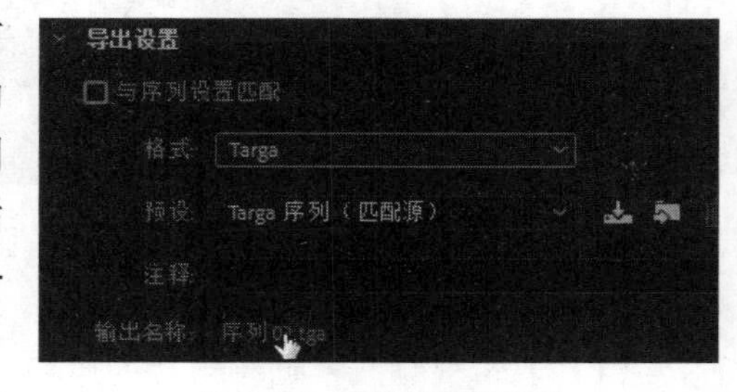

图 2-4-3 导出图像序列

STEP04 剪辑视频素材

❶关闭“序列 02”，回到序列“TOY3 预告”。

❷选中序列“TOY3 预告”中的全部素材，按<Delete>键将其删除。

❸将时间指示器定位到 00:00:00:00 位置，拖曳“项目”窗口中的素材“TOY3”到

“视频 1”轨道上，与时间指示器左对齐。

❹将时间指示器定位到 00:00:03:00 位置，单击“添加标记”按钮，在该位置添加一个标记。按照以上方法，分别将时间指示器定位到以下位置：00:00:07:23、00:00:08:24、00:00:17:06、00:00:19:09、00:00:21:04、00:00:24:24、00:00:34:10、00:00:43:04、00:01:11:12、00:01:12:22、00:01:20:05、00:01:24:05、00:01:28:16、00:01:31:06、00:01:44:09、00:01:52:12，并在各位置分别添加标记，如图 2-4-4 所示。

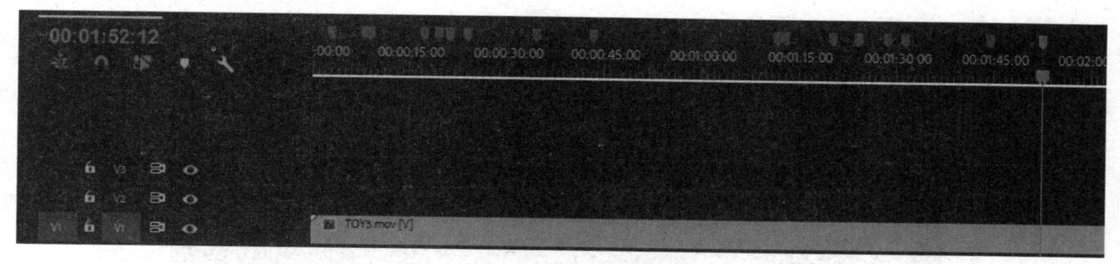

图 2-4-4　为素材添加标记

❺拖曳时间指示器到第 1 个标记位置，选择“工具”面板中的“剃刀”工具，在标记点单击素材“TOY3”，将素材切割为两个片段。

❻单击“节目监视器”窗口中的“跳转到下一标记”按钮，将时间指示器定位到下一个标记点，再次切割素材。

❼按照步骤❺、❻的方法，在各标记点切割素材“TOY3”，将素材切割为 18 个片段，如图 2-4-5 所示。

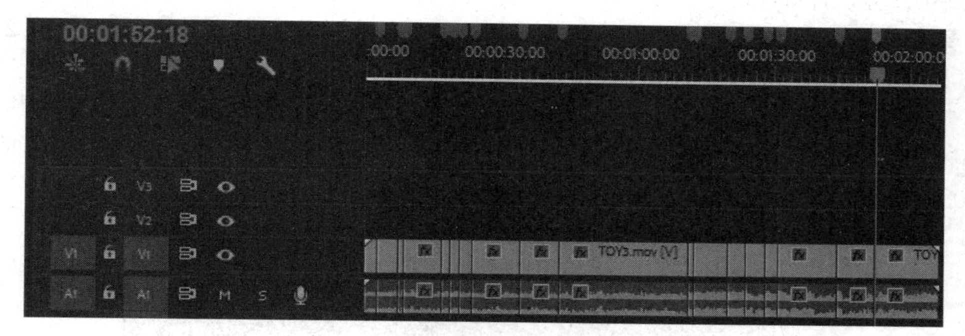

图 2-4-5　切割素材

❽单击第 2 个片段，按<Delete>键将其删除。按照以上方法，分别将第 2、4、6、8、10、13、16、18 个片段删除，时间线如图 2-4-6 所示。

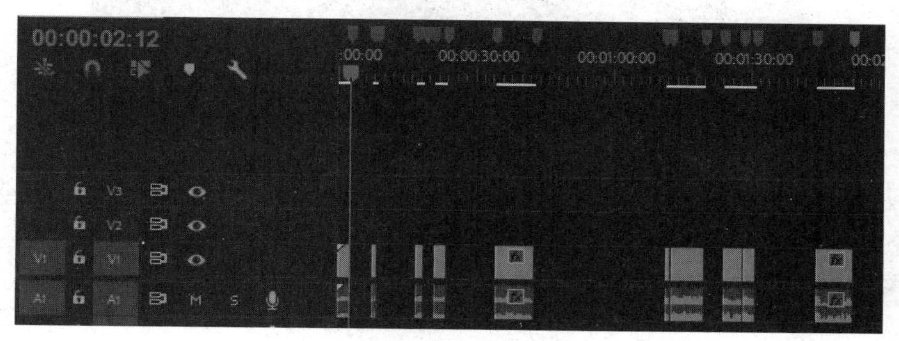

图 2-4-6　删除素材片段

❾右击第1个素材片段，弹出快捷菜单，执行“重命名”命令，将片段重命名为“1”。按照相同方法，将其他素材片段依次重命名为“2”～“10”。

STEP05 编辑视频素材

❶右击素材片段“1”和“2”之间的空白时间线，弹出快捷菜单，执行“波纹删除”命令将其删除，两个素材片段左右相邻。按照此方法，分别将素材“2”～“10”的波纹删除，各素材片段左右相邻排列，如图2-4-7所示。

2-4-2《TOY3 预告片》-编辑视频素材

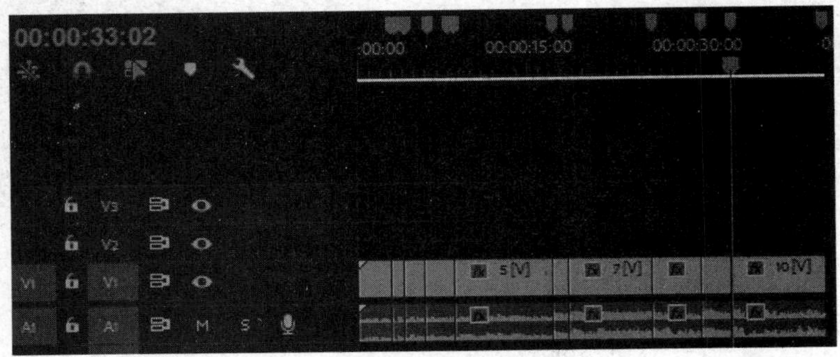

图2-4-7　删除波纹

❷打开“导入”对话框，选择“模块2/2-4 情境设计-TOY3 预告片/素材/序列”文件夹中的素材“TOY-300.tga”，勾选☑图像序列复选框，导入图像序列素材。再次导入“模块2/2-4 情境设计-TOY3 预告片/素材”文件夹中的“01.png”～“07.png”和“配乐.wma”。

❸将时间指示器定位到00:00:42:15位置，拖曳素材“TOY-300.tga”到“视频2”轨道上，与时间指示器左对齐。

❹定位时间指示器到素材“TOY-300.tga”的出点。选择“TOY-300.tga”，将其复制并粘贴到素材TOY-300.tga的右侧。选择右侧的“TOY-300.tga”，设置素材“持续时间”为00:00:02:23（2秒23帧），如图2-4-8所示。

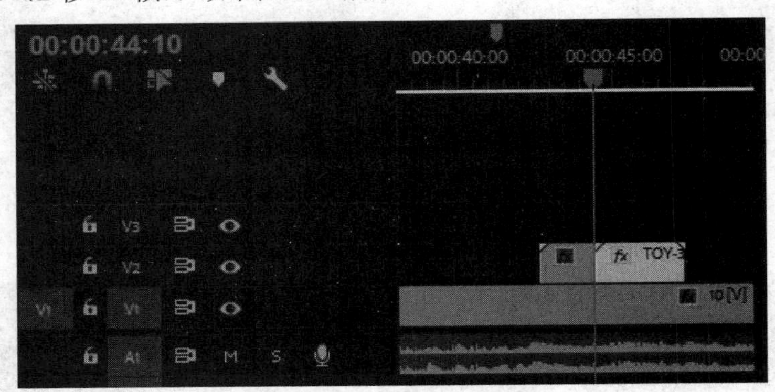

图2-4-8　复制素材

❺右击右侧的复制素材“TOY-300.tga”，弹出快捷菜单，执行“帧定格”命令，打开“帧定格选项”对话框，选择“定格位置—帧”选项。

❻定位时间指示器到00:00:42:15位置。在“项目”窗口中，按住<Shift>键，依次单击素材“4”、“1”、“2”、“5”、“6”和“7”，并将这些素材拖曳到“视频1”轨道上，与时间指示器左对齐。

❼选择素材“4”，打开“剪辑速度/持续时间”对话框，调整素材“持续时间”为00:00:00:20（20帧）。按照以上方法，分别调整“1”、“2”、“5”、“6”和“7”素材的“持续时间”为00:00:00:20（20帧）。

❽执行“窗口→效果”命令，打开“效果”窗口。展开“视频切换→叠化”文件夹，拖曳“黑场过渡”特效到素材“7”的出点，出现光标时放开鼠标，特效被添加到素材的出点。单击素材上的“黑场过渡”特效，打开“特效控制台”面板，调整“持续时间”为00:00:00:12（12帧）。

❾向左拖曳素材“1”，并与左侧素材“4”左右相邻。按照相同的方法，将其他素材依次向左拖曳，使素材两两左右相邻，如图2-4-9所示。

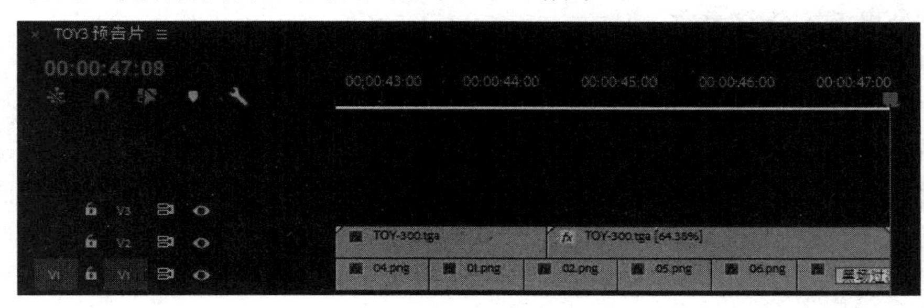

图2-4-9　排列素材

STEP06 剪辑音频素材

❶ 拖曳“项目”窗口中的素材“配乐.wav”到“音频2”轨道上。定位时间指示器到00:00:07:01位置，选择“工具”面板中的“剃刀”工具，在时间指示器当前位置单击素材“配乐.wav”，切割素材为两个片段。按照以上方法，在00:00:12:18位置再次切割素材，将素材切割为3个片段。

❷单击中间的切割片段，将其拖曳到“音频1”轨道素材片段“10（音）”的右侧，与之左右相邻，如图2-4-10所示。删除“音频2”轨道中的其他素材片段。

2-4-3《TOY3预告片》-编辑音频素材

STEP07 编辑音频素材

❶单击“音频1”轨道头的“折叠”按钮，展开轨道。单击设置轨道显示样式图标的“折叠”按钮，弹出下拉菜单，选择“仅显示名称”命令。

❷将时间指示器定位到00:00:38:17位置，选择“工具”面板中的“钢笔”工具，在时间指示器的当前位置单击素材“10”的增益线，添加一个关键帧，如图2-4-11所示。按照以上方法，分别在00:00:42:04、00:00:43:16、00:00:46:23和00:00:47:20（出点）位置添加关键帧，如图2-4-12所示。

图2-4-10　添加音频

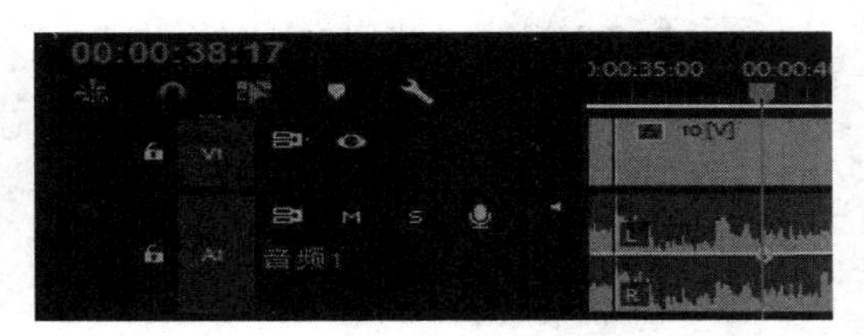

图2-4-11　添加轨道关键帧（1）

❸移动鼠标光标到第 2 个关键帧上方，按住鼠标左键并向下拖曳。移动鼠标光标到最后一个关键帧上方，按住鼠标左键并向下拖曳，如图 2-4-13 所示。以上操作为“10（音）”音频添加了渐弱退出效果，为“配乐.wav”音频添加了渐强进入、渐弱退出效果，即音乐的淡入、淡出。

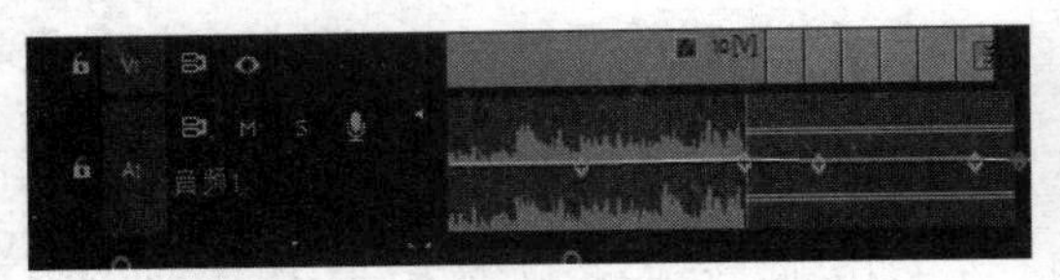

图 2-4-12　添加轨道关键帧（2）

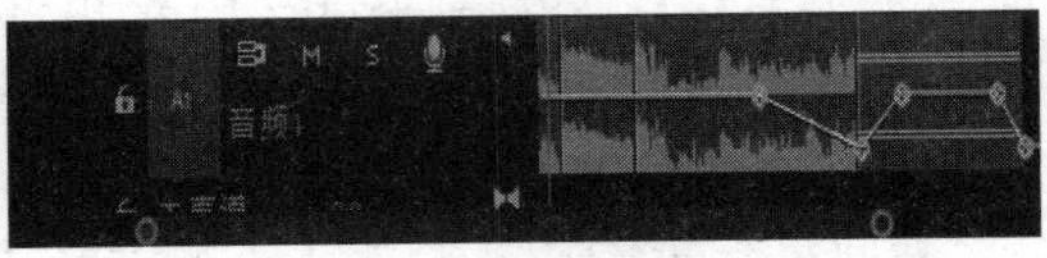

图 2-4-13　调整关键帧的值

STEP08 清理多余素材

❶在“项目”窗口中，右击“序列 02”，弹出快捷菜单，执行“清除”命令。

❷右击“音频 2”轨道头，弹出快捷菜单，执行“删除轨道”命令，删除空闲轨道。

❸右击“视频 3”轨道头，弹出快捷菜单，执行“删除轨道”命令，删除空闲轨道。

❹移动鼠标光标到“时间线”窗口时间标尺顶端的第 1 个标记点，右击，弹出快捷菜单，执行“清除所有标记”命令，将所有标记点清除。

❺保存项目“TOY 3 预告片.prproj”，导出视频“TOY 3 预告片.flv”。

至此，《TOY 3 预告片》编辑完成，时间线如图 2-4-14 所示。

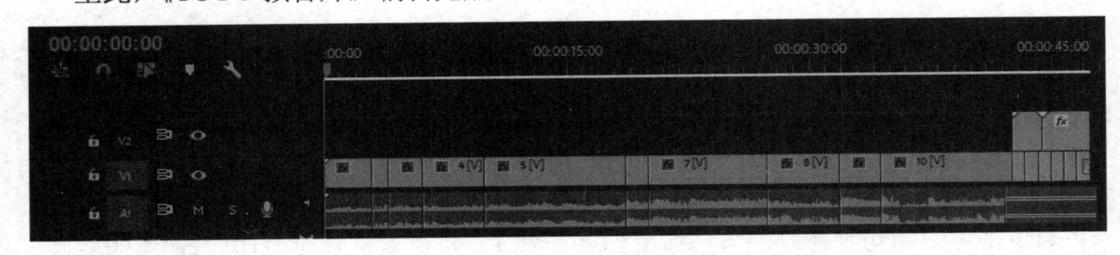

图 2-4-14　“TOY 3 预告片”时间线

4. 项目评价

首先，把故事的始发点、冲突点、高潮和结果的最佳画面截取出来，进行粗剪；然后，根据影片的故事节奏（音乐）决定画面流的速度；最后，通过静态图片和透明片头，模仿镜头的快慢组合，强调新电影的名字，给观众留下深刻印象。

2.5　微课堂　剪辑与创意

剪辑与创意是相辅相成的关系。只有好的创意没有过硬的剪辑手段，不能充分表达想法；反之亦然，好的剪辑离开创意，除了花里胡哨的特效手段，一无是处。

1. MTV 剪辑：彻头彻尾的“MTV”风格

“MTV”风格实际上指的是用许多快切画面和着音乐节奏来剪辑的一种方式。“MTV”风格应用于宣传片的剪辑时，通常很吸引年轻人，因为其中的画面和音乐是那么酷，还有些幽默，如图 2-5-1 所示。

2. 看不见的剪辑：与故事融为一体

天映电影频道曾经用动画新闻的方式为恐怖电影做宣传，将电影中的可怕镜头和轻松的卡通天气预报做了巧妙结合，制作出非常有创意又充满趣味的宣传片，如图 2-5-2 所示。

图 2-5-1　MTV 剪辑

图 2-5-2　看不见的剪辑

3. 时机的选择：把握好节奏

BBC ONE 的宣传片《罗马圆形大剧场：罗马死亡竞技》用到了“旁观”策略。一场交通事故使两个男人间的战争一触即发，此时画面突然转向了罗马的死亡竞技场。起初的争吵用慢动作表现，两个男人的形象也比生活中更高大。当他们向对方咆哮时，叮当的金属音效和观众的欢呼声相配，音效和画面的结合很古怪。这时一根鞭子转换了时空，观众瞬间置身于罗马的死亡竞技场，从观看者变为了参与者，如图 2-5-3 所示。

图 2-5-3　《罗马死亡竞技》宣传片

4. 叠化：沉思的瞬间

叠化是把两个镜头连接起来，表明时间消逝的标点符号，为两个空间构图的并转提供了一个短暂的重叠，从视觉上，把许多方面由直接切换连接起来的“虚关系”具体化了，如图 2-5-4 所示。

图 2-5-4　叠加

2.6 实训与赏析

1. 实训 1 制作搞笑短片《可爱 Baby 的喷嚏合辑》（视频剪辑）

创作思路：素材“模块 2/2-6 实训与赏析/素材/宝宝打喷嚏.mov”是一段未经剪辑和编辑的视频素材，拍摄了几十个可爱的宝宝打喷嚏的镜头，将它们剪辑合成一个时间为 40 秒左右的短片。

创作要求：① 剪辑镜头要与故事融为一体，突出主题；② 选择最好的时机，体现作品的节奏感；③ 适当运用快、慢镜头和帧定格等技术，强调视觉效果；④ 搜集和添加夸张的喷嚏声、笑声等音效，增强视觉冲击力。

2. 实训 2 制作教程短片《素人变女神—魅惑眼影教程》（视频剪辑）

创作思路：素材“模块 2/2-6 实训与赏析/素材/眼影教程.wmv”是一段未经剪辑处理的视频素材，将其剪辑合成一个时间为 1 分钟左右的教程短片。

创作要求：① 剪辑镜头要突出主题，强调教程中的关键知识点或操作点；② 突出视频教程简单、明快、流畅的节奏感；③ 取消素材的原录音效果，自行搜索、添加背景音乐，并进行简单的音效处理；④ 适当运用快、慢、倒播镜头和帧定格技术，强调重要知识和关键操作。

3. 赏析 宣传片《Danish Symphony》之经典剪辑

《Danish Symphony》（《丹麦交响曲》）是一部旅游宣传片，片长约 20 分钟，包括 700 多个镜头，剪辑历时 6 个月。该片展现了丹麦的风土人情、人文地理、生活科技等，真实生动，面面俱到却不杂乱，细腻、小巧又不失大气。全片没有解说词、对白和字幕，仅靠剪辑将音乐、自然音效和画面巧妙融合，和谐自然，声画合一。

《Danish Symphony》被奉为视频剪辑的经典之作。该片镜头衔接、转场过渡非常自然，如行云流水，大量使用相似造型的画面组接，如流水线上黑色酒瓶阵列与身穿黑制服行进的士兵队列，以及拉车的人和拉车的马腿，配以轻快的音乐，自然流畅又诙谐有趣。片中很多剪辑让人叫绝，例如，在给单车充气的气筒的压力下，一声爆响，礼花在夜空中绽放，力量感十足；游船在丛林中的河流划行，迎面碰到树枝，一声清脆的断裂声，一棵被伐的树轰然倒地，感觉好像是树碰到船自己倒下的。再比如，树倒下，接段木，段木被锯为木板，木板被拼成地板，地板上映出舞者的身影，从锯木厂到练舞房的时空转场不着痕迹，水到渠成。

打开“模块 2/2-6 实训与赏析/赏析/Danish Symphony.mp4”并赏析，体会剪辑大师的剪辑神功。

能力模块 3

动画与运动特效

Adobe Premiere Pro CC 2018 能轻松地将图形图像或视频素材进行移动、旋转、缩放及变形，通过设置关键帧形成动画。使静止的图形图像产生运动，并与视频剪辑有机结合，是影视制作过程中非常关键的技巧。

关键词

关键帧　运动特效

任务与目标

1. 制作短片《秋意正浓》，了解运动特效的基本操作步骤。
2. 学习、验证“知识魔方”，掌握运动特效参数的设置及关键帧的操作技巧。
3. 设计情境，完成短片《The King》，恰当使用运动特效及关键帧，实现动画效果。
4. 深入了解关键帧动画的重要性，培养制作和应用动画增强影视效果的技能。

3.1 边做边学 《秋意正浓》

《秋意正浓》采用关键帧动画技术，为带有 Alpha 通道的枫叶图片设置运动关键帧，实现枫叶的移动、旋转和缩放等动画效果，如图 3-1-1 所示。

图 3-1-1 《秋意正浓》效果图

3.1.1 制作背景

3-1-1 《秋意正浓》-制作背景

❶运行 Premiere Pro CC 2018，创建名为“秋意正浓”的项目，将序列命名为“秋天”。

❷在“时间线”窗口中，将“视频 1”轨道重命名为“秋天”，将“视频 2”和“视频 3”轨道分别重命名为“枫叶 1”和“枫叶 2”，将“音频 1”轨道重命名为“秋日的私语”。

❸导入“模块 3/3-1 边做边学-秋意正浓/素材”文件夹下的所有素材。

❹定位时间指示器到 00:00:00:00 位置，拖曳素材“秋天背景.jpg”至“秋天”轨道，与时间指示器左对齐。单击轨道中的“秋天背景.jpg”素材，打开“剪辑速度/持续时间”

对话框，设置“持续时间”为00:00:10:00（10秒）。

❺执行“窗口→特效控制台”命令，打开“特效控制台”面板，单击“运动”特效的“折叠”按钮▶展开参数列表，设置“缩放”为“80%”，如图3-1-2所示。

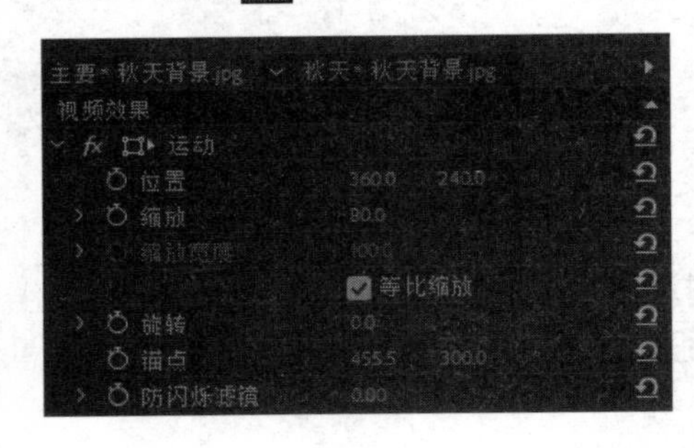

图3-1-2　调整图片素材尺寸

3.1.2　制作落叶动画

3-1-2 《秋意正浓》-制作落叶动画

❶ 将“项目”窗口中的“枫叶.png”素材拖曳到“枫叶1”轨道上。打开“剪辑速度/持续时间”对话框，设置“持续时间”为00:00:10:00（10秒）。打开“特效控制台”面板，设置“运动”参数“缩放”为“75%“。

❷打开“效果”窗口，选择“视频特效（Video Effects）→透视（Perspective）→投影（Drop Shadow）”效果，将其拖曳到“枫叶1”轨道的“枫叶.png”素材上。

❸单击“枫叶1”轨道上的“枫叶.png”素材，在“特效控制台”面板中，设置视频特效“投影”的“距离”为“10”，“柔和度”为“25”，如图3-1-3所示。

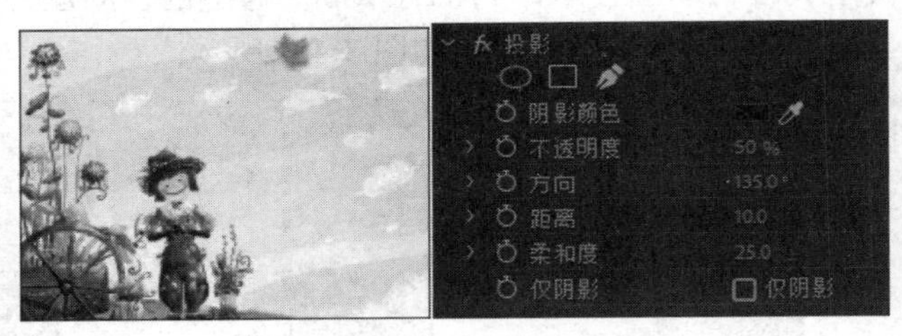

图3-1-3　设置“投影”特效参数

❹将时间指示器定位至00:00:00:00位置。选中素材“枫叶.png”，单击运动特效“运动”，在“节目监视器”窗口中可以看到素材“枫叶.png”的矩形调整框，拖动调整框中间的定位点图标，可以拖动素材到不同位置。单击“位置”参数的关键帧记录器，分别在00:00:00:00、00:00:00:23、00:00:01:22、00:00:02:18、00:00:03:18和00:00:04:16位置调整素材到不同位置，制作出枫叶自上而下飘落的动画效果，如图3-1-4所示。

图3-1-4　枫叶运动动画效果图

❺当把鼠标光标移动到矩形调整框的角点附近，且鼠标光标变为⤴形状时，可以调整素材的旋转角度。单击“旋转”参数的关键帧记录器，分别在00:00:00:00、00:00:01:22和00:00:04:16位置调整“枫叶.png”素材的旋转角度为0°、180°和0°，制作出枫叶飘落时旋转的动画效果，如图3-1-5所示。

图3-1-5　枫叶旋转动画效果图

3.1.3　复制落叶动画

❶在“时间线”窗口中，选中已经添加了动画效果的“枫叶.png”素材，按住<Alt>键，将素材拖曳至“枫叶2”轨道上，复制落叶动画。此时两片枫叶重叠。

❷选择“枫叶2”轨道中的“枫叶.png”素材，打开“特效控制台”面板，调整“运动”特效的“位置”和“旋转”参数在各个不同位置上的关键帧。

3.1.4　添加背景音乐

❶将时间指示器定位在00:00:00:00位置。拖曳“项目”窗口中的素材“秋日的私语.mp3”到“秋日的私语”轨道，与时间指示器左对齐。打开“剪辑速度/持续时间”对话框，设置“持续时间”为00:00:00:10（10秒）。

3-1-4 《秋意正浓》-添加背景音乐

❷将时间指示器定位到00:00:00:00位置，按<Space>键，在“节目监视器”中预览效果，如图3-1-1所示。执行菜单“文件→存储”命令，保存项目“秋意正浓.prproj”。

3.2　知识魔方　Premiere的运动特效

3.2.1　创建关键帧

为视频添加关键帧动画，使影片更加生动有趣。

1. 创建关键帧

在Premiere Pro CC 2018中，在“特效控制台”面板和“时间线”窗口中都可以创建关键帧。

1）在“特效控制台”面板中创建关键帧

❶在“特效控制台”面板中，大部分特效参数都有关键帧记录器。在制作动画前，单击关键帧记录器，并更改参数值，会自动创建关键帧记录参数值，如图3-2-1所示。

图3-2-1　使用关键帧记录器创建关键帧

❷定位时间指示器到不同的时间位置，单击“添加/移除关键帧”按钮，可以手动创建关键帧。

2）在“时间线”窗口中创建关键帧

❶双击视频轨道控制区的空白区域，展开轨道。

❷轨道中的素材自带运动特效属性菜单，右击素材图标中的按钮，在弹出的快捷菜单中选择要设置的“运动”特效参数，如“位置”，如图3-2-2所示。

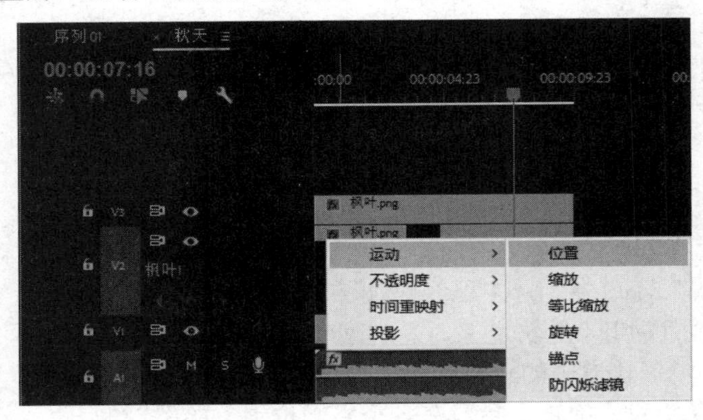

图3-2-2　素材上的“效果属性”菜单

❸移动鼠标光标到素材的黄色水平线附近，鼠标光标变为形状时按住<Ctrl>键，鼠标光标变为形状时单击，即可在当前位置为“位置”参数添加一个关键帧，如图3-2-3所示。

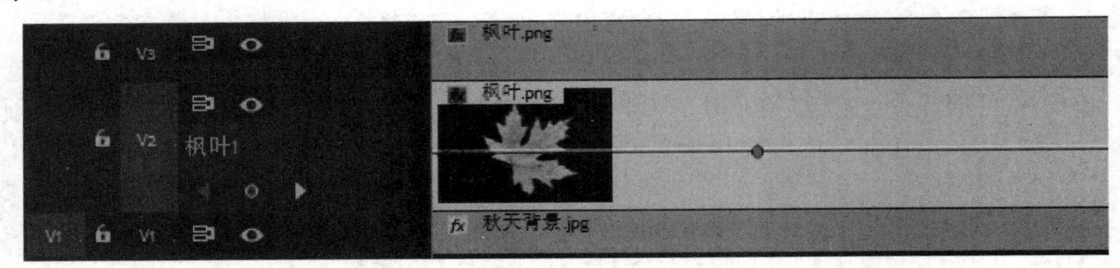

图3-2-3　在“时间线”窗口中创建关键帧

❹定位时间指示器到添加关键帧的位置，单击轨道头中的“添加/移除关键帧”按钮。

2. 查看关键帧

创建关键帧后，可以使用“特效控制台”面板中的关键帧导航器按顺序选择关键帧，各个按钮的含义如表3-2-1所示。

表3-2-1　关键帧导航器中各个按钮的含义

按　钮	含　义
◀	跳转到前一个关键帧的位置
▶	跳转到后一个关键帧的位置
◆	为参数添加或删除关键帧
◀ ◆ ▶	当前位置左右均有关键帧
◆ ▶	当前位置右侧有关键帧

续表

按　钮	含　义
◀◆▶	当前位置左侧有关键帧
◆	时间指示器位于关键帧上
◇	时间指示器所在位置没有关键帧

3.2.2　编辑关键帧

1. 选择关键帧

当关键帧显示为◆时，表示已经选择该关键帧。选择关键帧有以下三种方式。

（1）使用▶工具，单击选择一个关键帧，或者按住<Shift>键选择多个关键帧。

（2）双击参数名称可以选择该参数的全部关键帧，如图3-2-4所示。

图3-2-4　选择某个属性的全部关键帧

（3）按住<Shift>键，向关键帧方向拖动时间指示器，可以使时间指示器与关键帧对齐。

2. 移动关键帧

使用▶工具，先选择一个或多个关键帧，再按住鼠标左键拖曳关键帧。

3. 复制、粘贴和删除关键帧

（1）复制、粘贴关键帧有以下两种方法。

① 选择要复制的关键帧，按住<Alt>键，拖曳关键帧到所需位置。

② 选择一个或多个关键帧，右击，弹出快捷菜单，执行“复制”命令，或者按组合键<Ctrl+C>；将时间指示器定位到要粘贴的关键帧位置，右击，弹出快捷菜单，执行“粘贴”命令，或者直接按组合键<Ctrl+V>。

（2）删除关键帧有以下三种方法。

① 选择要删除的关键帧后按<Delete>键。

② 将时间指示器定位到要删除的关键帧后单击◇按钮。

③ 选择要删除的关键帧，右击，弹出快捷菜单，执行“清除”命令。

3.2.3　关键帧插值

关键帧插值是表示关键帧之间时间量变化的值，可以将关键帧间设置为加速、减速和匀速过渡。

1. 空间插值

在“特效控制台”面板中，单击运动特效“运动”，在“节目监视器”窗口中显示该素材的运动轨迹，这就是空间插值，如图3-2-5所示。

图3-2-5　显示运动轨迹

2. 临时插值的修改及转换

选择一个关键帧，右击，弹出快捷菜单，执行“临时插值”命令，弹出的级联菜单中包括线性、贝塞尔曲线、自动曲线、连续曲线、保持、淡入和淡出 7 个选项。各选项的含义如表 3-2-2 所示。

表 3-2-2 “临时插值”各选项的含义

选　　项	含　　义
线性（Linear）	默认方法，关键帧间变化的速率恒定，即系统默认两个关键帧之间为匀速运动
贝塞尔曲线（Bezier）	可以手动调节关键帧任意一侧曲线的形状，允许在进、出关键帧时加速或减速变化
自动曲线（Auto Bezier）	改变关键帧参数值，也能保证创建关键帧的平滑速率变化
连续曲线（Continuous Bezier）	与贝塞尔曲线不同，如果调节一侧手柄，关键帧另一侧的手柄会以相反的方式移动
保持（Hold）	改变参数值，没有渐变过渡，关键帧间的过渡变化具有跳跃性
淡入（Ease In）	进入关键帧时数值减缓变化
淡出（Ease Out）	离开关键帧时数值逐渐增加变化

3.2.4 设置“运动”特效参数

当素材被添加到“时间线”窗口时，选择该素材即可在“特效控制台”面板中找到“运动”特效。“运动”特效包含位置（Position）、缩放（Scale）、旋转（Rotation）等参数，如图 3-2-6 所示。

图 3-2-6 “运动”特效参数

1. 位置

“位置”参数可以设置素材的中心点在屏幕中的位置，包括水平位置（水平坐标值）和垂直位置（垂直坐标值）。修改“位置”参数，或者单击运动特效 运动，在“节目监视器”窗口中拖动矩形调整框中心的图标，即可改变素材位置。效果见“模块 3/3-2 知识魔方/源文件/位置动画.prproj”，如图 3-2-7 所示。

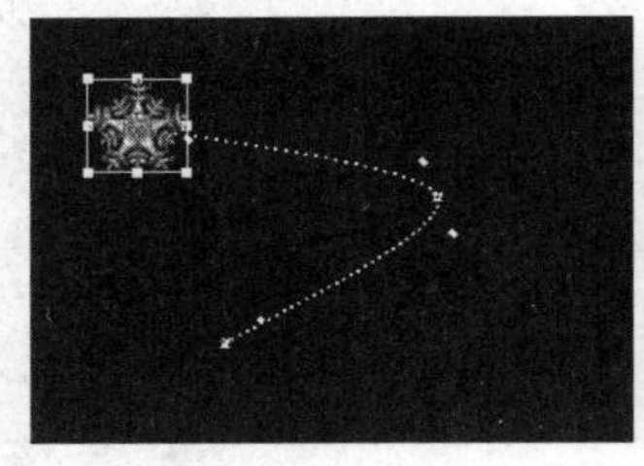 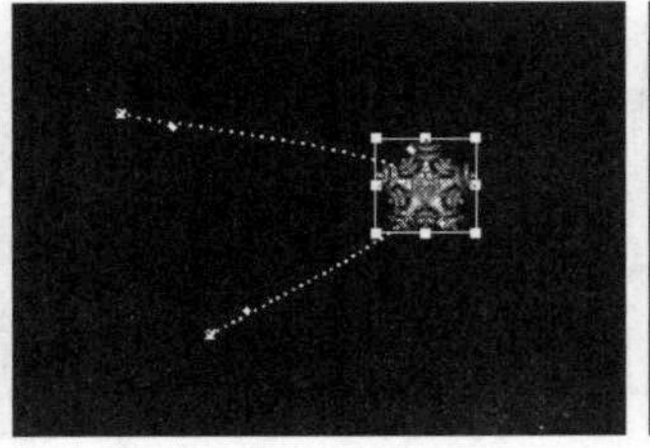 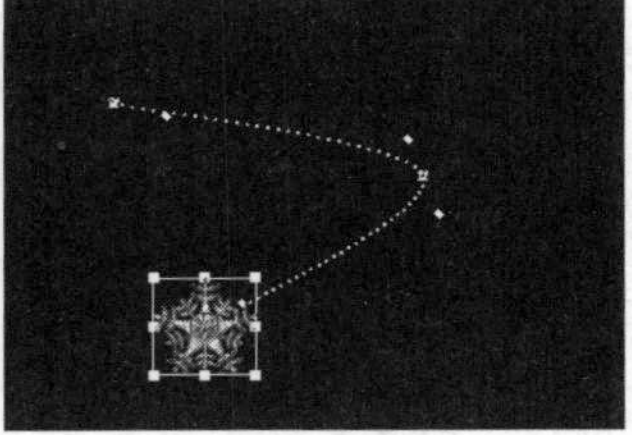

图 3-2-7 “位置”动画效果图

2. 缩放

“缩放”参数用于设置素材的画面尺寸大小，包含缩放宽度（Scale Width）和缩放高度（Scale Height）两个参数，当参数大于 100%时为放大，小于 100%时为缩小。如果勾选“等比缩放（Uniform Scale）”复选框，素材将按素材宽高比例整体缩放。

可以直接修改参数值进行缩放，也可以在“节目监视器”窗口中拖动矩形调整框上的 8 个控制柄改变素材的画面尺寸。效果见“模块 3/3-2 知识魔方/源文件/缩放动画.prproj”，如图 3-2-8 所示。

图 3-2-8 “缩放”动画效果图

3. 旋转

“旋转”参数用于设置素材以定位点（Anchor Point）为中心的旋转角度，正值为顺时针旋转，负值为逆时针旋转。

定位点是素材旋转的中心点，默认情况下与素材中心点重合。

可以直接修改旋转角度，也可以在“节目监视器”窗口中将鼠标光标放置在矩形调整框角点处，当鼠标光标变为↷形状时，调整素材的旋转角度。效果见“模块 3/3-2 知识魔方/源文件/旋转动画.prproj”，如图 3-2-9 所示。

图 3-2-9 “旋转”动画效果图

3.2.5 透明度与时间重置

透明度（Opacity）用于设置素材的透明程度，时间重置（Time Remapping）可以制作出快放、慢放、倒放和静帧等素材效果，还可以通过关键帧设置制作不同速度的平滑过渡效果。

1. 透明度

透明度以百分比形式显示，100%表示完全不透明；混合模式（Blend Mode）表示设置素材为不同的混合模式，类似于 Photoshop 中的颜色混合模式。如图 3-2-10 所示为通过关键帧实现的透明度动画效果，见“模块 3/3-2 知识魔方/源文件/透明度动画.prproj”。

图 3-2-10 “透明度”动画效果图

2. 时间重置

时间重置可以实现快放、慢放、倒放或静帧等播放效果。效果见“模块 3/3-2 知识魔方/源文件/时间重置动画.prproj”。

3.3 情境设计 《The King》

1. 情境创设

在1996年的NBA选秀大会上，当NBA总裁大卫·斯特恩念出科比·布莱恩特的名字时，就注定这个18岁的高中男孩儿会书写一段属于他的传奇故事……宣传短片《The King》利用Premiere Pro CC 2018的“运动“特效，配合关键帧技术，展现科比·布莱恩特的王者风范，效果如图3-3-1所示。

图3-3-1 《The King》效果图

片头：黑场，强有力的心跳声；湖人队篮球场、弹跳的篮球，预示驾驭它的王者到来；动态文字“The King　Kobe Bryant”与王冠、人像的动画，渲染气氛。

第一场景：美国NBA选秀现场……动态文字淡出效果，预示传奇的开始。

第二场景：科比精彩控球、扣篮……动态文字：“他，一次次让观众折服”。

第三场景：科比获得赛季全明星赛 MVP……动态文字：“即使世界抛弃了我，可是还有篮球陪伴着我　　By Kobe”，片尾点题，篮球是科比不离不弃的伴侣，前后呼应。

背景音乐：大气磅礴，慷慨豪迈。

2. 技术分析

（1）篮球在地面上的弹跳动画效果，设置“位置”和“旋转”关键帧，调整运动路径，继续利用插值调整篮球的运动曲线，做到弹跳动作逼真、自然。

（2）利用图片和字幕素材，结合关键帧动画制作文字的动态效果。

（3）调节字幕的透明度，设置透明度的关键帧动画，制作淡出效果。

（4）创建嵌套序列，将其作为新素材应用到项目中。

（5）根据不同的画面风格和主题要求添加转场特效。

3. 项目制作

STEP01 新建项目

运行Premiere Pro CC 2018，创建名为“The King”的项目，将序列命名为“Kobe”。

STEP02 导入、管理素材

导入“模块 3/3-3 情境设计-The King/素材”文件夹下的“图片”、“视频”和“音频”3 个子文件夹。

STEP03 创建嵌套序列、黑场

❶执行菜单“文件→新建→序列”命令，新建名为“Basketball”的序列。

❷执行菜单“文件→新建→黑场”命令，新建黑场素材“黑色视频”。

STEP04 编辑嵌套序列“Basketball”

❶在“时间线”窗口中选择“Basketball”序列，将“篮球场.jpg”拖曳到“视频 1”轨道上，将“Basketball.png”拖曳到“视频 2”轨道上。

❷设置素材“篮球场.png”和“BasketBall.png”的“持续时间”为 00:00:10:00（10 秒）。

❸将时间指示器定位在 00:00:00:00 位置，选择“BasketBall.png”素材，在“特效控制台”面板中分别单击“位置”和“旋转”参数的关键帧记录器，设置“位置”为（−54，110），“旋转”为“0”；在 00:00:02:14 位置，设置“位置”为（350，343）；在 00:00:04:23 位置，设置“位置”为（762，205），“旋转”为“2*0.0”。设置完成的路径如图 3-3-2 所示。

❹单击运动特效 运动，在“节目监视器”窗口中拖动素材。在“特效控制台”面板中选择所有关键帧，右击，弹出快捷菜单，执行“临时内插值→自动曲线”命令，调整关键帧两侧的运动速率控制手柄，直至运动状态逼真、自然，如图 3-3-3 所示。

图 3-3-2　设置“位置”和“旋转”动画效果图

图 3-3-3　调整“运动”参数效果图

STEP05 编辑字幕素材

3-3-1 《The King》-编辑字幕素材

❶执行菜单“文件→新建→字幕”命令，打开“新建字幕”对话框，单击 确定 按钮，进入“字幕”窗口。

❷选择 T 工具，在“字幕工作区”输入“The King　Kobe Bryant”。在“字幕样式”面板中单击应用样式“HotoStd Slant Gold 80”，设置“字体大小”为“65”，效果如图 3-3-4 所示。

图 3-3-4　“字幕 01”效果图

❸依照步骤❶和❷的方法，创建“字幕 02”：“他，将书写传奇”，“字体”为“华文行楷”，“字体大小”为“60”。“字幕 03”：“他，一次次让观众折服”，“字体”为“华文行楷”，“字体大小”为“55”。“字幕 04”：“即使世界抛弃了我，可是还有篮球陪伴着我　By Kobe”，“字体”为“华文行楷”，“字体大小”为“36”。效果如图 3-3-5 所示。

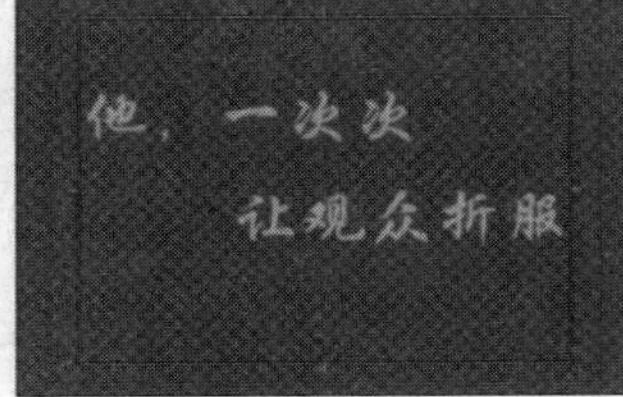

图 3-3-5 “字幕 02”“字幕 03”“字幕 04”效果图

STEP06 制作第一场景

3-3-2 《The King》-制作第一场景

❶在“时间线”窗口中，选择“Kobe”序列。

❷将时间指示器定位到 00:00:00:00 位置，拖曳“黑色视频”素材至“视频 1”轨道上，并与时间指示器左对齐。设置“黑场”素材的“持续时间”为 00:00:03:00（3 秒）。

❸拖曳“Basketball”序列到素材“黑色视频”右侧，拖曳“字幕 01”素材到“Basketball”素材右侧。设置“字幕 01”素材“持续时间”为 00:00:08:00（8 秒）。

❹选择“视频 1”轨道中的“字幕 01”素材，打开“特效控制台”面板，单击“透明度”特效的关键帧记录器，在 00:00:08:00 位置，设置“透明度”为“0%”；在 00:00:10:00 位置，设置“透明度”为“100%”。

❺将时间指示器定位到 00:00:10:00 位置，拖曳“王冠.png”素材到“视频 2”轨道上，并与时间指示器左对齐，设置“持续时间”为 00:00:06:00（6 秒）。

❻选择“王冠.png”素材，在“特效控制台”面板中，分别单击“位置”和“旋转”参数的关键帧记录器，在 00:00:10:00 位置，设置“位置”为（800，110），“旋转”为“0”；在 00:00:12:00 位置，设置“位置”为（412，247），“旋转”为“20”。

❼将时间指示器定位到 00:00:12:00 位置，拖曳“图片”文件夹中的“Kobe1.jpg”素材到“视频 3”轨道上，并与时间指示器左对齐，设置“持续时间”为 00:00:04:00（4 秒）。

❽选择“Kobe1.jpg”素材，在“特效控制台”面板中，单击“透明度”特效的关键帧记录器，在 00:00:12:00 位置，设置“透明度”为“0%”；在 00:00:14:00 位置，设置“透明度”为“100%”。

❾打开“效果”窗口，展开“视频特效→风格化→Alpha 辉光”文件夹，拖曳视频特效“Alpha 辉光”到“Kobe1.jpg”素材上。单击“Kobe1.jpg”素材，在“特效控制台”面板中，调整“Alpha 辉光”参数“发光”为“80”。

在“节目监视器”中预览序列，效果如图 3-3-6 所示。

STEP07 制作第二场景

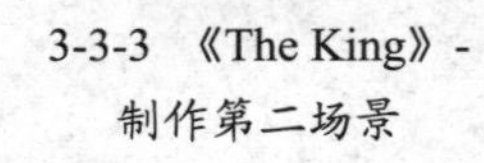

3-3-3 《The King》-制作第二场景

❶将时间指示器定位到 00:00:15:00 位置，拖曳“视频”文件夹下的“1996 年 NBA 选秀再现.wmv”素材到“视频 1”轨道，与时间指示器左对齐。

❷将时间指示器定位到 00:00:35:00 位置，使用工具在当前位置切割素材，并删除第二个素材片段，截取素材的前 20 秒。

❸拖曳“字幕 02”素材到“视频 1”轨道的“1996 年 NBA 选秀”素材右侧。设置“字幕 02”的“持续时间”为 00:00:03:00（3 秒）。单击素材“字幕 02”，在“特效控制台”面板中，设置“透明度”关键帧动画，制作淡入效果。

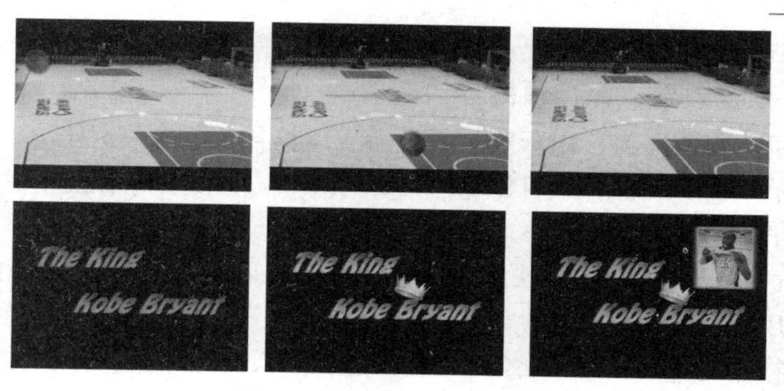

图 3-3-6　第一场景效果图

STEP08 制作其他场景

❶将时间指示器定位到 00:00:38:19 位置，拖曳“Who is the MVP”素材到“视频 1”轨道上，并与时间指示器左对齐。

❷将时间指示器定位到 00:00:58:19 位置，使用工具在当前位置切割素材，并删除第二个素材片段，截取视频的前 20 秒。

❸用相同的方法将“字幕 03”、“2009 年全明星赛感人时刻.wmv”和“字幕 04”依次拖曳至“视频 1”轨道上，将“Kobe2.jpg”拖曳至“视频 2”轨道上。

❹适当剪辑视频素材，并为字幕添加淡入效果。时间线如图 3-3-7 所示。

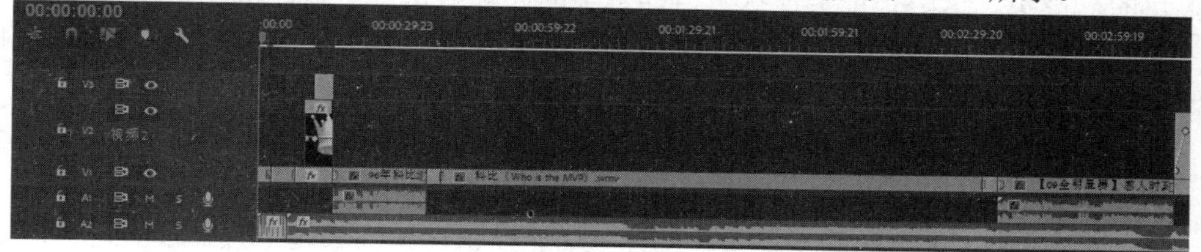

图 3-3-7　其他场景时间线

STEP09 添加转场效果

3-3-4 《The King》-添加转场和音效

❶打开“效果”窗口，展开“视频切换→擦除”文件夹，拖曳视频特效“擦除”至 素材“Basketball.png”和“字幕 01”的切点处。在“特效控制台”面板中，设置“擦除”特效“对齐”参数为“开始于切点”，“持续时间”为 00:00:01:00（1 秒）。

❷依照步骤❶的方法为其他素材添加转场特效。

STEP10 添加背景音乐和音效

❶将时间指示器定位到 00:00:00:00 位置。拖曳“心脏跳动音效.mp3”素材到“音频 2”轨道上，并与时间指示器左对齐。右击“心脏跳动音效.mp3”素材，弹出快捷菜单，打开“剪辑速度/持续时间”命令，设置“速度”为“70%”，时间线如图 3-3-8 所示。

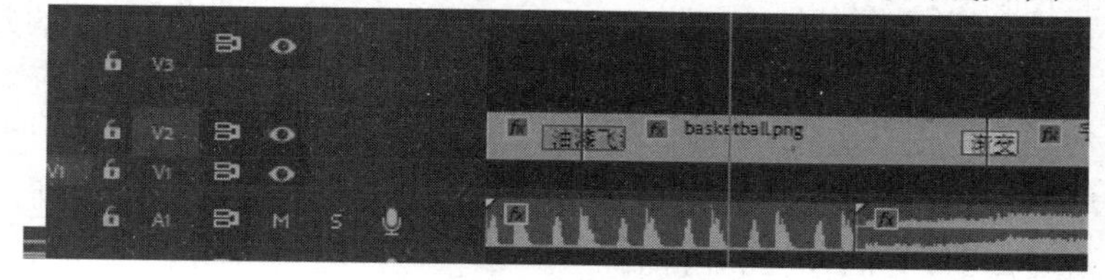

图 3-3-8　音乐和音效时间线

❷拖曳“背景音乐”素材到“心脏跳动音效.mp3”右侧，剪切音乐长度。

STEP11 预览效果，保存项目

❶在“节目监视器”窗口中预览效果，适当调整各参数的关键帧。

❷执行菜单“文件→保存项目”命令，保存项目“The King.prproj”。

4. 项目评价

本项目通过篮球弹跳的运动状态、图片和字幕的运动效果，综合应用了运动特效的多个技能。利用“运动”和“透明度”特效，对静止图片或视频进行位置、比例、旋转等设置，改变物体的运动轨迹和运动状态，达到逼真、自然的运动效果。

3.4 微课堂 固定镜头与运动镜头的组接

前、后镜头的主体具有呼应关系时，固定镜头与运动镜头相连，视情况决定镜头相接处起、落幅的取舍。

镜头1：跟镜头，运动员带球前进、射门。镜头2：固定镜头，观众欢呼。

这两个镜头相接时，跟镜头不需要保留落幅，直接从运动镜头切换到固定镜头即可。比如，用一个固定镜头拍一个人进门，惊讶地发现自己家被盗了，后面接着看到家中一片狼藉的摇镜头。这两个镜头连接时，摇镜头的起幅应保持短暂停留。

前、后镜头不具备呼应关系时，固定镜头与运动镜头相连，镜头相接处的起幅和落幅要保持短暂停留。

1. 固定镜头之间的组接（静接静）

① 一组固定镜头的组接，设法寻找画面因素外在的相似性。

② 画面内静止物体的固定镜头相互连接时，要保证镜头长度一致，赋予固定画面以动感和跳跃感，能产生明显的节奏效果和韵律感。

③ 一组表现竞技体育的镜头，百米起跑、游泳入水、足球射门、滑雪腾空、跳高跨杆这五个固定镜头组合，因为选择了精彩的动作瞬间，观众会感受到很强的画面节奏感，这些镜头的长度不可能一致。

2. 运动镜头之间的组接（动接动）

① 主体不同、运动形式不同的镜头相连，应除去镜头相接处的起幅和落幅。主体不同是指若干个镜头拍摄的内容不同；运动形式不同是指推、拉、摇、移、跟等不同的镜头运动方式。例如，报道中华人民共和国成立50周年庆典新闻中的一组镜头：

摇镜头，天安门城楼；推镜头，升旗仪式；摇镜头，国旗护卫队敬礼；拉镜头，从几位儿童拉出天安门广场大全景。这些运动镜头在组接时，要求在运动中切换，只保留第一个镜头的起幅和最后一个镜头的落幅，而四个镜头相接处的起幅和落幅都要去掉。

② 主体不同、运动形式相同的镜头相连，应视情形决定镜头相接处的起幅、落幅的取舍。第一，主体不同、运动形式相同、运动方向一致的镜头相连时，应除去镜头相接处的起幅和落幅。例如，在介绍优美的校园环境时，一次次的拉出形成一步步展示的效果，使观众从局部看到全部。第二，主体不同、运动形式相同、运动方向不同的镜头相连时，一般应保留相接处的起幅和落幅。

镜头1：游行方队（右摇镜头）。镜头2：领人观看（左摇镜头）。

这两个镜头都是摇镜头，前一个镜头是右摇镜头，后一个镜头是左摇镜头。在组接时，两个镜头衔接处的起幅和落幅都要有短暂停留，让观众有一个适应的过程。如果把衔接处的起幅和落幅去掉，形成动接动的效果，那么观众的头便会随着镜头晃来晃去，一定是不太舒服的。特别值得注意的是，如果主体没有变化，左摇镜头和右摇镜头是不能组接在一起的，推拉镜头也一样。

3.5 实训与赏析

1. 实训 旅游类宣传短片《自然漫步》

主题特色：主题轻松、自然，展现大自然的美好风光。

创作思想：以给定的一组图片和视频资料“模块 3/3-5 实训与赏析/实训/自然风光”为主，再搜集适当的音频、视频作为背景素材。

技术要求：在 Adobe Photoshop 中处理或制作图片、文字效果；运用 Premiere Pro CC 2018 对素材进行运动设置，并通过设置关键帧插值实现简单、合理的运动效果。

输出格式：DV PAL，25fps，720×576px，48kHz。

片长：（约）50 秒。

导出视频：自然漫步.avi。

2. 赏析 科幻灾难片《绝世天劫》

美国太空总署发现一颗巨大的陨石正朝地球而来，并将在 18 天之内撞上地球，为了阻止陨石造成人类的毁灭，美国太空总署想出的方法是派人登陆陨石的表面，并钻洞贯穿至陨石的地心，再放入核弹引爆陨石，使之在撞上地球前就在太空中毁灭……

本片是好莱坞著名导演迈克尔·贝的第一部制作成本过亿的影片。整个故事被高度简单化、程序化，以便腾出篇幅来表现陨石撞击地球时的壮观场面，天空之旅的一波三折更增加了紧张气氛。

图 3-5-1 《绝世天劫》海报

拍摄期间，剧组在卡纳维拉尔角的肯尼迪航天中心先后拍摄了两次航天飞机发射的场景。拍摄完毕后，艺术和视觉特效部门随即接手，它们在画面中添加了额外的助推火箭，从而让航天飞机获得了在小行星着陆的足够动力，有 13 家特效公司参与本片的后期制作。电影《绝世天劫》海报如图 3-5-1 所示。

能力模块 4 转场特效

段落是影视节目最基本的结构形式，段落之间的过渡或切换，叫作转场。转场特效是指在编辑影视节目时，为实现转场的切换效果而加入的特技，类似于 PowerPoint 中的幻灯片切换，能突出节目风格，增强表现力。

关键词

转场　转场特效

任务与目标

1．制作宣传短片《天下泉城》，学习转场特效的基本操作。
2．学习、验证“知识魔方”，了解 Premiere Pro CC 2018 内置转场特效及其特点。
3．设计情境，制作电子相册《青春物语》，恰当应用转场特效，突出作品风格。
4．边做边学，充分认识转场特效的重要作用，提高综合应用技能。

4.1　边做边学　《天下泉城》

4-1　制作《天下泉城》

本例制作一个城市形象宣传短片，分为山、泉、河、湖、城五个章节。以山的俊雅热情开篇，突出泉的活泼进取、河的清纯灵秀、湖的包容开明，以山、泉、河、湖在同一座城市呈现压轴，充分展现柔情似水的城市风貌和刚柔相济的性格秉性，体现传统与现代、典雅与时尚完美糅合的特色，这便是济南——天下泉城。效果如图 4-1-1 所示。

图 4-1-1　《天下泉城》效果图

4.1.1 编辑素材

❶新建项目：运行 Premiere Pro CC 2018，创建项目“天下泉城”。

❷新建序列：选择“DV-PAL Standard 48kHz”编辑模式，命名序列“泉城”。

❸重命名轨道：将“视频 1”轨道重命名为“泉城”，“音频 1”轨道重命名为“音乐”。

❹导入素材：将“模块 4/4-1 边做边学-天下泉城/素材/视频”文件夹下的视频素材导入“项目”窗口中。

❺添加第一个素材：将时间指示器定位到 00:00:00:00 位置，拖曳“0-片头.flv”素材到“泉城”轨道中，并与时间指示器左对齐。

❻添加多个素材：按住<Shift>键，依次选中剩余的视频素材，并将其拖曳到“泉城”轨道“0-片头.flv”素材的右侧。放开鼠标，所有素材按从左向右的顺序左右相邻排列。

❼解除视音频链接：拖动鼠标框选“泉城”轨道中的全部素材，右击，弹出快捷菜单，执行“解除视音频链接”命令。框选“音乐”轨道中分离出来的全部音频素材，按<Delete>键将其删除。

4.1.2 添加特效

❶执行菜单“窗口→效果”命令，打开“效果”窗口。

❷在“效果”窗口中，单击“视频切换（Video Transition）”文件夹左侧的折叠图标，展开转场特效列表。单击“叠化（Dissolve）”文件夹左侧的折叠图标，展开“叠化”类转场特效列表，如图 4-1-2 所示。

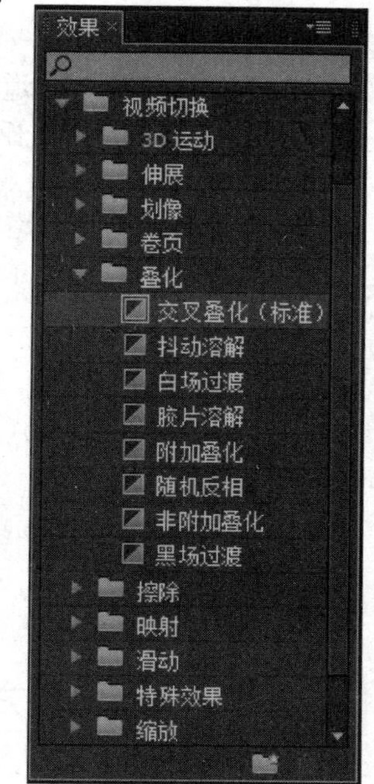

图 4-1-2 转场特效

❸添加“叠化”类转场特效：单击选中“交叉叠化”转场特效，按住鼠标左键，将其拖曳到“泉城”轨道中“0-片头.flv”素材的左侧，当出现光标时放开鼠标，特效被添加到素材入点处。

选中“交叉叠化”转场特效，将其拖曳到素材“0-片头.flv”与“1-山”的切点处，当出现光标时放开鼠标，特效被添加到两个素材的切点处（切点）。

重复以上步骤，将“交叉叠化”转场特效分别拖曳到素材“1-山”与“1-山 1”、“1-山 2”与“2-泉”、“2-泉”与“2-泉 1”、“2-泉 3”与“3-河”、“3-河 1”与“3-河 2”、“3-河 2”与“4-湖”、“4-湖”与“4-湖 1”、“4-湖 1”与“5-城”、“5-城”与“5-城 1”左右相邻排列的素材切点处。

选中“交叉叠化”转场特效，将其拖曳到素材“5-城 4”的右侧，当出现光标时放开鼠标，特效被添加到素材的出点处。

选中“胶片溶解（Film Dissolve）”转场特效，将其拖曳到素材“2-泉 1”与“2-泉 2”切点处。

❹添加“擦除（Wipe）”类转场特效：单击“擦除（Wipe）”文件夹左侧的折叠图标，展开“擦除”类转场特效列表，选中“插入（Insert）”特效，将其拖曳到素材“1-山”与

“1-山 2”切点处；选中“百叶窗（Venetian Blinds）”特效，将其拖曳到素材“2-泉 2”与“2-泉 3”切点处；选中“双侧平推门（Barn Doors）”特效，将其拖曳到素材“3-河”与“3-河 1”切点处。

❺添加“滑动（Slide）”类转场特效：单击“滑动（Slide）”文件夹左侧的折叠图标▶，展开“滑动”类转场特效列表，选中“滑动条（Sliding Bands）”特效，将其拖曳到素材“5-城 1”与“5-城 2”、“5-城 2”与“5-城 3”切点处。

❻添加“缩放（Zoom）”类转场特效：单击“缩放（Zoom）”文件夹左侧的折叠图标▶，展开“缩放”类转场特效列表，选中“跟踪缩放（Zoom Trails）”特效，将其拖曳到素材“5-城 3”与“5-城 4”切点处。

至此，各素材片段之间均添加了相应的转场特效，时间线如图 4-1-3 所示。

图 4-1-3 “泉城”时间线

4.1.3 设置特效

❶执行菜单“窗口→特效控制台”命令，打开“特效控制台”面板。

❷选择“泉城”轨道中“3-河 1”与“3-河 2”素材切点处的“交叉缩放”转场特效，在“特效控制台”面板中，勾选“显示实际来源”复选框，设置“持续时间（Duration）”为 00:00:01:20（1 秒 20 帧）。

❸选择“泉城”轨道中“5-城 2”与“5-城 3”素材切点处的“滑动条”转场特效，在“特效控制台”面板中勾选“反转”复选框。

4.1.4 添加音乐

❶将时间指示器定位到 00:00:00:00 位置，拖曳“背景音乐.mp3”素材到“音乐”轨道中，并与时间指示器左对齐。

❷在“节目监视器”中预览效果，如图 4-1-1 所示。保存项目“天下泉城.prproj”，导出视频“天下泉城.flv”。

4.2 知识魔方 Premiere 的内置转场特效

转场就是常说的过渡，即从一个场景过渡或切换到另一个场景时画面的表现形式。

4.2.1 为什么使用转场特效

转场特效是电影、电视剧中应用非常广泛的技术手法，可以解决两个场景切换过程中过渡生硬、不自然的问题，具有因果呼应、并列、递进、转折等逻辑关系，起到承上启下、刻画心理、渲染气氛、增强视觉效果等作用。

转场特效在技术和应用上一般分为以下三种：

（1）运用传统摄像机的光学原理产生过渡效果；

（2）运用后期非线编软件添加、设置转场效果；

（3）通过遮罩等技术手段，先隐藏一个场景，同时显示另一个场景，但需要在两个场景切换的过程中添加其他画面内容。

4.2.2 添加转场特效

1. 添加转场特效

❶执行菜单“窗口→效果”命令，打开“效果”窗口。

❷在“效果”窗口中，单击“视频切换”文件夹左侧的折叠图标▶，展开转场特效列表。单击转场特效类名（如叠化）左侧的折叠图标▶，展开该类转场特效列表。单击选中某个转场特效（如交叉叠化）。

❸单击某个转场特效，按住鼠标左键，将其拖曳到视频轨道中某一素材的左侧、右侧或两个相邻素材的连接处，当出现、或图标时，放开鼠标，特效被添加到该素材的入点、出点或两个素材的切点处，如图4-2-1～图4-2-3所示。

图4-2-1　开始于切点

图4-2-2　结束于切点

图4-2-3　居中于切点

将转场特效添加到素材上之后，将在当前位置显示特效图标，把鼠标光标置于特效图标上方会弹出提示信息，如图4-2-4所示。

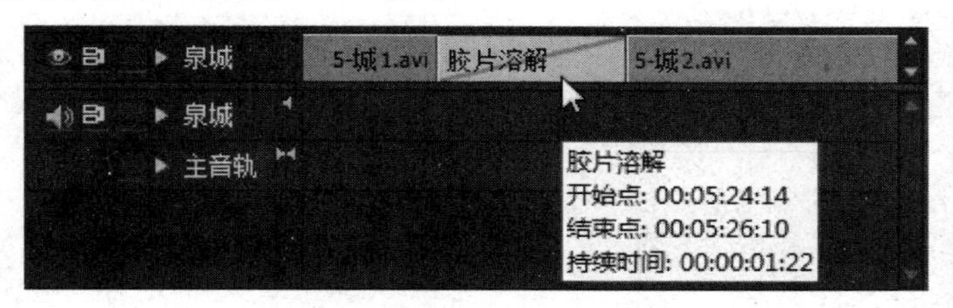

图4-2-4　转场特效属性信息

2. 删除转场特效

（1）单击选中素材上的特效，按<Delete>键将其删除。

（2）右击素材上的转场特效，弹出快捷菜单，执行“清除（Clear）”命令将其删除。

3. 替换转场特效

当想替换某个特效时，直接拖曳新的转场特效到已添加到素材上的转场特效位置，将覆盖原来的特效，并继承原特效的“持续时间”和“对齐”等参数值。

4. 默认转场特效

“交叉叠化”为系统的默认转场特效，双击该特效即可将其直接添加到指定素材上，Premiere中只有一个默认转场特效。在“效果”窗口中，右击某个转场特效，弹出快捷菜单，执行“设置所选择为默认转场”命令，即可将该转场特效设置为默认转场，原来的默认转场特效被替代。

4.2.3 设置特效效果

❶执行菜单“窗口→特效控制台”命令，打开“特效控制台”面板。

❷单击添加到素材上的转场特效图标，在“特效控制台”面板中显示特效参数。

●持续时间（Duration）：转场（播放）的时间单位为帧，默认为25帧（1秒）。将鼠标光标放置在四段时间码的帧码处，向右、左拖曳鼠标，以帧为单位增加、减少转场时间。也可以直接在准确的时间码位置上双击，再输入新时间码。

●对齐（Alignment）：转场与素材的对齐方式，切点是指轨道上左右相邻的两段素材的连接点。“对齐”参数包括四个选项，如表4-2-1所示。

表4-2-1 “对齐”参数的四个选项

选　项	含　义	特　点
居中于切点（Center at cut）	转场的中心点与两个素材的切点对齐	左右两个素材从出点处和头部开始平均分配转场持续时间
开始于切点（Begin at cut）	转场与素材左对齐，或者说转场与素材同时开始播放	特效持续时间来自当前素材
结束于切点（End at cut）	转场与素材右对齐，或者说转场与素材同时结束播放	特效持续时间来自当前素材
自定义开始	当转场与素材的对齐方式不同于以上三种情况时	

●开始（Start）：设置转场从哪个切换程度开始播放。

●结束（End）：设置转场从哪个切换程度结束播放。

●显示实际来源（Show Actually Sources）：在面板中显示添加转场特效的素材画面（第一帧），否则系统以素材A、素材B替代，如图4-2-5和图4-2-6所示。

图4-2-5 “特效控制台”面板（1）

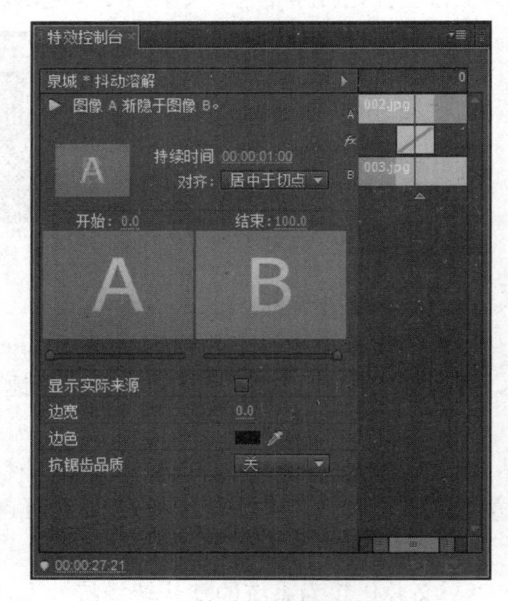

图4-2-6 “特效控制台”面板（2）

小黑板

● 单击选中轨道中的转场特效，向左、右拖曳鼠标，当转场特效与素材的入点、出点、切点都不对齐时，称为“自定义开始”。

● 单击“物效控制台”面板左上角的▶按钮，在其左下角的预览窗口中播放转场过渡效果，单击■按钮停止播放。

❸单击“特效控制台”面板右上角的“显示/隐藏时间线视图”按钮▶，在面板右侧显示/隐藏时间线视图，如图 4-2-6 所示。可以通过鼠标拖曳的方式调整转场特效的参数“持续时间”和“对齐”，如图 4-2-7～图 4-2-9 所示。

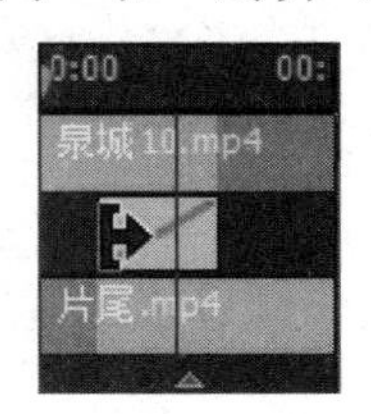

图 4-2-7　向左调整持续时间

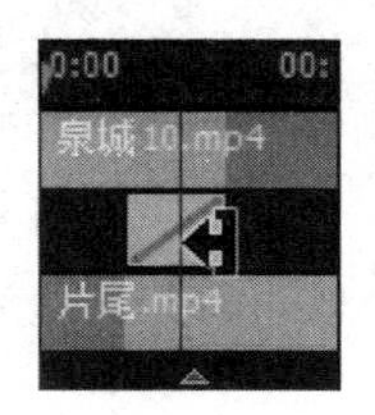

图 4-2-8　向右调整持续时间

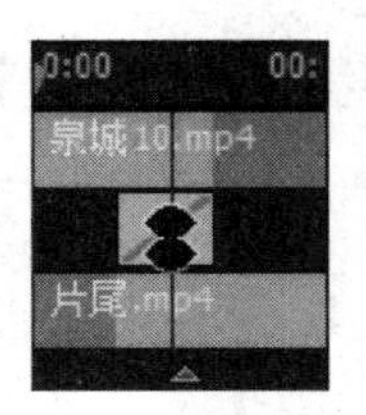

图 4-2-9　调整对齐方式

小黑板

● 单击轨道中的转场特效，将鼠标光标移动到特效左侧，当鼠标光标变成形状时，向左拖曳鼠标，延长持续时间，提前转场开始时间；当鼠标光标变成形状时，向右拖曳鼠标，延长持续时间，延后转场结束时间。

● 为轨道中的素材添加转场特效时，特效的持续时间来自当前素材片断。例如，假如某个素材的持续播放时间是 2 秒，在其入点添加持续时间为 1 秒的转场特效后，该素材开始前 1 秒进行转场；在其出点添加持续时间为 1 秒的转场特效后，该素材结束前 1 秒进行转场。

4.2.4　实现 Premiere 的内置转场特效

Premiere Pro CC 2018 内置转场特效包括 3D 运动（3D Motion）、伸展（Stretch）、划像（Iris）、卷页（Page Peel）、叠化（Dissolve）、擦除（Wipe）、映射（Map）、滑动（Slide）、缩放（Zoom）、特殊效果（Special Effect）十类，每类包含不同特效，共 70 余种。

这些转场特效的实例源文件见“配套资源/模块 4/4-2 知识魔方-转场特效/源文件”文件夹。

1. 3D 运动（3D Motion）

3D 运动特效通过模拟三维空间的运动物体，使画面产生过渡效果，适合节奏活泼、动感强劲的素材，包含向上折叠（Fold Up）、帘式（Curtain）、摆入（Swing In）、摆出（Swing Out）、旋转（Spin）、旋转离开（Spin Away）、立方体旋转（Cube Spin）、翻转（Flip Over）、筋斗过渡（Tumble Away）、门（Door）十个特效。

（1）向上折叠（Fold Up）：向上折叠素材 A，显示素材 B，效果如图 4-2-10 所示。

图 4-2-10　“向上折叠”转场特效效果图

（2）帘式（Curtain）：素材 A 模仿窗帘向左右打开，显示素材 B，效果如图 4-2-11 所示。

图 4-2-11 “帘式”转场特效效果图

（3）摆入（Swing In）：以素材 B 画面的某条边为轴，像钟摆一样进入，覆盖素材 A 画面。

单击“特效控制台”面板中转场特效预览窗口四条边上的控制手柄，可以设置以素材 B 某条边为摆入轴（固定），产生“从东到西”、“从西到东”、“从南到北”和“从北到南”四种不同的摆入方向，效果如图 4-2-12 所示。

- 边宽：设置摆入素材的边框宽度（单位：像素）。
- 边色：设置摆入素材的边框颜色。
- 反转：将切换效果由素材 B 摆入设置为由素材 A 摆出。

图 4-2-12 不同的摆入方向效果图

（4）摆出（Swing Out）：素材 A 画面以某条边为轴，像钟摆一样退出，显示素材 B 画面。与摆入（Swing In）效果相似，动作方向相反。

（5）旋转（Spin）：素材 B 以水平或垂直中心线为轴，沿水平或垂直方向旋转舒展开，覆盖素材 A 画面。该转场可以产生平面压缩的效果。

（6）旋转离开（Spin Away）：素材 B 从透视平面旋转，覆盖素材 A 画面，类似于旋转转场。

（7）立方体旋转（Cube Spin）：素材 A 和素材 B 分别映射到立方体两个相邻的面上，沿水平或垂直方向旋转，素材 A 旋转出场，素材 B 旋转入场。

（8）翻转（Flip Over）：素材 A 沿水平或垂直方向翻转到所选颜色，素材 B 沿相同方向翻转出，效果如图 4-2-13 所示。图 4-2-14 所示为“四面、垂直”方向的翻转效果。

 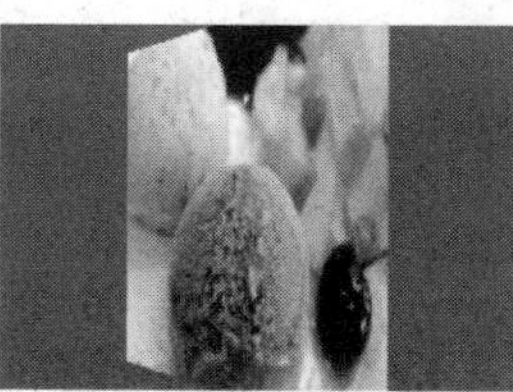 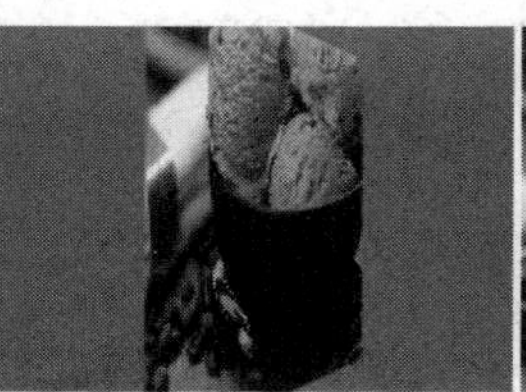 

图 4-2-13 “翻转”转场特效（“单面、垂直”方向）效果图

图 4-2-14 “翻转”转场特效（“四面、垂直”方向）效果图

（9）筋斗过渡（Tumble Away）：素材 A 像翻筋斗一样翻出，显示素材 B 画面。

（10）门（Door）：模仿一扇门打开的效果，素材 B 画面从水平或垂直的门中出现，覆盖素材 A。

2. 伸展（Stretch）

相对 3D 运动及推拉等转场特效，伸展转场特效给予画面更多柔性。伸展转场特效包括伸展（Stretch）、交叉伸展（Cross Stretch）、伸展进入（Stretch In）、伸展覆盖（Stretch Over）四个特效。

（1）伸展（Stretch）：素材 B 从上、下、左或右的某一边向另一边伸展，覆盖素材 A。

（2）伸展进入（Stretch In）：素材 B 在素材 A 的中心位置横向或纵向伸展，并收紧进入，颜色由模糊到清晰，渐渐覆盖素材 A 画面。

（3）伸展覆盖（Stretch Over）：素材 B 沿水平或垂直方向由直线拉伸出现，覆盖素材 A 画面。

（4）交叉伸展（Cross Stretch）：素材 B 沿水平或垂直方向向上、下或向左、右渐渐伸展，同时素材 A 挤压收缩。

3. 划像（Iris）

划像特效是一个素材逐渐淡入另一个素材中的效果，包括盒形划像（Iris Box）、交叉划像（Iris Cross）、菱形划像（Iris Diamond）、点划像（Iris Point）、圆划像（Iris Round）、形状划像（Iris Shapes）、星形划像（Iris Star）七个特效。

（1）盒形划像（Iris Box）：素材 B 打开矩形划出，且慢慢变大，渐渐覆盖素材 A 画面。

（2）菱形划像（Iris Diamond）：素材 B 打开菱形划出，且慢慢变大，渐渐覆盖素材 A 画面，效果如图 4-2-15 所示。

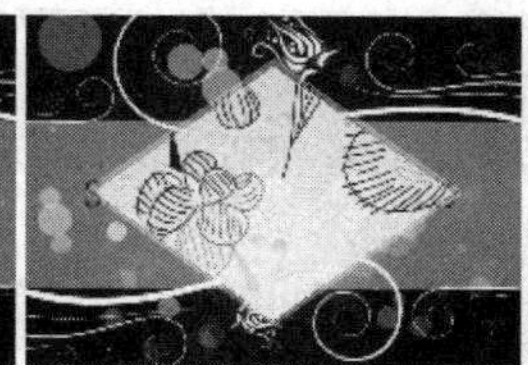
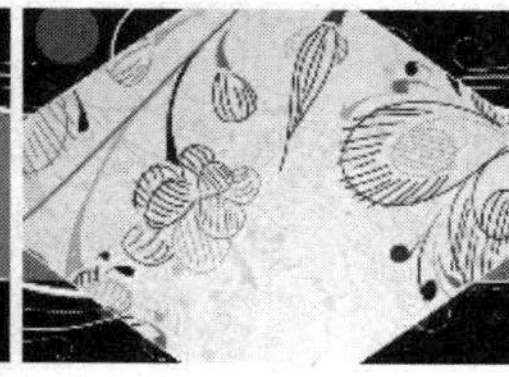

图 4-2-15 “菱形划像”转场特效效果图

（3）星形划像（Iris Star）：素材 B 打开五角星形划出，且慢慢变大，渐渐覆盖素材 A 画面。

（4）圆划像（Iris Round）：素材 B 打开圆形划出，且慢慢变大，渐渐覆盖素材 A 画面。

（5）点划像（Iris Point）：素材 A 以斜十字形状划出，且慢慢变小，显示下面的素材 B 画面。

（6）形状划像（Iris Shapes）：素材 B 画面以渐渐变大的矩形、菱形或椭圆形划出，效果如图 4-2-16 所示。

图 4-2-16 “形状划像”转场特效（菱形）效果图

形状划像的形状可以自行设置。在“形状划像”的“特效控制台”面板中，单击自定义...按钮，弹出“划像形状设置”对话框，在“形状类型”选项中，可以选择矩形、椭圆形或菱形；拖曳“形状数量”的“宽”和“高”参数的调节杆，设置不同形状的行数或列数。

（7）交叉划像（Iris Cross）：素材 B 以渐渐变大的十字形状划出，覆盖素材 A 画面。

4. 卷页（Page Peel）

卷页特效是模仿翻卷书页或卷起画轴动作，显示下一个素材的切换效果，包括卷页（Page Peel）、中心卷页（Center Peel）、背面卷页（Peel Back）、翻转卷页（Page Turn）和滚动翻页（Roll Away）五个特效。

（1）卷页（Page Peel）：素材 A 像被翻卷的书页，由某个顶点沿对角线方向卷起，显示底部的素材 B 画面，效果如图 4-2-17 所示。

图 4-2-17 “卷页”转场特效（向左下角卷页）效果图

（2）中心卷页（Center Peel）：素材 A 在中心点处分为四片，向四个对角方向卷起，并留下阴影，显示底部的素材 B 画面，效果如图 4-2-18 所示。

图 4-2-18 “中心卷页”转场特效效果图

（3）背面卷页（Peel Back）：素材 A 在中心点处分为四片，按先后顺序分别沿对角方向卷起，并留下阴影，显示底部的素材 B 画面。

（4）翻转卷页（Page Turn）：素材 A 由某个顶点沿对角方向卷起，显示底部的素材 B 画面。翻转卷页与卷页效果相似，但被翻卷的素材 A 画面是透明的。

（5）滚动翻页（Roll Away）：素材 A 从上、下、左或右侧沿水平或垂直方向像画轴一样卷起，显示底部的素材 B 画面，被卷起的素材 A 画面是透明的。

5. 叠化（Dissolve）

叠化特效以透明度展现素材 A 逐渐消失，素材 B 逐渐出现，或者说，素材 A 渐隐于素材 B 的效果，最有代表性的是淡入淡出效果。叠化特效包括交叉叠化（Cross Dissolve）、附加叠化（Additive Dissolve）、抖动叠化（Dither Dissolve）、胶片叠化（Film Dissolve）、无附加叠化（Non-Additive Dissolve）、黑场过渡（Dip to Black）、白场过渡（Dip to White）和随机反相（Random Invert）八个特效。

（1）交叉叠化（Cross Dissolve）：素材A画面淡出的同时素材B画面淡入，即素材A画面由完全不透明渐变为完全透明，透出底部的素材B画面。

（2）附加叠化（Additive Dissolve）：素材A画面渐隐于素材B画面，与抖动叠化（Dither Dissolve）效果相似。

（3）无附加叠化（Non-Additive Dissolve）：素材A画面的明亮度被反射到素材B画面，素材B画面逐渐出现在素材A的彩色区域内。

（4）胶片叠化（Film Dissolve）：素材A画面线性渐隐于素材B画面，或者说，素材B画面逐渐出现在素材A的彩色区域内。

（5）抖动叠化（Dither Dissolve）：与附加叠化效果相似，素材A画面渐隐于素材B画面，或者说，素材A画面逐渐叠化为素材B画面。

（6）黑场过渡（Dip to Black）：素材A画面渐隐为黑色，之后淡化出素材B画面。

（7）白场过渡（Dip to White）：素材A画面渐隐为白色，之后淡化出素材B画面。

（8）随机反相（Random Invert）：以随机点图形反相素材A画面，渐渐消失以显示素材B画面。或者说，素材B以随机点图形逐渐替换素材A画面，效果如图4-2-19所示。

图4-2-19 “随机反相”转场特效效果图

6. 擦除（Wipe）

擦除特效好像用橡皮工具以不同形状慢慢擦除素材A画面，显示底部的素材B画面。擦除特效包括擦除（Wipe）、带状擦除（Band Wipe）、双侧平推门（Barn Doors）、棋盘擦除（Checker Wipe）、棋盘划变（Checker Board）、时钟擦除（Clock Wipe）、渐变擦除（Gradient Wipe）、随机擦除（Random Wipe）、楔形擦除（Wedge Wipe）、插入（Insert）、油漆飞溅（Paint Splatter）、风车（Pinwheel）、径向划变（Radial Wipe）、随机块（Random Blocks）、螺旋框（Spiral Boxes）、百叶窗（Venetian Blinds）、Z形块（Zig-Zag Blocks）共17个特效。

（1）擦除（Wipe）：好像用橡皮工具擦除素材A画面，显示底部的素材B画面，效果如图4-2-20所示。

图4-2-20 “擦除”转场特效效果图

（2）带状擦除（Band Wipe）：以矩形橡皮工具沿水平、垂直或对角线方向擦除素材

A 画面，显示底部的素材 B 画面，效果如图 4-2-21 所示。

图 4-2-21 “带状擦除”转场特效效果图

（3）双侧平推门（Barn Doors）：素材 A 画面以从中央向外开门或关门的方式，慢慢过渡到素材 B 画面。

（4）棋盘擦除（Checker Wipe）：素材 A 画面被两组方格以棋盘形状交替擦除，显示底部的素材 B 画面。或者说，素材 B 画面以棋盘形状逐行交替出现，并覆盖素材 A 画面，效果如图 4-2-22 所示。

图 4-2-22 “棋盘擦除”转场特效效果图

在棋盘擦除“特效控制台”面板中，单击 自定义... 按钮，打开“棋盘数量设置”对话框，在“水平切片”和“垂直切片”编辑框中输入水平棋盘数和垂直棋盘数。

（5）棋盘划变（Checker Board）：素材 B 画面以棋盘形状沿水平、垂直或对角线方向划出，并慢慢覆盖素材 A 画面。或者说，素材 A 画面以棋盘形状沿水平、垂直或对角线方向被擦除，慢慢过渡到素材 B 画面，效果如图 4-2-23 所示。

图 4-2-23 “棋盘划变”转场特效效果图

（6）时钟擦除（Clock Wipe）：素材 A 画面被圆形时钟沿顺时针或逆时针方向擦除，显示底部的素材 B 画面。或者说，素材 B 画面以圆形时钟覆盖素材 A 画面。

（7）渐变擦除（Gradient Wipe）：使用选定的灰度图像渐变擦除素材 A 画面，显示底部的素材 B 画面，即先选择一张灰度模式图像，切换时，素材 A 画面充满灰度图像的黑色区域，然后每个灰度开始显示，直到白色区域完全透明，从而透出素材 B 画面。

在渐变擦除“特效控制台”面板中，单击 自定义... 按钮，打开“渐变擦除设置”对话框。单击 选择图像... 按钮，弹出“打开”对话框，选择一幅渐变图像，返回对话框，如图 4-2-24 所示，单击 确定 按钮，该图像将渐变擦除素材 A 画面，效果如图 4-2-25 示。

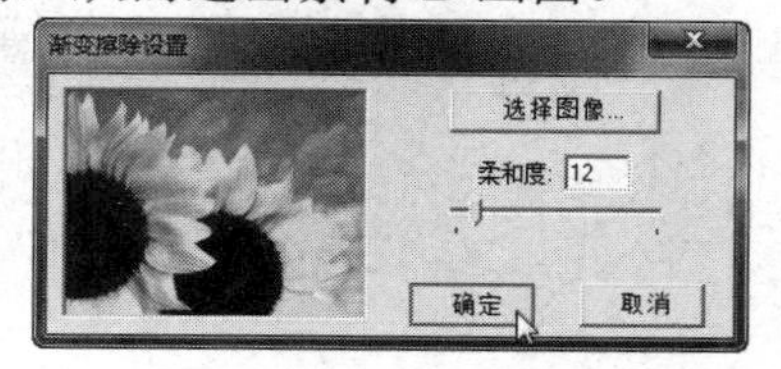

图 4-2-24 设置渐变擦除图像

图 4-2-25 “渐变擦除”转场特效效果图

（8）随机擦除（Random Wipe）：随机产生方块形边缘，沿水平或垂直方向擦除素材 A 画面，显示底部的素材 B 画面。

（9）楔形擦除（Wedge Wipe）：以素材 A 的中心为圆心，以扇形打开方式擦除，显示素材 B 画面。

（10）插入（Insert）：素材 A 从顶点起沿对角线方向角形擦除，显示素材 B 画面。或者说，素材 B 由顶点沿对角线方向斜插进入，覆盖素材 A 画面。

（11）油漆飞溅（Paint Splatter）：以飞溅的油漆点形状擦除素材 A 画面，显示素材 B 画面，效果如图 4-2-26 所示。

图 4-2-26 “油漆飞溅”转场特效效果图

（12）风车（Pinwheel）：风车轮状旋转擦除素材 A 画面，效果如图 4-2-27 所示。

图 4-2-27 “风车擦除”转场特效效果图

（13）径向划变（Radial Wipe）：素材 A 从某一顶点沿顺时针方向扫式擦除，显示底部的素材 B 画面。或者说，素材 B 画面从素材 A 的某一顶点扫入画面。

（14）随机块（Random Blocks）：以随机出现的方块渐渐覆盖素材 A 画面，显示底部的素材 B 画面。或者说，素材 B 画面以随机出现的方块渐渐覆盖素材 A 画面，效果如图 4-2-28 所示。

图 4-2-28 “随机块”转场特效效果图

（15）螺旋框（Spiral Boxes）：素材 A 被螺旋块由外向内旋转擦除，显示底部的素材

B 画面。或者说，素材 B 以螺旋块状由外向内旋转出现。

（16）百叶窗（Venetian Blinds）：素材 A 以百叶窗形式渐渐擦除，显示底部的素材 B 画面，效果如图 4-2-29 所示。

图 4-2-29 “百叶窗”转场特效（水平）效果图

（17）Z 形块（Zig-Zag Blocks）：素材 A 被 Z 形块交错叠加擦除，显示素材 B 画面。或者说，素材 B 沿 Z 形交错叠加扫过素材 A 画面，效果如图 4-2-30 所示。

图 4-2-30 “Z 形块”转场特效效果图

7. 映射（Map）

映射特效是将一个素材画面中的颜色通道、Alpha 通道或亮度映射到另一个素材画面，产生渐渐融合的切换效果。映射特效包括通道映射（Channel Map）和亮度映射（Liminance Map）两个特效。

（1）通道映射（Channel Map）：将素材 A 和素材 B 的选定通道映射到输出。

在通道映射“特效控制台”面板中，单击 自定义... 按钮，打开“通道映射设置”对话框，在对话框中选择素材的映射通道。

- 映射到 Alpha 通道：指定素材 A 或素材 B 的某个颜色通道映射到 Alpha 通道输出。
- 映射到红色通道：指定素材 A 或素材 B 的某个颜色通道映射到红色通道输出。
- 映射到绿色通道：指定素材 A 或素材 B 的某个颜色通道映射到绿色通道输出。
- 映射到蓝色通道：指定素材 A 或素材 B 的某个颜色通道映射到蓝色通道输出。

（2）亮度映射（Liminance Map）：素材 A 的亮度映射到素材 B，效果如图 4-2-31 所示。

图 4-2-31 “亮度映射”转场特效效果图

8. 滑动（Slide）

滑动特效是素材 A 以滑动方式移开，显示素材 B 画面的效果，是形式最简单的转场。滑动特效包括滑动（Slide）、带状滑动（Band Slide）、斜线滑动（Slash Slide）、滑动框（Sliding

Boxes）、滑动条（Sliding Bands）、推（Push）、中心合并（Center Merge）、中心拆分（Center Split）、拆分（Split）、互换（Swap）、旋涡（Swirl）、多旋转（Multi-Spin）共12个特效。

（1）滑动（Slide）：素材B画面以一个越来越大的矩形滑入覆盖素材A画面。

（2）带状滑动（Band Slide）：素材B画面在水平、垂直或对角线方向上，以多个条形画面从两个方向对称滑入，渐渐覆盖素材A画面，效果如图4-2-32所示。

图4-2-32 “带状滑动”转场特效效果图

（3）斜线滑动（Slash Slide）：素材B画面在水平、垂直或对角线方向上，以多个自由线条形画面向对面滑入，渐渐覆盖素材A画面，效果如图4-2-33所示。

图4-2-33 “斜线滑动”转场特效效果图

（4）滑动框（Sliding Boxes）：素材B画面分为多个矩形画面，沿水平或垂直方向像搭积木一样累积滑入，渐渐覆盖素材A画面。

（5）滑动条（Sliding Bands）：素材B画面分为多个条形画面，沿水平或垂直方向累积滑入，渐渐覆盖素材A画面，效果如图4-2-34所示。

图4-2-34 “滑动条”转场特效效果图

（6）推（Push）：素材B画面由上、下、左或右侧，从垂直或水平方向向对面推出素材A画面。

（7）拆分（Split）：素材A画面被平均拆分为上、下或左、右两部分，并被渐渐推到两边，以显示素材B画面。

（8）中心拆分（Center Split）：素材A画面被平均拆分为四部分，并向四个角滑出，以显示素材B画面。

（9）中心合并（Center Merge）：素材A画面被平均分为四部分，渐渐滑入舞台中心，并逐渐合并，显示素材B画面。

（10）互换（Swap）：素材A画面和素材B画面同时沿水平或垂直方向向两边滑出一半画面，互换位置后再滑入，直至素材B画面覆盖素材A画面。

（11）旋涡（Swirl）：素材B画面被平均分割成多个矩形画面，由素材A画面中心点位置像旋涡一样由小到大旋转而出，覆盖素材A画面。

（12）多旋转（Multi-Spin）：素材B画面以多个渐变渐大的矩形旋转而出，覆盖素材B画面，效果如图4-2-35所示。

图4-2-35 “多旋转”转场特效效果图

9. 缩放（Zoom）

缩放特效是将素材B画面缩放，以覆盖素材A画面的效果，或者说，素材B画面动态缩放从素材A画面中出现。缩放特效包括缩放（Zoom）、交叉缩放（Cross Zoom）、盒子缩放（Zoom Box）、跟踪缩放（Zoom Trails）四个特效。

（1）缩放（Zoom）：素材B画面从素材A画面中心位置逐渐放大冲出，覆盖素材A画面，效果如图4-2-36所示。

图4-2-36 “缩放”转场特效效果图

（2）交叉缩放（Cross Zoom）：素材A画面放大冲出舞台，素材B画面缩小进入。

（3）盒子缩放（Zoom Box）：素材B画面被分成多行整齐排列的小方盒，并渐渐放大，覆盖素材A画面，效果如图4-2-37所示。

图4-2-37 “盒子缩放”转场特效效果图

（4）跟踪缩放（Zoom Trails）：又叫缩放拖尾，素材A画面拖着长长的尾巴缩小离开，显示底部的素材B画面，效果如图4-2-38所示。

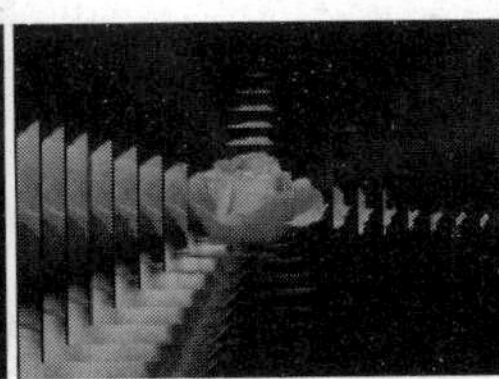

图4-2-38 “跟踪缩放”转场特效效果图

在跟踪缩放“特效控制台”面板中，单击自定义...按钮，打开“缩放拖尾设置”对话框，输入新的数字设置素材 A 跟踪的层数。

10. 特殊效果（Special Effect）

特殊效果是以改变素材颜色或扭曲图像进行切换的效果，包括纹理（Texturize）、置换（Displace）、三次元（Three-D）三个特效。

（1）纹理（Texturize）：素材 A 的图像作为纹理映射给素材 B 画面，效果如图 4-2-39 所示。

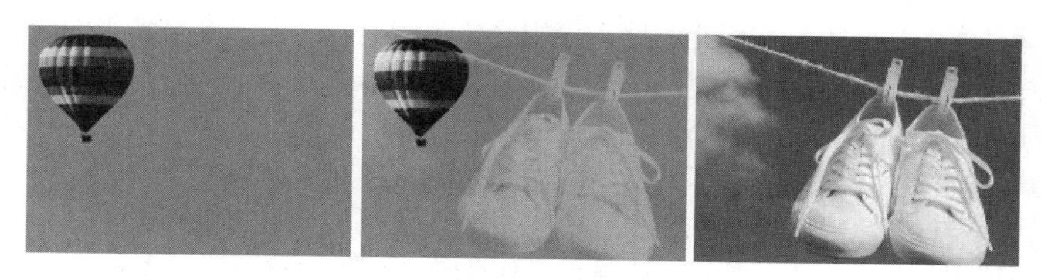

图 4-2-39 “纹理”转场特效效果图

（2）三次元（Three-D）：素材 A 图像和素材 B 图像映射到红色和蓝色输出通道中，并进行融合。

（3）置换（Displace）：以素材 A 图像的 RGB 通道置换素材 B 图像的像素。

4.3 情境设计 《青春物语》

1. 情境创设

本项目是制作一个电子相册《青春物语》，主题是青春与梦想，突出青春活力、梦想与激情。现有的素材是一组当代大学生的生活照片，基于项目的主题，要在电子相册的基础上有所突破，展现青春与梦想的美好碰撞。效果如图 4-3-1 所示。

图 4-3-1 电子相册《青春物语》效果图

- 片头：以动态字幕制作片头，用闪烁荡漾的星光做点缀，动感十足，增加画面的明亮度和冲击感，直奔主题。
- 第一场景：主人公的一组个人照片，以颜色亮丽的背景图片做相框，以透明、闪亮的星星动画做点缀，应用百叶窗等擦除类转场，节奏感十足，突出青春活力。
- 第二场景：主人公的一组生活照，讲述梦想的故事，以五彩光环、飘浮的水泡做点缀，应用滑动类和3D运动类转场，清新欢快，展现青春的浪漫。
- 第三场景：主人公的一组艺术照，以飘落的花瓣、飞舞的雪花、心型动画等做点缀，增强画面美感和镜头动感，应用叠化类转场，强调青春与梦想的碰撞。
- 片尾：主人公的肖像照，以蒙太奇方式配合动态字幕，点缀闪耀的星光动画，快速收尾，体现作品节奏感，突出主题。
- 背景音乐：流行歌曲，节奏欢快，积极乐观。

2. 技术分析

（1）应用照片、字幕、视频、音频、序列动画、透明背景图片等多种素材。

（2）创建嵌套序列，将其作为新素材应用到项目中。

（3）根据不同的画面风格和主题要求添加转场，调整参数。

（4）通过“透明度”特效设置视频背景透明。

（5）制作关键帧动画，增加影片的节奏感。

（6）在片头和片尾应用字幕，并添加转场，让字幕动起来，首尾风格呼应。

3. 项目制作

STEP01 新建项目

运行 Premiere Pro CC 2018，创建项目“青春物语”和序列“相册”。

STEP02 导入素材

❶导入文件夹：打开“模块4/4-3-情境设计-青春物语/素材”文件夹，导入文件夹“照片”、“视频”、“文字”和“背景音乐”到“项目”窗口。

❷导入图片序列：打开“模块4/4-3-情境设计-青春物语/素材/图片序列”文件夹，导入图像序列“爆竹0001”、“心型”和“大雪”到“项目”窗口。

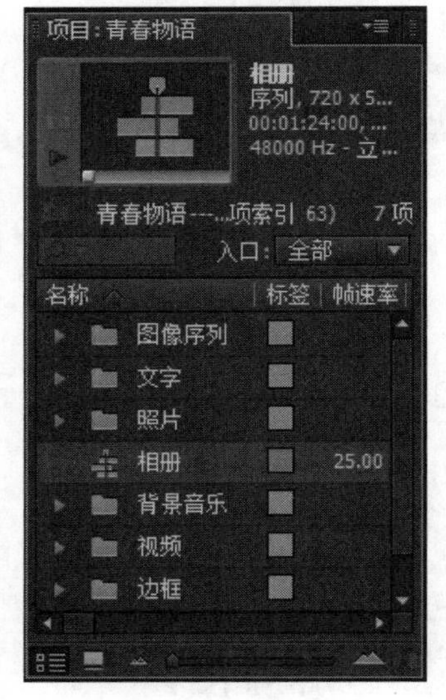

图4-3-2 素材列表

❸在“项目”窗口中，新建文件夹“图像序列”，把导入的图像序列拖曳到该文件夹中。

导入素材的“项目”窗口如图4-3-2所示。

STEP03 创建嵌套序列

在“项目”窗口的空白区域右击，弹出快捷菜单，执行“新建分项→序列”命令，打开“新建序列”对话框。新建七个序列，分别命名为“嵌套序列01”～“嵌套序列07”。

STEP04 编辑“嵌套序列01”

❶在“时间线”窗口中单击“嵌套序列01”选项卡，使其处于当前编辑状态。

❷将时间指示器定位到00:00:00:00位置，选中“文字”素材文件夹中的“字幕01”～“字幕04”素材，将其分别拖

4-3-1 《青春物语》-编辑嵌套序列01

曳到“视频1”～“视频4”轨道中，并与时间指示器左对齐。

❸将时间指示器定位到00:00:00:20位置，拖曳素材“字幕02”，使其与时间指示器左对齐，并使“字幕02”素材的入点滞后素材“字幕01”20帧。按照相同的方法，分别使素材“字幕03”和“字幕04”滞后20帧。

❹定位时间指示器到00:00:10:00位置，选择轨道上的所有素材，使其与指示器右对齐，如图4-3-3所示。

❺打开“效果”窗口，拖曳转场特效“视频切换→滑动→推”到素材“字幕01”的入点处，在“特效控制台”面板中，调整特效“持续时间”为00:00:01:00（1秒）。

❻重复上述步骤，分别添加转场特效“推”到素材“字幕02”～“字幕04”的入点处，调整特效“持续时间”为00:00:01:00（1秒）。时间线如图4-3-4所示。

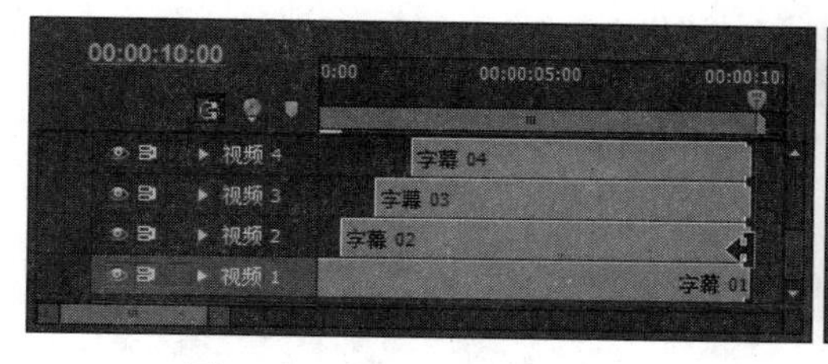

图4-3-3 调整素材右对齐

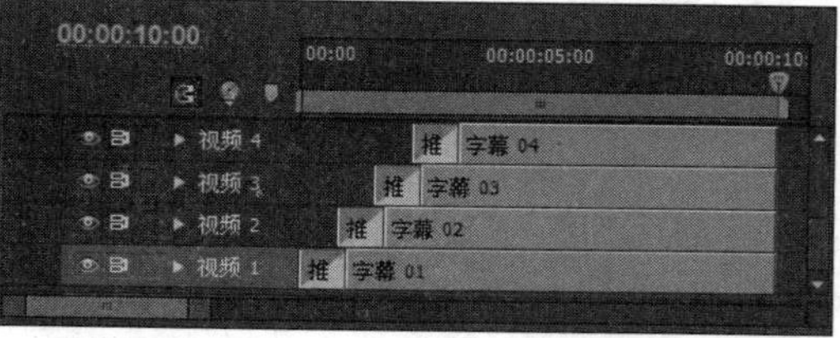

图4-3-4 “嵌套序列01”时间线

STEP05 编辑“嵌套序列02”

❶在“时间线”窗口中单击“嵌套序列02”选项卡，使其处于当前编辑状态。

4-3-2 《青春物语》-编辑嵌套序列02

❷定位时间指示器到00:00:00:00位置，拖曳“视频”文件夹中的“对称光.avi”素材到“视频1”轨道中，并与时间指示器左对齐。

❸选中“工具”面板中的“剃刀”工具，在00:00:05:05和00:00:06:05位置，将素材分割为三段。选中被分割的第一段和第三段素材片段，按<Delete>键将其删除。选中第二段素材片段并向左拖曳，使其与00:00:00:00左对齐。

❹单击轨道中的“对称光.avi”素材，打开“特效控制台”面板，展开“运动”特效，取消勾选“等比缩放”复选框，调整“缩放高度”为“230%”，调整“缩放宽度”为“250%”。

❺展开“透明度”特效，单击“混合模式”的折叠按钮图标，在列表中选择“滤色”选项，滤除素材的黑色背景，使其变为透明，如图4-3-5所示。

4-3-3 《青春物语》-编辑嵌套序列03

STEP06 编辑“嵌套序列03”

❶在“时间线”窗口中单击“嵌套序列03”选项卡，使其处于当前编辑状态。

❷定位时间指示器到00:00:00:00位置，拖曳“视频”文件夹中的素材“Swipes08.avi”到“视频4”轨道中，并与时间指示器左对齐，设置素材“Swipes08.avi”的“持续时间”为00:00:00:19（19帧）。

❸打开“特效控制台”面板，设置“Swipes08.avi”素材“透明度”特效的“混合模式”为“滤色”，滤除素材的黑色背景，使其变为透明。

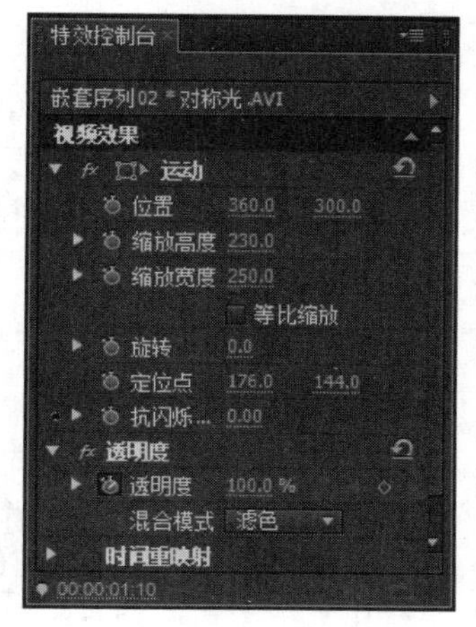

图4-3-5 设置“运动”特效

❹拖曳“边框”文件夹中的“框.png”素材到“视频 4”轨道中，排列在“Swipes08.avi”素材的右侧，两个素材左右相邻。

❺打开“效果”窗口，拖曳转场特效“视频切换→叠化→交叉叠化”到素材“Swipes08.avi”与“框”的切点处。打开“特效控制台”面板，调整“持续时间”为 00:00:00:17（17 帧）。

❻定位时间指示器到 00:00:00:10 位置。分别拖曳“照片”文件夹中的“001.jpg”～“003.jpg”素材到“视频 1”～“视频 3”轨道中，并与时间指示器左对齐，分别设置“持续时间”为 00:00:03:03（3 秒 3 帧）、00:00:04:04（4 秒 4 帧）和 00:00:05:05（5 秒 5 帧），如图 4-3-6 所示。

❼拖曳转场特效“视频切换→叠化→交叉叠化”到素材“001.jpg”～“003.jpg”的入点处，设置“对齐”方式为“开始于切点”，调整“持续时间”为 00:00:00:21（21 帧）。

❽分别拖曳“照片”文件夹中的“004.jpg”～“006.jpg”素材到“视频 1”～“视频 3”轨道中，且分别与素材“001.jpg”～“003.jpg”左右相邻排列，如图 4-3-7 所示。

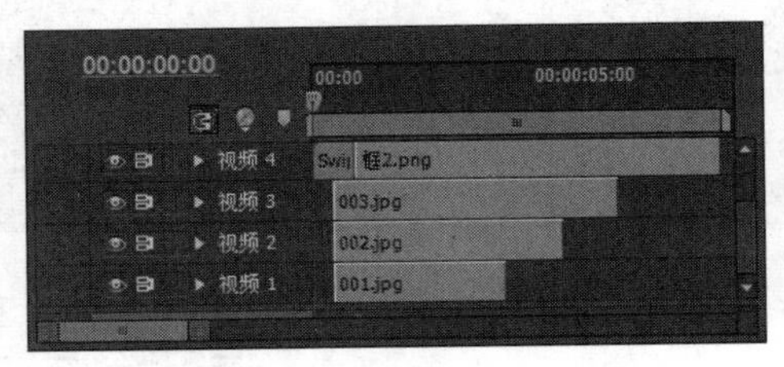

图 4-3-6　素材持续时间

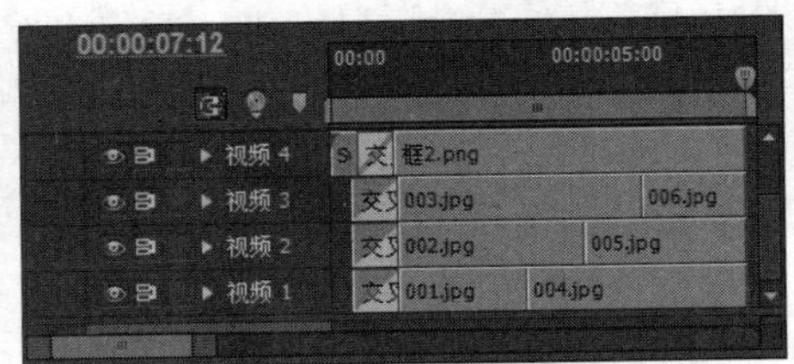

图 4-3-7　素材左右相邻

❾选择“视频切换→擦除→百叶窗”特效，分别添加到素材“001.jpg”与“004.jpg”、“002.jpg”与“005.jpg”、“003.jpg”与“006.jpg”的切点处，设置“对齐”方式为“居中于切点”，调整“持续时间”为 00:00:01:15（1 秒 15 帧），时间线如图 4-3-8 所示。

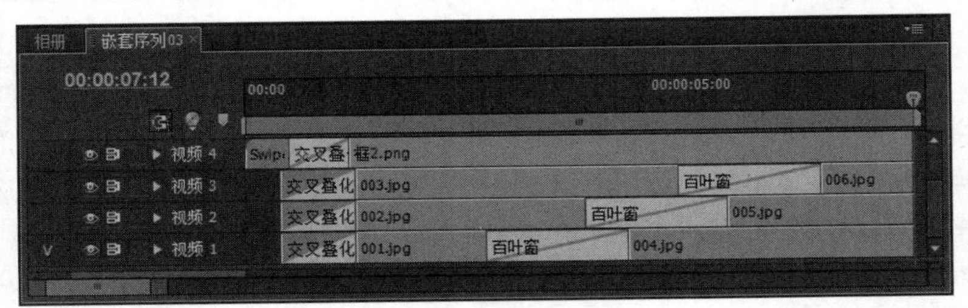

图 4-3-8　“嵌套序列 03”时间线

❿定位时间指示器到 00:00:07:12 位置，调整全部素材与时间指示器右对齐。

STEP07 编辑“嵌套序列 04”

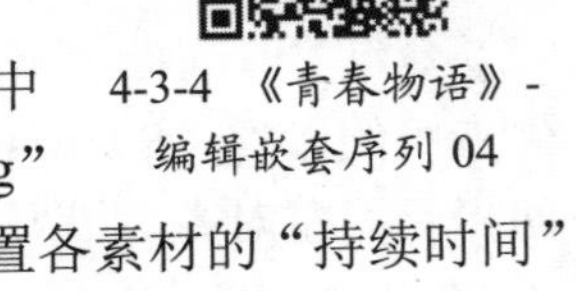

4-3-4 《青春物语》-编辑嵌套序列 04

❶在“时间线”窗口中单击“嵌套序列 04”选项卡，使其处于当前编辑状态。

❷定位时间指示器到 00:00:00:00 位置。拖曳“照片”文件夹中的“101.jpg”～“111.jpg”素材到“视频 1”轨道中，且素材“101.jpg”与时间指示器左对齐，各素材从左至右按顺序相邻排列，分别设置各素材的“持续时间”为 00:00:00:02（2 帧），如图 4-3-9 所示。

❸分别向轨道上的“101.jpg”～“111.jpg”素材的切点处添加转场特效“叠化→交叉叠化”、“3D 运动→翻转”、“叠化→交叉叠化”、“滑动→滑动框”、“滑动→滑动条”、“滑动→旋涡”、“缩放→缩放拖尾”、“滑动→滑动条”、“滑动→斜线滑动”和“滑动→带

状滑动”。打开“特效控制台”面板，选择“对齐”方式为“居中于切点”，设置“持续时间”为00:00:01:10（1秒10帧）。

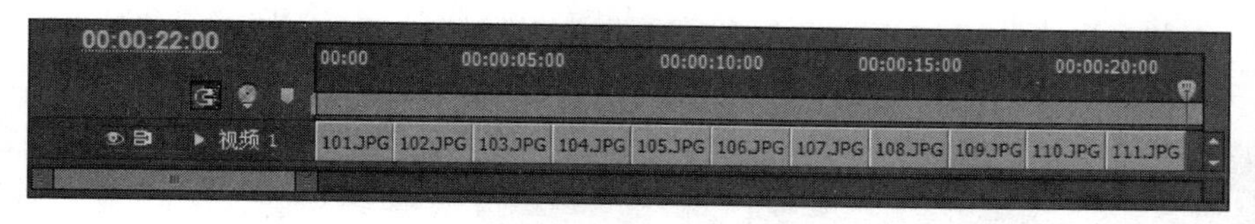

图4-3-9 排列素材（1）

❹定位时间指示器到00:00:01:17位置，从“项目”窗口中拖曳“嵌套序列02”到“视频2”轨道中，并与时间指示器左对齐，设置“透明度”特效的“混合模式”为“滤色”。

❺定位时间指示器到00:00:03:08位置，拖曳“视频”文件夹中的“星光.avi”素材到“视频2”轨道中，并与时间指示器左对齐，设置“持续时间”为00:00:01:10（1秒10帧）。

❻选中“视频2”轨道中的“星光”，设置“运动”特效的“缩放比例”为“253%”，“旋转”角度为“90°”，“透明度”特效的“混合模式”为“滤色”。

❼复制“视频2”轨道中的“星光.avi”素材，将其分别粘贴到00:00:05:08、00:00:07:08、00:00:08:08和00:00:11:08位置，设置“运动”特效的“旋转”为“0°”、“-90°”、“45°”和“0°”。

❽定位时间指示器到00:00:14:02位置，拖曳“视频”文件夹中的“水泡.avi”素材到“视频2”轨道中，并与时间指示器左对齐，设置“运动”特效的“缩放比例”为“200%”，“透明度”特效的“混合模式”为“滤色”。

❾复制“视频2”轨道中的素材“水泡.avi”，并粘贴到它的右侧，与原素材左右相邻排列。添加转场特效“叠化→交叉叠化”到左侧的“水泡.avi”素材入点处，并设置转场特效的“持续时间”为00:00:01:10（1秒10帧）。时间线如图4-3-10所示。

图4-3-10 “嵌套序列04”时间线

STEP08 编辑“嵌套序列05”

❶在“时间线”窗口中，单击“嵌套序列05”选项卡，使其处于当前编辑状态。

4-3-5 《青春物语》-编辑嵌套序列05

❷定位时间指示器到00:00:00:00位置。拖曳“照片”文件夹中的“112.jpg”～“114.jpg”素材到“视频1”轨道中，素材“112.jpg”与时间指示器左对齐，各素材从左至右依次排列且左右相邻，设置各素材“持续时间”为00:00:02:10（2秒10帧），如图4-3-11所示。

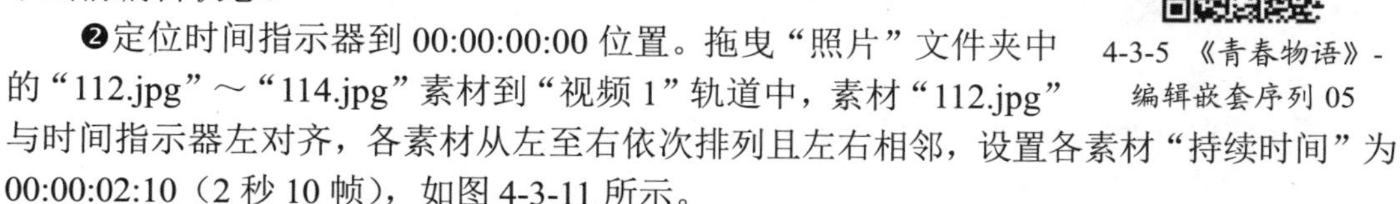

❸添加转场特效“叠化→交叉叠化”到素材“112.jpg”与“113.jpg”、“113.jpg”与“114.jpg”切点处，设置转场特效的“持续时间”为00:00:01:10（1秒10帧）。

❹定位时间指示器到00:00:01:18位置，从“项目”窗口中拖曳“嵌套序列02”到“视频2”轨道中，并与时间指示器左对齐，设置“运动”特效的“缩放高度”为“190%”，

“缩放宽度”为“5%”，“旋转”角度为“90°”“透明度”特效的“混合模式”为“滤色”。

❺复制“视频 2”轨道中的“嵌套序列 02”，并粘贴到 00:00:04:03 处，设置“运动”特效的“缩放高度”为“140%”，“缩放宽度”为“120%”，“旋转”角度为“0°”。时间线如图 4-3-12 所示。

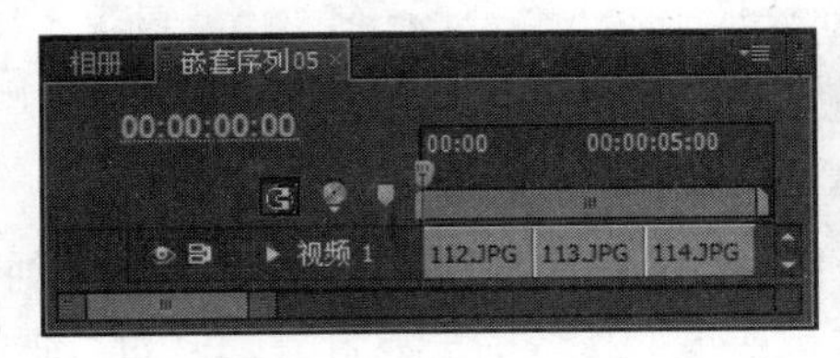

图 4-3-11　排列素材（2）

图 4-3-12　“嵌套序列 05”时间线

STEP09 编辑“嵌套序列 06”

4-3-6 《青春物语》-编辑嵌套序列 06

❶在“时间线”窗口中，单击“嵌套序列 06”选项卡，使其处于当前编辑状态。

❷拖曳“照片”文件夹中的素材“201.jpg”～“203.jpg”、“301.jpg”～“303.jpg”到“视频 2”轨道中，设置素材“201.jpg”～“203.jpg”的“持续时间”为 00:00:02:10（2 秒 10 帧），素材“301.jpg”～“303.jpg”的“持续时间”为 00:00:02:00（2 秒）。6 个素材从左至右依次排列且左右相邻，如图 4-3-13 所示。

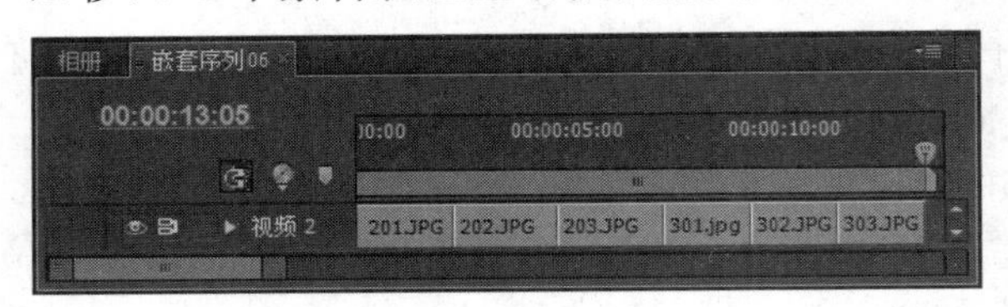

图 4-3-13　排列素材（3）

❸添加转场特效“划像→圆划像”到素材“201.jpg”与“202.jpg”切点处，添加特效“划像→形状划像”到素材“202.jpg”与“203.jpg”切点处，设置划像形状为椭圆形。添加特效“擦除→双侧平推门”到素材“203.jpg”与“301.jpg”切点处，添加特效“划像→楔形划变”到素材“301.jpg”与“302.jpg”切点处，添加特效“划像→时钟划变”到素材“302.jpg”与“303.jpg”切点处，设置所有转场特效的“对齐”方式为“居中于切点”，“持续时间”为 00:00:01:10（1 秒 10 帧）。时间线如图 4-3-14 所示。

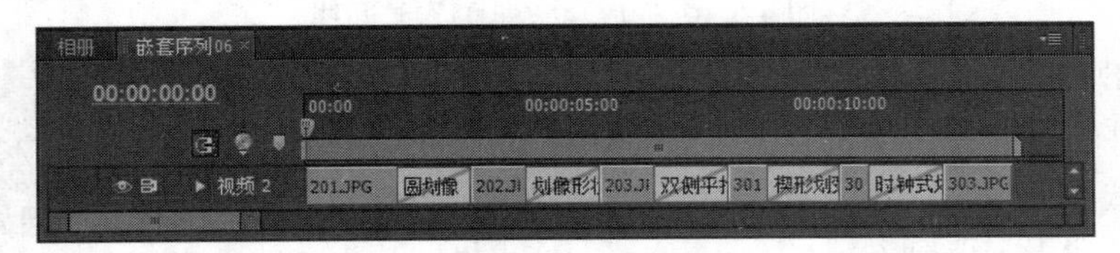

图 4-3-14　添加特效

❹定位时间指示器到 00:00:06:12 位置，拖曳“框”文件夹中的“框.png”素材到“视频 1”轨道中，并与时间指示器左对齐。在素材入点处添加“叠化→交叉叠化”转场特效，设置特效的“持续时间”为 00:00:01:10（1 秒 10 帧）。时间线如图 4-3-15 所示。

STEP10 编辑“嵌套序列 07”

4-3-7 《青春物语》-编辑嵌套序列 07

❶在“时间线”窗口中，单击“嵌套序列 07”选项卡，使其处

于当前编辑状态。

❷定位时间指示器到00:00:00:00位置。拖曳“照片”文件夹中的“402.jpg”~“405.jpg”、“501.jpg”、“502.jpg”、“601.jpg”和“602.jpg”素材到“视频1”轨道中，设置“401.jpg”~“405.jpg”素材的“持续时间”为00:00:02:10（2秒10帧），素材“501.jpg”、“502.jpg”和“601.jpg”的“持续时间”为00:00:03:00（3秒），素材“602.jpg”的“持续时间”为00:00:03:07（3秒7帧）。各素材从左至右依次排列且左右相邻，如图4-3-16所示。

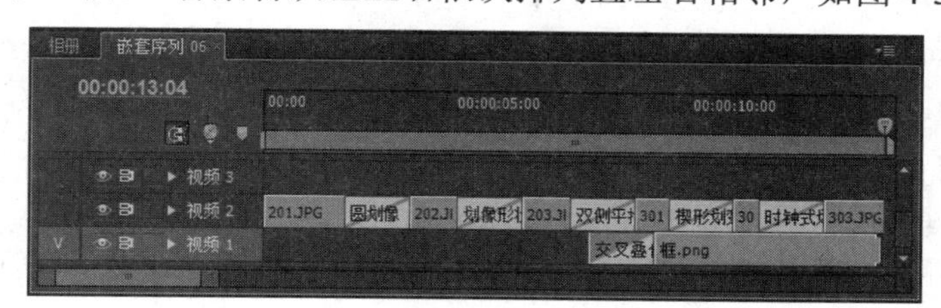

图4-3-15 “嵌套序列06”时间线

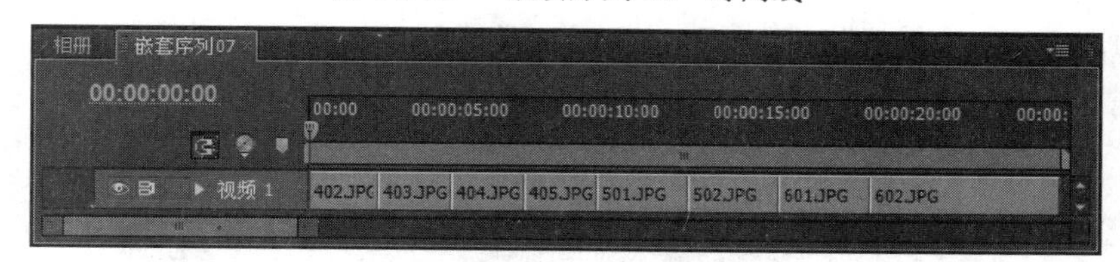

图4-3-16 排列素材（4）

❸分别向两个相邻素材的切点处添加“缩放→交叉缩放”、“卷页→卷走”（方向为自左向右）、“卷页→卷走”（方向为自右向左）、“叠化→交叉叠化”、“叠化→胶片溶解”转场特效，添加转场特效“叠化→胶片溶解”到素材“602.jpg”的出点处，设置所有转场特效的“持续时间”为00:00:01:10（1秒10帧）。时间线如图4-3-17所示。

图4-3-17 “嵌套序列07”时间线

至此，所有嵌套序列编辑完成。接下来，将把所有嵌套序列像普通素材一样应用到主序列“相册”中。

STEP11 制作片头

4-3-8 《青春物语》-制作片头

❶在“时间线”窗口中，单击“相册”序列选项卡，使其处于当前编辑状态。

❷定位时间指示器到00:00:00:00位置。拖曳“框”文件夹中的“框.png”素材到“视频1”轨道中，并与时间指示器左对齐。添加特效“叠化→交叉叠化”到“框.png”素材的入点处，设置特效“对齐”方式为“开始于切点”，“持续时间”为00:00:01:10（1秒10帧）。

❸定位时间指示器到00:00:00:20位置，拖曳“嵌套序列01”到“视频3”轨道中，并与时间指示器左对齐，设置“持续时间”为00:00:08:05（8秒5帧）。

打开“特效控制台”面板，定位时间指示器到00:00:04:05位置，单击“位置”和“缩放比例”参数的关键帧记录器，在当前位置添加两个关键帧；定位时间指示器到00:00:06:14位置，再次添加关键帧，设置“位置”为（220，470）、“缩放比例”为“60%”。

添加转场特效“叠化→胶片溶解”到“嵌套序列01”出点处，选择“对齐”方式为“结束于切点”，设置“持续时间”为00:00:01:00（1秒）。

❹定位时间指示器到00:00:05:10位置，拖曳“文字”文件夹中的素材“字幕05”到“视频4”轨道中，并与时间指示器左对齐。添加转场特效“擦除→擦除”到素材“字幕05”入点处，选择“对齐”方式为“开始于切点”，设置“持续时间”为00:00:02:00（2秒）。添加转场特效“叠化→交叉叠化”到素材“字幕05”出点处。

❺定位时间指示器到00:00:06:05位置，拖曳“嵌套序列02”到“视频5”轨道中，并与时间指示器左对齐，设置“持续时间”为00:00:02:10（2秒20帧），添加转场特效“叠化→交叉叠化”到素材出点处。

片头制作完成，时间线如图4-3-18所示，预览效果如图4-3-19所示。

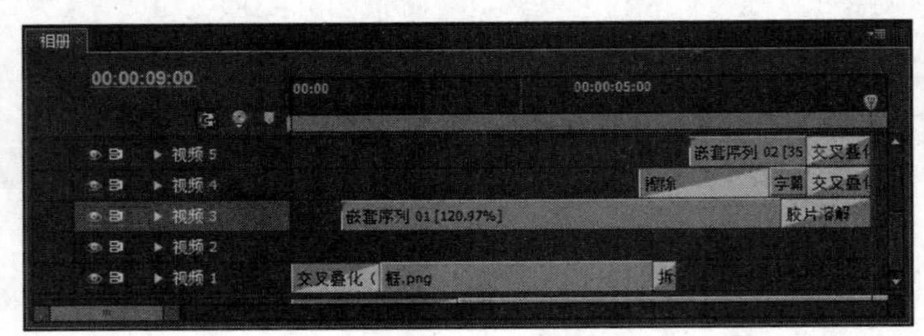

图4-3-18 片头时间线

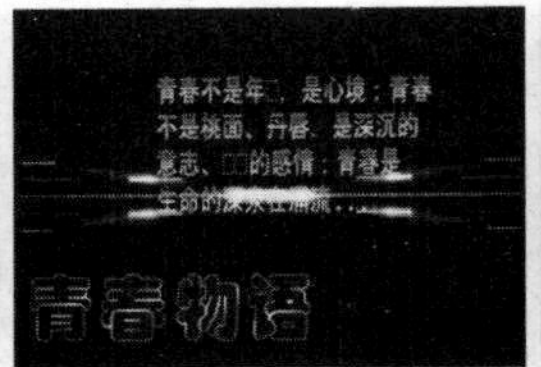

图4-3-19 片头的预览效果

STEP12 应用嵌套序列

4-3-9 《青春物语》-应用嵌套序列

❶定位时间指示器到00:00:08:13位置，拖曳“嵌套序列03”～“嵌套序列07”到“视频2”轨道中。“嵌套序列03”与时间指示器左对齐，各序列从左向右依次排列且左右相邻。分别向相邻素材的切点处添加“叠化→胶片溶解”转场特效，并选择“对齐”方式为“居中于切点”，设置“持续时间”为00:00:01:10（1秒10帧），如图4-3-20所示。

❷定位时间指示器到00:00:15:18位置，拖曳“嵌套序列02”到“视频3”轨道中，并与时间指示器左对齐，设置“运动”特效的“旋转”角度为“90°”，特效“透明度”的“混合模式”为“滤色”。

❸定位时间指示器到00:00:37:18位置，复制“嵌套序列02”，将其粘贴到当前位置，设置复制素材的“运动”特效参数“旋转”角度为“0°”。

嵌套序列编辑完成，时间线如图4-3-21所示，预览效果如图4-3-22所示。

图 4-3-20　应用嵌套序列（1）

图 4-3-21　应用嵌套序列（2）

图 4-3-22　嵌套序列预览效果

STEP13　应用其他素材

❶定位时间指示器到 00:00:45:15 位置，拖曳“视频”文件夹中的素材“花瓣飞舞.avi”到“视频 3”轨道中，并与时间指示器左对齐。定位时间指示器到 00:00:52:05 位置，选择“剃刀”工具，单击素材“花瓣飞舞.avi”，将素材切割为两个片段，删除第 2 个片段。

添加转场特效“擦除→擦除”到素材“花瓣飞舞.avi”入点处，并选择“对齐”方式为“开始于切点”，设置“切换方向”为“从北东到南西”。添加转场特效“叠化→交叉叠化”到“花瓣飞舞.avi”素材出点处。

❷定位时间指示器到 00:00:57:17 位置，拖曳“图像序列”文件夹中的素材“爆竹 001.png”到“视频 3”轨道中，并与时间指示器左对齐，设置素材“持续时间”为 00:00:01:00（1 秒），素材的播放速度自动调整为“143.99%”。

❸将时间指示器定位到 00:00:58:17 位置，拖曳“图像序列”文件夹中的素材“大雪 001.png”到“视频 3”轨道中，并与时间指示器左对齐，与“爆竹 001.png”左右相邻。复制轨道中的“大雪 001.png”素材，粘贴到其右侧，与原素材左右相邻。

❹添加转场特效“擦除→擦除”到素材“爆竹 001.png”与“大雪 001.png”切点处，选择“对齐”方式为“居中于切点”，设置“切换方向”为“从北到南”。

❺定位时间指示器到 00:01:07:00 位置，拖曳“图像序列”文件夹中的“心型 001.png”素材到“视频 3”轨道中，并与时间指示器左对齐。添加转场特效“叠化→交叉叠化”到“心型 001.png”素材出点处，设置特效的“持续时间”为 00:00:00:15（15 帧）。

❻定位时间指示器到 00:01:15:00 位置，拖曳“视频”文件夹中的“花瓣飞舞.avi”素材到“视频 3”轨道中，并与时间指示器左对齐。定位时间指示器到 00:01:13:05 位置，

选择“剃刀”工具，在该位置将素材分割为两个片段，按<Delete>键删除第 2 个片段。添加转场特效“擦除→擦除”到素材“花瓣飞舞.avi”入点处，设置“擦除方向”为“从北到南”。添加转场特效“叠化→胶片溶解”到“花瓣飞舞.avi”素材出点处。

多媒体素材编辑完成，时间线如图 4-3-23 所示，预览效果如图 4-3-24 所示。

图 4-3-23　应用多媒体素材

图 4-3-24　多媒体素材应用效果

STEP14 制作片尾

4-3-10 《青春物语》-制作片尾

❶定位时间指示器到 00:01:19:05 处，拖曳“文字”文件夹中的素材“字幕 06”到“视频 4”轨道中，并与时间指示器左对齐，设置素材的“持续时间”为 00:00:04:00（4 秒）。添加转场特效“擦除→擦除”到素材“字幕 06”入点处，设置特效“持续时间”为 00:00:02:00，“切换方向”为“从北到南”。添加转场特效“叠化→胶片溶解”到素材“字幕 06”出点处。

❷ 重复步骤❶，定位时间指示器到 00:01:10:00 位置，拖曳“文字”文件夹中的素材“字幕 05”到“视频 5”轨道中，并与时间指示器左对齐。设置素材的“持续时间”为 00:00:03:05（3 秒 5 帧）。添加转场特效“擦除→擦除”到素材“字幕 05”入点处，添加转场特效“叠化→胶片溶解”到素材出点处，设置转场特效参数与素材“字幕 06”相同。

❸将时间指示器定位到 00:02:05:00 位置，拖曳“项目”窗口“视频”文件夹中的“星光.avi”素材到“视频 6”轨道中，并与时间指示器左对齐。打开“剪辑速度/持续时间”对话框，设置“持续时间”为 00:00:03:00（3 秒）。添加转场特效“叠化→胶片溶解”到“星光.avi”素材出点处。

至此，片尾效果制作完成，时间线如图 4-3-25 所示，预览效果如图 4-3-26 所示。

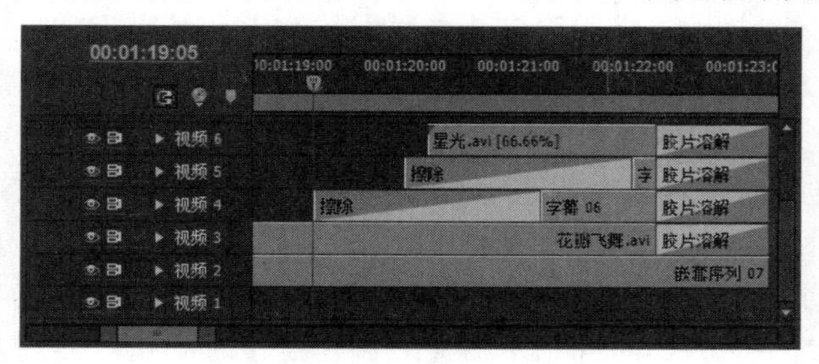

图 4-3-25　片尾时间线

图 4-3-26　片尾预览效果

STEP15 添加背景音乐

定位时间指示器到 00:00:00:00 位置，拖曳“背景音乐”文件夹中的素材“这就是爱.mp3”到“音频 1”轨道中，并与时间指示器左对齐。

在“节目监视器”中预览效果，如图 4-3-1 所示。保存项目文件“青春物语. prproj”，导出视频“青春物语.flv”。

4. 项目评价

本项目主要培养学生对影视作品的策划能力，重点培养学生对不同类型素材的应用能力、转场特效的综合应用和操作能力。

从情境设计角度来看，本项目是命题作文，规定素材，主题明确。鉴于素材以艺术照片为主，所以影片通过“梦想”反映“青春”这一主题，以不同技术手段强调节奏感和画面感，突出主题。

从技术应用角度来看，本项目综合性较强，包括多种素材的添加、管理和应用；嵌套序列的创建和应用；透明视频背景的制作和应用；动态字幕的制作和应用。

4.4　微课堂　技巧转场与无技巧转场

1. 技巧转场

利用特效的技巧使两个场景连在一起，既容易形成视觉的连贯，也容易做到段落的分割。电子特技的优势大大增加了特技的形式，有几百种之多。特技不仅仅用来作为段落间的转换，在镜头的组接和后期表现力方面也越来越多地被应用。如：

（1）叠化——溶化、溶解。

（2）划像——划入、划出。

2. 无技巧转场

（1）利用相似性因素。上下镜头具有相同或相似的主体形象，或者其中的物体形状相似，位置重合，在运动方向、位置、色彩等方面具有一致性，以此表达视觉连续、转场顺畅。

例如，宣传片《Danish Symphony》的剪辑效果非常流畅，如图 4-4-1 所示，这在很大程度上得益于其采用了相似性的直接切换技巧。固定镜头中的玩具士兵与现实中的皇家卫队仪式活动连接；森林中一棵正倒下的大树与顺势倒在切割机上的木桩相接，从森林伐木场转至木材加工厂……

图 4-4-1　《Danish Symphony》宣传片

（2）利用承接因素：利用上下镜头之间的造型和内容的某种呼应、动作连续或情节连贯的关系，使段落过渡顺理成章。有时候，利用承接的假象还可以制造错觉，使场面的转换既流畅又有戏剧效果。

如纪录片《故宫》，如图4-4-2所示，其前一段介绍北京天安门广场是中国人向往的地方，一组天安门广场各种景象的镜头，结尾镜头是一个家庭在广场上拍摄全家福，摄影师按下了快门；下一段介绍片中一个家庭的情况，利用一张全家福照片将内容转述到对这个典型的普通中国家庭的描述上。摄影师按下快门与后面的全家福照片之间的呼应承接，从全景式概貌介绍转到对典型家庭的描绘。

图4-4-2 《故宫》纪录片

（3）利用反差因素：利用前后镜头在景别、动静变化等方面的巨大反差和对比，或者明显的段落间隔。

如《北京申奥》宣传片（见图4-4-3），前一段以世界三大男高音在故宫演出的大全景结尾，后一段开场是迎面而来的舞狮队的近景；前一段是中国孩子的各种姿态和笑脸，结尾镜头是一个小男孩手举欢迎奥运小旗的中景；下一段表现北京绚丽之夜，开场镜头是俯瞰全城的大远景，运用两极镜头几乎使每个段落间隔都非常清晰，强化了视觉对比效果。

图4-4-3 《北京申奥》宣传片

（4）利用遮挡因素。一是迎面而来，遮挡住摄像机镜头，形成暂时的黑场；二是画面内前景暂时挡住画面内其他形象，成为覆盖画面的唯一形象。比如，在大街上，前景闪过的汽车可能会在某一时刻挡住其他形象。当画面形象被遮挡时，一般都是镜头切换点，通常表示时间、地点的变化。

（5）利用景物镜头。一类是以景为主，物为陪衬，如群山、田野、天空等；另一类是以物为主，景为陪衬，比如，飞驰而过的火车、街道上的汽车、建筑雕塑等。

（6）利用声音。用音乐、音响、解说词、对白等和画面的配合实现转场。

4.5 实训与赏析

1. 实训1 制作电子相册《水果与动物》

创作思想：以“模块4/4-5实训与赏析/实训/可爱的水果动物”文件夹内给定的一组图片为主，再搜集适当的音频、视频，或者利用Photoshop等软件配合处理图片效果，作为背景素材，创作一个电子相册。

要求：综合运用转场特效，正确表现主题，幽默风趣，节奏欢快，画面可爱，转场明快、节奏感强。

输出格式：DV PAL，25fps，720×576 像素，48kHz。

片长：（约）30 秒。

导出视频：水果与动物.flv。

2. 实训 2　制作电影宣传片《冰河世纪 3——敬请期待》（剪辑）

创作思想：以给定的一段视频为主，剪辑出符合要求的片段，搜集其他文字、图片、音频等素材，综合运用转场特效，正确表现主题，幽默风趣，节奏欢快，画面可爱，转场明快，节奏感强，剪辑画面和片段的视觉冲击力强。

素材："模块 4/4-5 实训与赏析/实训/冰河世纪 3"文件夹内素材。

输出格式：DV PAL，25fps，720×576 像素，48kHz。

片长：（约）50 秒。

导出视频：冰河世纪 3——敬请期待.avi。

3. 赏析　宣传片《大美西藏》的油画手法

《大美西藏》是著名电影导演陆川走遍西藏各个县区重要景点，历时 3 个月制作完成的一部宣传短片。影片短短 30 分钟，一位生活在高楼大厦、钢筋水泥之中的画家，因找不到艺术灵感而无法再创作，于是开始西藏之旅……

导演运用独特的电影视觉，采用"油画"般的表现手法，淋漓尽致地展现了西藏独特的风景、古老的文化、壮美的气势、藏族同胞顽强的生命力。西藏的独特、神秘、沧桑浸入观众心里。

布达拉宫内：阳光从窗户照射进布达拉宫，光柱投射在墙壁上……在电影胶片中产生了一种神奇震撼的效果。

古格王朝遗址：在遗迹中穿梭，仿佛可以听到古人的脚步声……

打开"模块 4/4-5 实训与赏析/赏析/大美西藏.wmv"，赏析作品中的镜头切换和色彩应用技巧。

能力模块 5

视频特效

Premiere 中的视频特效与 Photoshop 中的滤镜效果类似，即滤镜特效。视频特效的处理过程，就是将原始素材或已经包含某种特效的素材，经过软件内置的计算方法重新处理，按用户要求进行输出的过程。

关键词

视频特效 特效参数

任务和目标

1．制作新闻短片《新闻采访（马赛克）》，学习视频特效的基本操作。

2．验证“知识魔方”，了解 Premiere 内置视频特效，掌握特效的基本操作。

3．设计情境，完成宣传短片《掌上春晚》的制作，提高综合应用特效的能力。

4．综合运用各种视频特效，合理设置参数，校正视频缺陷，增强视频效果。

5.1 边做边学 《新闻采访（马赛克）》

本例是制作一个新闻采访短片（片段），主题是大学生对军训生活的感想和对教官的印象。视频效果是电视节目中常见的马赛克。在很多现场采访的新闻节目中，往往被采访者不愿“抛头露面”。考虑到节目画面的整体效果，不适合使用模糊效果，尤其是大面积模糊或对画面进行覆盖。此时，经常用的方法是在原画面的合适位置打“马赛克”。

本例通过“裁剪”特效与关键帧的结合，实现“局部马赛克”和“追踪马赛克”效果，应用“方向模糊”特效，实现“局部模糊”效果，如图 5-1-1 所示。

图 5-1-1 《新闻采访（马赛克）》效果图

5.1.1 剪辑素材

5-1-1 《新闻采访（马赛克）》-剪辑素材

❶新建项目“新闻采访（马赛克）”，新建序列“军训采访”。

❷添加一条视频轨道，并将 “视频 1”、“视频 2”、“视频 3”和“视频 4”轨道分别重命名为“视频”、“追踪马赛克”、“局部马赛克”和“局部模糊”。

❸导入“模块 5/5-1 边做边学/素材/”文件夹下的视频素材“军训采访.mov”。

❹将时间指示器定位到 00:00:00:00 位置，拖曳“项目”窗口中的“军训采访.mov”素材到序列“军训采访”的“视频”轨道中，并与时间指示器左对齐。

❺定位时间指示器到 00:00:22:04 位置，选择“工具”面板中的“剃刀”工具，在时间指示器位置单击素材“军训采访.mov”，将素材切割为两个片段。依照相同的方法，分别在 00:00:26:06、00:00:34:20 和 00:00:37:00 位置将素材切割为 5 个片段。单击选中第 2 个片段，按<Delete>键将其删除，再单击选中第 4 个片段，按<Delete>键将其删除。

❻执行“波纹删除”命令，将删除素材片段时产生的空白时间线删除，拖曳轨道上的素材片段，使之左右相连排列，如图 5-1-2 所示，执行“解除视音频链接”命令，分离各素材片段的视频和音频。

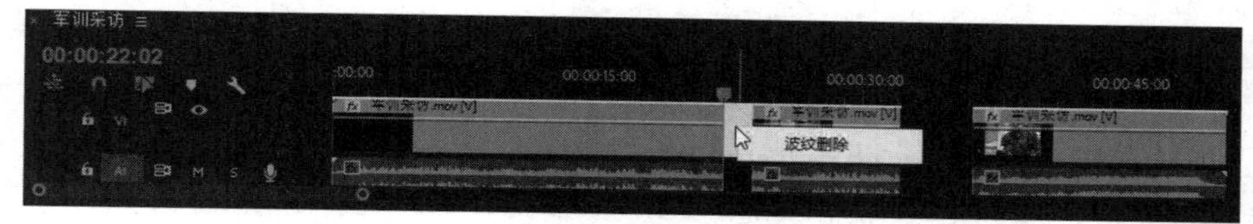

图 5-1-2 删除波纹

框选“视频”轨道上的所有片段，将其复制、粘贴到“追踪马赛克”轨道中，并与原素材两端对齐。单击“视频”轨道的“轨道锁定”开关，锁定“视频”轨道，如图 5-1-3 所示。

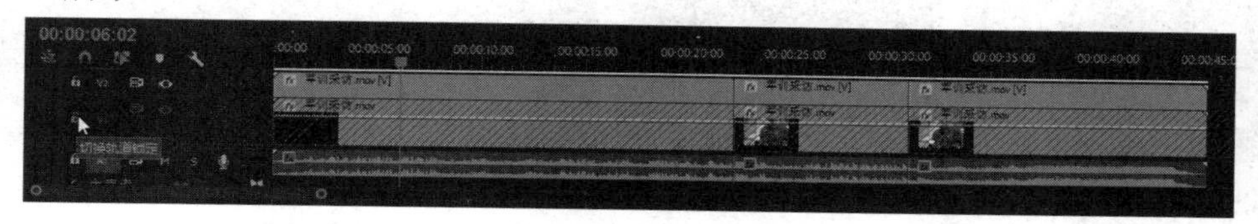

图 5-1-3 锁定“视频”轨道

❼将时间指示器定位到 00:00:01:13 位置，单击“追踪马赛克”轨道上的复制素材，选择“剃刀”工具，在时间指示器位置单击切割素材。依照以上方法，分别将时间指示器定位到 00:00:07:20、00:00:12:14、00:00:14:11、00:00:15:24、00:00:20:15、00:00:23:19、00:00:25:10、00:00:26:15、00:00:28:00 位置，使用“剃刀”工具在各位置单击，将素材分割为 13 个片段。分别选择第 1、3、9、10、14 个片段，按<Delete>键将其删除。

❽将“追踪马赛克”轨道上的第 1 个素材片段重命名为“01”。依照相同的方法，将“追踪马赛克”轨道上的其他片段分别重命名为“02”～“09”，如图 5-1-4 所示。

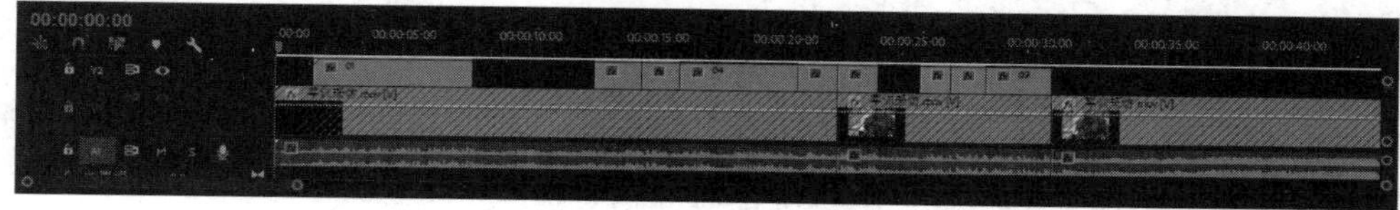

图 5-1-4 重命名素材

定位时间指示器到 00:00:01:13 位置。复制“追踪马赛克”轨道上的片段“01”，将其分别粘贴到“局部马赛克”和“局部模糊”轨道上，并与时间指示器左对齐。

❾依照相同的方法，将片段“02”～“09”分别复制、粘贴到“局部马赛克”和“局部模糊”轨道上，如图 5-1-5 所示。

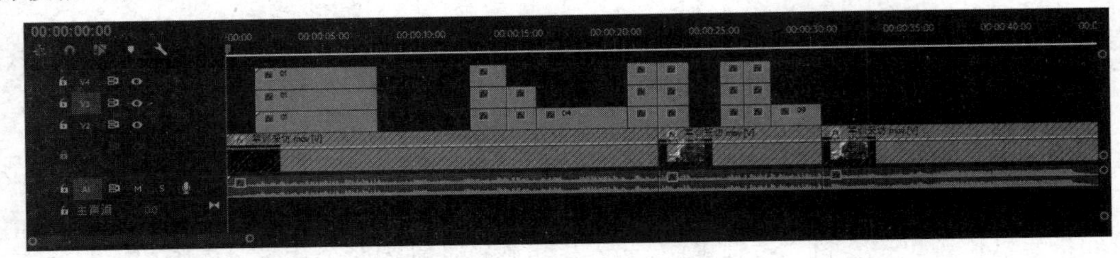

图 5-1-5　剪辑、复制素材

5.1.2　编辑“局部马赛克”效果

5-1-2《新闻采访（马赛克）》-编辑“局部马赛克”

❶单击“视频”、“追踪马赛克”和“局部模糊”轨道头部的按钮，隐藏轨道画面。

❷打开“效果”窗口，展开“视频特效→变换”特效文件夹，拖曳“裁剪”特效到“局部马赛克”轨道的“01”素材上。打开“特效控制台”面板，设置“裁剪”特效参数如图 5-1-6 所示，裁剪效果如图 5-1-7 所示。

❸拖曳特效“视频特效→风格化→马赛克”到“局部马赛克”轨道的“01”素材上，设置特效参数“水平块”为“40”，“垂直块”为“50”，效果如图 5-1-8 所示。与“视频”轨道的合成画面效果如图 5-1-9 所示。

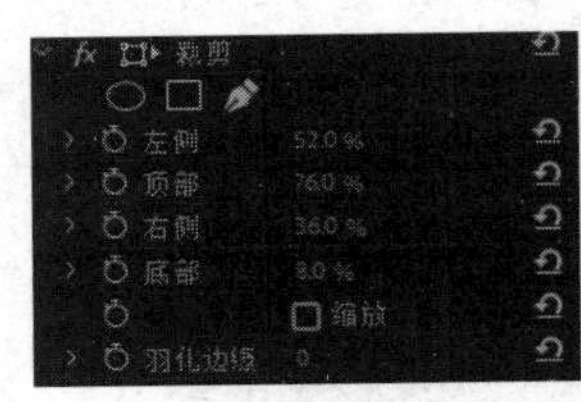

图 5-1-6　参数设置

图 5-1-7　裁剪效果

图 5-1-8　马赛克效果

图 5-1-9　合成效果

小黑板

- 在 Premiere 中，轨道本身是透明的，而且上下轨道之间是覆盖与被覆盖的关系。因此，在编辑“裁剪”效果时，要把除了当前编辑轨道的其他视频轨道设置为隐藏状态。否则上下相邻轨道中的多幅画面处于重叠或覆盖状态，将无法看到裁剪效果。
- 在以上编辑中，通过“裁剪+马赛克+合成原画面”技术实现“局部马赛克”效果。

5.1.3　编辑“追踪马赛克”效果

5-1-3《新闻采访（马赛克）》-编辑“追踪马赛克”

❶单击“追踪马赛克”轨道头部的“切换轨道输出”按钮，退出隐藏状态，显示轨道画面。

❷打开“效果”窗口，拖曳特效“视频特效→变换→裁剪”到“追踪马赛克”轨道的“01”素材上，定位时间指示器到 00:00:01:13 位置。

❸打开“特效控制台”面板，单击特效“裁剪”参数“左侧”的关键帧记录器，

在当前位置添加一个关键帧，设置参数为“37%”。依照相同的方法，分别为参数“右侧”、“顶部”和“底部”添加关键帧，并设置参数为“46%”、“11%”和“48%”，如图 5-1-10 所示。裁剪后的画面如图 5-1-11 所示。

❹定位时间指示器到 00:00:04:00 位置，设置特效“裁剪”的各个参数如图 5-1-12 所示，系统会自动在时间指示器当前位置为各个参数添加关键帧。依照相同的方法，分别定位时间指示器到 00:00:04:15、00:00:05:07、00:00:07:13 位置，并按照如图 5-1-13～图 5-1-15 所示设置参数。

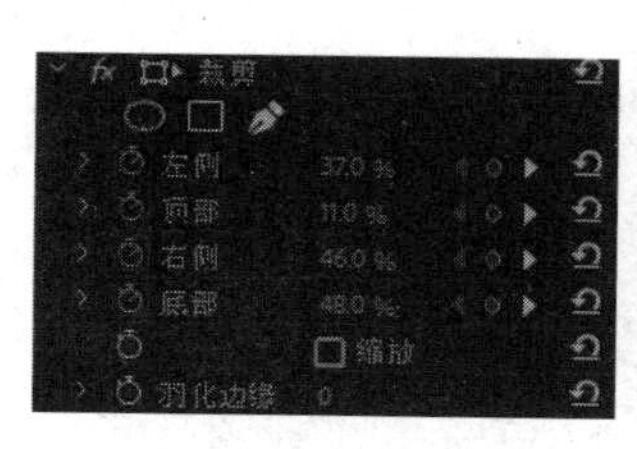

图 5-1-10　参数设置（1）

图 5-1-11　裁剪效果

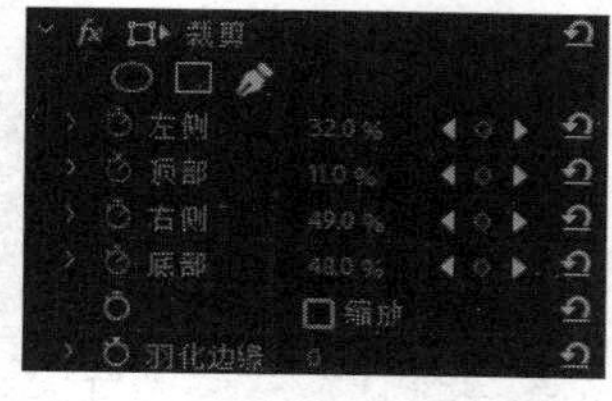

图 5-1-12　参数设置（2）

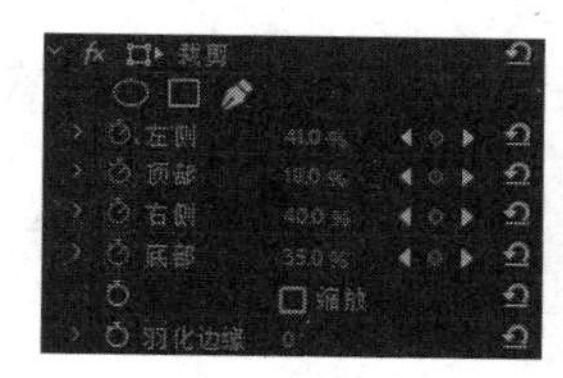

图 5-1-13 参数设置（3）

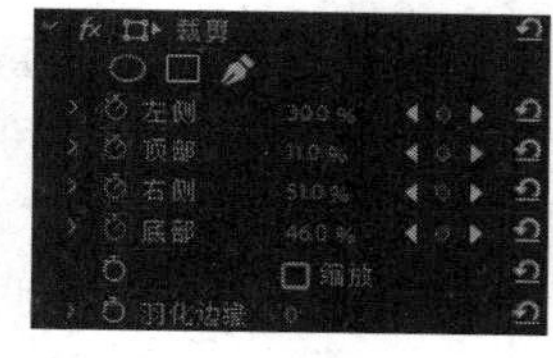

图 5-1-14　参数设置（4）

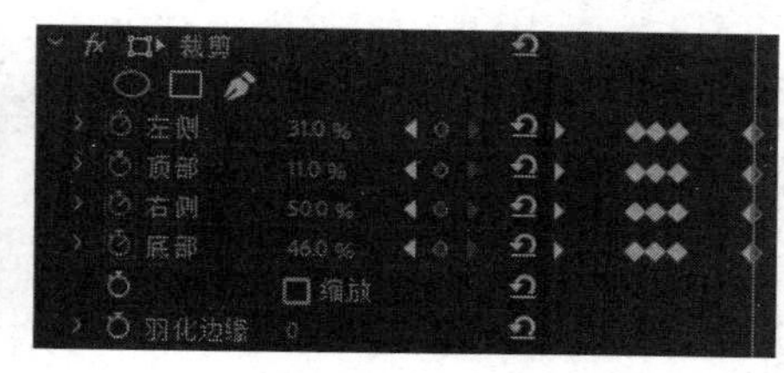

图 5-1-15　参数及关键帧设置

❺拖曳特效“视频特效→风格化→马赛克”到“追踪马赛克”轨道的“01”素材上。设置特效参数“水平块”为“40”，“垂直块”为“50”，马赛克效果如图 5-1-16 所示，与“视频”轨道的合成画面效果如图 5-1-17 所示。

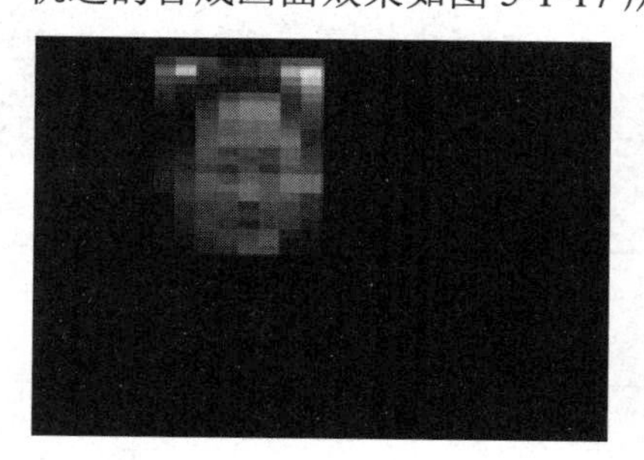
图 5-1-16　马赛克效果图

图 5-1-17　合成效果

> **小黑板**
>
> 在以上编辑中，通过“裁剪+马赛克+关键帧+合成原画面”技术实现“追踪马赛克”效果。

5.1.4　编辑“局部模糊”效果

5-1-4《新闻采访（马赛克）》-编辑“局部模糊”

❶单击“局部模糊”轨道头部的“切换轨道输出”按钮，退出隐藏状态，显示轨道画面。

❷依照 5.1.3 节的步骤❷～❹，为轨道“局部模糊”中的素材“01”

添加“视频特效→变换→裁剪”特效，在00:00:01:13、00:00:02:11、00:00:04:07、00:00:05:01、00:00:06:01、00:00:06:21位置，设置特效参数如图5-1-18～图5-1-23所示，同时添加关键帧。裁剪效果如图5-1-24所示。

图5-1-18　参数设置（5）

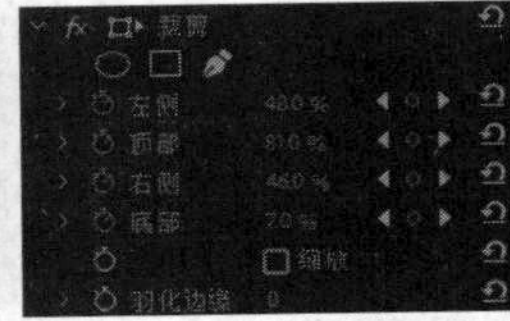

图5-1-19　参数设置（6）

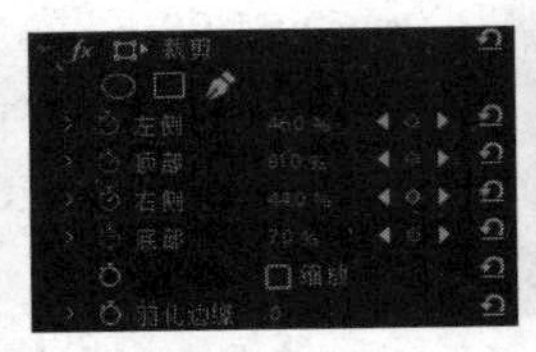

图5-1-20　参数设置（7）

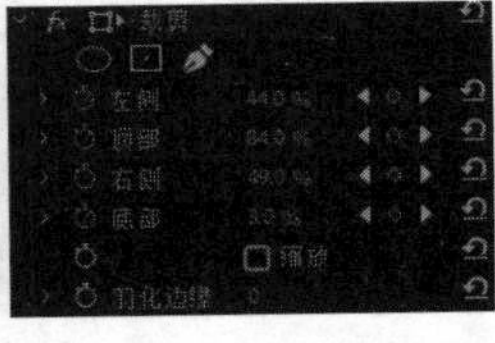

图5-1-21　参数设置（8）

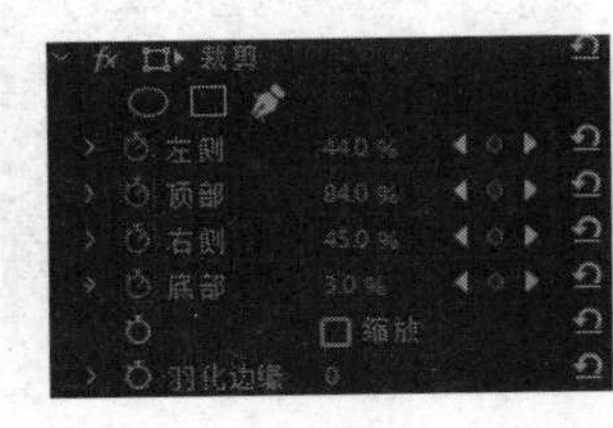

图5-1-22　参数设置（9）

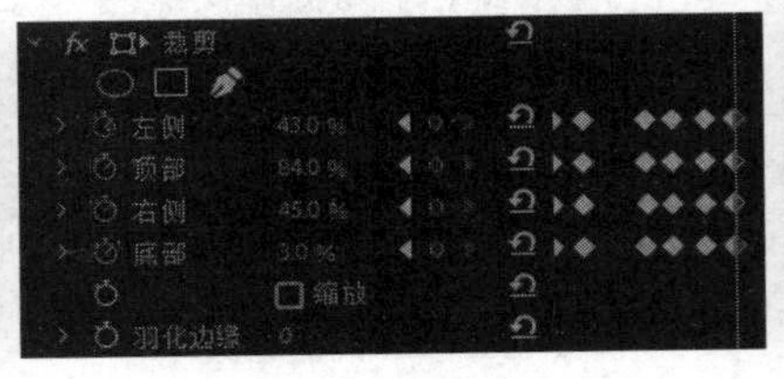

图5-1-23　参数及关键帧设置

图5-1-24　裁剪效果

❸拖曳特效“视频特效→模糊与锐化→方向模糊”到“局部模糊”轨道的“01”素材上，设置特效参数“方向”为“90°”，“模糊长度”为“20”。

至此，第一个片段的“局部马赛克”、“追踪马赛克”和“局部模糊”效果编辑完成。时间线如图5-1-25所示，效果如图5-1-26所示。

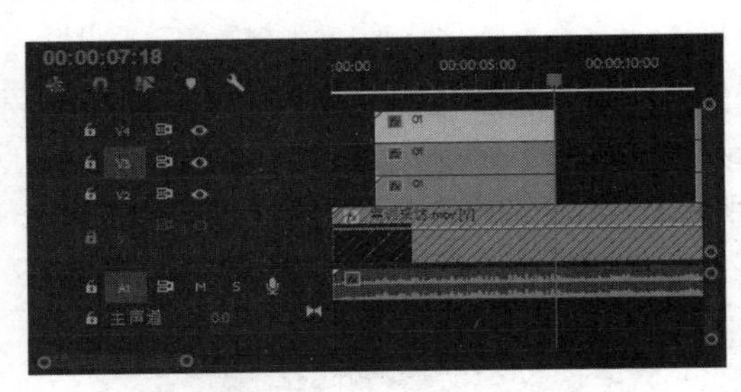

图5-1-25　素材“01”时间线

图5-1-26　局部模糊效果

> **小黑板**
>
> 在以上编辑中，通过“裁剪+模糊+合成原画面”技术实现“局部模糊”效果。

5.1.5　编辑其他效果

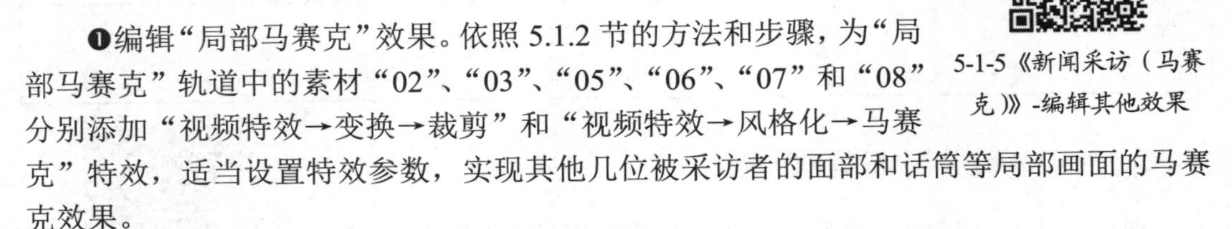

5-1-5《新闻采访（马赛克）》-编辑其他效果

❶编辑“局部马赛克”效果。依照5.1.2节的方法和步骤，为“局部马赛克”轨道中的素材“02”、“03”、“05”、“06”、“07”和“08”分别添加“视频特效→变换→裁剪”和“视频特效→风格化→马赛克”特效，适当设置特效参数，实现其他几位被采访者的面部和话筒等局部画面的马赛克效果。

❷依照5.1.4节的方法和步骤，为轨道“局部模糊”中的素材“02”、“05”、“06”、“07”和“08”分别添加“视频特效→变换→裁剪”和“视频特效→模糊与锐化→方向模糊”

特效，并适当设置参数，实现对被采访者佩戴的校牌的局部模糊遮挡效果。

❸依照5.1.3节的方法和步骤，为轨道“追踪马赛克”中的素材“03”、“06”、“07”和“08”分别添加特效“视频特效→变换→裁剪”和“视频特效→风格化→马赛克”，适当调整参数，实现对被采访者面部的追踪马赛克效果。

❹依照5.1.3节的方法和步骤，为轨道“追踪马赛克”中的素材“02”添加特效“视频特效→变换→裁剪”，分别在00:00:12:15和00:00:14:09位置添加关键帧，设置裁剪参数分别为（45%，20%，38%，52%）和（43%，20%，38%，52%）。为素材“02”添加特效“视频特效→风格化→马赛克”，设置参数“水平块”和“垂直块”为“30”。

❺依照5.1.3节的方法和步骤，为轨道“追踪马赛克”中的素材“04”添加特效“视频特效→变换→裁剪”，分别在00:00:15:24、00:00:16:15、00:00:16:24、00:00:19:24和00:00:20:14位置添加关键帧，设置参数如图5-1-27～图5-1-31所示。为素材“04”添加“视频特效→风格化→马赛克”特效，设置参数“水平块”为“30”，“垂直块”为“30”。

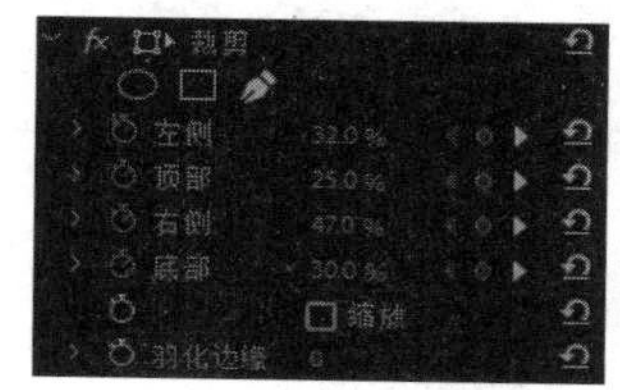

图5-1-27　参数设置（10）

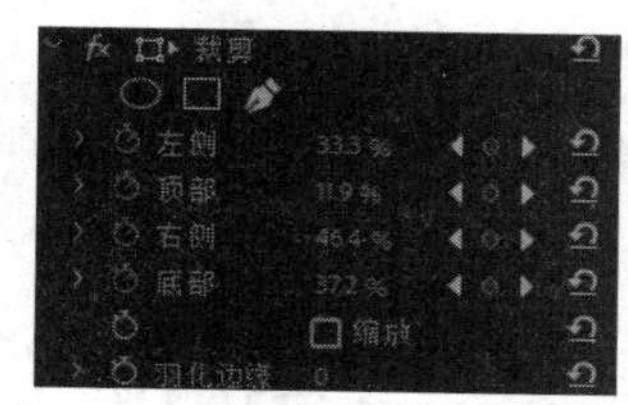

图5-1-28　参数设置（11）

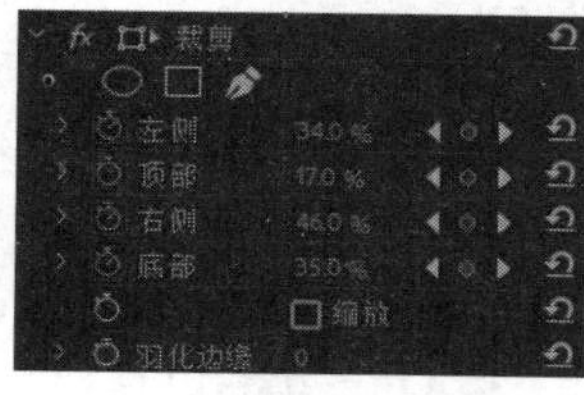

图5-1-29　参数设置（12）

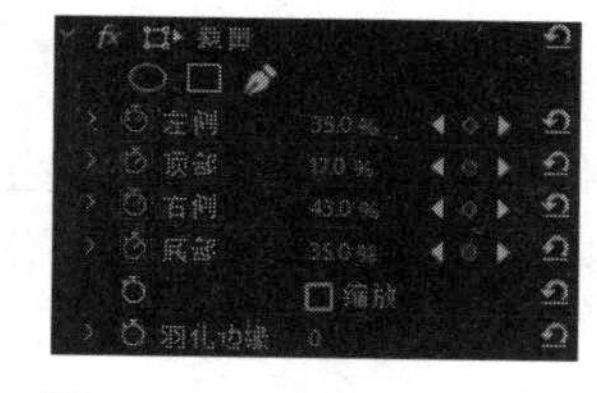

图5-1-30　参数设置（13）

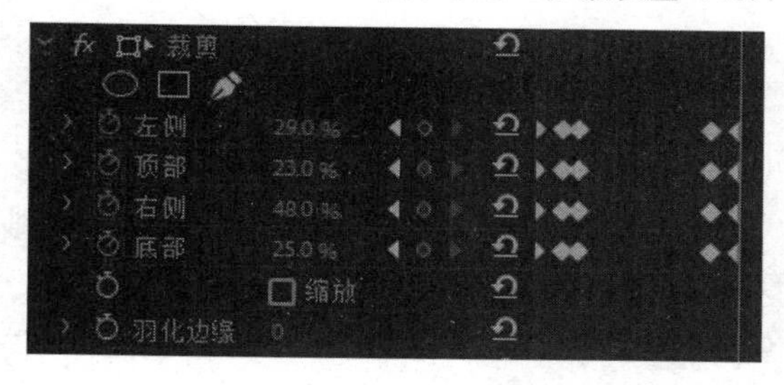

图5-1-31　参数及关键帧设置

❻依照5.1.3节的方法和步骤，为轨道“追踪马赛克”中的素材“05”添加特效“视频特效→变换→裁剪”，分别在00:00:20:15和00:00:22:03位置添加关键帧，设置参数如图5-1-32和图5-1-33所示。为素材“05”添加特效“视频特效→风格化→马赛克”，设置参数“水平块”为“30”，“垂直块”为“30”。

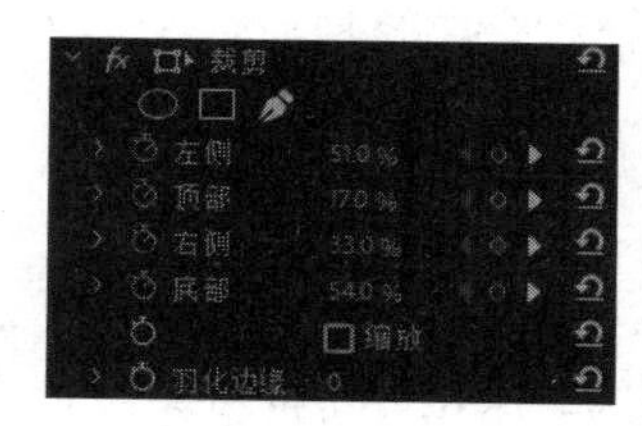

图5-1-32　参数设置（14）

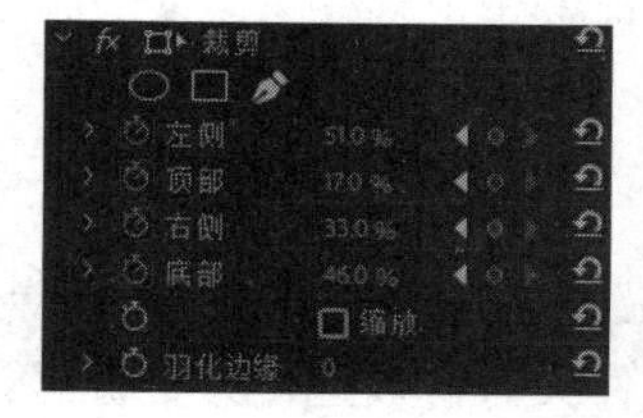

图5-1-33　参数设置（15）

❼依照5.1.3节的方法和步骤，为轨道“追踪马赛克”中的素材“09”添加“视频特效→变换→裁剪”特效，分别在00:00:28:00、00:00:28:17、00:00:29:06、00:00:29:22和00:00:30:13位置添加关键帧，设置参数如图5-1-34～图5-1-38所示。为素材“09”添加特效“视频特效→风格化→马赛克”，设置参数“水平块”为“30”，“垂直块”为“30”。

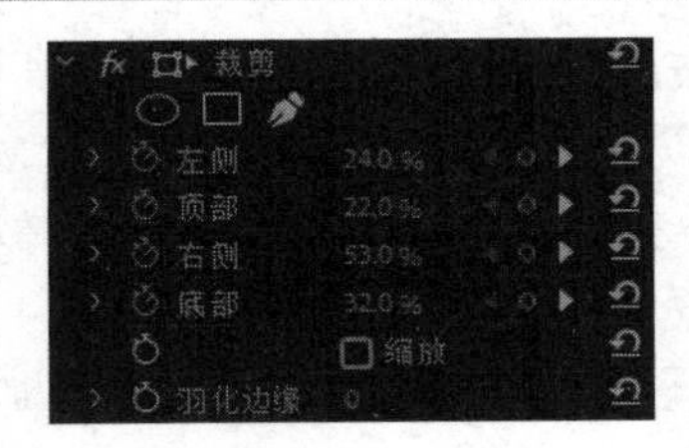

图 5-1-34　参数设置（16）

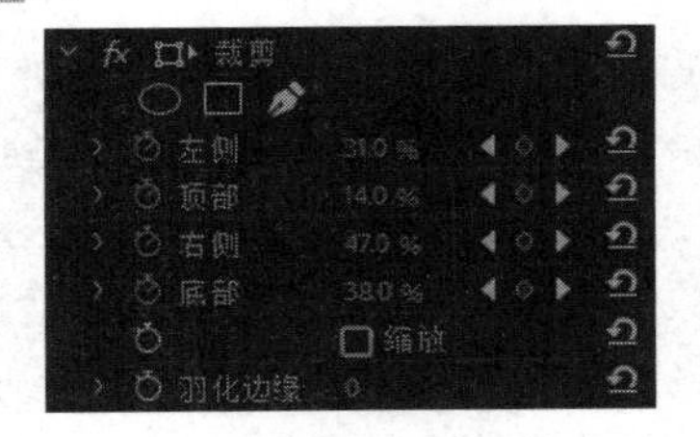

图 5-1-35　参数设置（17）

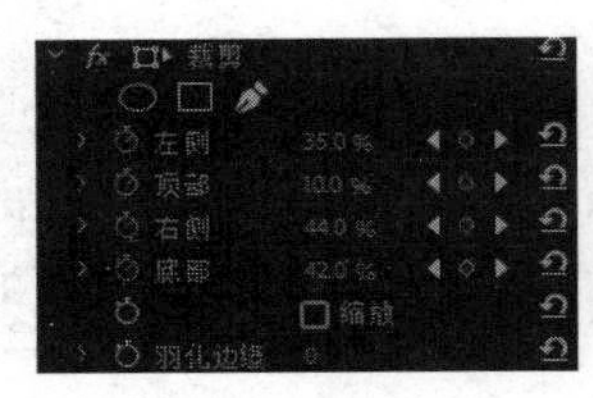

图 5-1-36　参数设置（18）

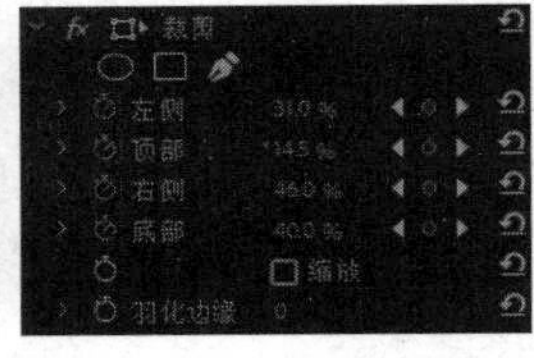

图 5-1-37　参数设置（19）

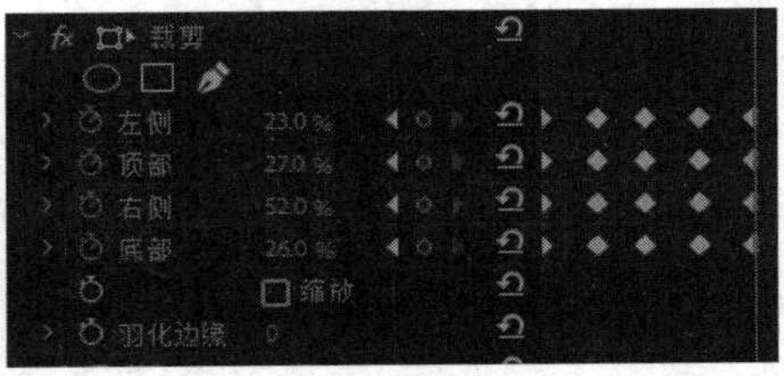

图 5-1-38　参数及关键帧设置

在“节目监视器”中预览效果，如图 5-1-1 所示。保存项目“新闻采访（马赛克）.prproj”，导出视频“新闻采访（马赛克）.flv”。

5.2　知识魔方　Premiere 的内置视频特效

5.2.1　为什么使用视频特效

在影视制作中，经常使用视频特效主要缘于以下几种原因。

① 常规的摄像机和镜头无法拍摄到某种影像。比如：拍摄对象或环境在现实生活中不存在，或即使存在也不可能拍到，如恐龙、外星人；拍摄对象和环境无法同时出现在同一个画面中，如主人公从剧烈的爆炸中逃生。

② 摄像机本身无法产生 Alpha 通道，不能进行 Alpha 通道合成。

③ 在视频拍摄过程中，由于光线、场景等条件限制，造成画面缺陷。

④ 创建更加丰富的视频画面效果，增强视觉冲击力，表达情感，突出主题。

Premiere 中的视频特效与 Photoshop 中的滤镜效果类似，大致可以分为以下几种：变形特效、画面质量特效、光照特效、时间特效、色彩校正特效和抠像特效。丰富的视频特效可以实现校正视频缺陷、增强视频效果和辅助视频合成等功能。

5.2.2　添加视频特效

Premiere Pro CC 2018 中的视频特效内置于“效果”窗口的“视频特效”文件夹中，并以子级文件夹对特效进行分类管理。应用视频特效的操作非常简单。

❶将素材添加到视频轨道中。

❷打开“效果”窗口，单击“视频特效”文件夹左侧的折叠按钮▶，展开视频特效类别文件夹。单击“特效类别”文件夹左侧的折叠按钮▶，展开特效列表。

❸单击视频特效名称或图标，将其拖曳到轨道中的素材上方，出现添加提示光标后放开鼠标，特效被添加到素材上。

5.2.3 编辑视频特效

视频特效的编辑操作基本都在“特效控制台”面板中完成。

1. 删除视频特效

❶单击视频轨道中某个添加了视频特效的素材。

❷执行菜单“窗口→特效控制台”命令，打开“特效控制台”面板，选中视频特效名称后按<Delete>键；或者在视频特效上右击，弹出快捷菜单，执行“清除”命令，删除特效。

2. 复制视频特效

❶单击视频轨道中某个添加了视频特效的素材。

❷打开“特效控制台”面板，选中视频特效，右击，弹出快捷菜单，执行“复制”和“粘贴”命令，复制、粘贴已经设置好参数的特效，参数值一起被复制、粘贴。

3. 启用/停用视频特效

已经添加到素材上的视频特效，可以通过打开或关闭“特效应用”按钮fx来启用或暂时停用该特效。

❶单击视频轨道中某个添加了视频特效的素材。

❷打开“特效控制台”面板，单击视频特效名称左侧的“特效应用”按钮fx，fx按钮被隐藏，暂时停用该特效。

❸再次在原位置单击，打开“特效应用”按钮fx，重新启用该特效。

> **小黑板**
>
> - 值得注意的是：添加视频特效之后的素材不会显示任何特殊的提示信息。
> - 在同一个素材上，可以多次添加同一个视频特效或多个不同的视频特效。

5.2.4 设置特效参数

在 Premiere 中，有些视频特效没有参数，只提供一个固定的视频效果，如“垂直翻转”；大部分特效包含多个参数，通过设置不同的参数综合调整画面效果，如“裁剪”。把视频特效添加到素材后，必须合理设置特效参数，才能达到满意的校正或增强效果。

视频特效被添加到素材时，参数保持默认值或“0”值，以下操作可以修改特效参数。

❶单击视频轨道中某个添加了视频特效的素材，打开“特效控制台”面板。

❷在面板中可以看到添加到素材中的多个特效，单击参数左侧的折叠按钮▶，展开特效参数。

❸将鼠标光标移动到参数上方，当其变成左右双向箭头形状时，按住鼠标左键并左右拖动，修改参数：向左拖动鼠标，参数负增长；向右拖动鼠标，参数正增长，如图 5-2-1 所示。

❹或者在参数上方单击，打开参数编辑框，输入新的参数，如图 5-2-2 所示。

❺或者单击参数名左侧的折叠按钮▶，打开调整滑动窗，按住鼠标左键，左右拖曳滑动条，修改参数：向左拖动滑动条，参数负增长；向右拖动滑动条，参数正增长，如图 5-2-3 所示。

在修改参数的过程中，可以配合使用关键帧，记录不同时刻的参数值，从而达到创建动态视频特效的效果。

❶单击“特效控制台”面板右上角的▶按钮，在窗口右侧展开“时间线视图”。

❷定位时间指示器的位置，单击参数左侧的关键帧记录器，在当前位置添加一个关键帧，此时可以修改或输入新的参数。

❸再次定位时间指示器的位置，直接修改参数，系统会自动在当前位置添加关键帧。

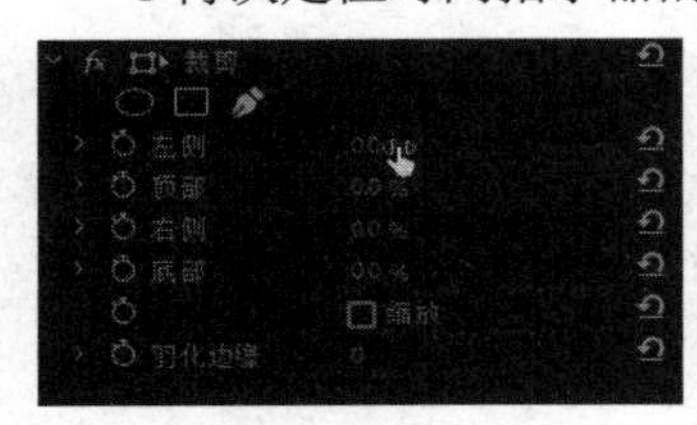

图 5-2-1　调整参数（1）

图 5-2-2　输入参数

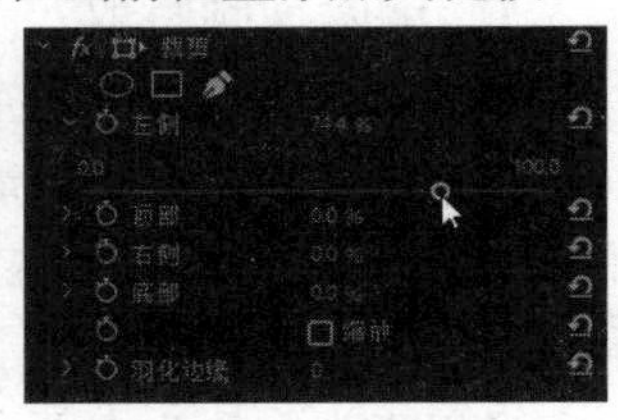

图 5-2-3　调整参数（2）

5.2.5　实现 Premiere 的内置视频特效

Premiere Pro CC 2018 的内置视频特效包括变换（Transform）、扭曲（Distort）、风格化（Stylize）、生成（Generate）、杂色与颗粒（Noise & Grain）、模糊与锐化（Blur & Sharpen）、透视（Perspective）、调整（Adjust）、过渡（Transition）、实用（Utility）、时间（Time）、视频（Video）、通道（Channel）、色彩校正（Color Correction）、图像控制（Image Control）、键控（Keying）16 类，每个特效类分别包含不同数量的视频特效，共 128 种。

Premiere Pro CC 2018 内置视频特效的效果见“模块 5/5-2 知识魔方/源文件/”文件夹下的内容。

1. 变换

该类特效使视频画面产生二维或三维的形状变化，包含垂直翻转（Vertical Flip）、水平翻转（Horizontal Flip）、垂直保持（Vertical Hold）、水平保持（Horizontal Hold）、摄像机视图（Camera View）、裁剪（Crop）、边缘羽化（Edge Feather）7 个特效。

（1）垂直翻转：使素材画面沿垂直方向翻转，效果如图 5-2-4 所示。

（2）垂直保持：使素材画面垂直向上连续滚屏，效果如图 5-2-5 所示。

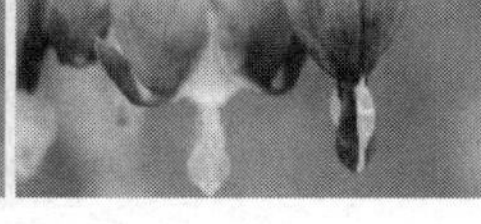

图 5-2-4 “垂直翻转”效果

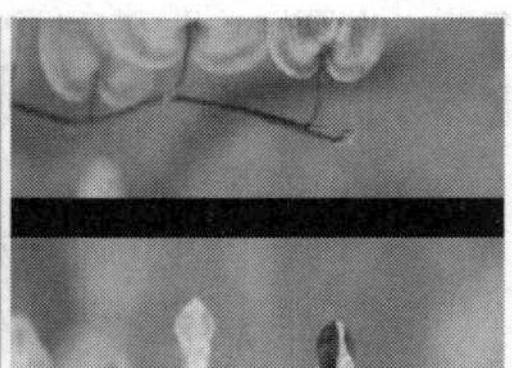

图 5-2-5 “垂直保持”效果

（3）水平翻转：使素材画面沿水平方向翻转，效果如图 5-2-6 所示。

（4）水平保持：使素材画面沿水平方向向左或向右倾斜，当设置“偏移”参数为“230”时，效果如图 5-2-7 所示。

图 5-2-6 “水平翻转”效果

图 5-2-7 “水平保持”效果

（5）摄像机视图：模拟摄像机从不同角度、位置拍摄素材，使画面产生形变，效果如图 5-2-8 所示。

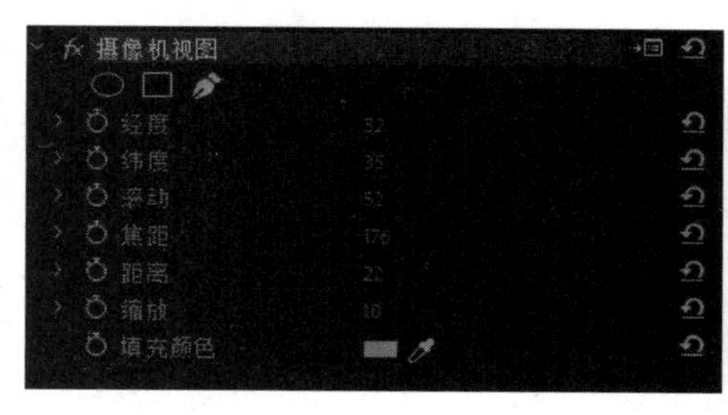

图 5-2-8 “摄像机视图”特效参数设置及效果

（6）裁剪：使素材画面沿边缘向内剪裁，并使剪裁过的画面尺寸扩大到原始图像尺寸。

（7）边缘羽化：对素材画面的边缘进行羽化。

2. 扭曲

该类特效可以使素材从画面中间弯曲、扭曲或边缘发生形状变化，包含球面化（Spherize）、偏移（Offset）、变换（Transform）、弯曲（Bend）、放大（Magnify）、镜像（Mirror）、边角定位（Corner Pin）、旋转（Twirl）、波形扭曲（Wave Warp）、镜头扭曲（Lens Distortion）、紊乱置换（Turbulent Displace）、滚动快门修复（Rolling Shutter Repair）、变形稳定器（Warp Stabilize）13 个特效。

（1）球面化：将素材画面包裹在球面上，形成三维效果，球面中心和球面半径自定义，效果如图 5-2-9 所示。

（2）偏移：将素材画布进行复制并偏移位置，通过混合显示新画面。图 5-2-10 所示是特效参数“偏移中心转换为”为（760，330），“与原始图像混合”为“50%”时的效果，参数及含义如表 5-2-1 所示。

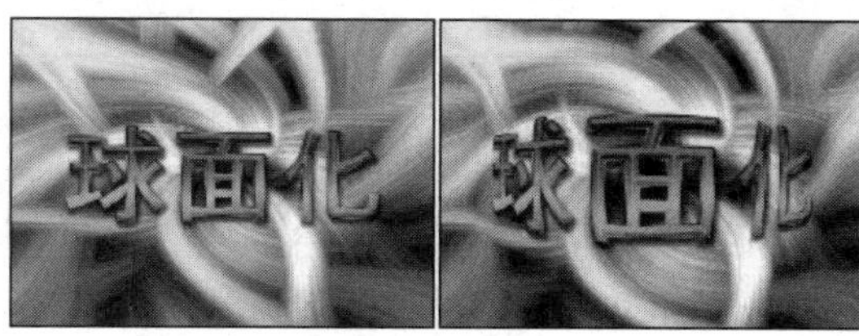

图 5-2-9 “球面化”效果

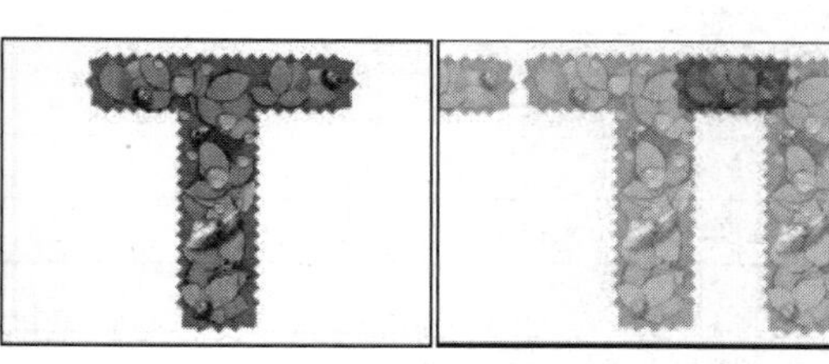

图 5-2-10 “偏移”效果

表 5-2-1 “偏移”特效的主要参数及含义

参　数	含　义
偏移中心转换为（Shift Center To）	设置偏移中心的位置坐标
与原始图像混合（Blend With Iriginal）	设置混合效果与原始图像间的混合比例

（3）变换：对素材图像应用二维几何效果，并可沿任何轴向倾斜，效果如图 5-2-11 所示，参数及含义如表 5-2-2 所示。

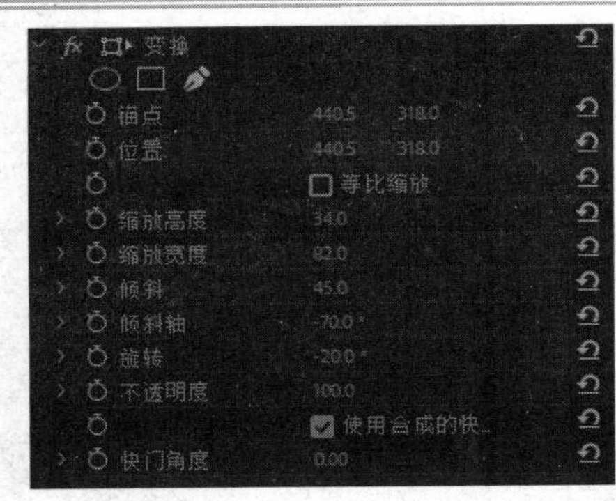

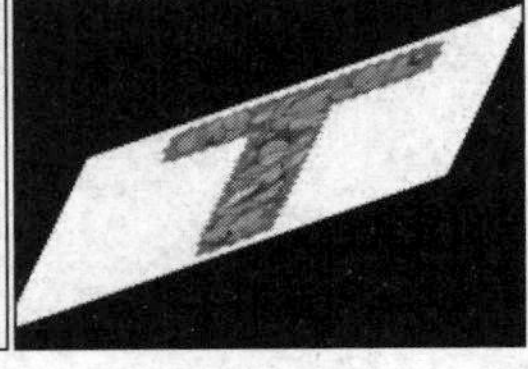

图 5-2-11 “变换”特效参数设置及效果

表 5-2-2 “变换”特效的主要参数及含义

参　数	含　义
倾斜轴（Skew Axis）	控制画面倾斜的轴向
快门角度（Shutter Angle）	控制画面运动模糊的快门角度

（4）弯曲：素材画面沿水平或垂直方向产生动态移动的波浪变形，不同的参数产生不同速度和弯曲度的波浪，如图 5-2-12 所示，参数及含义如表 5-2-3 所示。

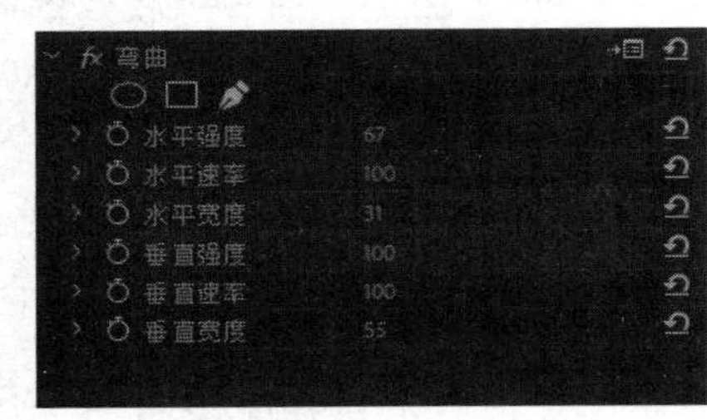

图 5-2-12 “弯曲”参数设置及效果

表 5-2-3 “弯曲”特效的主要参数及含义

参　数	含　义
强度（Intensity）	设置波浪振幅
速率（Rate）	设置波浪弯曲的频率
水平强度（Horizontal Intensity）	控制波浪水平方向上的弯曲程度

（5）放大：素材画面产生类似放大镜的扭曲变形效果，如图 5-2-13 所示，参数及含义如表 5-2-4 所示。

图 5-2-13 “放大”参数设置及效果

表 5-2-4 “放大”特效的主要参数及含义

参　　数	含　　义
形状（Shape）	设置画面被放大区域的形状
链接（Link）	设置放大镜与放大倍数的关系
羽化（Feather）	设置画面放大区域边缘的羽化或模糊程度
透明度（Opacity）	设置放大镜的透明程度
混合模式（Blending Mode）	选择颜色输出模式
调整图层大小（Resize Layer）	选中该选项时，放大区域可能超出原剪辑的边界

（6）镜像：按设置的方向和角度，沿一条直线将素材画面分割成两部分，其中一部分是原素材的镜像画面，效果如图 5-2-14 所示，参数及含义如表 5-2-5 所示。

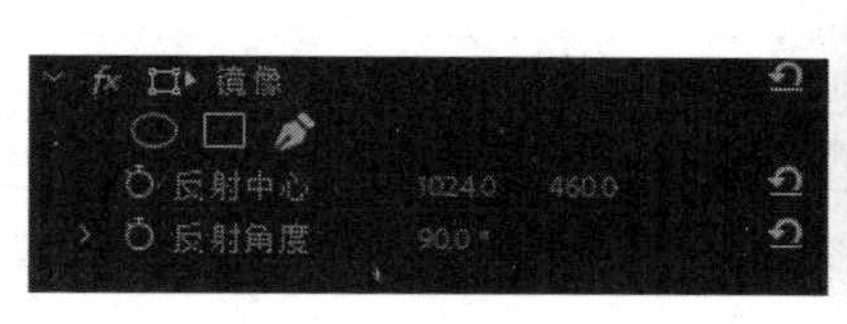

图 5-2-14 “镜像”参数设置及效果

表 5-2-5 “镜像”特效的主要参数及含义

参　　数	含　　义
反射中心（Reflection Center）	设置反射（镜像）中心点的位置坐标
反射角度（Reflection Angle）	设置反射（镜像）角度

（7）边角定位：利用素材画面四个顶点坐标的变化，对画面进行透视扭曲变形，效果如图 5-2-15 所示。

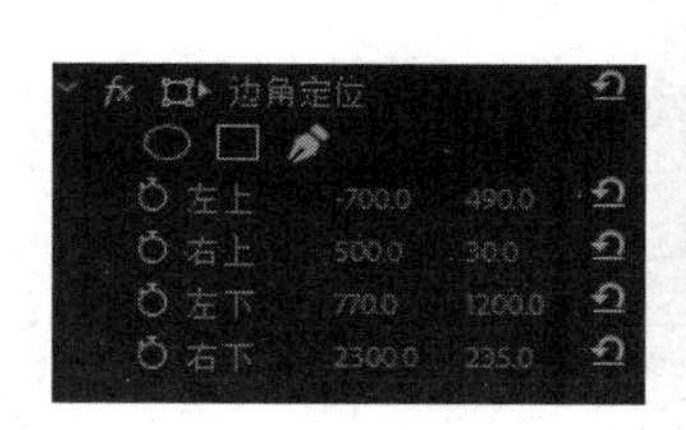

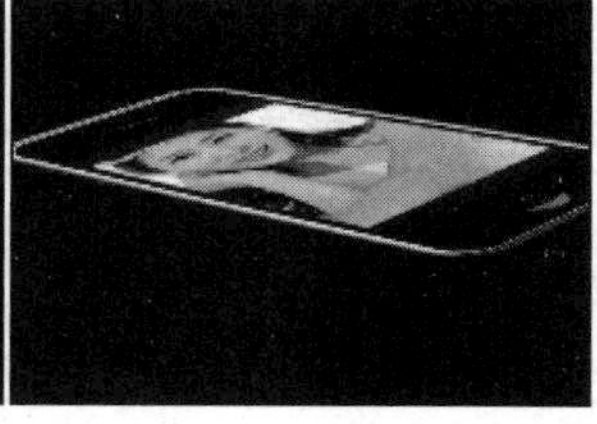

图 5-2-15 “边角定位”参数设置及效果

（8）旋转：素材画面沿指定的某个中心旋转变形，产生拖尾效果，如图 5-2-16 所示。

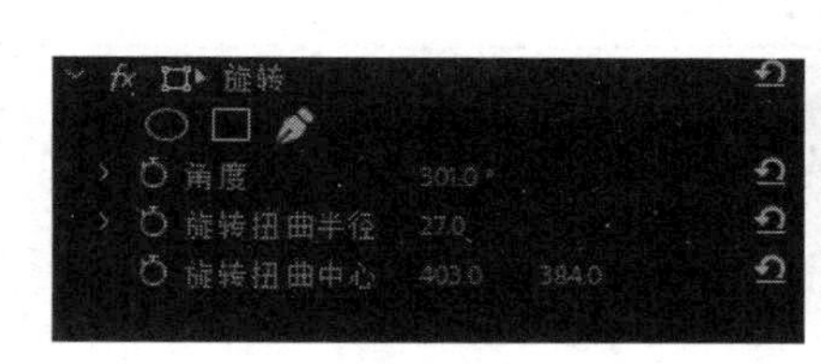

图 5-2-16 “旋转”参数设置及效果

（9）波形扭曲：素材画面产生类似水波纹的扭曲变形，参数及含义如表 5-2-6 所示。

表 5-2-6 “波形扭曲”特效的主要参数及含义

参　数	含　义
固定（Pinning）	设置固定的形式
相位（Phase）	设置波浪的位置
消除锯齿（Antialiasing for Best Quality）	选择素材的抗锯齿质量
波形速度（Wave Speed）	设置波浪产生的速度

（10）镜头扭曲：使素材画面沿水平轴和垂直轴扭曲变形，参数及含义如表 5-2-7 所示。

表 5-2-7 “镜头扭曲”特效的主要参数及含义

参　数	含　义
弯度（Curvature）	设置透镜的弯度
垂直偏移/水平偏移（Vertical/Horizontal Decentering）	设置画面在垂直和水平方向上偏移透镜原点的程度
垂直棱镜/水平棱镜（Vertical/Horizontal Prism FX）	调整画面在垂直和水平方向上的扭曲程度
填充颜色（Color）	设置画面偏移过渡时背景显示的颜色
填充 Alpha 通道（Fill Alpha Channel）	填充素材图像的 Alpha 通道

（11）紊乱置换：使素材画面产生不规律的凸起、旋转、扭曲等形状变化效果，如图 5-2-17 所示，参数及含义如表 5-2-8 所示。

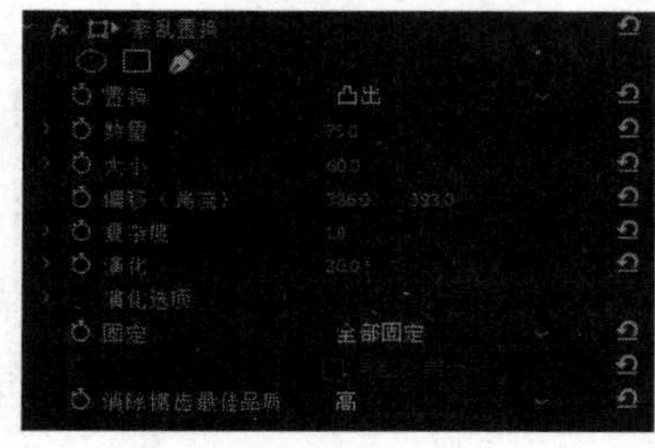

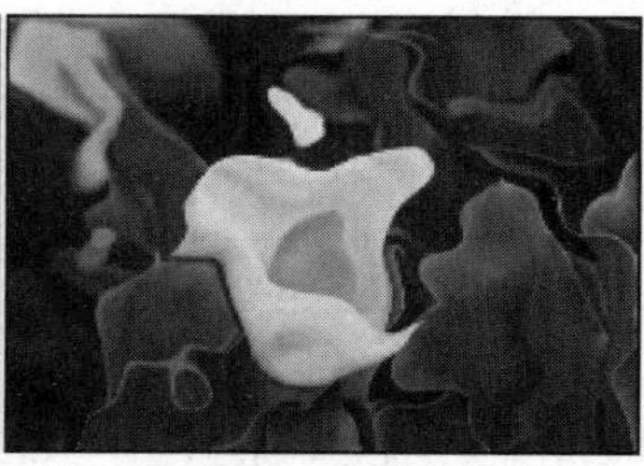

图 5-2-17 “紊乱置换”特效参数设置及效果

表 5-2-8 “紊乱置换”特效的主要参数及含义

参　数	含　义
置换（Displacement）	选择某种画面变形命令
数量（Amount）	设置画面变形扭曲的数量
大小（Size）	设置画面变形扭曲的程度
偏移（Offset）	设置画面动荡变形的位置坐标
复杂度（Complexity）	设置画面动荡变形的复杂程度
演化（Evolution）	设置画面变形的演变程度
固定（Pinning）	设置画面固定的形式

（12）滚动快门修复：消除抖动和滚动式快门伪影，或者消除其他与运动相关镜头的异常情况。

（13）变形稳定器：消除滚动快门的伪影。

3. 过渡

过渡特效可以使素材之间产生过渡效果，与转场特效相似，但用法不同。该特效用在单独的视频素材上，而不是素材之间。过渡类特效包括线性擦除（Linear Wipe）、径向擦除（Radial Wipe）、渐变擦除（Gradient Wipe）、百叶窗（Venetian Blinds）、块溶解（Block Dissolve）5 个特效。

（1）线性擦除：使画面产生线性擦除过渡效果，参数及含义如表 5-2-9 所示。

表 5-2-9 “线性擦除”特效的主要参数及含义

参 数	含 义
过渡完成（Transition Completion）	设置擦除百分比
擦除角度（Wipe Angle）	设置线性擦除的角度
羽化（Feather）	设置边缘羽化程度

（2）径向擦除：使素材画面产生径向擦除过渡效果。

（3）渐变擦除：使素材画面产生梯状擦除过渡效果，参数及含义如表 5-2-10 所示。

表 5-2-10 “渐变擦除”特效的主要参数及含义

参 数	含 义
过渡柔和度（Translation Softness ）	设置擦除边缘的柔化程度
渐变替换（Gradient Placement）	设置擦除的方式
反向渐变（Invert Gradient）	选择是否反方向渐变擦除

（4）百叶窗：使素材画面产生百叶窗擦除过渡效果。

（5）块溶解：使素材画面产生随机的板块溶解过渡效果，如图 5-2-18 所示，参数及含义如表 5-2-11 所示。

图 5-2-18 “块溶解”特效参数设置及效果图

表 5-2-11 “块溶解”特效的主要参数及含义

参 数	含 义
过渡完成（Transition Completion）	设置过渡转场的百分比
块宽度（Block Width）	设置块的宽度
柔化边缘（最好品质）[Soft Edges (Best Quality)]	使块边缘更柔和

4. 生成

这是一组滤镜类特效，渲染生成镜头光晕、闪电等效果，包括四色渐变（4-Color Gradient）、棋盘（Checkerboard）、蜂巢图案（Cell Pattern）、圆（Circle）、椭圆（Ellipse）、吸色管填充（Eyedropper Fill）、网格（Grid）、镜头光晕（Lens Flare）、闪电（Lightning）、油漆桶（Paint Bucket）、渐变（Ramp）、书写（Write-on）12 个特效。

（1）四色渐变：通过调整素材图像的透明度和叠加方式，产生特殊的四色渐变效果，参数及含义如表 5-2-12 所示。

表 5-2-12 “四色渐变”特效的主要参数及含义

参　数	含　义
位置和颜色（Positions&Colors）	设置渐变点位置和 RGB 值
混合（Blend）	设置四种渐变颜色的混合百分比
抖动（Jitter）	设置颜色变化的百分比
不透明度（Opacity）	设置渐变层的不透明度
混合模式（Blending Mode）	设置渐变层与素材的混合方式

（2）棋盘：在素材图像上产生由特殊的矩形组成的棋盘画面效果。

（3）单元格图案：在素材图像上产生单元格画面效果，调整参数可以控制静态或动态的背景纹理和图案，效果如图 5-2-19 所示，参数及含义如表 5-2-13 所示。

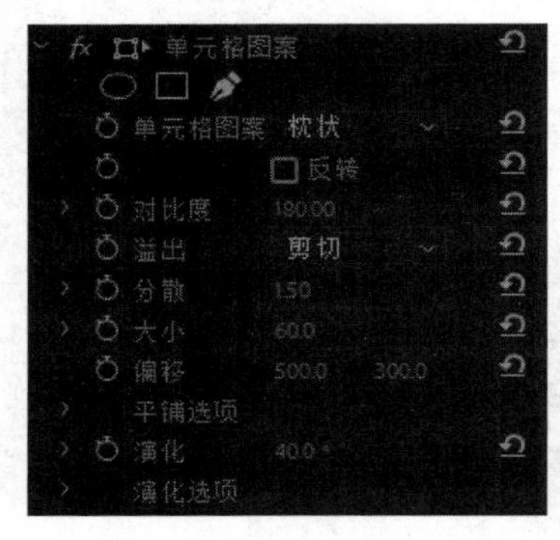

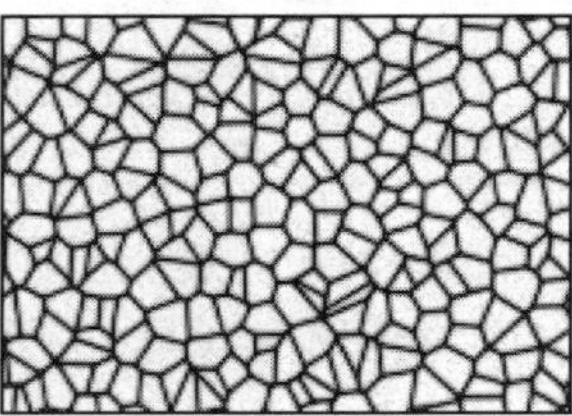

图 5-2-19 “单元格图案”特效参数设置及效果图

表 5-2-13 “单元格图案”特效的主要参数及含义

参　数	含　义
单元格图案（Cell Pattern）	设置单元格的样式，如气泡、晶体等
反转（Invert）	使单元格颜色相互转换
对比度（Contrast）	设置锐化值
溢出（Overflow）	设置单元格图案溢出部分的显示方式
分散（Disperse）	设置单元格图案的分散程度
偏移（Offset）	设置单元格图案的坐标
平铺选项（Tiling Options）	设置单元格图案水平方向与垂直方向的单元数量
演化（Evolution）	设置单元格图案的运动角度
演化选项（Evolution Points）	设置单元格图案的运动参数

（4）圆：在素材图像上添加一个圆，通过调整其半径、羽化、混合模式，产生特殊的画面效果，参数及含义如表 5-2-14 所示。

表 5-2-14 “圆”特效的主要参数及含义

参　数	含　义
边缘（Edge）	设置并联的边缘半径、厚度、厚度半径、厚度和羽化半径
反向圆形（Invert Circle）	选择是否在素材区域反转圆形
混合模式（Blending Mode）	选择圆形和素材图像的混合模式

（5）椭圆：与“圆”特效相似。

（6）吸色管填充：提供一个吸色管，从素材画面中吸取颜色，对素材图像进行填充，从而改变图像的整体色调，参数及含义如表 5-2-15 所示。

表 5-2-15 “吸色管填充”特效的主要参数及含义

参　　数	含　　义
取样点（Sample Point）	设置颜色的取样点
平均像素半径（Average Pixel Color）	设置平均像素半径的方式
保持原始的 Alpha（Maintain Original Alpha）	选择是否保持原素材的 Alpha 值
混合原始的 Alpha（Blend with Original ）	设置画面填充色和原始素材的不透明度

（7）网格：在素材画面上添加一个网格，效果如图 5-2-20 所示，参数及含义如表 5-2-16 所示。

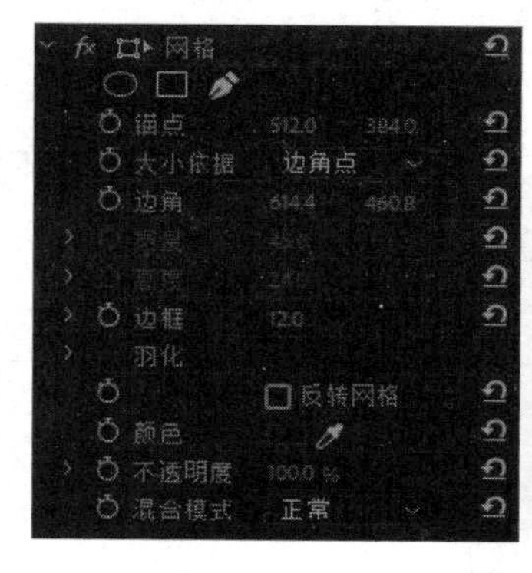

图 5-2-20 “网格”特效参数设置及效果图

表 5-2-16 “网格”特效的主要参数及含义

参　　数	含　　义
锚点（Anchor）	设置水平方向和垂直方向上的网格数量
大小依据（Size From）	设置并联的三个选项：边角点、宽度滑块、宽度和高度滑块
边角（Corner）	设置网格的边角位置
反转网格（Invert Grid）	选择是否反转网格

（8）镜头光晕：在素材画面上添加一个模拟摄像机在强光下产生的镜头光晕效果，如图 5-2-21 所示。

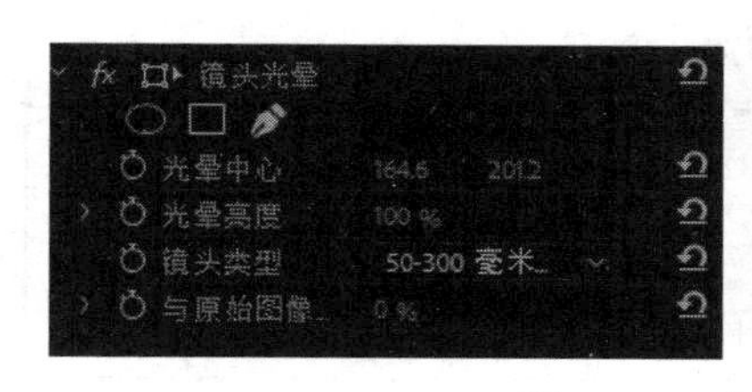

图 5-2-21 “镜头光晕”特效的参数设置及效果图

（9）闪电：在素材画面上添加一个闪电效果，如图 5-2-22 所示，参数及含义如表 5-2-17 所示。

图 5-2-22 “闪电”特效效果

表 5-2-17 “闪电”特效的主要参数及含义

参数	含义
线段（Segments）	设置闪电主干上的线段数
波幅（Amplitude）	设置闪电的分布范围，波幅越大，分布范围越广
细节层次（Detail Level）	设置闪电的粗细
细节波幅（Detail Amplitude）	设置闪电在每个段上的复杂度
分支（Branching）	设置闪电主干上的分支数量
再分支（Rebranching）	设置闪电各分支上的分支数量
分支角度（Branch Angle）	设置闪电各分支的角度
分支段长度（Branch Seg. Length）	设置闪电各分支的长度
分支数量（Branch Segments）	设置闪电分支的线段数
分支宽度（Branch Width）	设置闪电分支的粗细
速度（Speed）	设置闪电变化的速度
稳定性（Stability）	设置闪电稳定的程度
固定端点（Fixed Endpoint）	选择是否将闪电结束点固定在某个坐标上
宽度（Width）	设置主干和分支整体的粗细
宽度变化（Width Variation）	使闪电的粗细随机变化

（10）油漆桶：提供一个油漆桶工具，为素材图像的不同区域填充颜色，从而产生新的画面效果，参数及含义如表 5-2-18 所示。

表 5-2-18 “油漆桶”特效的主要参数及含义

参数	含义
填充点（Fill Point）	设置填充颜色的区域
填充选取器（Fill Selector）	设置颜色填充的形式
容差度（Tolerance）	设置填充区域颜色的容差程度

（11）渐变：使素材画面产生颜色渐变效果，参数及含义如表 5-2-19 所示。

表 5-2-19 “渐变”特效的主要参数及含义

参数	含义
渐变起点（Start of Ramp）	设置渐变开始的位置坐标
渐变终点（End of Ramp）	设置渐变结束的位置坐标
起点颜色（Start Color）	设置渐变开始的颜色
终点颜色（End Color）	设置渐变结束的颜色
渐变形状（Ramp Shape）	设置渐变的形式，如放射型、线型
渐变扩散（Ramp Scatter）	设置渐变的扩散程度

（12）书写：制作画笔笔触，并控制画笔书写或绘画过程。

5. 杂色与颗粒

杂色与颗粒是一组滤镜特效，以 Alpha、HLS 为条件，使素材产生不同程度的颗粒、划痕等效果，包括蒙尘和刮痕（Dust & Scratches）、中间值（Median）、杂色（Noise）、杂色 Alpha（Noise Alpha）、杂色 HLS（Noise HLS）、杂色 HLS 自动（Noise HLS Auto）6 个特效。

（1）蒙尘和刮痕：在素材画面上添加蒙尘和刮痕颗粒。

（2）中间值：通过在素材画面上添加中间值，使画面颜色产生虚化效果。

（3）杂色：在素材上添加杂色，使画面产生杂色颗粒效果，如图 5-2-23 所示，参数及含义如表 5-2-20 所示。

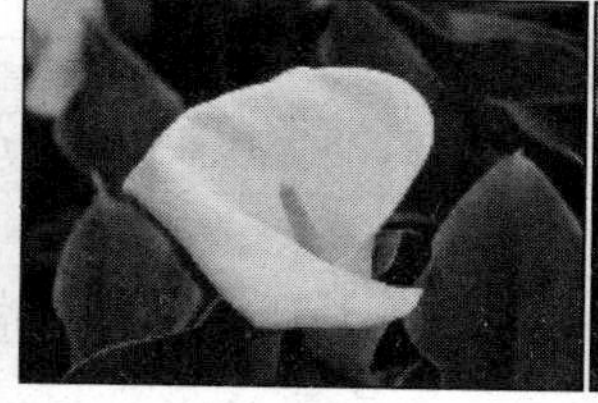
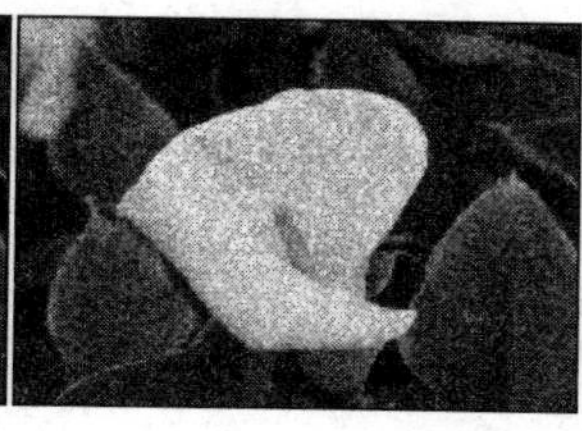

图 5-2-23 “杂色”特效参数设置及效果图

表 5-2-20 “杂色”特效的主要参数及含义

参　数	含　义
杂色数量（Amount of Noise）	设置杂色颗粒的数量
杂色类型（Noise Type）	选中“使用颜色杂色”复选框时，产生彩色杂色颗粒
剪切（Clipping）	选中“剪切结果值”复选框时，杂色被叠加在原始素材上

（4）杂色 Alpha：在素材上添加杂色 Alpha，调整参数控制不同的颗粒规则，使画面产生不同的杂色颗粒效果。

（5）杂色 HLS：在素材上添加杂色，通过设置参数调整杂色产生的位置和透明度，使画面产生不同效果。

（6）杂色 HLS 自动：与“杂色 HLS”特效效果一致。

6. 模糊与锐化

该类特效使素材画面产生模糊或边缘锐化的效果，包括消除锯齿（Antialias）、摄像机模糊（Camera Blur）、通道模糊（Channel Blur）、复合模糊（Compound Blur）、定向模糊（Directional Blur）、快速模糊（Fast Blur）、高斯模糊（Gaussian Blur）、残像（Ghosting）、锐化（Sharpen）、反遮罩锐化（Unsharp Mask）10 个特效。

（1）消除锯齿：通过融合高对比色领域之间的边缘，使暗部与亮部之间的过渡效果更自然。

（2）摄像机模糊：为素材添加摄像机变焦拍摄时产生的画面模糊效果，特效参数“百分比模糊（Noise）”用来设置杂色的产生方式，包括统一、平方和杂点 3 种。

（3）通道模糊：对素材图像的红、绿、蓝、Alpha 通道进行处理，使画面产生特殊的颜色效果，如图 5-2-24 所示，参数及含义如表 5-2-21 所示。

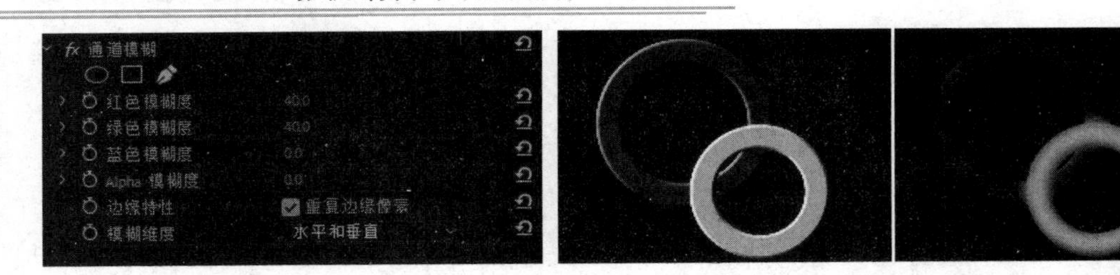

图 5-2-24 “通道模糊”特效参数设置及效果图

表 5-2-21 “通道模糊”特效的主要参数及含义

参　数	含　义
红色模糊度（Red Blurriness）	设置红色通道的模糊程度
绿色模糊度（Green Blurriness）	设置绿色通道的模糊程度
蓝色模糊度（Blue Blurriness）	设置蓝色通道的模糊程度
Alpha 模糊度（Alpha Blurriness）	设置 Alpha 通道的模糊程度
边缘特性（Edge Behavior）	选择是否将素材图像的边缘进行模糊处理
模糊维度（Blur Dimensions）	设置模糊的发生方向，包括水平、垂直、水平和垂直 3 种

（4）复合模糊：指定一个轨道与当前素材进行混合模糊处理，产生模糊效果，参数及含义如表 5-2-22 所示。

表 5-2-22 “复合模糊”特效的主要参数及含义

参　数	含　义
最大模糊（Maximum Blur）	设置混合模糊的程度
图层大小不同（If Layer Sizes Differ）	当两个素材图像尺寸不同时，要采取什么处理方法
伸展图层适配（Stretch Map to Fit）	选择是否对不同尺寸的素材进行自动适配大小处理
反相模糊（Invert Blur）	产生反转模糊

（5）定向模糊：对素材画面按指定的方向进行模糊处理。

（6）快速模糊：对素材画面按设定的方式进行模糊处理，如模糊量、方向、重复边缘像素数等。

（7）高斯模糊：在对素材画面进行模糊处理的同时柔化画面，消除噪点。

（8）残像：只对素材画面中运动的元素，如文字、线条等，进行模糊处理，对固定元素不进行任何处理。

（9）锐化：通过增加素材画面中相邻色彩像素的对比度，提高图像清晰度效果，通过参数“锐化数量”控制图像的锐化程度。

（10）反遮罩锐化：增加素材画面中定义边缘的颜色之间的对比度，产生特殊画面效果。

7. 透视

透视类视频特效为素材画面添加透视效果，包括基本 3D（Basic 3D）、斜面 Alpha（Bevel Alpha）、边缘斜切（Bevel Edges）、投射阴影（Drop Shadow）、径向阴影（Radial Shadow）5 个特效。

（1）基本 3D：对素材图像进行三维变换，如绕水平轴或垂直轴旋转，产生图像运动效果，通过“预览（Preview）”参数可以设置图像被拉远或推近的效果，如图 5-2-25 所示，参数及含义如表 5-2-23 所示。

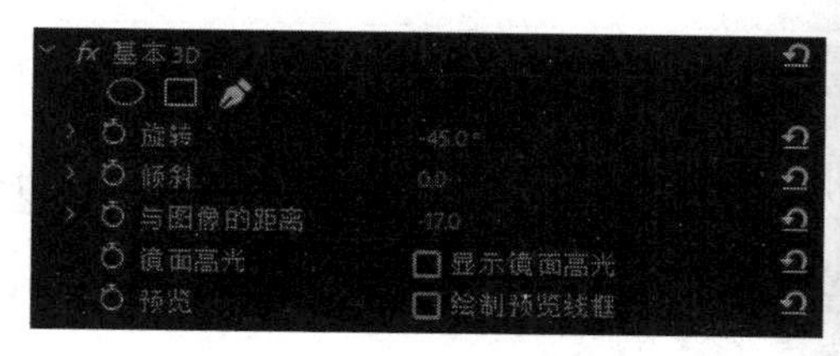

图 5-2-25 “基本 3D”特效参数设置及效果图

表 5-2-23 “基本 3D”特效的主要参数及含义

参　数	含　义
旋转（Swivel）	设置素材图像水平旋转的角度
倾斜（Tilt）	设置素材图像垂直旋转的角度
与素材的距离（Distance to Image）	设置素材图像与窗口拉近或推远的距离
镜面高度（Specular Highlight）	设置阳光射在素材图像上产生光晕效果的真实程度
预览（Preview）	选中“绘制预览线框”复选框，预览效果时，素材图像以相框的效果显示

（2）斜面 Alpha：通过二维 Alpha 通道使素材画面形成三维立体效果，如图 5-2-26 所示。

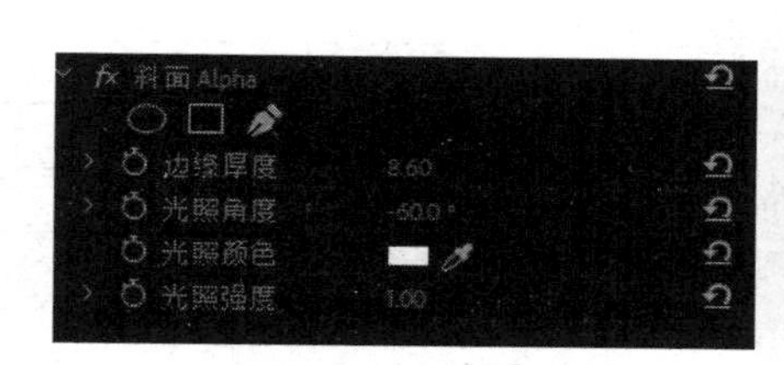

图 5-2-26 “斜面 Alpha”特效参数设置及效果

（3）边缘斜切：使素材画面边缘出现三维的外斜角立体效果。

（4）投射阴影：为素材画面添加阴影效果。

（5）径向阴影：与“投射阴影”效果基本一致。

8. 调整

调整类视频特效通过调整素材画面的自动颜色、自动色阶、自动对比度，使素材产生不同的画面效果。调整类视频特效包括自动颜色（Auto Color）、自动对比度（Auto Contrast）、色阶（Levels）、自动色阶（Auto Levels）、光照效果（Lighting Effects）、阴影/高光（Shadow/ Highlight）、提取（Extract）、卷积内核（Convolution Kernel）、基本信息设置（ProcAmp）9 个特效。

（1）自动颜色：对素材画面进行自动颜色调节。

（2）自动对比度：对素材画面进行自动对比度调节。

（3）自动色阶：对素材画面进行自动色阶调节。

（4）色阶：对素材图像进行亮度、对比度、色彩平衡等综合处理，对素材图像的明度、明暗层次和中间色进行调整、保存和载入设置，参数及含义如表 5-2-24 所示。

表 5-2-24 “色阶”特效的主要参数及含义

参　数	含　义
输入/输出黑色阶（Black Input / Output Level）	控制素材图像中黑色的比例
输入/输出白色阶（White Input / Output Level）	控制素材图像中白色的比例
灰度系数（Gamma）	控制灰度级

（5）光照效果：对素材画面添加灯光照射效果，实现灯光环绕照射效果，最多可添加 5 个灯光，如图 5-2-27 所示，参数及含义如表 5-2-25 所示。

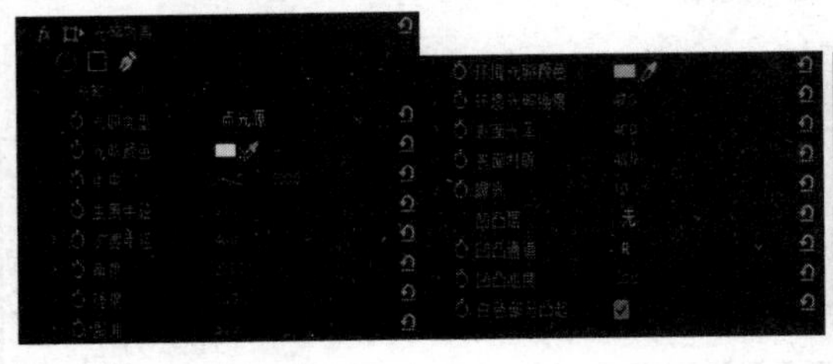

图 5-2-27 “光照效果”特效参数设置及效果图

表 5-2-25 “光照效果”特效的主要参数及含义

参　数	含　义
光照 1（Light1）	添加灯光 1 光照效果，包括灯光类型、照明颜色、中心、主要半径、次要半径、角度、强度、聚焦等子参数
环境光照颜色（Ambient Light Color）	设置周围环境光照的颜色
环境光照强度（Ambient Intensity）	设置周围环境光照的强烈程度
表面光泽（Surface Gloss）	控制素材图像表面的光泽强度
表面材质（Surface Material）	控制素材图像表面的材质效果
曝光（Exposure）	设置灯光的曝光程度
凹凸层（Bump Layer）	设置产生浮雕效果的轨道
凹凸通道（Bump Channel）	设置产生浮雕效果的通道
凹凸高度（Bump Height）	设置浮雕效果的大小
白色部分凸起（White is High）	反转浮雕的方向

（6）阴影/高光：调整素材图像的阴影、高光部分。

（7）提取：提取可消除视频剪辑的颜色，创建一个灰度图像。

（8）卷积内核：使用特定的数学运算公式对素材图像的明暗、对比度效果进行调节，参数及含义如表 5-2-26 所示。

（9）基本信息设置：调整素材图像的亮度、对比度、色相、饱和度，改善图像的显示效果。

表 5-2-26 “卷积内核”特效的主要参数及含义

参　数	含　义
M11、M12、M13	设置一级调节素材图像的明暗和对比度
M21、M22、M23	设置二级调节素材图像的明暗和对比度
M31、M32、M33	设置三级调节素材图像的明暗和对比度

续表

参　数	含　义
偏移（Offset）	设置混合的偏移程度
比例（Scale）	设置混合的比例
处理 Alpha 通道（Process Alpha）	选择是否将素材图像的 Alpha 通道也计算在内

9. 风格化

这是一组风格化特效，通过添加滤镜模拟绘画、雕刻、摄影等，增强素材画面的视觉效果。风格化特效包括画笔描边（Brush Strokes）、浮雕（Emboss）、彩色浮雕（Color Emboss）、粗糙边缘（Roughen Edges）、查找边缘（Find Edges）、曝光（Solarize）、闪光灯（Strobe Light）、Alpha 辉光（Alpha Glow）、马赛克（Mosaic）、复制（Replicate）、纹理（Texturize）、阈值（Threshold）、色调分离（Posterize）13 个特效。

（1）画笔描边：使素材画面产生水彩画效果，如图 5-2-28 所示。

图 5-2-28 “画笔描边”特效参数设置及效果图

（2）浮雕：使素材画面产生灰色浮雕效果，如图 5-2-29 所示。

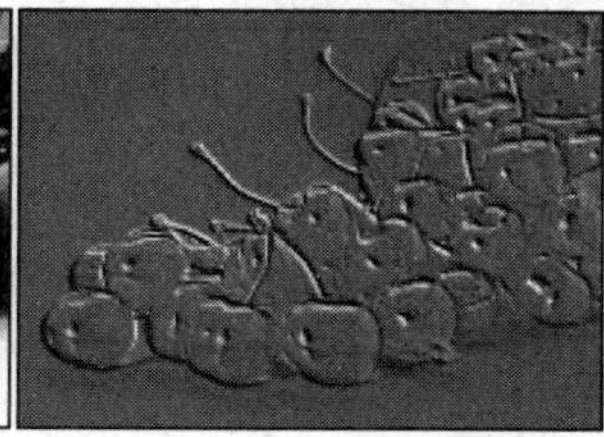

图 5-2-29 “浮雕”特效参数设置及效果图

（3）彩色浮雕：使素材画面产生包含颜色的浮雕效果。

（4）粗糙边缘：使素材画面的颜色边缘变得粗糙，效果如图 5-2-30 所示，参数及含义如表 5-2-27 所示。

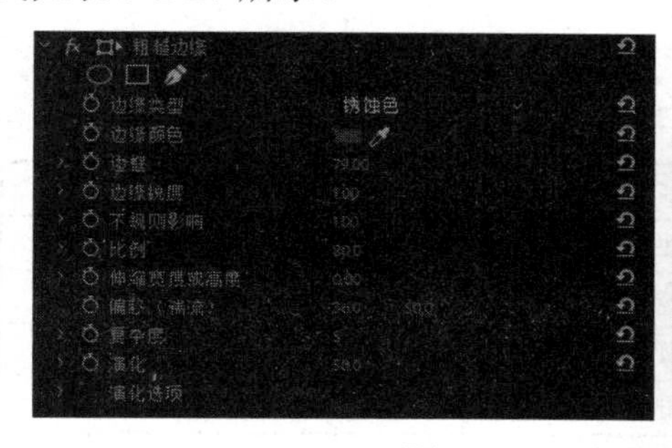

图 5-2-30 “粗糙边缘”特效参数设置及效果图

表 5-2-27 “粗糙边缘”特效的主要参数及含义

参　数	含　义
边缘类型（Edge Type）	设置边缘的类型，包括粗糙、毛色、剪切、尖刻、生锈、锈色、影印、彩色影印 8 种类型
边框（Border）	设置边框数量
边缘锐度（Edge Sharpness）	设置边缘清晰度系数，影响边缘的柔和度
不规则碎片影响度（Fractal Influence）	设置不规则影响的程度系数
缩放（Scale）	设置边缘粗糙缩放值
伸展宽度或高度（Stretch Width or Height）	控制边缘粗糙宽度和高度的延伸程度
偏移（湍流）（Offset (Turbulence)）	设置边缘粗糙效果的偏移程度
复杂度（Complexity）	设置边缘粗糙的复杂程度
演化（Evolution）	控制边缘的粗糙变化
演化选项（Evolution Options）	设置边缘粗糙变化的选项
循环旋转（Cycle in Revolution）	设置循环旋转数量
随机种子（Random Seed）	设置是否产生随机效果

（5）查找边缘：对素材图像的边缘进行勾勒，产生类似素描或底片的效果，如图 5-2-31 所示。

（6）Alpha 辉光：使包含通道的素材图像的通道边缘区域产生一圈渐变的辉光效果，如图 5-2-32 所示。

图 5-2-31 “查找边缘”效果图

图 5-2-32 “辉光”效果图

（7）纹理：在素材画面上产生类似浮雕的贴图效果，如图 5-2-33 所示，参数及含义如表 5-2-28 所示。

图 5-2-33 “纹理”效果图

表 5-2-28 “纹理”特效的主要参数及含义

参　数	含　义
纹理图层（Texture Layer）	设置合成中的贴图层
灯光方向（Light Direction）	设置灯光的方向
纹理对比（Texture Contrast）	设置纹理的对比度
纹理位移（Texture Placement）	选择纹理的位移选项，包括平铺、居中、拉伸 3 种

（8）曝光：设置素材画面不同的曝光效果，参数“阈值（Threshold）”调整曝光的强度。

（9）闪光灯：常用于连续的视频素材，通过添加闪光灯模拟计算机屏幕的闪烁等，可以增加视频的视觉感染力，参数及含义如表5-2-29所示。

表5-2-29 “闪光灯”特效的主要参数及含义

参　数	含　义
频闪色（Strobe Color）	设置闪光灯颜色
频闪长度[Strobe Duration (secs)]	设置闪光灯周期，以秒为单位
频闪间隔[Strobe Period (secs)]	设置闪光灯时间间隔，以秒为单位
频闪概率（Random Strobe Probability）	设置频闪的随机概率
频闪算法（Strobe Operator）	选择频闪方式，包括复制、添加、减去等13种方式
闪光（Strobe）	选择闪光方式，包括在彩色图像上进行和在遮罩上进行两种方式
随机种子（Random Seed）	设置频闪的随机性
与原始图像混合（Blend with Original）	设置与原始素材图像的混合程度

（10）马赛克：为素材画面添加马赛克效果。

（11）复制：在素材画面上横向或纵向复制素材画面，同时原始素材画面被缩小，特效参数“计算（Count）”用来设置素材图像的复制倍数。

（12）阈值：将一个灰度或彩色素材图像转换为高对比度的黑白图像，并通过设置不同的阈值级别来调整图像的黑白比例。参数“级别（Level）”用来设置素材图像的黑白比例，值越大，黑色比例越大，反之，白色比例越大。

（13）色调分离：使素材图像中的颜色信息量减少，产生颜色分离效果，如模拟手绘效果等。参数“色阶（Level）”用来设置划分级别的数量，数量越少，色调分离的效果越明显。

10. 实用

该类特效通过设置素材图像的颜色输入和输出值显示不同的画面效果，只包括胶片转换（Cineon Converter）1个特效。

胶片转换：对素材图像的色调进行对数、直线之间的转换，实现不同的色调效果，参数及含义如表5-2-30所示。

表5-2-30 “胶片转换”特效的主要参数及含义

参　数	含　义
变换类型（Conversion Type）	设置色调的转换方式
10位黑点（10 Bit Black Point）	设置10位黑点数
内部黑点（Internal Black Point）	设置内部黑点数
10位白点（10 Bit White Point）	设置10位白点数
内部白点（Internal White Point）	设置内部白点数
高光重算（Highlight Rolloff）	设置高光部分的曝光程度
伽马（Gamma）	设置素材图像的灰度级数

11. 时间

该类特效通过控制素材片断的时间特性实现重影、跳帧等播放效果，包括重影（Echo）、抽帧（Posterize Time）两个特效。

（1）重影：应用于视频素材，使不同时间的多个帧组合同时播放，产生重影效果，参数及含义如表 5-2-31 所示。

表 5-2-31 “重影”特效的主要参数及含义

参　数	含　义
重影时间（秒）[Echo Time(secs)]	设置延时画面的产生时间，以秒为单位
重影数量（Number of Echo）	设置重影的数量
重影算法（Echo Operator）	选择重影运算的模式，包括添加、最大限度、最小限度、屏幕、后合成、前合成、混合 7 种模式
衰减（Decay）	设置延时画面的衰减效果

（2）抽帧：将某段素材锁定到指定的播放速率，从而产生跳帧的播放效果。特效参数“帧速率（Frame Rate）”用来设置帧速度的大小，以便产生跳帧效果，值越小，跳帧效果越明显。

12. 视频

该类特效只包括时间码（Timecode）1 个特效，该特效在素材上添加与摄像机同步的时间码，实现精准对位和编辑。

13. 通道

该类特效通过对素材图像的通道进行各种运算，混合输出不同效果，包括算术（Arithmetic）、混合（Blend）、计算（Calculations）、复合运算（Compound Arithmetic）、反相（Invert）、设置遮罩（Set Matte）、固态合成（Solid Composite）7 个特效。

（1）算术：对素材图像的红、绿、蓝通道进行简单运算，显示一种特定效果，参数及含义如表 5-2-32 所示。

表 5-2-32 “算术”特效的主要参数及含义

参　数	含　义
操作（Operator）	设置混合运算的数学公式
红色值（Red Value）	控制红色通道的混合程度
绿色值（Green Value）	控制绿色通道的混合程度
蓝色值（Blue Value）	控制蓝色通道的混合程度
剪切（Clipping）	选择是否剪除多余的混合信息

（2）混合：指定一个轨道，与当前素材进行混合输出，产生特殊效果。

（3）计算：指定一个素材，与当前素材图像进行通道混合，产生特殊效果，如图 5-2-34 所示，参数及含义如表 5-2-33 所示。

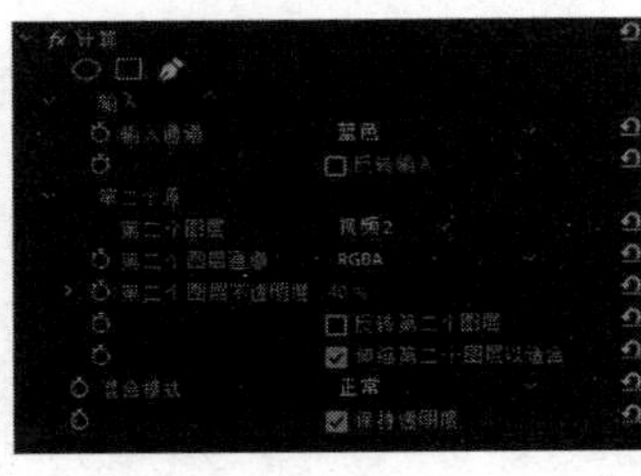

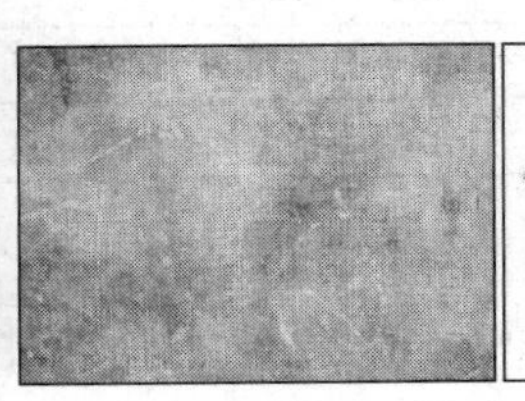

图 5-2-34 “计算”特效参数设置及效果图

表 5-2-33 “计算”特效的主要参数及含义

参　　数	含　　义
输入通道（Input Channel）	混合操作提取和使用的通道，作为输入
反转输入（Invert Input）	反转剪辑效果之前提取指定通道的信息
第二个图层（Second Layer）	视频轨道与计算融合了原始编辑
第二个图层通道（Second Layer Channel）	设置混合输入通道的通道
第二个图层不透明度（Second Layer Opacity）	设置第二个视频轨道的不透明度
反转第二个图层（Invert Second Layer ）	反转指定素材的通道
伸缩第二个图层以适合（Stretch Second Layer to Fit）	当指定素材层与原始素材层大小不一致时，选择拉伸适配方式
保持透明度（Preserve Transparency）	确保不修改原图层的 Alpha

（4）复合运算：指定一个视频轨道，与原素材图像进行通道混合，产生特殊效果。

（5）反相：反转素材图像的通道，特效参数“通道（Channel）”用来设置要反转的颜色通道。

（6）设置遮罩：指定某素材的通道作为蒙版，与原素材图像的通道进行混合，效果如图 5-2-35 所示，参数及含义如表 5-2-34 所示。

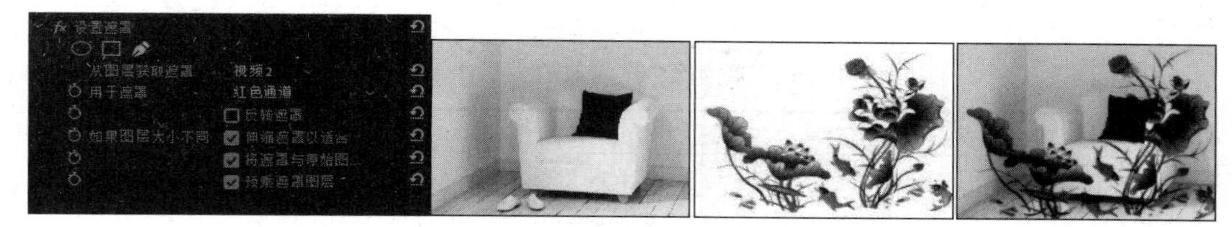

图 5-2-35 “设置遮罩”特效参数设置及效果图

表 5-2-34 “设置遮罩”特效的主要参数及含义

参　　数	含　　义
从图层获取遮罩（Take Matte from Layer）	设置蒙版的来源层
用于遮罩（Use for Matte）	设置用哪个通道作为蒙版进行混合
反转遮罩（Invert Matte）	反转设置的蒙版
伸缩遮罩以适合（Stretch Matte to Fit）	如果蒙版与原始素材层大小不同，则进行拉伸处理以适配
将遮罩与原始图像合成（Composite Matte with Original）	将指定的蒙版与原素材混合
预乘遮罩图层正片叠加（Premultiply Matte Layer）	选择遮罩图层正片叠加

（7）固态合成：提供一种更快速的方式，使原素材图像通道与指定的一种颜色值进行混合，产生特殊效果。

14. 色彩校正

该类特效调节素材图像与颜色相关的各种元素，使素材产生不同的画面效果，常用来改善画面有问题或不理想的素材图像，或者使素材图像达到一种特殊效果，以渲染气氛、表达情感。色彩校正类特效包括亮度和对比度（Brightness & Contrast）、广播级色彩（Broadcast Colors）、更改颜色（Change Color）、置换颜色（Change to Color）、通道混合器（Channel Mixer）、色彩平衡（Color Balance）、色彩平衡 HLS（Color Balance HLS）、色彩均化（Equalize）、快速色彩校正（Fast Color Corrector）、分色（Leave Color）、亮度校正（Luma Corrector）、亮度曲线（Luma Curves）、RGB 色彩校正（RGB Color Corrector）、RGB 曲线（RGB Curves）、三路色彩校正（Three-Way Color Corrector）、染色（Tint）、视频限幅器（Video Limiter）17 个特效。

（1）亮度和对比度：调节素材图像的亮度和对比度。

（2）广播级色彩：对素材图像的色彩进行调节，以便在电视播放时显示更精确的画面效果，参数及含义如表 5-2-35 所示。

表 5-2-35 “广播级色彩”特效的主要参数及含义

参　　数	含　　义
广播区域（Broadcast Locale）	选择适合的电视制式，如 PAL、NTSC
如何确保色彩安全（How to make Color Safe）	选择缩小信号振幅的方式
最大信号波幅（IRE）[Maximum Signal Amplitude (IRE)]	设置当前信号振幅的最大值

（3）更改颜色：通过调整素材图像的色相、明度和饱和度的颜色范围，调节素材图像的颜色效果。

（4）置换颜色：用指定的一种颜色替换素材图像中的一种颜色，参数及含义如表 5-2-36 所示。

表 5-2-36 “置换颜色”特效的主要参数及含义

参　　数	含　　义
从（From）	设置改变颜色的中心坐标
到（To）	设置匹配像素的颜色改变
更改（Change）	选择哪些渠道受到影响
更改依据（Change by）	设置颜色的置换方式
宽容度（Tolerance）	控制单独滑块显示的色相、明度和饱和度值
柔和度（Softness）	控制置换颜色后的柔和程度
可看校正杂边（View Correction Matter）	选择是否将置换后的颜色设置为蒙版

（5）通道混合器：修改素材图像的一个或多个颜色值，调整素材画面的整体颜色效果，参数及含义如表 5-2-37 所示。

表 5-2-37 “通道混合器”特效的主要参数及含义

参　　数	含　　义
红色-红色，绿色-绿色，蓝色-蓝色…（Red-Red, Green-Green, Blue-Blue, …）	控制素材图像的 RGB 模式，分别调整红、绿、蓝三个通道
红色-绿色，红色-蓝色，…（Red-Green, Red-Blue, …）	设置红色通道中绿色所占比例，蓝色所占比例，……
单色（Monochrome）	选中该复选框后，素材将变为灰度显示

（6）色彩平衡：调节素材图像的色彩平衡。

（7）色彩平衡 HLS：通过对素材图像的色相、亮度和饱和度的调节，改变素材画面的颜色效果。

（8）色彩均化：通过 RGB、亮度或 Photoshop 样式，对素材图像进行色彩均化处理，产生特殊效果。

（9）快速色彩校正：调整视频素材剪辑的颜色、色调和饱和度，达到需要的画面效果，参数及含义如表 5-2-38 所示。

表 5-2-38 “快速色彩校正”特效的主要参数及含义

参　数	含　义
版面（Layout）	设置剪切视图的方式
色调平衡和角度（Hue Balance and Angle）	通过色盘调整素材图像颜色的色相、平衡、数量和角度，或者通过色相角度、平衡数量级、平衡增益、平衡角度参数调整
色相角（Hue Angle）	调控色相旋转
平衡幅度（Balance Magnitude）	控制色彩平衡校正量平衡的角度
平衡增益（Balance Gain）	通过乘法运算调整素材图像亮度
自动黑电平（Auto Black Level）	提高剪辑的黑色层次，使最暗的程度高于 7.5IRE（NTSC 制式）或 0.3V（PAL 制式）
黑电平，灰度级，白电平（Black Level, Gamma, White Level）	降低剪辑的白电平色，最轻的级别不超过 100IRE（NTSC 制式）或 1.0V（PAL 制式）
输入黑电平，输入灰度，输入白电平（Input Black Level, Input Gray Level, Input White Level）	调整素材图像的黑色、中间调、白色，以及色调或阴影的输入电平
输出黑电平，输出白电平（Output Black Level, Output White Level ）	调整输入黑色和白色的亮点，以及色调或阴影映射的产出水平

（10）分色：设置一个颜色范围，对素材图像保留该颜色，将其他颜色漂白转化为灰度图效果。

（11）亮度校正：调整素材图像的高光、中间色调和阴影的亮度和对比度，达到需要的画面效果。

（12）亮度曲线：应用曲线调整素材图像的亮度和对比度，达到需要的画面效果。

（13）RGB 色彩校正：通过对素材图像的红、绿、蓝进行调整，校正素材图像的色彩，参数及含义如表 5-2-39 所示。

表 5-2-39 “RGB 色彩校正”特效的主要参数及含义

参　数	含　义
阴影阈值（Shadow Threshold）	设置阴影的色调范围
阴影柔和度（Shadow Softness）	定义与衰减阴影的色调范围
突出显示的阈值（Highlight Threshold）	设置突出的色调范围
高亮柔和度（Highlight Softness）	定义与衰减突出的色调范围
色调范围（Tonal Range）	设置调节颜色的范围
红色灰度系统，绿色灰度系统，蓝色灰度系统（Red Gamma, Green Gamma, Blue Gamma）	设置红、绿、蓝通道中的中间色调值，而不影响图像中的黑色和白色水平
红色基值，绿色基值，蓝色基值（Red Pedestal, Green Pedestal, Blue Pedestal）	通过增加一个固定偏置通道的像素，调节红色、绿色、蓝色通道中的色调
红增益，绿增益，蓝增益（Red Gain, Green Gain, Blue Gain）	调整红色、绿色、蓝色通道的亮度

（14）RGB 曲线：通过对素材图像的红、绿、蓝通道进行曲线调整，校正素材图像的色彩。

（15）染色：指定一种颜色，对素材图像进行颜色映射处理，产生特殊效果。

（16）视频限幅器：对素材图像进行色彩调节时，设置视频限制的范围，以便其能在电视中更精确地显示，参数及含义如表 5-2-40 所示。

表 5-2-40 “视频限幅器”特效的主要参数及含义

参　数	含　义
缩小轴（Reduction Axis）	设置定义范围内的亮度、色度、色彩或整体视频信号的限制程度
信号最小值（Signal Min）	指定最小的视频信号，包括亮度和饱和度
信号最大值（Signal Max）	指定最大的视频信号，包括亮度和饱和度
缩小方式（Reduction Method）	压缩特定色调范围，保存重要色调范围细节（如高光、中间色、阴影），或者压缩所有色调范围
阴影阈值、阴影柔和度、高光阈值、高光柔和度（Shadow Threshold, Shadow Softness, Highlight Threshold, Highlight Softness）	强调剪辑中确定的阴影、色调等的阈值

（17）三路色彩校正：快速色彩校正、RGB 色彩校正等多种色彩校正特效的混合。

15. 图像控制

该类特效通过对素材图像进行色彩控制和处理，产生不同的效果，包括黑与白（Black &White）、色彩平衡 RGB（Color Balance RGB）、色彩传递（Color Pass）、色彩替换（Color Place）、灰度系数校正（Gamma Corrector）5 个特效。

（1）黑与白：将彩色素材图像处理成黑白画面效果。

（2）色彩平衡 RGB：通过 RGB 值对素材图像进行颜色处理。

（3）色彩传递：指定素材的某个区域保留，其他部分转换成黑白效果。

（4）色彩替换：对素材图像的某个颜色取样，用新指定的颜色替换。

（5）灰度系数校正：对素材图像中间色的明暗度进行处理，使素材图像变暗或变亮。特效参数“灰度系数（Gamma）”用来设置素材中间色的明暗度。

16. 键控

摄像机本身不能产生 Alpha 通道，也不能进行 Alpha 通道合成。在这种情况下，需要用到抠像与合成技术，抠像的基本原理即透明，将不想保留的画面通过各种手段做透明处理，并与下方轨道画面合成。

在 Premiere 中，键控（Keying）视频特效的实质就是抠像与合成，即利用多种特效剔除视频画面中的背景，再与其他背景叠加。键控视频特效主要包括三类：差异类——Alpha 调整（Alpha Adjust）、亮度键（Luma Key）、图像遮罩键（Image Matte Key）、差值遮罩（Difference Matte）、轨道遮罩键（Track Matte Key）；颜色类——蓝屏键（Blue Screen Key）、非红色键（Non Red Key）、颜色键（Color Key）、色度键（Chroma Key）、RGB 差异键（RGB Difference Key）；无用信号类——4 点蒙版扫除（Four-Point Garbage Matte）、8 点蒙版扫除（Eight-Point Garbage Matte）、16 点蒙版扫除（Sixteen-Point Garbage Matte）、移除蒙版键（Remove Matte）、极致键（Ultra Key），共 15 个特效。

（1）Alpha 调整：按照素材的灰度级别控制抠像效果，即通过控制素材图像的 Alpha 通道调整抠像效果。

（2）亮度键：根据图像的明亮程度控制抠像效果，如图 5-2-36 所示。

（3）图像遮罩键：遮罩是只包含黑、白、灰三种色调的图像元素。它可以根据自身灰度级别隐藏目标素材图像的部分区域。该特效可以实现为指定的图像遮罩制作抠像效果。

图 5-2-36 “亮度键”特效设置不同参数时的效果图

❶导入素材“模块 5/5-2 知识魔方/素材/046.mov”，并将其添加到视频轨道。

❷打开“效果”窗口，拖曳特效“视频特效→键控→图像遮罩键”到“046.mov”素材上。

❸打开“特效控制台”面板，单击特效“图像遮罩键”的设置按钮▭，打开“选择遮罩图像”对话框，选择保存在 Windows 桌面上的图像素材“045.jpg”。

❹展开“合成使用”的参数列表，选择“遮罩 Luma”选项，效果如图 5-2-37 所示。

图 5-2-37 “图像遮罩键”效果图

> **小黑板**
>
> 在编辑“图像遮罩键”抠像效果时，必须把遮罩图像存放在 Windows 桌面上，否则效果不会显示出来。

（4）差值遮罩：比较两个画面的透明程度，并去除相似部分，只保留有差异的图像内容。

❶导入文件夹“模块 5/5-2 知识魔方/素材”下的图像素材“029.jpg”和“048.jpg”，并将其分别添加到“视频 1”和“视频 2”轨道。

❷打开“效果”窗口，拖曳特效“视频特效→键控→差值遮罩”到“048.jpg”素材上。

❸打开“特效控制台”面板，单击特效“差值遮罩”参数“差值图层”的折叠按钮▾，在列表中选择“视频 1”选项，调整其他参数。

抠像效果如图 5-2-38 所示，特效参数及含义如表 5-2-41 所示。

图 5-2-38 “差值遮罩”参数设置及效果图

表 5-2-41 “差值遮罩”特效的主要参数及含义

参　数	含　义
视图（View）	设置最终合成效果，包括最终输出、仅限源、仅限遮罩三个选项
差值图层（Difference Layer）	设置与当前素材产生差异的轨道（图层）
匹配容差（Matching Tolerance）	设置两层间的容差匹配程度

续表

参　数	含　义
匹配柔和度（Matching Softness）	设置两层间的匹配柔和程度
差值前模糊（Blur Before Difference）	设置模糊差异像素，消除合成图像中的杂点

（5）轨道遮罩键：使用任务视频片段或静止图像作为轨道蒙版，通过像素的亮度定义轨道蒙版层的透明度，可以设置上下相邻轨道上的素材作为被抠像跟踪的素材。在抠像过程中，白色区域控制为不透明效果，黑色区域控制为透明效果，灰色区域控制为半透明效果。

❶导入文件夹“模块 5/5-2 知识魔方/素材”下的图像素材“042.jpg”和“049.jpg”，并将其分别添加到“视频 1”和“视频 2”轨道。

❷打开“效果”窗口，拖曳特效“视频特效→键控→轨道遮罩键”到“042.jpg”素材上。

❸打开“特效控制台”面板，单击特效“轨道遮罩键”参数“遮罩”的折叠按钮▼，在列表中选择“视频 2”选项，调整其他参数，抠像效果如图 5-2-39 所示。参数“遮罩（Matte）”选项用来跟踪抠像的视频轨道。

图 5-2-39 “轨道遮罩键”参数设置及效果图

（6）蓝屏键：使素材图像中的蓝色区域透明。

❶导入文件夹“模块 5/5-2 知识魔方/素材”下的视频素材“046.mov”和图像序列“girl0001.tga”，并将其分别添加到“视频 1”和“视频 2”轨道。

❷打开“效果”窗口，拖曳特效“视频特效→键控→蓝屏键”到“0420001.tga”素材上。

❸打开“特效控制台”面板，设置参数“阈值”为“50%”，“屏蔽度”为“10%”，单击“平滑”参数的折叠按钮▼，在列表中选择“高”选项，效果如图 5-2-40 所示。

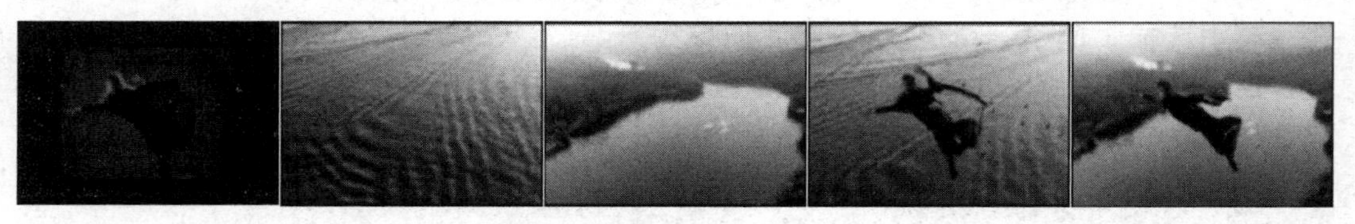

图 5-2-40 “蓝屏键”抠像效果图

（7）非红色键：使用方法与“蓝屏键”基本相同，不同的是该特效不但能抠除蓝色，还能抠除绿色。

（8）颜色键：使用“吸色管”工具指定颜色，设置参数确定区域，使这个区域透明。

（9）色度键：使画面中相近的颜色区域透明，参数“相似性（Similarity）”用来增加或减少透明的颜色范围。

（10）移除蒙版键：将应用蒙版产生的白色或黑色颜色区域移除。

（11）极致键：将素材的某种颜色及相似的颜色范围设置为透明。

5.3 视频特效综合实例

综合应用 Premiere 的视频特效，可以制作丰富多彩的视频画面和动态效果。

5.3.1 飞扬的音符——轨道遮罩键效果

5-3-1 《飞扬的音符》-轨道遮罩效果

❶新建项目“飞扬的音符”，导入文件夹“模块 5/5-3 视频特效综合实例/素材”中的“bj001.png”、“bj002.png”和“fh003.png”图片素材到“项目”窗口，分别拖曳素材到“视频 1”、“视频 2”和“视频 3”轨道，如图 5-3-1 所示，预览效果如图 5-3-2 所示。

❷执行菜单“窗口→效果”命令，打开“效果”窗口，拖曳特效“视频特效→键控→轨道遮罩键”到素材“bj001.png”。

❸打开“特效控制台”面板，在“遮罩”参数列表中选择“轨道 3”，“合成方式”选择“Alpha 遮罩”，效果如图 5-3-3 所示。

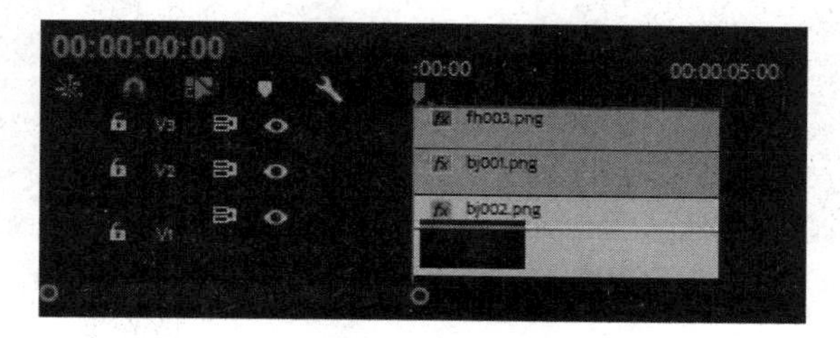

图 5-3-1　时间线

图 5-3-2　原始合成效果图

图 5-3-3　应用轨道遮罩键效果图

❹拖曳特效“视频特效→调整→光照效果”到素材“bj001.png”。打开“特效控制台”面板，展开“光照 1”参数，按如图 5-3-4 所示进行设置，效果如图 5-3-5 所示。

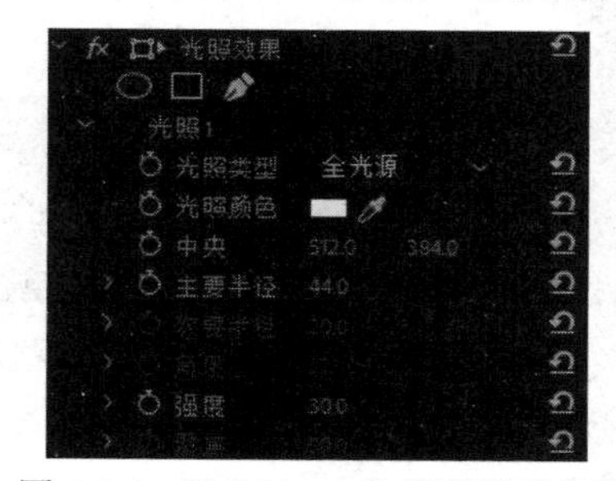

图 5-3-4　“bj001.png”光照效果参数

图 5-3-5　“bj001.png”光照效果图

❺拖曳特效“视频特效→调整→光照效果”到素材“bj002.png”。打开“特效控制台”面板，展开“光照 1”参数，按如图 5-3-6 所示进行设置，效果如图 5-3-7 所示。

特效设置完成后，效果如图 5-3-8 所示。

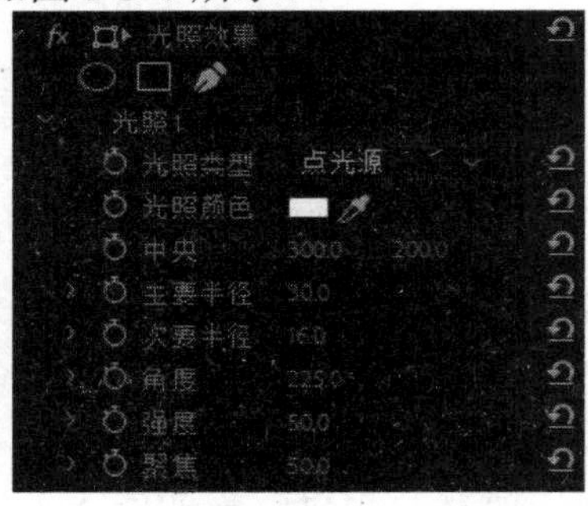

图 5-3-6 “bj002.png”光照效果参数

图 5-3-7 “bj002.png”光照效果图

图 5-3-8 “飞扬的音符”效果图

5.3.2 风驰电掣——运动模糊效果

5-3-2 《风驰电掣》-运动模糊效果

❶新建项目“风驰电掣”，导入文件夹“模块 5/5-3 视频特效综合实例/素材”中的素材“xs004.png”和“hx005.png”到“项目”窗口，分别拖曳素材到“视频 1”和“视频 2”轨道，预览效果如图 5-3-9 所示。

❷打开“特效控制台”面板，调整“运动”特效参数“缩放比例”为“150%”，位置为（280，390），预览效果如图 5-3-10 所示。

❸复制素材“hx005.png”，将其粘贴到“视频 3”轨道，并与原素材两端对齐，重命名为“hx005-2”，单击“视频 3”轨道的按钮，隐藏轨道素材。时间线如图 5-3-11 所示。

图 5-3-9 原始图像效果图

图 5-3-10 调整“hx005.png”效果图

图 5-3-11 时间线

❹打开“效果”窗口，拖曳视频特效“视频特效→模糊与锐化→方向模糊”到素材“hx005.png”。打开“特效控制台”面板，调整“方向模糊”特效参数“方向”为“66°”，

“模糊长度”为“30”，预览效果如图 5-3-12 所示。

❺单击“视频 3”轨道的■按钮，恢复显示轨道素材。单击素材“hx005-2”，打开“特效控制台”面板，调整“运动”特效参数“缩放比例”为“140%”，“位置”为（250，400）。

将底部较大尺寸图像的方向模糊长度与原始图像进行错位合成，产生运动模糊和拖尾效果，如图 5-3-13 所示。

图 5-3-12 “方向模糊”效果图

图 5-3-13 “运动模糊”效果图

5.3.3 发光的 Logo——应用特效插件

5-3-3 《发光的 Logo》-应用特效插件

❶新建项目“发光的 Logo”，将文件夹“模块 5/5-3 视频特效综合实例/素材”中的图片素材“logo.png”和“logo-2.png”导入“项目”窗口，并拖曳素材到“视频 2”轨道上，两个素材左右间隔 1 秒排列。

❷执行“新建分项→黑场”命令，打开“新建黑场视频”对话框，选择“像素长宽比”为“D1/DV PAL”，如图 5-3-14 所示。在“项目”窗口中，重命名黑场视频为“背景”。两次拖曳素材“背景”到“视频 1”轨道，分别与“logo.png”和“logo-2.png”素材两端对齐，将右侧的“背景”素材重命名为“背景-2”，时间线如图 5-3-15 所示。

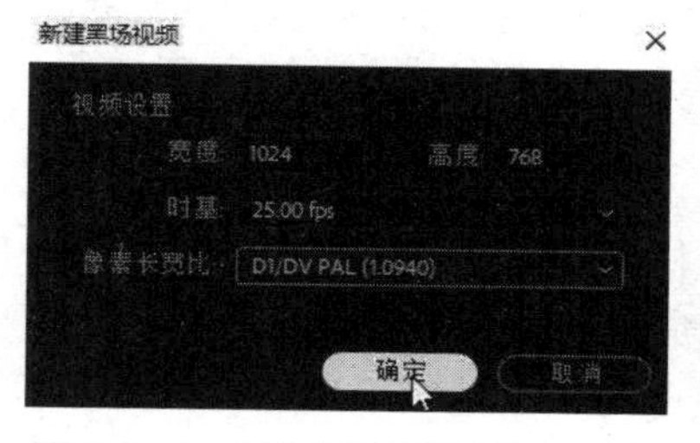

图 5-3-14 “新建黑场视频”对话框

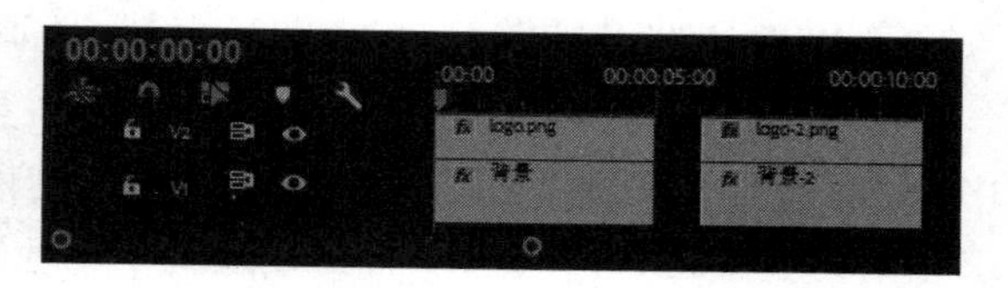

图 5-3-15 时间线

❸执行菜单“窗口→效果”命令，打开“效果”窗口。拖曳特效“视频特效→生成→渐变”到素材“背景”。打开“特效控制台”面板，设置“渐变起点”为（512，288），“渐变终点”为（512，770），“起始颜色”为蓝色（2，90，200），“结束颜色”为黑色（0，0，0），效果如图 5-3-16 所示。

❹ 依照步骤❸的方法，为素材“背景-2”添加特效“视频特效→生成→渐变”，设置“渐变起点”为（512，340），“渐变终点”为（512，750），“起始颜色”为红色（253，6，42），“结束颜色”为黑色（0，0，0），效果如图 5-3-17 所示。

❺在“效果”窗口中，拖曳特效“视频特效→透视→斜面 Alpha”到素材“logo.png”。打开“特效控制台”面板，设置“边缘厚度”为“6”，“照明角度”为“325°”，“颜色”

为白色（255，255，255），效果如图 5-3-18 所示。

图 5-3-16　素材“背景”效果图

图 5-3-17　素材“背景-2”效果图

图 5-3-18　“斜面 Alpha”效果图

❻在“效果”窗口中，拖曳特效“视频特效→Trapcode→星光（Stargolw）”到素材“logo.png”。打开“特效控制台”面板，设置“波纹长度（Streak Length）”为“50”，“提升亮度（Boost Light）”为“10”；选择“预设”为“3 色渐变（3-Color Gradient）”，其中，“高亮”为白色（255，255，255），“中间调”为浅绿色（166，255，0），“阴影色”为绿色（0，255，0）；选择“混合模式（Transfer mode）”为“叠加（Add）”，效果如图 5-3-19 所示。

❼在“效果”窗口中，拖曳特效“视频特效→透视→斜面 Alpha”到素材“logo-2.png”。打开“特效控制台”面板，设置“边缘厚度”为“4”，“照明角度”为“170°”，“颜色”为白色（255，255，255），效果如图 5-3-20 所示。

❽在“效果”窗口中，拖曳特效“视频特效→Trapcode→辉光（Shine）”到素材“logo-2.png”。打开“特效控制台”面板，设置“光源中心（Source Point）”为（352，400），“辉光长度（Ray Length）”为“9”，“提升亮度（Boost Light）”为“4”；选择“预设”为“3 色渐变（3-Color Gradient）”，其中，“高亮”为白色（255，255，255），“中间调”为深红色（106，10，1），“阴影色”为黑红色（20，5，0）；选择“混合模式（Transfer mode）”为“叠加（Add）”，效果如图 5-3-21 所示。

图 5-3-19　“星光”效果图

图 5-3-20　“斜面 Alpha”效果图

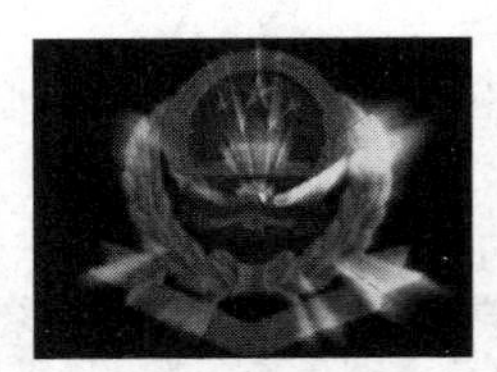

图 5-3-21　“辉光”效果图

❾定位时间指示器到 00:00:00:00 位置，单击素材“logo.png”，在“特效控制台”面板中，单击特效“星光”参数“提升亮度”的关键帧记录器，设置“提升亮度”为“3”；定位时间指示器到 00:00:00:15 位置，设置“提升亮度”为“12”。

❿用鼠标框选并复制以上两个关键帧，将时间指示器定位到 00:00:01:05 位置，粘贴关键帧。用鼠标框选并复制以上四个关键帧，将时间指示器定位到 00:00:02:10 位置，粘贴关键帧。这样就完成了星光闪烁的动画效果，如图 5-3-22 所示。

图 5-3-22　“星光闪烁”效果图

⓫将时间指示器定位到 00:00:06:00 位置，单击素材“logo-2.png”，在“特效控制台”

面板中，单击特效参数“光源中心”的关键帧记录器，设置“光源中心”为（352，400）；将时间指示器定位到 00:00:10:20 位置，设置“光源中心”为（970，400）。这样就完成了辉光流动的效果，如图 5-3-23 所示。

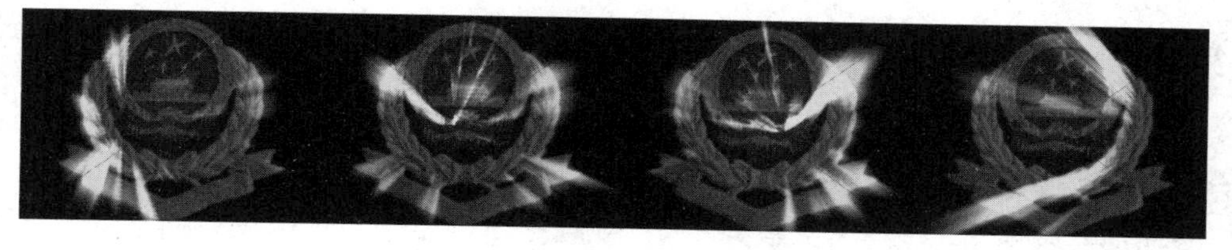

图 5-3-23 “辉光流动”效果图

小黑板

在 Premiere 中，不但可以应用系统自带的视频特效，还可以兼容 After Effects 的特效插件。该实例应用 After Effects 的特效插件 Trapcode 完成了辉光效果和星光效果，请读者与 12.4 情境设计 2《闪耀的 Logo》进行比较学习。

5.4 情境设计 《掌上春晚》

1. 情境创设

本项目是制作一个宣传短片《掌上春晚》，以风趣幽默的风格展现赵本山团队的春晚小品片段。现有的素材是一段比较完整的电视节目视频和多张视频截图，包含 7 个场景，没有明显的片头、片尾，开篇直接以第一个小品片段入题，从第二个场景开始，节奏逐渐加快并推向高潮，加强整体感。本例最明显的特点是画面以“屏中屏”方式呈现，通过载入不同角度、大小和界面风格的掌上播放器，产生“掌上春晚”的感觉，效果如图 5-4-1 所示。

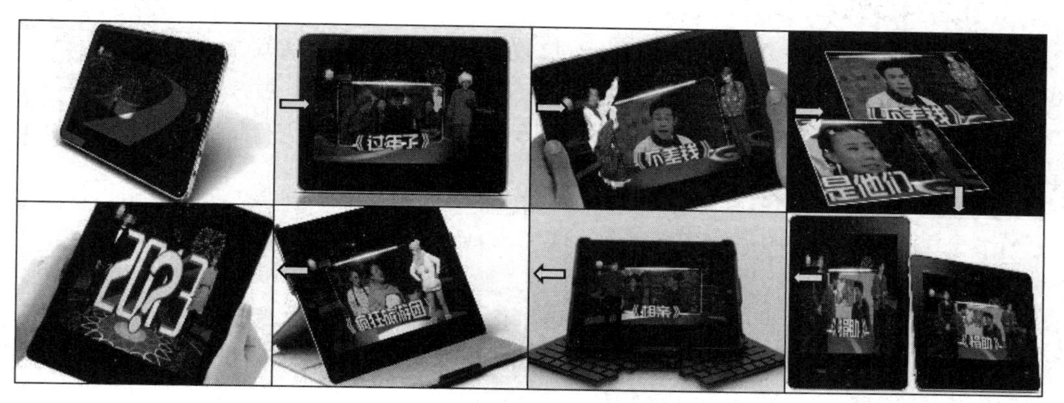

图 5-4-1 《掌上春晚》效果图

2. 技术分析

（1）剪辑视频，按场景对视频素材进行分段。

（2）添加视频特效，以适应掌上播放设备的画面要求。

（3）向图片添加视频特效，配合照相机拍照音效，增强动感。

（4）片尾处应用静态图片，并与背景音乐的尾音配合，产生定格效果。

3. 项目制作

STEP01 新建项目

运行 Premiere Pro CC 2018，创建名为“掌上春晚”的项目，将序列命名为“春晚小品”。

STEP02 导入文件夹

打开文件夹“模块 5/5-4 情境设计-掌上春晚/素材”，将“图片”、“视频”和“音频”3 个子文件夹导入“项目”窗口。

❶添加一条视频轨道，将“视频 1”、“视频 2”、“视频 3”和“视频 4”轨道分别重命名为“播放器”、“视频”、“照片 1”和“照片 2”。

❷将“音频 1”和“音频 2”轨道分别重命名为“音乐”和“音效”。

STEP03 剪辑素材

❶将时间指示器定位到 00:00:00:00 位置，拖曳“视频”文件夹中的素材“视频—春晚.mov”到“视频”轨道，并与时间指示器左对齐。

❷将时间指示器分别定位到 00:00:05:05、00:00:08:23、00:00:14:17、00:00:22:11、00:00:26:11 和 00:00:30:09 位置，并分别在各位置上添加标记。

❸选择“剃刀”工具，在各标记位置单击素材“视频—春晚.mov”，将素材分割为 7 个片段。

❹将 7 个素材片段分别重命名为“01”～“07”，如图 5-4-2 所示。

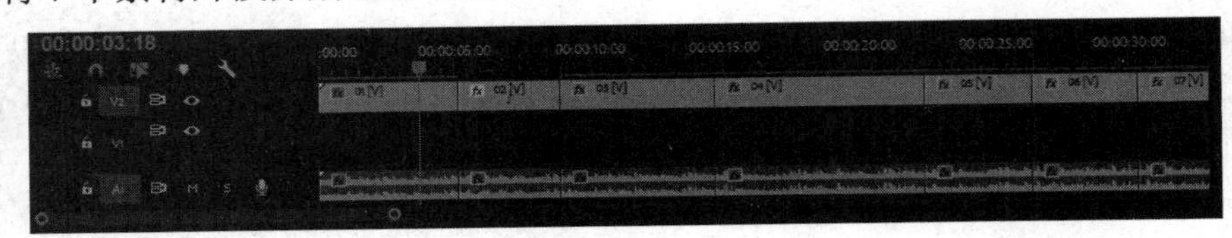

图 5-4-2 切割素材

STEP04 编辑场景《出名》

5-4-1 《掌上春晚》-编辑场景《出名》

❶将时间指示器定位到 00:00:00:00 位置，添加素材“播放器 01.psd”到“播放器”轨道上，并与时间指示器左对齐，调整素材“持续时间”为 00:00:05:05（5 秒 5 帧），与素材“01”两端对齐。设置素材“播放器 01.psd”的“缩放比例”为“78%”。

❷打开“效果”窗口，拖曳视频特效“扭曲→边角定位”到片段“01”，设置“边角定位”特效参数如图 5-4-3 所示。

❸将时间指示器定位到 00:00:05:10 位置，拖曳素材“图片 1.psd”到“照片 1”轨道，并与时间指示器左对齐，调整素材“持续时间”为 00:00:00:20（20 帧）。

❹打开“效果”窗口，拖曳视频特效“扭曲→边角定位”到素材“图片 1.psd”，设置“边角定位”特效参数如图 5-4-4 所示。

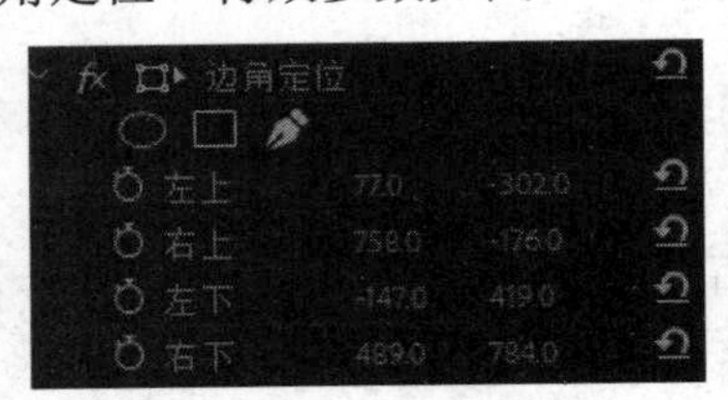

图 5-4-3 片段“01”特效参数

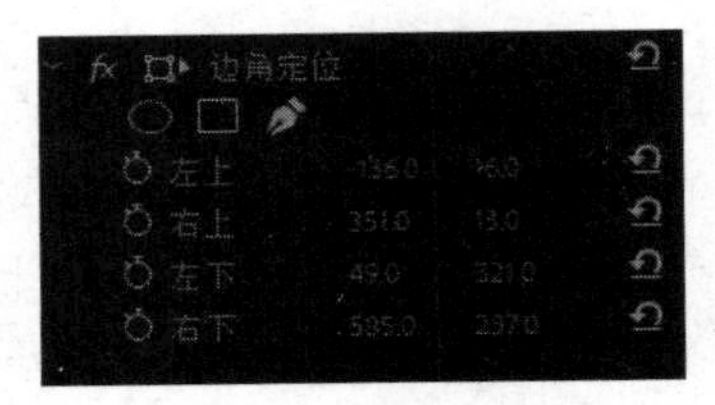

图 5-4-4 素材“图片 1.psd”特效参数

❺将时间指示器定位到 00:00:05:05 位置，框选时间指示器右侧的全部素材，右击，弹出快捷菜单，执行“编组”命令，将所有素材编组。

❻将时间指示器定位到 00:00:06:09 位置，单击选中刚刚完成的编组，按住鼠标左键并向右拖曳，使其与时间指示器左对齐。

❼将时间指示器定位到 00:00:04:19 位置，拖曳素材“音效.wav”到“音效”轨道，并与时间指示器左对齐。“场景 1”时间线如图 5-4-5 所示，预览效果如图 5-4-6 所示。

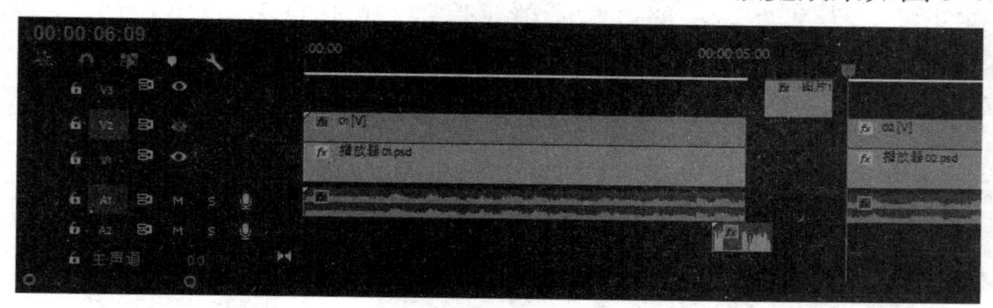

图 5-4-5 “场景 1”时间线

图 5-4-6 “场景 1”预览效果图

小黑板

使用鼠标调整“边角定位”参数：

- 调整 *X* 坐标：按住鼠标左键并向右拖曳，*X* 坐标正增长，边角向右移动；反之，*X* 坐标负增长，边角左移。
- 调整 *Y* 坐标：按住鼠标左键并向下拖曳，*Y* 坐标正增长，边角向下移动；反之，*Y* 坐标负增长，边角上移。

STEP05 编辑场景《过年了》

5-4-2 《掌上春晚》-编辑场景《过年了》

❶右击编组，弹出快捷菜单，执行“解组”命令，解散编组。

❷将时间指示器定位到 00:00:06:09 位置，添加素材“播放器 02.psd”到“播放器”轨道，并与时间指示器左对齐；调整素材“持续时间”为 00:00:03:19（3 秒 19 帧），并与素材“02”两端对齐；设置“缩放比例”为“110%”。单击素材“02”，设置“缩放高度”为“70%”，“缩放宽度”为“75%”。

❸将时间指示器定位到 00:00:10:07 位置，添加素材“图片 2.psd”到“照片 1”轨道，并与时间指示器左对齐，调整素材“持续时间”为 00:00:01:10（1 秒 10 帧）。为素材“图片 2.psd”添加视频特效“扭曲→边角定位”，设置参数如图 5-4-7 所示。

❹将时间指示器定位到 00:00:10:22 位置，拖曳素材“图片 6.psd”到“照片 2”轨道，并与时间指示器左对齐，设置素材“持续时间”为 00:00:00:20（20 帧）。为素材“图片 6.psd”添加视频特效“扭曲→边角定位”，设置参数如图 5-4-8 所示。

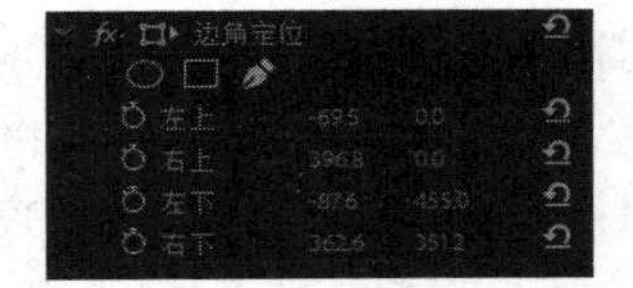

图 5-4-7 “图片 2.psd”特效参数　　图 5-4-8 “图片 6.psd”特效参数

❺将时间指示器定位到 00:00:10:03 位置，框选时间指示器右侧全部素材，执行“编组”命令，将所选素材编组。将时间指示器定位到 00:00:11:22 位置，选中刚刚完成的编组，按住鼠标左键并向右拖曳，使其与时间指示器左对齐。

❻分别将时间指示器定位到 00:00:09:18 和 00:00:10:13 位置，并在这两个位置添加素材“音效.wav”到“音效”轨道。时间线如图 5-4-9 所示，预览效果如图 5-4-10 所示。

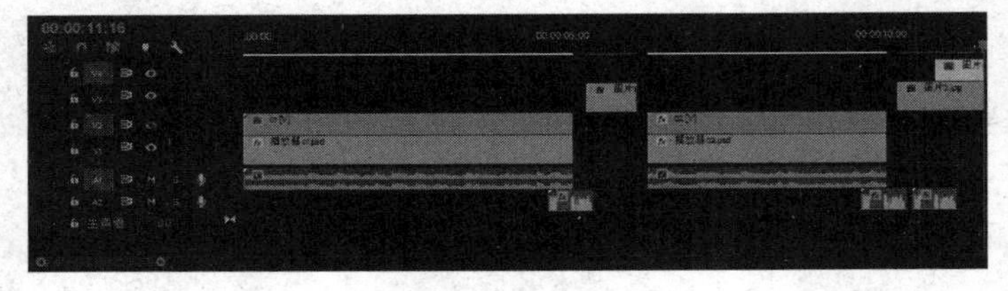

图 5-4-9 “场景 1”和“场景 2”时间线

图 5-4-10 “场景 2”预览效果图

STEP06 编辑场景《不差钱》

5-4-3 《掌上春晚》-编辑场景《不差钱》

❶右击编组，弹出快捷菜单，执行“解组”命令，解散编组。

❷将时间指示器定位到 00:00:11:22 位置，按照 STEP05 ❶的方法，添加素材“播放器 03.psd”到“播放器”轨道，并与时间指示器左对齐。调整素材“持续时间”为 00:00:05:18（5 秒 18 帧），与素材“03”两端对齐，设置“缩放比例”为“170%”。

❸添加视频特效“扭曲→边角定位”到片段“03”，并设置参数如图 5-4-11 所示。

❹将时间指示器定位到 00:00:17:19 位置，添加素材“图片 3.psd”到轨道“照片 1”，并与时间指示器左对齐，设置素材“持续时间”为 00:00:01:10（1 秒 10 帧）。为“图片 3.psd”添加视频特效“扭曲→边角定位”，设置参数如图 5-4-12 所示。

❺将时间指示器定位到 00:00:18:09 位置，添加素材“图片 7.psd”到“照片 2”轨道，并与时间指示器左对齐，设置素材“持续时间”为 00:00:00:20（20 帧）。为“图片 7.psd”添加视频特效“扭曲→边角定位”，设置参数如图 5-4-13 所示。

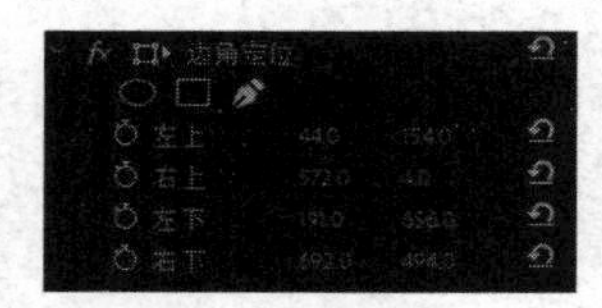

图 5-4-11 片段“03”特效参数

图 5-4-12 素材“图片 3.psd”特效参数

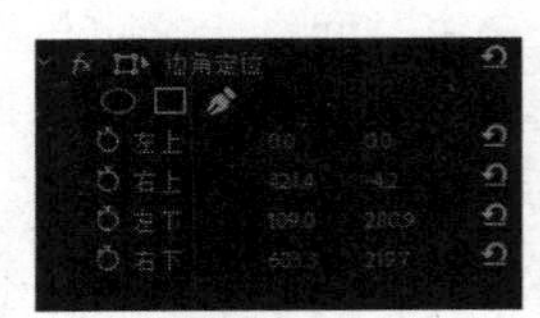

图 5-4-13 素材“图片 7.psd”特效参数

❻将时间指示器定位到00:00:17:15位置，框选时间指示器右侧的全部素材，执行“编组”命令，对所选素材编组。将时间指示器定位到00:00:19:09位置，选中刚完成的编组，按住鼠标左键并向右拖曳，直至与时间指示器左对齐。

❼分别将时间指示器定位到00:00:17:09和00:00:18:04位置，并在这两个位置添加素材“音效.wav”到“音效”轨道。

至此，“场景3”编辑完成，时间线如图5-4-14所示，预览效果如图5-4-15所示。

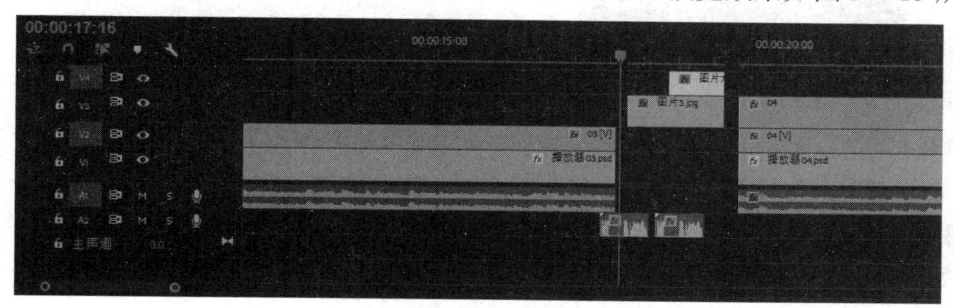

图5-4-14 “场景3”时间线

图5-4-15 “场景3”预览效果图

STEP07 编辑场景《就差钱》

5-4-4 《掌上春晚》-编辑场景《就差钱》

❶右击编组，弹出快捷菜单，执行“解组”命令，解散编组。

❷将时间指示器定位到00:00:19:09位置，添加素材“播放器04.psd”到“播放器”轨道，并与时间指示器左对齐，调整素材“持续时间”为00:00:07:19（7秒19帧），与素材“04”两端对齐，设置“缩放高度”为“42%”，“缩放宽度”为“36%”。

❸为“视频”轨道上的素材“04”添加视频特效“扭曲→边角定位”，并设置参数如图5-4-16所示。

❹按住<Alt>键，拖曳素材“04”向“照片1”轨道平移，复制素材“04”，使其与原素材“04”两端对齐，设置“边角定位”的参数如图5-4-17所示。

图5-4-16 素材“04”特效参数（1）

图5-4-17 素材“04”特效参数（2）

❺将时间指示器定位到00:00:27:06位置，添加素材“图片4.psd”到“照片1”轨道，设置素材“持续时间”为00:00:01:10（1秒10帧）。为素材“图片4.psd”添加视频特效“扭曲→边角定位”，设置参数如图5-4-18所示。

❻将时间指示器定位到 00:00:27:21 位置，添加素材“图片 5.psd”到“照片 2”轨道，并与时间指示器左对齐，设置素材“持续时间”为 00:00:00:20（20 帧）。为素材“图片 5.psd”添加视频特效“扭曲→边角定位”，设置参数如图 5-4-19 所示。

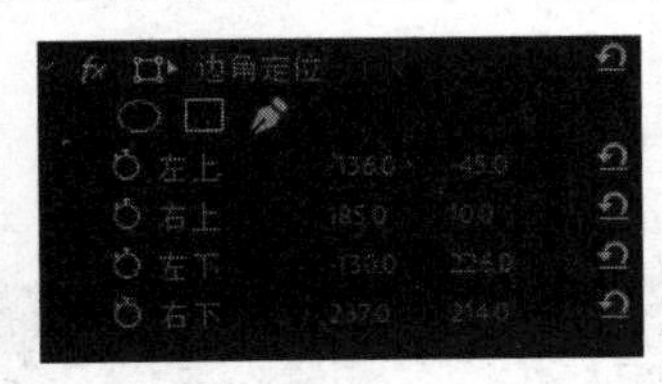

图 5-4-18 素材“图片 4.psd”特效参数

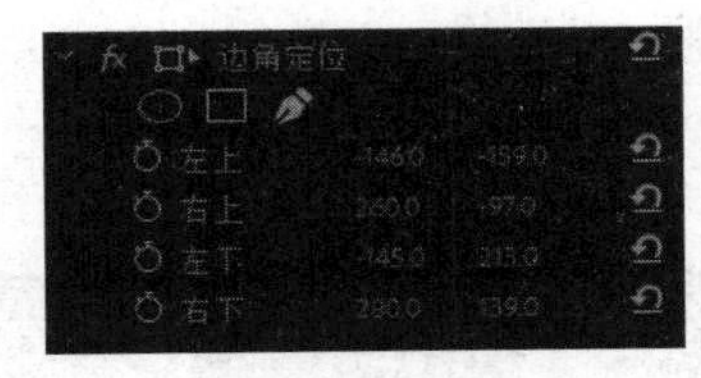

图 5-4-19 素材“图片 5.psd”特效参数

❼将时间指示器分别定位到 00:00:26:18 和 00:00:27:15 位置，并在这两个位置添加素材“音效.wav”到“音效”轨道。

❽将时间指示器定位到 00:00:27:03 位置，框选时间指示器右侧的全部素材，执行“编组”命令，对所选素材编组。将时间指示器定位到 00:00:28:24 位置，选中刚完成的编组，按住鼠标左键并向右拖曳，使其与时间指示器左对齐。

至此，“场景 4”编辑完成，时间线如图 5-4-20 所示，预览效果如图 5-4-21 所示。

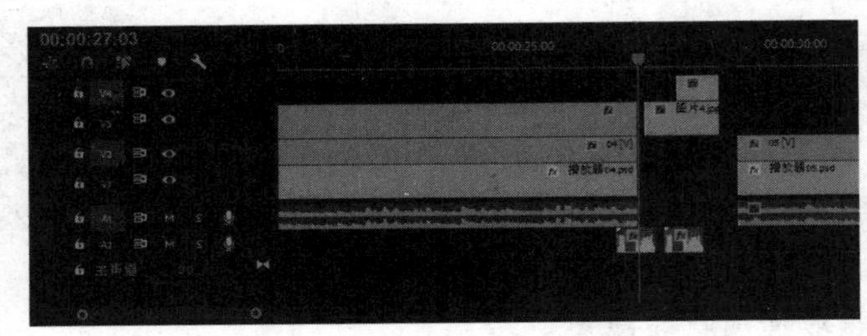

图 5-4-20 “场景 4”时间线

图 5-4-21 “场景 4”预览效果图

STEP08 编辑其他场景

5-4-5 《掌上春晚》-编辑其他场景

❶右击编组，弹出快捷菜单，执行“解组”命令，解散编组。

❷将时间指示器定位到 00:00:28:24 位置，添加素材“播放器 05.psd”到“播放器”轨道，并与时间指示器左对齐，设置素材“持续时间”为 00:00:04:00（4 秒），与素材“05”两端对齐，设置“缩放比例”为“250%”。

❸为“视频”轨道上的素材片段“05”添加视频特效“扭曲→边角定位”，设置参数如图 5-4-22 所示。将时间指示器定位到 00:00:32:24 位置，添加素材“播放器 06.psd”到“播放器”轨道，并与时间指示器左对齐，设置素材“持续时间”为 00:00:03:23（3 秒 23 帧），与素材“06”两端对齐，设置“缩放比例”为“53%”。

❹为“视频”轨道上的素材片段“06” 添加视频特效“扭曲→边角定位”，设置参数如图 5-4-23 所示。将时间指示器定位到 00:00:36:22 位置，添加素材“播放器 07.psd”

到“播放器”轨道，并与时间指示器左对齐，设置素材“持续时间”为 00:00:02:16（2秒 16 帧），与素材“07”两端对齐，设置“缩放比例”为“233%”。

❺为“视频”轨道上的素材片段“07” 添加视频特效“扭曲→边角定位”，设置参数如图 5-4-24 所示。

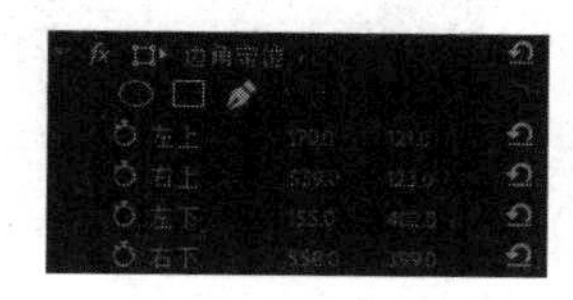

图 5-4-22　片段“05”特效参数

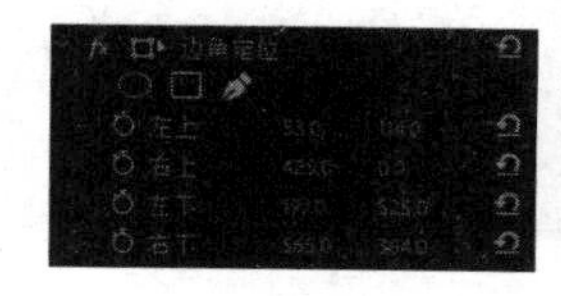

图 5-4-23　片段“06”特效参数

图 5-4-24　片段“07”特效参数

STEP09　编辑片尾

5-4-6 《掌上春晚》-编辑片尾

❶添加素材“图片 8.jpg”到“播放器”轨道素材“07”的右侧，使其与素材“07”左右相邻。设置素材“持续时间”为 00:00:00:20（20 帧），设置“缩放比例”为“210%”。

❷右击素材“图片 8.jpg”，执行“帧定格”命令，在“帧定格选项”对话框中选择“定格位置-入点”选项。

❸添加转场特效“叠化→交叉叠化”到素材“图片 8.jpg”的出点处。

❹添加素材“音乐 2.mp3”到“音乐”轨道素材“07”的右侧，使其与素材“07”左右相邻。

至此，“掌上春晚”编辑完成，时间线如图 5-4-25 所示，效果如图 5-4-1 所示。

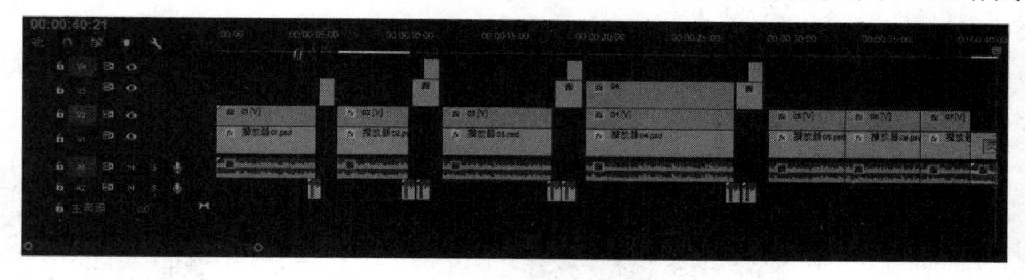

图 5-4-25　“掌上春晚”时间线

STEP10　导出视频

保存项目“掌上春晚.prproj”，导出视频“掌上春晚.flv”。

4. 项目评价

从情境设计角度：项目选题与表现风格的协调统一是该项目的一个特色。素材是幽默风趣、段落清晰的集锦式视频，以现代感十足、活泼多变的掌上播放器画面呈现，产生强烈的视觉冲击，可以拓展学生在选题和表现风格上的能力。

从技术应用角度：将视频素材按场景剪辑、分段，突出影片的时间跨度，体现“集锦式”节目的特点；对视频特效的应用非常简单，但项目的整体感很完整；对多段视频添加“边角定位”特效，将画面严谨地调整到掌上播放器的屏幕中，达到“以假乱真”的视觉效果；以“图片+特效+音效”的技术实现场景切换，图片与视频的画面风格统一。

5.5　微课堂　画面构图

影视制作尤其强调画面的美感，画面构图是一个重要因素。常见构图方式有以下几种。

（1）变化式构图：将景物放在画面某一边或某一角，留有余地，给人以想象和思考，如图 5-5-1 所示。

（2）平衡式构图：画面结构完美无缺，对应且平衡，给人以满足感，如图 5-5-2 所示。

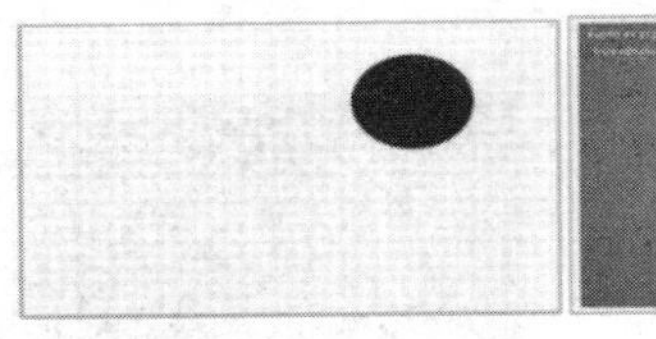

图 5-5-1　变化式构图

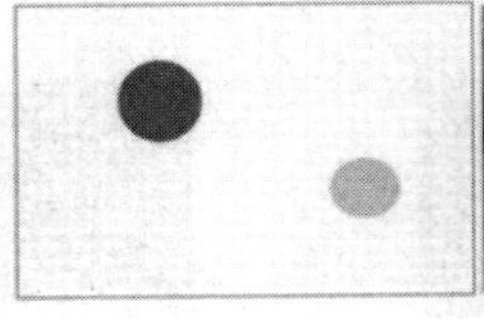

图 5-5-2　平衡式构图

（3）对角线构图：把主体安排在对角线上，有效利用对角线长度，如图 5-5-3 所示。

（4）水平线构图：景物主体与地平线平行，具有平静、安宁、舒适、稳定等特点，常表现平静的水面、平川、原野、草原等景物，如图 5-5-4 所示。

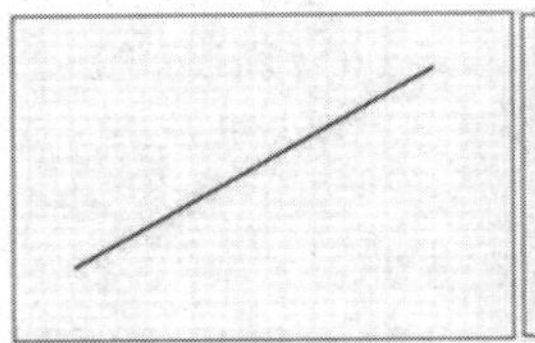
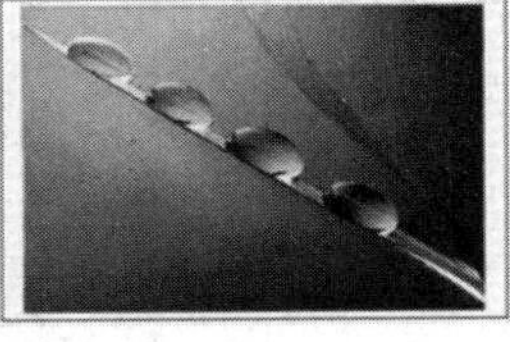

图 5-5-3　对角线构图

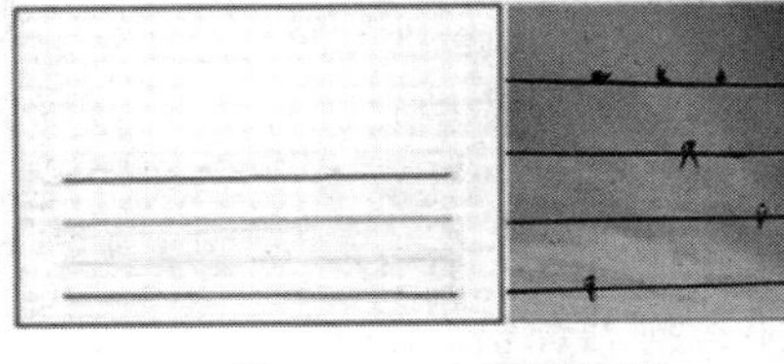

图 5-5-4　水平线构图

（5）斜线式构图：分为立式斜垂线和平式斜横线，表现运动、倾斜、失衡、动荡等，如图 5-5-5 所示。

（6）垂直式构图：充分显示景物的高大和深度，常用于表现森林、瀑布、大楼等，如图 5-5-6 所示。

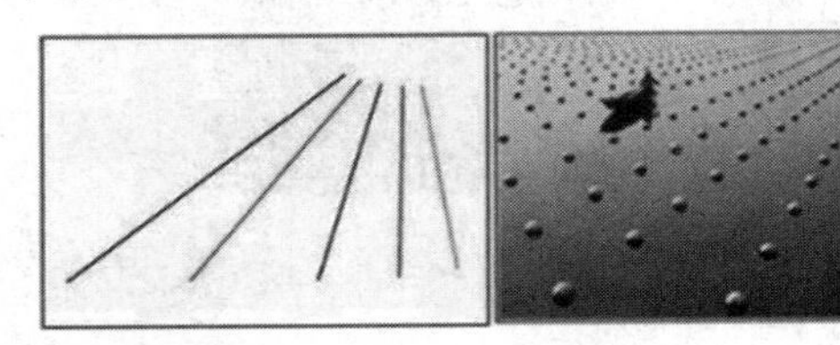

图 5-5-5　斜线式构图

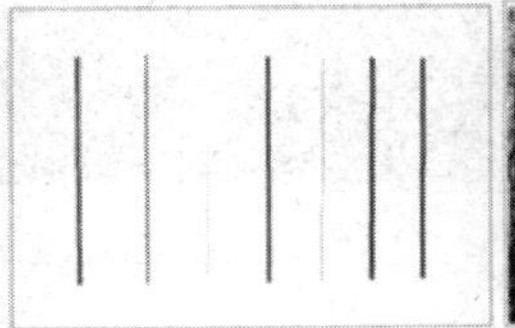

图 5-5-6　垂直式构图

（7）X 形、十字形构图：线条、景物、影调按 X 形、十字形布局。前者透视感强，常用于建筑、公路等；后者能省出较多空间，容纳更多的背景和陪体，如图 5-5-7 所示。

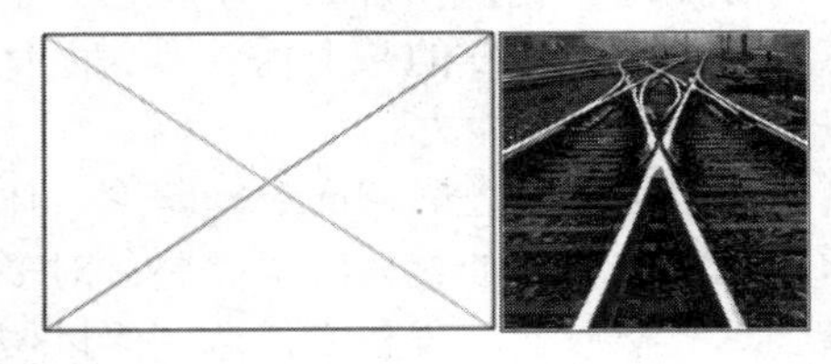
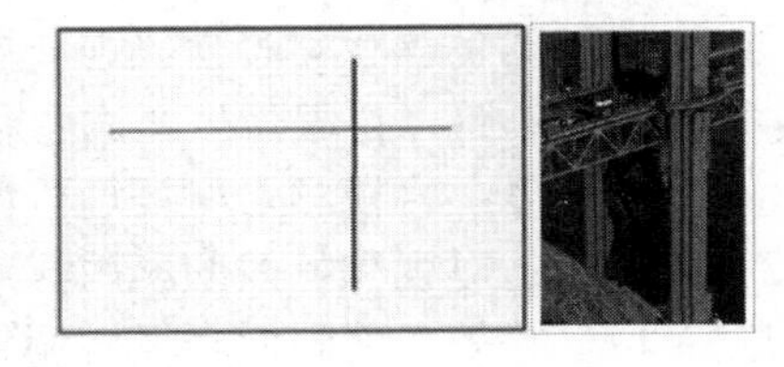

图 5-5-7　X 形、十字形构图

（8）三角形构图：以三个视觉中心为景物的主要位置，常以三点一面的几何形状安排景物，形成一个稳定的三角形，具有安定、均衡、灵活的特点，如图 5-5-8 所示。

（9）向心形、放射形构图：景物主体位于画面中心位置，四周景物呈朝中心集中或放射的形式，如图 5-5-9 所示。

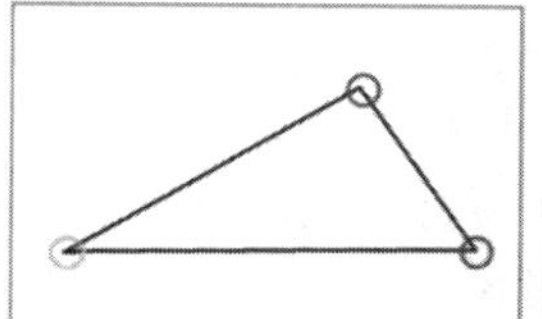  

图 5-5-8　三角形构图

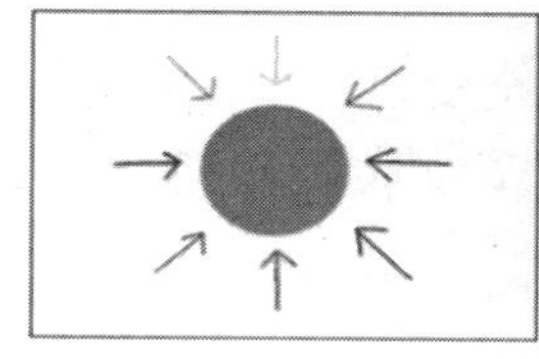 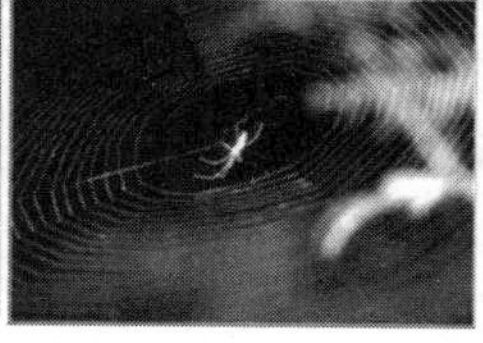 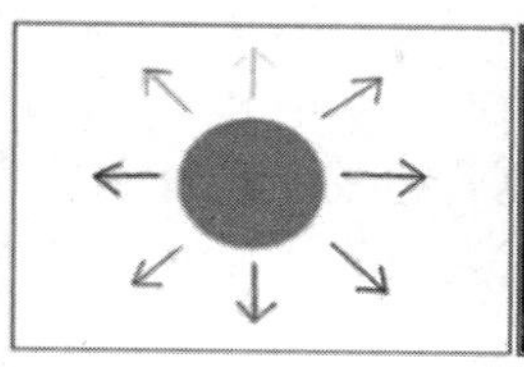 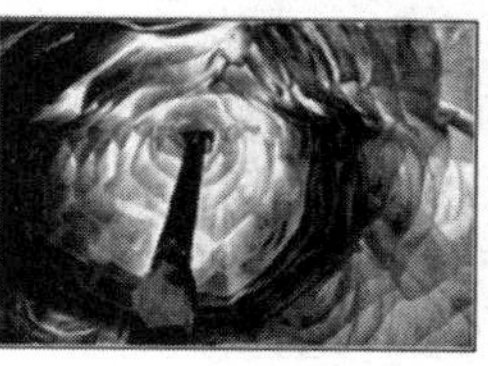

图 5-5-9　向心形、放射形构图

（10）S 形构图：景物呈 S 形曲线构图，具有延长、变化的特点，有韵律感，使人产生优美、雅致、协调的感觉，常用于河流、溪水、曲径、小路等，如图 5-5-10 所示。

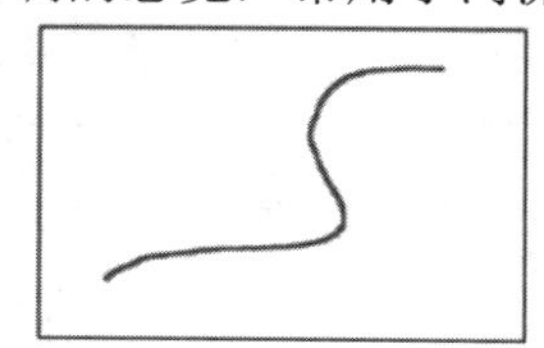  

图 5-5-10　S 形构图

5.6　实训与赏析

1. 实训 1　制作《怀旧老电影》效果

创作思路：搜集一段合适的视频，综合应用调色类视频特效，制作“老电影”效果。

创作要求：①素材的选择要符合项目的风格要求，不要选择太先进、活泼或科技类的作品；②颜色效果要突出老电影的特色；③适当调整视频的播放速度，以适应老电影舒缓的特点和风络。

2. 实训 2　制作《放大镜》效果

创作思路：利用“模块 5/5-6 实训与赏析/素材/宝宝打喷嚏.mov”剪辑一段 30 秒以内的视频片段，应用扭曲类视频特效，使用多个放大镜，对宝宝打喷嚏的动作进行放大。

创作要求：①放大镜的形状设置与被放大的物体或景物相符；②巧妙利用剪辑技巧，将放大的时机把握好；③作品欢快、风趣、幽默、搞笑。

3. 实训 3　制作《纹理人像》效果

创作思路：利用“模块 5/5-6 实训与赏析/素材”文件夹提供的一组纹理特点鲜明的图片，综合应用调色类特效，制作由这些图片纹理生成的“纹理人像”效果。

创作要求：①特效应用要恰当，颜色表现要到位；②关键帧的设置要准确。

4. 赏析　电影《红高粱》的象征手法

《红高粱》是一部出色的电影，画面漂亮、色彩鲜艳。当您坐下来静心观赏该影片时，总会被银幕上抽象画般飞溅的红色和数字的回响吸引。

（1）色彩的象征。

在中国，红色是幸运的颜色。而在《红高粱》中，红色不是如大家想象中那样被呈现出来。从“我奶奶”身上穿的喜服到天上的太阳，从被打破的酒缸里流出的红高粱酒到血管里流出的鲜红的血液，各种形式的红色充溢着银幕。另外，红色经常被用来代表生命力：血液是红色的，酒的成色、太阳的光线及喜服下包裹的女人的身体也是红色的。整个电影的第一部分就是对生命的礼赞，洋溢着生命本质的精神和激情。而电影的第二部分则被日本的侵略和由此带来的暴力占据，在电影结尾的一场日全食中，画面被整个投射成红色。这样，红色就构成了前后两个部分的对比，繁盛的生命场面与一片空白，这种对比带给观众一种巨大的落差。

（2）数字的象征。

另一个普遍适用的象征手法是数字“九”。因为读音相同，“九”被象征性地与“久”联系在一起。女主角的名字是“九儿”，出嫁那年“十九”岁，到青纱口有“99”里路，高粱酒在“九月初九”出窖，这一天也是九儿的生日，九儿给新出的酒起的名字是“十八里红”（九加九或一加八是九），“酒”也和“九”读音相同。最主要的是，从故事开始到日本入侵正好是“九”年，其中想必包含着“九”这个数字传统意义之外的东西。从表面上，可以简单地将“九”解读成一种充满爱国热忱的描绘：即使在苦难中，中国文明也将生生不息……

请打开“模块 5/5-6 实训与赏析/赏析/红高粱.mp4”赏析，并体会以上分析。

能力模块 6 字幕制作

字幕是影视节目的重要组成部分，可以创造出感染力更强的时空意境，淘汰无关枝节，补救拍摄中的失误，说明背景资料，丰富影片内涵，体现作品艺术与技术的聚合力。

关键词

字幕 字幕属性

任务与目标

1．制作短片《动感文字》，了解字幕制作的一般流程。

2．学习并验证“知识魔方”，能结合视频特效制作不同效果的静态字幕和动态字幕。

3．设计情境，为宣传短片《多彩十艺》制作字幕，提高利用字幕增强效果的能力。

6.1 边做边学 《动感文字》

片头文字的制作与表现，对于烘托片头画面与表达中心思想至关重要，可以结合运动特效在屏幕中闪烁发光、跳跃翻转，产生较强的视觉冲击力，使节目在极短的时间内给观众留下深刻印象。本例利用“字幕”窗口制作字幕、绘制彩条形状，结合运动特效，配以节奏感强的背景音乐，制作动感十足的片头文字动画，效果如图 6-1-1 所示。

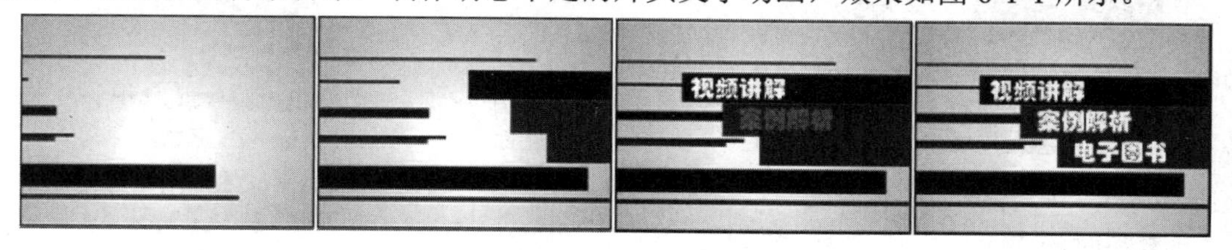

图 6-1-1 《动感文字》效果

6.1.1 制作背景

6-1-1 《动感文字》-制作背景

❶运行 Premiere Pro CC 2018，创建项目“动感文字”，选择“DV-PAL Standard 48kHz”编辑模式。

❷导入“模块 6/6-1 边做边学-动感文字/素材”文件夹下的“动感音乐.mp3”素材。

❸执行菜单“文件→新建→黑场”命令，创建“黑场视频”素材，将其重命名为“背景”。

❹将时间指示器定位到 00:00:00:00 位置，拖曳“背景”素材至“视频 1”轨道上，并与时间指示器左对齐，设置素材“持续时间”为 00:00:12:00（12 秒）。

❺打开“效果”窗口，拖曳特效“视频特效→生成→渐变”到“视频 1”轨道的“背

景”素材上。打开“特效控制台”面板，设置“渐变”特效参数如图 6-1-2 所示，“起始颜色”为白色（255，255，255），“结束颜色”为浅灰色（185，185，185）。

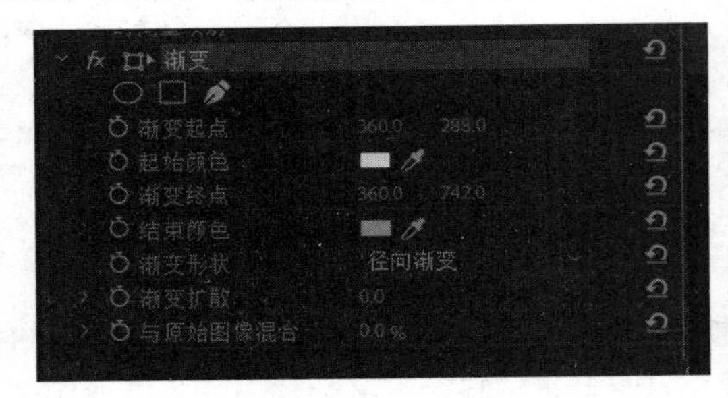

图 6-1-2 “渐变”特效参数

6.1.2 制作移动彩条

6-1-2《动感文字》-制作移动彩条

❶执行菜单“字幕→新建字幕→默认静态字幕”命令，打开“新建字幕”对话框，在“名称”编辑栏输入“形状 1”，如图 6-1-3 所示。单击确定按钮，打开“字幕”窗口。

❷选择工具，在“字幕工作区”绘制矩形，在“字幕属性”面板中设置“填充”颜色为紫色（128，32，125），如图 6-1-4 所示。

❸按照上述方法制作其余的矩形，有两个矩形的“填充”颜色设置为深紫色（32，0，31），效果如图 6-1-5 所示。单击“字幕”窗口右上角的按钮，关闭“字幕”窗口。

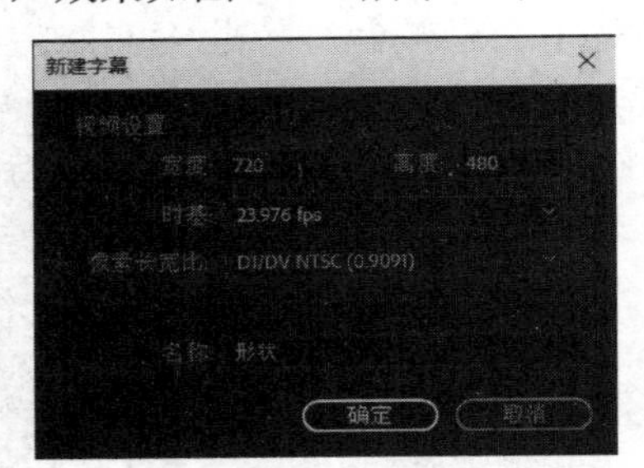

图 6-1-3 新建字幕“形状 1”

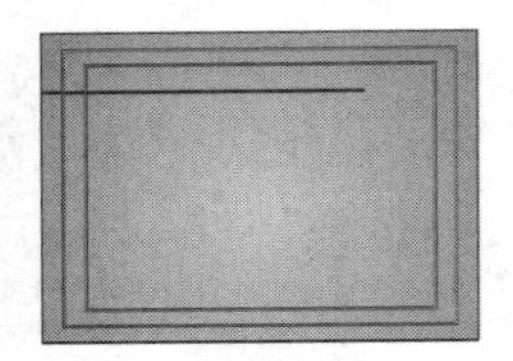

图 6-1-4 绘制矩形

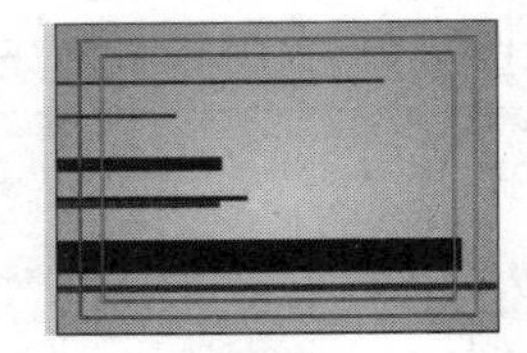

图 6-1-5 “形状 1”效果图

❹将时间指示器定位到 00:00:00:00 位置，拖曳字幕素材“形状 1”至“视频 2”轨道上，并与时间指示器左对齐，设置素材“持续时间”为 00:00:12:00（12 秒）。

❺打开“特效控制台”面板，单击“位置”参数的关键帧记录器，在 00:00:00:00 位置，设置“位置”为（−368，288）；在 00:00:01:00 位置，设置“位置”为（360，288），效果如图 6-1-6 所示。

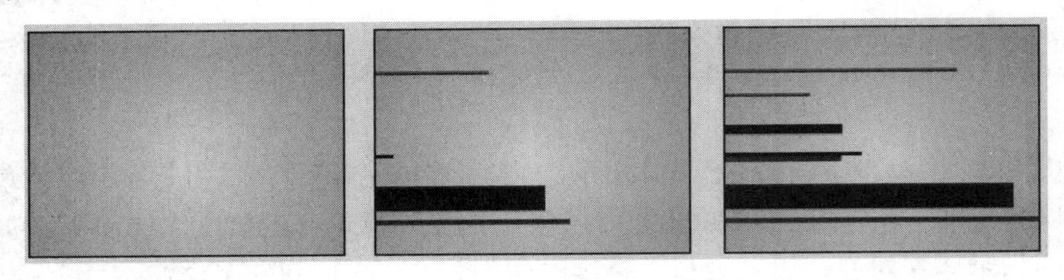

图 6-1-6 “形状 1”的运动效果图

❻新建字幕“形状 2”，在“字幕”窗口中绘制三个矩形，分别设置“填充”颜色为深紫色（32，0，31）、紫色（128，32，125）、灰色（60，60，60），如图 6-1-7 所示。

❼拖曳“形状 2”到“视频 3”轨道上，设置素材“持续时间”为 00:00:12:00（12 秒）。

❽将时间指示器定位到 00:00:01:15 位置，在“特效控制台”面板中，单击“位置”参数的关键帧记录器，设置“位置”为（1086，288）；在 00:00:02:15 位置，设置“位置”为（360，288），效果如图 6-1-8 所示。

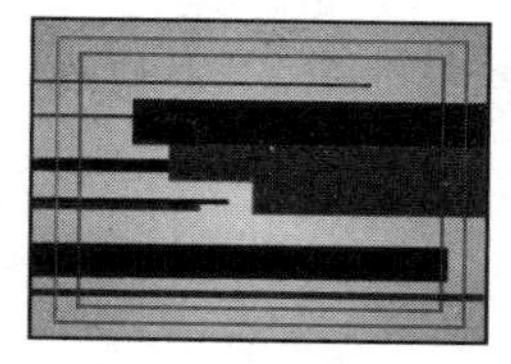

图 6-1-7 绘制“形状 2”

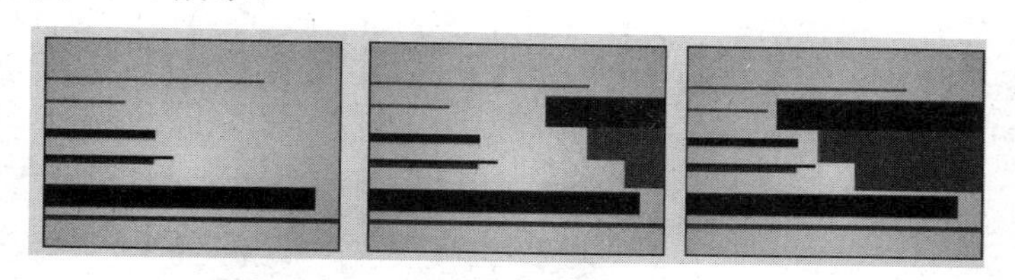

图 6-1-8 “形状 2”的运动效果图

6.1.3 制作透明文字动画

6-1-3《动感文字》-制作透明文字动画

❶新建字幕“字幕 01”。在“字幕”窗口中选择T工具，在“字幕工作区”输入文字“视频讲解”。设置“属性”参数“字体”为“STHupo”，“字体风格”为“Regular”，“字体大小”为“45%”，“填充颜色”为白色（255，255，255）。

❷将时间指示器定位到 00:00:00:00 位置，拖曳“字幕 01”至“视频 4”轨道上，与时间指示器左对齐，设置素材“持续时间”为 00:00:12:00（12 秒）。

❸依照步骤❶和❷的方法，制作“字幕 02”和“字幕 03”，并将其拖曳至“视频 5”和“视频 6”轨道上，如图 6-1-9 所示。

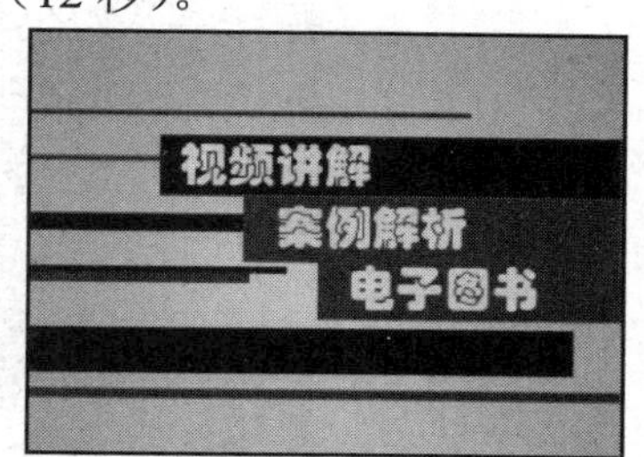

图 6-1-9 字幕效果图

❹将时间指示器定位到 00:00:02:15 位置。选择“视频 4”轨道上的“字幕 01”，打开“特效控制台”面板，设置“透明度”为“0%”。单击“透明度”属性的关键帧记录器，将时间指示器定位到 00:00:03:05 位置，设置“透明度”为“100%”。

❺将时间指示器定位到 00:00:03:10 位置，选择“视频 5”轨道上的“字幕 02”，单击“透明度”特效的关键帧记录器，设置“透明度”为“0%”。将时间指示器定位到 00:00:04:00 位置，设置“透明度”为“100%”。

❻将时间指示器定位到 00:00:04:05 位置，先单击“视频 6”轨道上的“字幕 03”，再单击“透明度”特效的关键帧记录器，设置“透明度”为“0%”。将时间指示器定位到 00:00:04:20 位置，设置“透明度”为“100%”。

6.1.4 添加背景音乐

❶将时间指示器定位到 00:00:00:00 位置，拖曳素材“动感音乐.mp3”至“音频 1”轨道上，并与时间指示器左对齐。

❷在“节目监视器”窗口中预览序列，保存项目“动感文字.prproj”，导出视频“动感文字.flv”。

6.2 知识魔方　使用 Premiere 制作字幕

在 Premiere Pro CC 2018 中，通过“字幕”窗口可以创建多种文字效果或绘制图形。通过以下三种方法启动“字幕”窗口。

（1）执行菜单“文件→新建→字幕”命令，打开“新建字幕”对话框，在“名称”编辑栏输入字幕名称，如图 6-2-1 所示。单击确定按钮，打开“字幕”窗口，如图 6-2-2 所示。

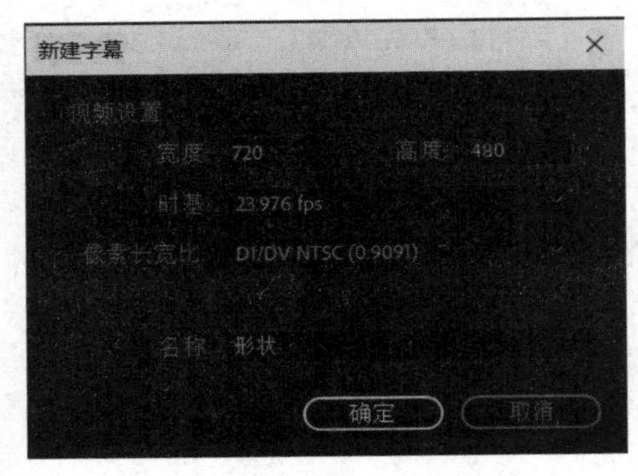

图 6-2-1 “新建字幕”对话框

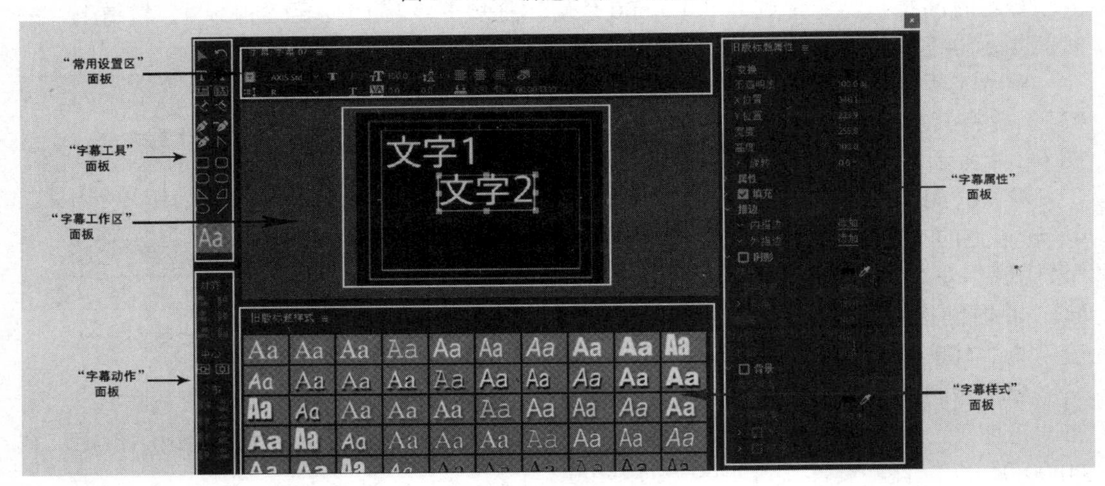

图 6-2-2 “字幕”窗口

（2）在“项目”窗口的空白位置右击，弹出快捷菜单，执行“新建分项→字幕”命令；或者单击“项目”窗口中的按钮，弹出快捷菜单，执行“字幕”命令。

（3）按组合键<Ctrl+T>，打开“新建字幕”对话框。

6.2.1 认识“字幕”窗口

“字幕”窗口主要包括“常用设置区”、“字幕工具”、“字幕动作”、“字幕属性”、“字幕工作区”和“字幕样式”六个功能面板。

1. 字幕工具

“字幕工具”面板位于“字幕”窗口的左上方，包括选择、旋转、文字和绘制图形等基本工具，如图 6-2-3 所示。

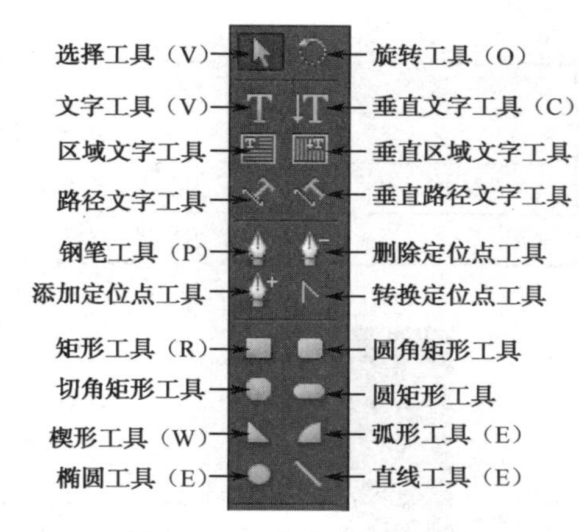

图 6-2-3 “字幕工具”面板

- 垂直文字工具：沿垂直方向输入横排文字，也可以对输入的文字进行修改。
- 区域文字工具：输入多行横排文本。
- 垂直区域文字工具：输入多行竖排文本。
- 路径文字工具：输入平行于路径分布的文字。
- 添加定位点工具：添加绘制路径上的节点。
- 转换定位点工具：调整路径的节点。在曲线点上单击，将其转换为角点；在角点上单击并拖曳，将其转换为曲线点。

2. 字幕工作区

“字幕工作区”面板是制作字幕和绘制图形的操作区域，位于“字幕”窗口的中心，如图 6-2-4 所示。

图 6-2-4 “字幕工作区”面板

工作区内有两个实线方框，外部的实线方框是活动安全框，内部的实线方框是字幕安全框。如果文字或图形放置在活动安全框以外，则在 NTSC 制式的电视中将不能显示。

显示活动安全框（或字幕安全框）的方法有以下两种。

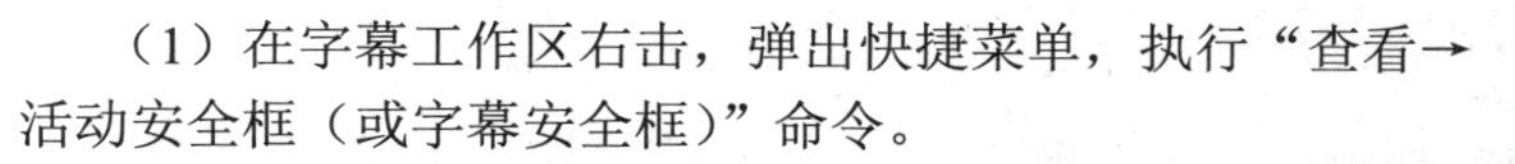

（1）在字幕工作区右击，弹出快捷菜单，执行“查看→活动安全框（或字幕安全框）”命令。

（2）执行菜单“字幕→查看→活动安全框（或字幕安全框）”命令。

3. 常用设置区

“常用设置区”面板包括制作字幕的常用工具。

（1）：基于当前字幕新建字幕。

（2）：滚动/游动选项，用于设置字幕的类型、滚动/游动方向和时间帧。单击按钮，弹出“滚动/游动选项”对话框，如图 6-2-5 所示，各选项的含义如表 6-2-1 所示。

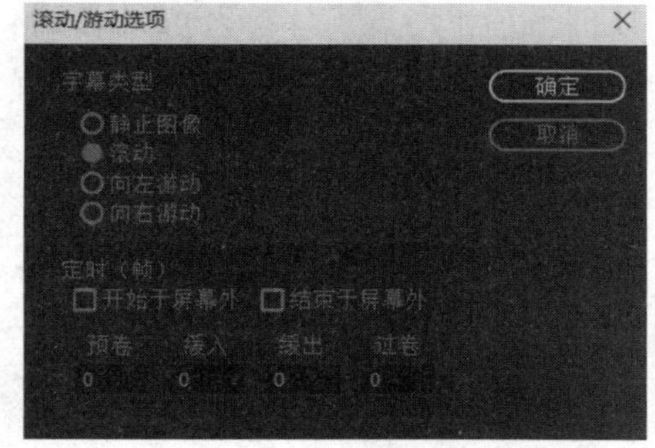

图 6-2-5 “滚动/游动选项”对话框

表 6-2-1 “滚动/游动选项”对话框各选项的含义

选 项	含 义
静止图像	静态字幕效果
滚动	字幕沿垂直方向滚动
向左（右）游动	字幕沿水平方向向左（或右）滚动
开始（结束）于屏幕外	字幕从屏幕外开始滚入（字幕滚动到屏幕外结束）

续表

选　项	含　义
预卷	为字幕设置滚动的初始帧
缓入（缓出）	为字幕设置从滚动开始缓入（结束缓出）的帧数
过卷	为字幕设置滚动的结束帧

（3）：字幕模板，单击按钮，打开“模板”对话框，包含 Premiere Pro CC 2018 自带的字幕模板。这些模板具有字幕特效主题，有的带有背景图片。

（4）：显示背景视频，单击该按钮，显示当前时间位置下视频轨道上的素材画面和时间码。

4. 字幕动作

“字幕动作”面板中的各个按钮主要用于快速地排列或分布字幕文字，包括对齐按钮、中心按钮和分布按钮，如图 6-2-6 所示。

图 6-2-6 “字幕动作”面板

5. 字幕样式

“字幕样式”面板用于为文字添加不同的文字效果，选中文本，单击“字幕样式”面板中的某种样式即可应用该样式。

单击“字幕样式”面板右上角的折叠按钮，弹出下拉列表，可以看到三种字幕样式视图：图 6-2-7 所示为“大缩略图”视图，图 6-2-8 所示为“小缩略图”或“仅文字”视图。

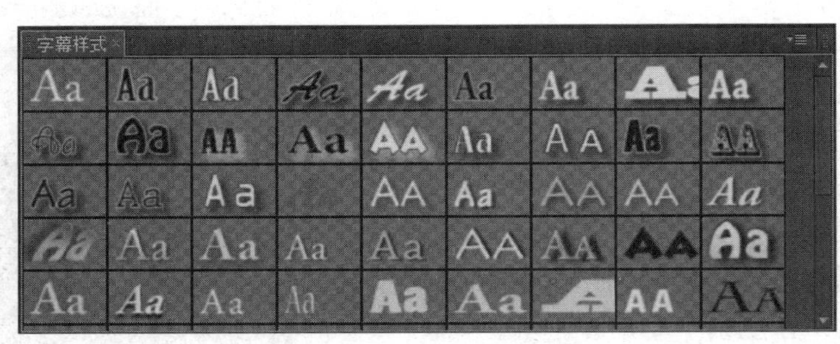

图 6-2-7 “大缩略图”视图

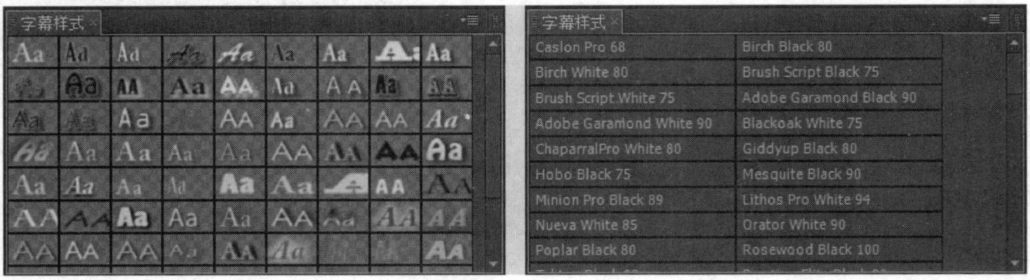

图 6-2-8 “小缩略图”或“仅文字”视图

6. **字幕属性**

位于“字幕”窗口右侧的“字幕属性”面板用于更改字幕文字的属性，主要包括“变换”、“属性”、“填充”、“描边”、“阴影”和“背景”六个选项，如图 6-2-9 所示。

（1）变换：主要用于设置文字的透明度、位置、大小等。

（2）属性：设置文字的字体、行/字距、倾斜及扭曲度等属性。

（3）填充：设置对象的填充效果。

（4）描边：设置对象的效果。

（5）阴影：设置对象的阴影效果。

（6）背景：设置字幕的背景（字幕背景默认为透明）。

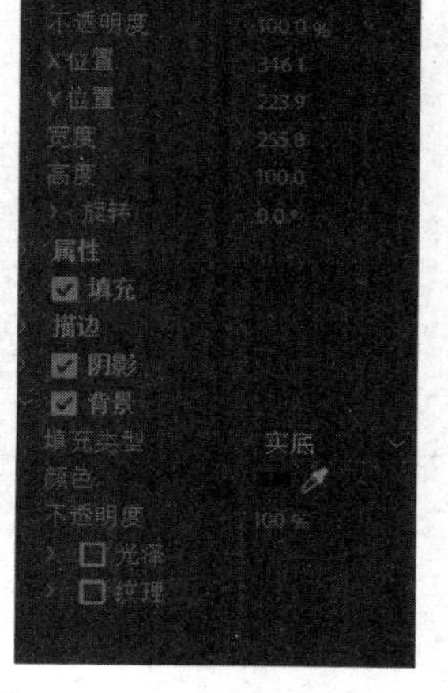

图 6-2-9 “字幕属性”面板

6.2.2 制作 Logo 字幕

❶创建名为“插入标记（Logo）”的项目，导入素材“模块 6/6-2 知识魔方/素材/学校背景图片.jpg”，拖曳“学校背景图片.jpg”到“视频 1”轨道，右击素材，弹出快捷菜单，执行“缩放为当前画面大小”命令。

❷在“项目”窗口的空白位置右击，弹出快捷菜单，执行“新建分项→字幕”命令，打开“新建字幕”对话框，输入字幕名称“带 Logo 的字幕”。

❸在“字幕工作区”右击，弹出快捷菜单，执行“标记→插入标记”命令，打开“导入图像为标记”对话框，选择“Logo.png”文件，单击打开(O)按钮，图像转换为标记，如图 6-2-10 所示。

❹选择T工具，输入文字“山东电子职业技术学院”，并应用合适的字幕样式。将鼠标光标插入首文字左侧，右击，弹出快捷菜单，执行“标记→插入标记到文字…”命令，标记图像会自动插入当前位置，如图 6-2-11 所示。

❺ 拖曳“带 Logo 的字幕”到“视频 2”轨道，效果如图 6-2-12 所示。

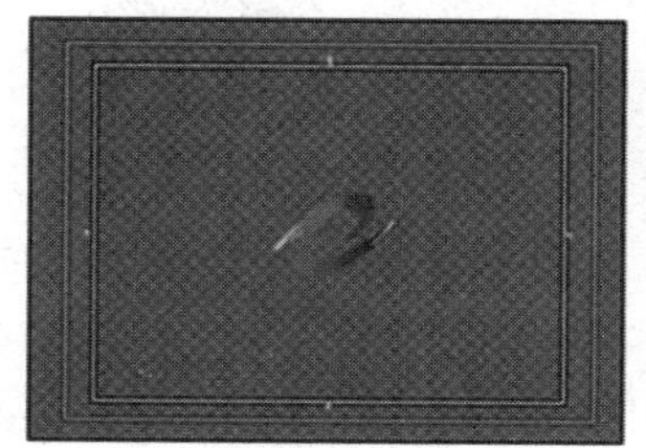

图 6-2-10 插入标记

图 6-2-11 插入标记到文本

图 6-2-12 “Logo 字幕”效果图

6.2.3 利用模板创建字幕

❶执行菜单“字幕→新建字幕→基于模板新建字幕”命令，弹出“新建字幕”对话框，在左侧列表中选择“常规→小女孩→小女孩（列表）”模板，如图 6-2-13 所示。

❷单击确定按钮，在“字幕”窗口显示模板的应用效果，如图 6-2-14 所示。

❸单击左上角的图片占位框，在“字幕属性”面板中，单击“属性”参数“标记位图”右侧的图标，打开“选择材质图像”对话框，选择“模块 6/6-2 知识魔方/素材/小女

孩儿.jpg”，将位图替换为小女孩的照片，如图 6-2-15 所示。

❹选择合适的字幕样式，效果如图 6-2-16 所示。

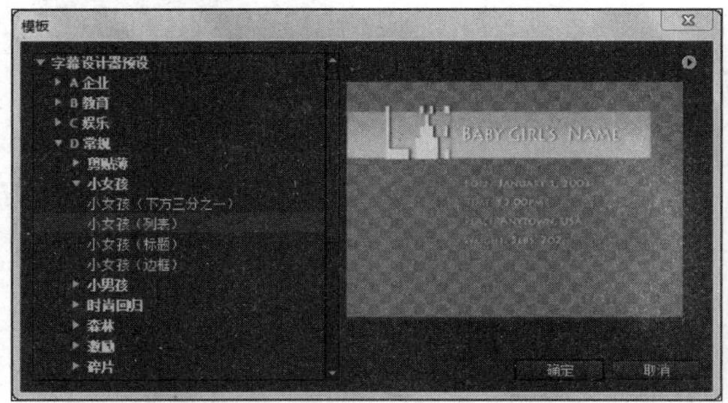

图 6-2-13　字幕模板

图 6-2-14　应用字幕模板

图 6-2-15　标记位图

图 6-2-16　应用模板创建字幕

6.3　经典字幕实例

以下实例效果见“模块 6/6-3 经典字幕实例/源文件”文件夹。

6-3-1　制作图案文字

6.3.1　图案文字

图 6-3-1　“图案文字”最终效果图

使用文字、渐变和轨道遮罩键效果制作图案文字效果，如图 6-3-1 所示。

❶运行 Premiere Pro CC 2018，创建项目“图案文字”，导入素材“模块 6/6-3 经典字幕实例/素材/龙猫.jpg”。

❷创建名为“背景”的黑场视频素材，拖曳“背景”素材到“视频 1”轨道上。

❸打开“效果”窗口，拖曳特效“视频特效→生成→渐变”到素材“背景”，在“特效控制台”面板中，设置“开始颜色”为橙色（240，130，47），“结束颜色”为黄色（255，184，51），效果如图 6-3-2 所示。

❹拖曳素材“龙猫.jpg”到“视频 2”轨道上，并执行“缩放为当前画面大小”命令，调整画面尺寸与舞台一致。

❺按组合键<Ctrl+T>，创建字幕“字幕 01”，在字幕工作区输入文字“MY neighbor TOTORO”，设置“字体”为“Impact”，“字体大小”为“134%”，如图 6-3-3 所示。

❻拖曳素材“字幕 01”至“视频 3”轨道。

图 6-3-2　渐变效果图

图 6-3-3　字幕文字效果图

❼打开“效果”窗口，拖曳特效“视频特效→键控→轨道遮罩键”到“视频 2”轨道的“龙猫.jpg”素材上，设置“轨道遮罩键”选项“蒙版”为“视频 3”，最终效果如图 6-3-1 所示。

6.3.2　飞来文字

6-3-2 制作飞来文字

利用关键帧技术制作字幕文字从远处飞来的效果，如图 6-3-4 所示。

图 6-3-4　“飞来文字”最终效果图

❶运行 Premiere Pro CC 2018，创建项目“飞来文字”，导入素材“模块 6/6-3 经典字幕实例/素材/飞来文字背景图片.jpg”。

❷拖曳素材“飞来文字背景图片.jpg”到“视频 1”轨道上。

❸按组合键<Ctrl+T>，创建字幕“字幕 01”，输入文字“向快乐出发”。在“字幕样式”面板中，应用“Lithos Stokes 52”样式，设置“字体”为“HYXuefeng”，“字体大小”为“64”，“旋转”为“20°”，“X 位置”和“Y 位置”为（420，128）。效果如图 6-3-5 所示。

❹单击“基于当前字幕新建”按钮，新建“字幕 02”，设置“旋转”为“335°”，“X 位置”和“Y 位置”为（412，326），如图 6-3-6 所示。

❺单击“基于当前字幕新建”按钮，新建“字幕 03”，设置“旋转”为“98°”，“X 位置”和“Y 位置”为（141，232），如图 6-3-7 所示。

图 6-3-5　“字幕 01”效果图

图 6-3-6　“字幕 02”效果图

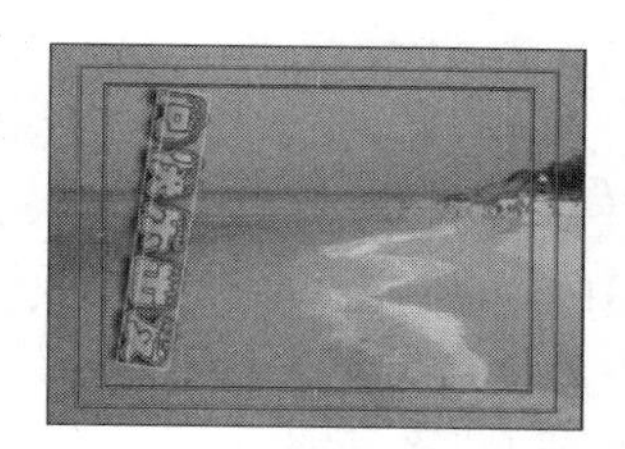

图 6-3-7　“字幕 03”效果图

❻关闭“字幕”窗口，分别将“字幕 01”、“字幕 02”和“字幕 03”添加到“视频 2”、“视频 3”和“视频 4”轨道中，并将其两端对齐。

❼分别为“字幕 01”、“字幕 02”和“字幕 03”素材添加特效“视频切换→三维运动→旋转离开”，最终效果如图 6-3-4 所示。

6.3.3 动态旋转文字

6-3-3 制作动态旋转文字

应用基本 3D 特效，制作立体旋转的 Logo，即角标动画效果，如图 6-3-8 所示。

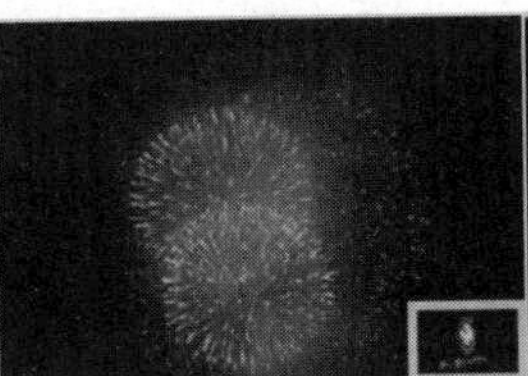

图 6-3-8 “动态旋转文字”最终效果图

❶运行 Premiere Pro CC 2018，创建项目“动态旋转文字”，导入“模块 6/6-3 经典字幕实例/素材/人民艺术文化生活.mpg”素材文件。

❷添加“人民艺术文化生活.mpg”素材到“视频 1”轨道中。

❸按组合键<Ctrl+T>，创建字幕“字幕 01”，在字幕工作区输入文字“第十届中国艺术节”。设置“字体”为“Lishu”，“字体大小”为“50”，“填充类型”为“线性渐变”，“颜色”为黄色（255，240，0）到橘黄色（255，144，0）渐变，如图 6-3-9 所示。

❹将鼠标光标定位到文本行首，按<Enter>键换行，再次调整鼠标光标到空行位置。执行菜单“标记→插入标记到文本…”命令，导入素材“模块 6/6-3 经典字幕实例/素材/十艺节标志.png”为标记。选择标记图片，单击“居中对齐”按钮，设置“字体大小”为“145”，如图 6-3-10 所示。

图 6-3-9 输入文字

图 6-3-10 制作标记字幕

❺选择文本框，单击“垂直居中”按钮和“水平居中”按钮。

❻关闭“字幕”编辑窗口，添加“字幕 01”到“视频 2”轨道上，设置素材“持续时间”为 00:01:00:00（60 秒）。添加特效“视频特效→透视→基本 3D”到“字幕 01”素材。

❼定位时间指示器到 00:00:00:00 位置，打开“特效控制台”面板，单击“基本 3D”特效参数“旋转”的关键帧记录器，设置“旋转”为“0° ”。将时间指示器定位到 00:01:00:00 位置，设置“旋转”为“-10*-0.0° ”。

❽设置素材“字幕 01”的“位置”为（639.2，431.8），“缩放”为“40%”，最终效果如图 6-3-8 所示。

6.4 情境设计 《多彩十艺》

1. 情境创设

第十届中国艺术节于2013年10月11日在泉城济南隆重开幕。本届艺术节以“艺术的盛会，人民的节日”为宗旨，以“发展先进文化、繁荣文艺事业、促进文明进步”为主题，“十艺节”的活动将像竞技体育项目一样被多家媒体转播。本项目选择“人民文化艺术生活”这一主题，制作一段宣传短片“多彩十艺节——文化艺术生活篇”，展示山东人民安居乐业、全民参与文化艺术生活的良好精神面貌。

片头是制作重点，以倒计时手法展示泉城济南为迎接“十艺节”建设的主场馆——济南市文化艺术中心，片名为“多彩十艺节 文化艺术生活篇”，效果如图6-4-1所示。

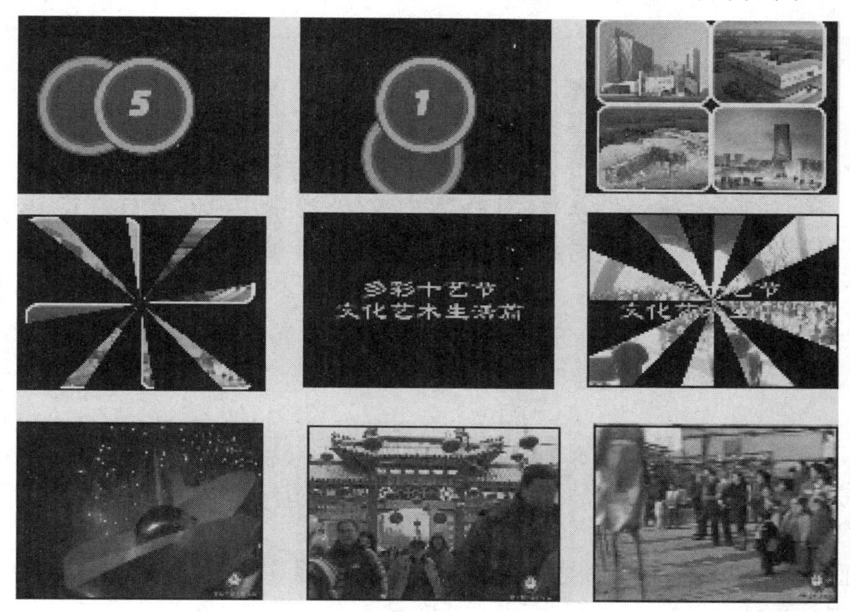

图6-4-1 《多彩十艺》最终效果图

2. 技术分析

在该项目中，片头和角标动画是重点。

（1）制作字幕素材。

（2）为字幕设置关键帧动画。

（3）制作立体旋转效果的“十艺节”标志角标动画。

（4）添加转场特效，调整特效参数。

（5）添加背景音乐。

（6）创建、应用嵌套序列。

3. 项目制作

STEP01 创建项目

运行Premiere Pro CC 2018，创建名为“多彩十艺”的项目，将序列命名为“文化艺术生活”。

STEP02 导入素材

❶导入“模块6/6-4情境设计/素材”文件夹下的“图片”、“视频”和“音频”3个子文件夹。

❷在“项目”窗口中新建文件夹“字幕”。

STEP03 创建嵌套序列“倒计时”

6-4-1《多彩十艺》-创建嵌套序列“倒计时”

❶新建名为“倒计时”的序列。

❷单击“倒计时”选项卡，开始编辑该序列。

❸新建字幕“圈01”，绘制一个圆形，设置“宽度”和“高度”为“200”，“X位置”和“Y位置”为（328.2，241），“填充”颜色为（1，74，185）；添加第一层“外侧边”，“颜色”为（6，122，198）；添加第二层“外侧边”，“大小”为“18”，颜色为（183，204，229）；添加第三层“外侧边”，“大小”为“7”，“颜色”为（10，76，153），效果如图6-4-2所示。

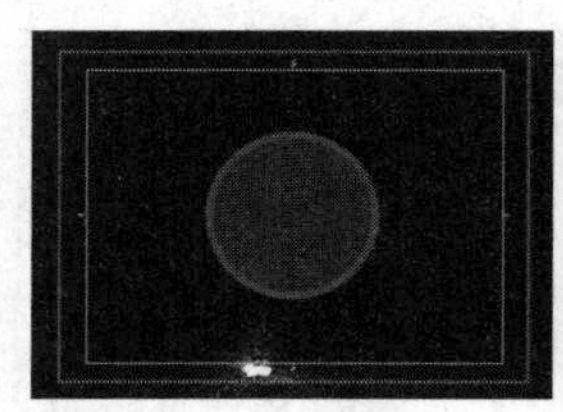
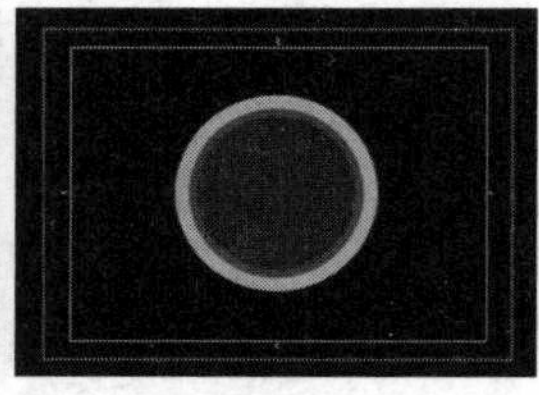
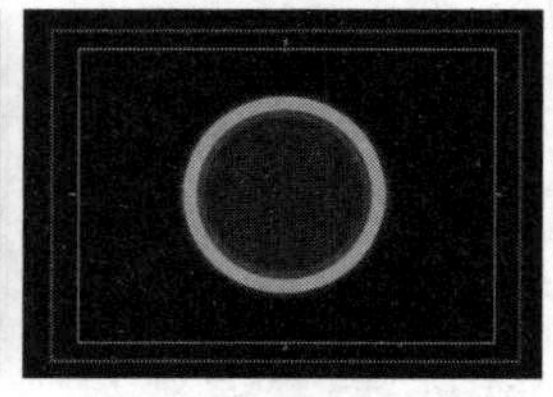

图6-4-2 绘制“圈01”

❹单击T按钮，新建字幕“圈02”，设置“填充”颜色为（203，18，122）；修改第一层“外侧边”的“颜色”为（8，123，198），第二层“外侧边”的“颜色”为（160，187，217），第三层“外侧边”的“颜色”为（14，138，160）。

❺新建字幕“数字1”，输入“1”，选择字幕样式“Myriad Italic Water 55”；设置“字体大小”为“130”；设置“阴影→颜色”为白色，“大小”为“5”；“X位置”和“Y位置”为（317.6，241）。

❻依照步骤❺的方法创建字幕“数字2”、“数字3”、“数字4”和“数字5”。

❼将字幕素材拖曳到“字幕”文件夹。拖曳“圈02”和“圈01”至“视频1”和“视频2”轨道上，设置素材“持续时间”为00:00:05:20（5秒20帧）。

❽选择“视频1”轨道上的“圈02”，设置“运动”参数“定位点”为（519，237），“位置”为（361.2，238.4）。单击参数“旋转”的关键帧记录器，在00:00:00:00位置，“旋转”为“0.0°”；在00:00:01:00位置，“旋转”为“1*0.0°”；在00:00:02:00位置，“旋转”为“2*0.0°”；在00:00:03:00位置，“旋转”为“3*0.0°”；在00:00:04:00位置，“旋转”为“14*0.0°”；在00:00:05:00位置，“旋转”为“5*0.0°”。效果如图6-4-3所示。

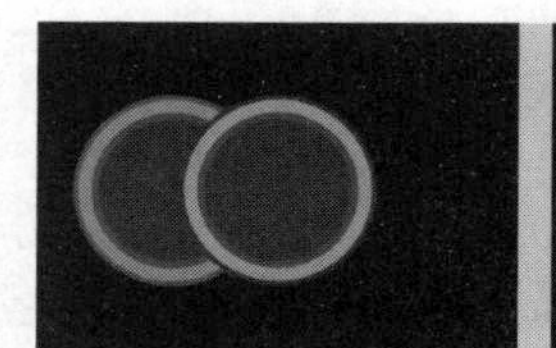
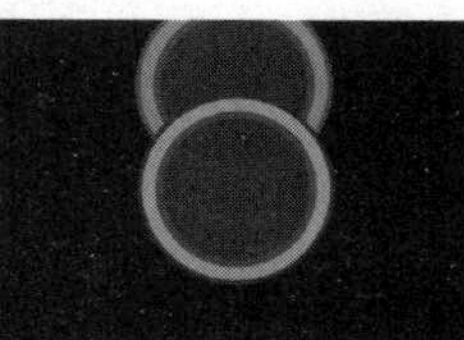
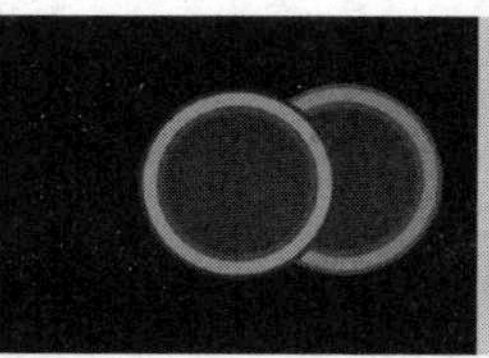
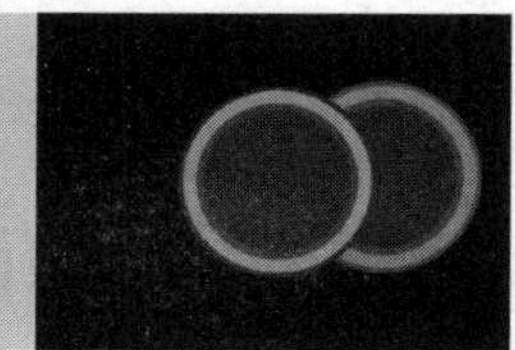

图6-4-3 “圈02”旋转动画效果图

❾将“数字 5”添加到“视频 3”轨道上，设置素材“持续时间”为 00:00:01:00（1 秒）。依次将“数字 4”、“数字 3”和“数字 2”添加到“视频 3”轨道上，使其首尾相接，调整素材“持续时间”均为 00:00:01:00（1 秒）。

❿将“数字 1”添加到“视频 3”轨道“数字 2”的右侧，设置素材“持续时间”为 00:00:01:14（1 秒 14 帧）。时间线如图 6-4-4 所示。

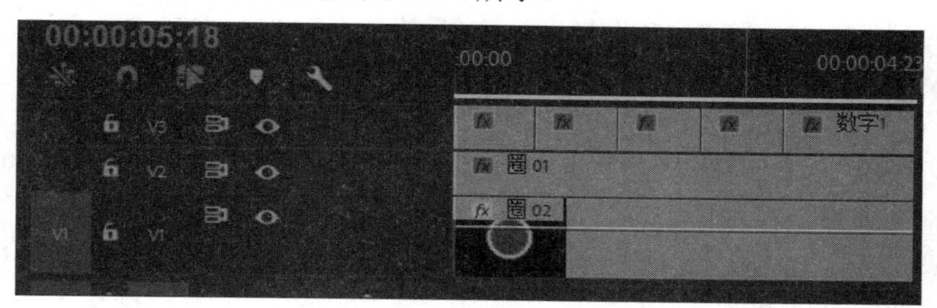

图 6-4-4　数字字幕时间线

STEP04 制作图片动画

6-4-2《多彩十艺》-制作图片动画

❶新建字幕“图 01”。在字幕工作区绘制一个圆角矩形，设置“圆角大小”为“10%”，勾选“填充”参数“纹理”，导入材质图片“模块 6/6-4 情境设计/素材/图片/场馆 1.jpg”。设置“宽度”和“高度”分别为“284”和“220”，“X 位置”和“Y 位置”为（151.6，117.3），“外侧边”的“大小”为“8”，“颜色”为白色（255，255，255）。

❷单击按钮，新建字幕“图 02”，选中圆角矩形，修改“X 位置”和“Y 位置”为（503.6，117.3），“填充”纹理材质图片为“模块 6/6-4 情境设计/素材/图片/场馆 2.jpg”。

❸单击按钮，新建字幕“图 03”，选中圆角矩形，修改“X 位置”和“Y 位置”为（151.2，361.6），“填充”纹理材质图片为“模块 6/6-4 情境设计/素材/图片/场馆 3.jpg”。

❹单击按钮，新建字幕“图 04”，选中圆角矩形，修改“X 位置”和“Y 位置”为（506.1，361.6），“填充”纹理材质图片为“模块 6/6-4 情境设计/素材/图片/场馆 4.jpg”。效果如图 6-4-5 所示。

图 6-4-5　图片字幕效果图

❺定位时间指示器到 00:00:05:09 位置，拖曳“图 01”到“视频 4”轨道上，设置素材“持续时间”为 00:00:07:19（7 秒 19 帧）。选择“视频 4”轨道中的“图 01”，设置定

位点为（175，132）。分别激活“位置”和“缩放”的关键帧记录器，在00:00:05:09位置，设置“位置”为（713.6，472.7），“缩放”为“0”；在00:00:06:00位置，设置“位置”为（174.8，132.6），“缩放”为“100”；在00:00:06:19位置，设置“位置”为（174.8，132.6）；在00:00:07:04位置，设置“位置”为（200.8，138.6）。

❻定位时间指示器到00:00:05:09位置，拖曳“图02”到“视频5”轨道上，设置素材“持续时间”为00:00:07:19。选择“视频5”轨道中的“图02”，设置定位点为（564，122），激活“位置”和“缩放”的关键帧记录器，在00:00:05:09位置，设置“位置”为（10.4，472），“缩放”为“0”；在00:00:06:00位置，设置“位置”为（563.2，121.7），“缩放”为“100”；在00:00:06:19位置，设置“位置”为（563.2，121.7）；在00:00:07:04位置，设置“位置”为（532.2，127.7）。

❼定位时间指示器到00:00:05:09位置，拖曳“图03”到“视频5”轨道上，设置素材“持续时间”为00:00:07:19。选择“视频6”轨道中的“图04”，设置定位点为（169，354），激活“位置”和“缩放”的关键帧记录器，在00:00:05:09位置，设置“位置”为（708，13.8），“缩放”为“0”；在00:00:06:00位置，设置“位置”为（168.7，354.7），“缩放”为“100”；在00:00:06:19位置，设置“位置”为（168.7，354.7）；在00:00:07:04位置，设置“位置”为（196.2，350.7）。

❽定位时间指示器到00:00:05:09位置，拖曳“图04”到“视频7”轨道上，设置素材“持续时间”为00:00:07:19。选择“视频7”轨道中的“图04”，设置定位点为（168，359），激活“位置”和“缩放”左侧的关键帧记录器，在00:00:05:09位置，设置“位置”为（10.4，10.9），“缩放”为“0”；在00:00:06:00位置，设置“位置”为（555，360.5），“缩放”为“100”；在00:00:06:19位置，设置“位置”为（555，360.5）；在00:00:07:04位置，设置“位置”为（524，355.5）。效果如图6-4-6所示，时间线如图6-4-7所示。

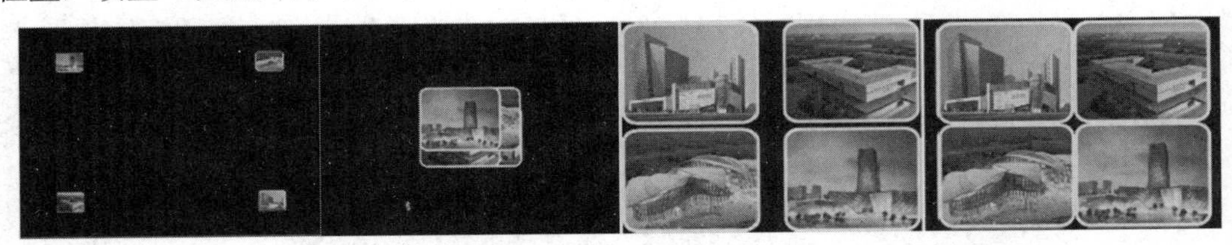

图6-4-6　图片动画效果图

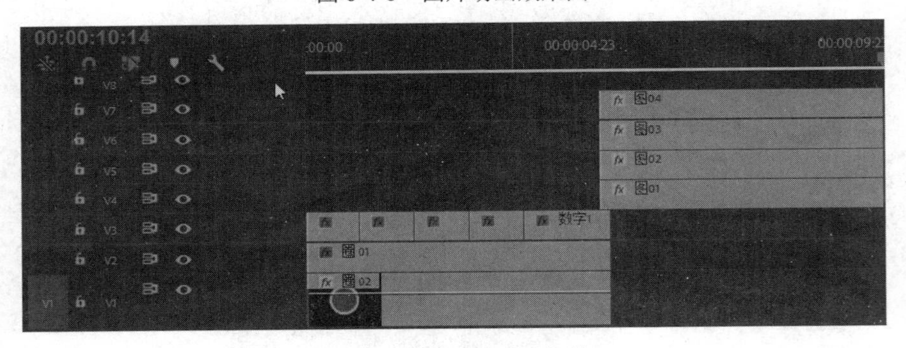

图6-4-7　图片动画时间线

STEP05 制作片名字幕

❶按<Ctrl+T>组合键，新建字幕“片名”，输入文字“多彩十艺节　文化艺术生活篇”，

设置“文字大小”为“60%”，“字体”为“Lishu”，“填充类型”为“径向渐变”，“渐变颜色”为黄色（252，255，0）到橘黄色（255，120，0）。选择文本，分别单击[图标]和[图标]按钮，使文本在水平和垂直方向居中，如图 6-4-8 所示。

图 6-4-8 “片名”字幕

STEP06 制作角标动画

具体操作步骤见“6.3 经典字幕实例”中的“动态旋转文字”实例。

6-4-3 《多彩十艺》-制作片名字幕

STEP07 应用嵌套序列

❶单击“文化艺术生活”序列选项卡。定位时间指示器到 00:00:00:00 位置，添加“倒计时”序列和“片名”素材到“视频 1”轨道上，二者首尾相接排列。

6-4-4 《多彩十艺》-制作角标动画

❷选择“视频 1”轨道中的素材“片名”，激活“透明度”的关键帧记录器[图标]，在 00:00:10:14 位置，设置“透明度”为“0”；在 00:00:14:00 位置，设置“透明度”为“100”。

❸拖曳“文化艺术生活.mpg”到“视频 1”轨道上，使其与素材“片名”出点对齐。

STEP08 添加转场特效

❶打开“效果”面板，添加转场特效“视频切换→擦除→风车”到“倒计时”和“片名”切点处，设置转场“持续时间”为 00:00:01:00（1 秒）。

❷在素材“片名”和“文化艺术生活.mpg”切点处添加“风车”转场。

STEP09 添加背景音乐

拖曳“音频”文件夹中的“美丽中国梦.mp3”素材到“音频 1”轨道上，设置素材“持续时间”为 00:01:15:19（75 秒 19 帧）。

在“节目监视器”中预览效果，如图 6-4-1 所示，保存项目“多彩十艺.prproj”，导出视频“多彩十艺.flv”。

4. 项目评价

本项目多次、多角度地应用了字幕制作技术，包括一般静态字幕的创建和编辑；动态字幕的创建和制作；Logo 字幕、角标动画、图形字幕的创建等，综合性强，全方面考查学生对模块知识的综合运用能力。

6.5 微课堂 精彩纷呈的电视栏目

1. 什么是电视栏目

电视栏目是电视台每天播出的相对独立的信息单元，主要是单个节目的组合，是按照一定内容（如新闻、知识、文艺）编排布局的完整表现形式。它有固定的名称、播出时间（起止时间固定）、栏目宗旨，每期播出不同的内容，以吸引人们的视线，给人们带来信息知识、享受、欢乐和兴趣。在一定时期或特殊情况下，还可以开设特别栏目，叫作特别报道或特别节目。例如，中央电视台《梦想剧场》栏目在2003年“五·一”期间播出的《“五·一”七天乐》特别节目等。

2. 栏目策划的个性化

（1）栏目的宗旨：包括目的和目标两个方面。

（2）栏目的定位：包括内容定位与对象定位，内容定位是做什么，对象定位就是让谁看。

（3）栏目策划（人）：包括栏目内容相关专家、电视方面的专家。

（4）栏目的选题：“有主题，成系列”是电视栏目常规节目生产、节目选题行之有效的思路和方法。

（5）栏目的版式：包括通版型、杂志型、大时段型。

（6）栏目的运作方式：包括编导核心制（国内）、制片人核心制和主持人核心制。

（7）栏目的风格与样式：一是从内容上体现风格样式，如少儿节目、《经济与法》；二是在包装上体现风格，如《焦点访谈》和《艺术人生》；三是主持人的风格，如《星光大道》；四是从拍摄制作方面体现风格样式。

（8）栏目的活动与宣传：一是通过自己组织的特色活动来展开和宣传栏目；二是栏目自身的纪念活动；三是借助社会的特定纪念日来推出活动，进行栏目宣传；四是媒介合作。

6.6 实训与赏析

1. 实训 旅游宣传片《浪漫之旅》

项目名称：《浪漫之旅》。

类型：旅游宣传片。

素材：“模块6/6-6实训与赏析/实训/景点图片”文件夹下的素材。

创作思路：组织给定的素材，并恰当地搜集音频或视频素材。

技术要求：在Premiere Pro CC 2018中，使用字幕、关键帧动画和转场特效恰当地表现主题思想，必要时使用Photoshop处理和美化图片，并将图片导入Premiere中。

输出格式：制式——DV PAL，帧频——25fps，影像尺寸——720×576像素，音频采样——48kHz，片长——（约）35秒，导出视频——水果与动物.avi。

2. 赏析 电影《星球大战前传：西斯的复仇》

电影《星球大战》是由卢卡斯电影公司（现已被迪士尼收购）出品的科幻系列电影。《星球大战前传：西斯的复仇》讲述的是：克隆战争已经进行了三年，共和国即将胜利，分裂联盟的格非特将军和杜库伯爵劫持议会首相帕尔帕庭潜逃，绝地武士和阿纳金奉长老院命令前去营救，阿纳金杀死杜库伯爵救出帕尔帕庭，但格非特将军逃匿，阿纳金梦见妻子阿米达拉将死于难产，困惑中求助于帕尔帕庭，后者趁此机会离间阿纳金与绝地长老院，随着阿纳金向帕尔帕庭的靠拢，一场针对绝地武士与其所捍卫之民主的阴谋逐渐展开……

影片片头的经典梯形渐隐字幕是影片字幕的一大特色，赏析电影《星球大战前传：

西斯的复仇》，如图 6-6-1 所示，尝试在 Premiere Pro CC 2018 中使用“变形”效果、“基本 3D”效果及字幕制作影片中的经典开始镜头。

图 6-6-1 《星球大战前传：西斯的复仇》片头

能力模块7 音频编辑

1927年的美国影片《爵士歌王》是人类历史上第一部有声影片。声音的出现，拓展了电影艺术的空间，提供了更多的表现元素，在电影史上是里程碑式的成果。音乐和声音的效果给影片带来的冲击力是令人震撼的，多数的影片都是视频和音频的合成，音频使影片更加完美。

关键词

音频特效 调音台 音频过渡

任务和目标

1．制作配乐诗朗诵短片《古风古韵》，学习录制和编辑音频的基本方法。

2．验证“知识魔方”，学习在Premiere中应用和处理音频的方法和技巧。

3．设计情境，完成《一眼三年》的配音和配乐。

4．合理利用音频、视频素材，制作声画并茂的简单影片。

7.1 边做边学 《古风古韵》

诗朗诵是结合各种语言手段来完善地表达诗歌思想感情的一种语言艺术，诗朗诵配以恰当的背景音乐后称为配乐诗朗诵。本例将使用Premiere Pro CC 2018的音频处理功能录制诗朗诵音频，结合背景音乐和图片素材，制作短片《古风古韵》，效果如图7-1-1所示。

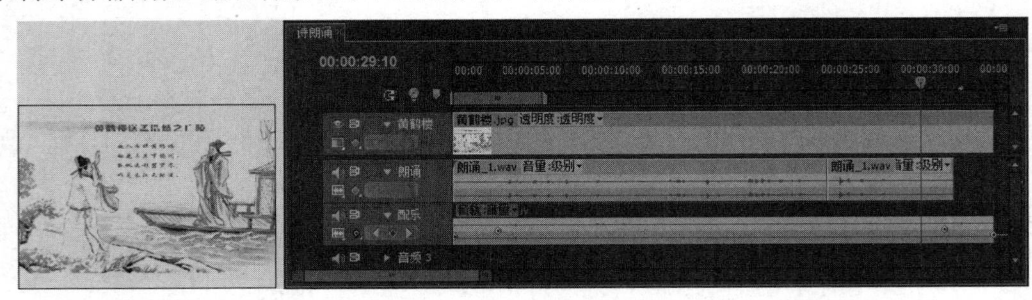

图7-1-1 《古风古韵》效果图

7.1.1 录制音频

❶准备录音所需的麦克风、耳机等硬件设备并连接就绪，打开“模块7/7-1边做边学-古风古韵/源文件”文件夹中的“古风古韵.prproj”项目文件。

❷执行菜单“窗口→调音台”命令，打开“调音台”窗口，如图7-1-2所示。

❸将时间指示器定位在00:00:00:00位置，在“调音台”窗口中，单击音频轨道“朗

诵”中的“激活录制轨道”按钮，则“朗诵”轨道成为录制轨道，在播放控制中单击“录制”按钮，按钮闪动表示准备工作已经完成，单击按钮就可以录音了，如图 7-1-3 所示。

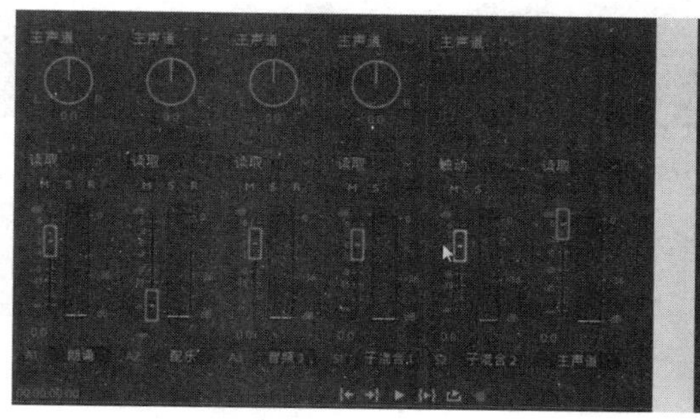

图 7-1-2 “调音台”窗口

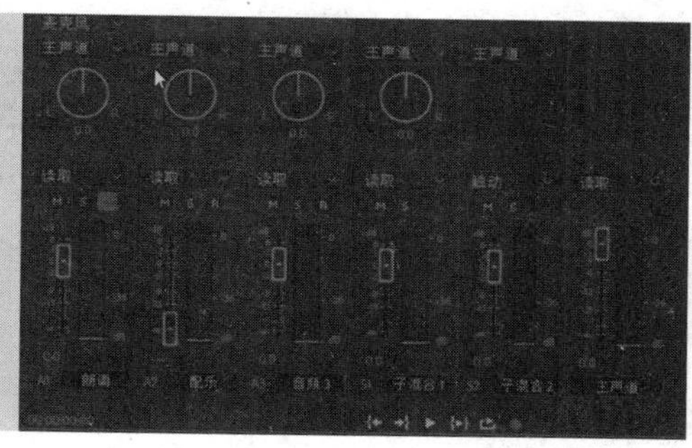

图 7-1-3 设置“调音台”窗口

❹录音完成后单击按钮，结束录音。观察“时间线”窗口中的音频轨道，发现在音频轨道“朗诵”上出现一段名为“朗诵_1.wav”的音频素材。

❺打开“模块 7/7-1 边做边学-古风古韵/效果”文件夹，发现多了一个名为“朗诵_1.wav”的音频文件，即刚刚录制的素材。

7.1.2 调节音频电平

❶导入“模块 7/7-1 边做边学-古风古韵/素材”文件夹下的音频素材。

❷选择“朗诵”轨道中的素材，打开“特效控制台”面板，设置“音量”参数“级别”为“6.0dB”。

7.1.3 编辑音频

❶按<Space>键，播放音频“诗朗诵”，听到音频素材“朗诵”中“孤帆远影碧空尽”后面的停顿时间过长。将时间指示器定位在 00:00:23:05 位置，用工具裁切；再将时间指示器定位在 00:00:25:06 位置，用工具裁切。选择中间的音频片段，按<Delete>键将其删除。

❷选中“项目”窗口中的“背景音乐.mp3”素材，将其拖曳到“配乐”轨道，用工具裁切多余的部分。

7.1.4 添加淡入淡出效果

图 7-1-4 显示关键帧的下拉列表

❶先单击“配乐”轨道中的素材，再单击轨道的显示关键帧按钮，在弹出的下拉列表中选择“轨道关键帧”选项，如图 7-1-4 所示。

❷将时间指示器定位到 00:00:00:00 位置，单击“配乐”轨道的按钮，添加一个关键帧。

❸用同样的方法，分别在 00:00:02:20、00:00:30:21 和 00:00:34:00 位置添加关键帧，效果如图 7-1-5 所示。

❹选择 00:00:00:00 位置上的关键帧，按住鼠标左键并向下拖曳至-0dB，即无声。

❺选择 00:00:34:00 位置上的关键帧，按住鼠标左键并向下拖曳至-0dB，设置音频素材的淡出效果，如图 7-1-6 所示。

图 7-1-5　添加关键帧

图 7-1-6　调整关键帧增益

7.2　知识魔方　在 Premiere 中编辑音频

在 Premiere Pro CC 2018 中可以方便地编辑音频，同时它还提供了丰富的音频特效。

7.2.1　编辑音频

音频素材的导入操作与视频素材一致。导入素材后，在“源监视器”窗口和“时间线”窗口中都能进行编辑。

1. 在“源监视器”窗口中编辑素材

音频素材在“源监视器”窗口中显示为音频波形图，对照波形图可以对音频素材运用三点编辑或四点编辑等方法进行编辑。

❶选中素材，在“源监视器”窗口中单击按钮，播放音频。

❷定位时间指示器到合适的位置，单击“设置入点”按钮，为音频设置入点，如图 7-2-1 所示。再次单击按钮，播放音频。在下一个合适的位置，单击“设置出点”按钮，设置出点，如图 7-2-2 所示。这样，入点与出点之间的音频片段可以直接添加到“时间线”窗口进行精细编辑。

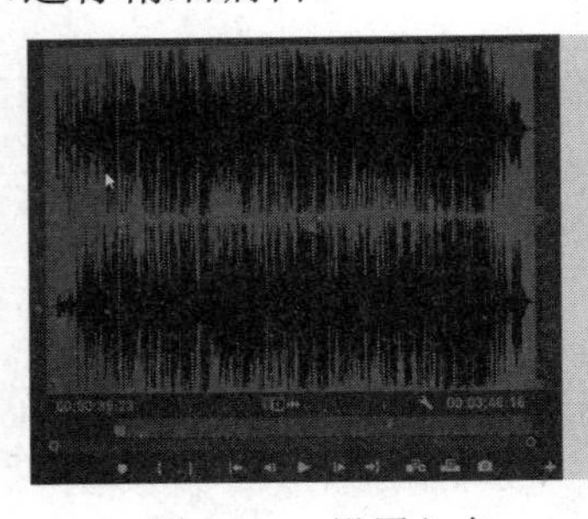

图 7-2-1　设置入点

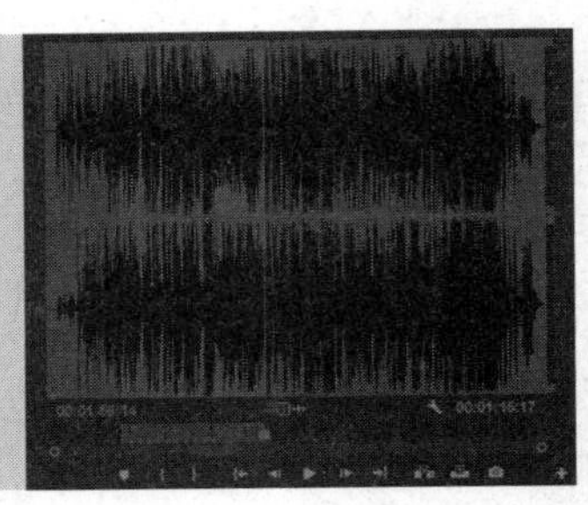

图 7-2-2　设置出点

2. 在“时间线”窗口中编辑素材

在“时间线”窗口中对音频素材进行编辑，操作方法与视频素材非常相似。

（1）改变素材增益。增益设置对平衡几个剪辑的增益级别或调节一个剪辑的高低音频信号十分有用。

❶在“时间线”窗口中选择音频。

❷执行菜单“素材→音频选项→音频增益”命令，弹出“音频增益”对话框，直接调整或输入素材的增益值，如图 7-2-3 所示。正增益值会放大剪辑的增益，音量变大；负增益值则使音量变小。

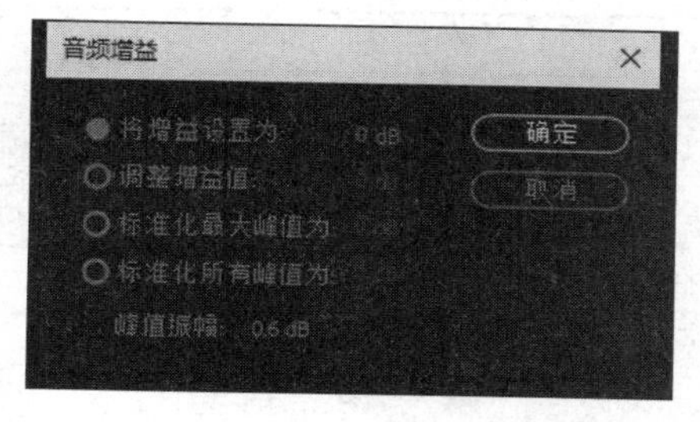

图 7-2-3 “音频增益”对话框

（2）改变素材速度/持续时间。

❶选中“时间线”窗口中的音频素材片段。

❷执行“素材→速度/持续时间”命令，弹出“剪辑速度/持续时间”对话框，可以对音频素材的速度和持续时间进行修改。

> **小黑板**
> 改变音频的播放速度会影响音频的播放效果，音调会因速度的加快而升高，因速度的减慢而降低。

7.2.2 音频特效

Premiere Pro CC 2018 提供了多种音频特效，放置在“效果”窗口的“音频特效”文件夹中，可以调节音量的高低、频率的提升和衰减，制作回音效果或模拟机器声等。

多个音频特效的效果见“模块 7/7-2 知识魔方/源文件/”文件夹下的内容。

（1）平衡（Balance）：对音频素材的左右声道进行音量比的平衡。

（2）带通（Bandpass）：也称为选频，消除音频中不需要的高频或低频部分，还可以消除录制过程中的电源噪声，参数及含义如表 7-2-1 所示。

表 7-2-1 “带通”特效的参数及含义

参　数	含　义
中置（Center）	指定音频的调整范围，单位：Hz
Q	调节强度

（3）低音（Bass）：调整音频素材的低音分贝。

（4）声道音量（Channel Volume）：设置左右声道的音量。

（5）和声（Chorus）：为音频素材做出和声的效果，参数及含义如表 7-2-2 所示。

表 7-2-2 “和声”特效的参数及含义

参　数	含　义
和声处理类型（Lfo Type）	设置和声的类型
速率（Rate）	设置和声频率和素材的速率
深度（Depth）	设置和声频率的幅度变化
混合（Mix）	设置和声特效和原素材的混合程度
反馈（FeedBack）	设置和声的反馈程度
延迟（Delay）	设置和声的延迟时间

（6）延迟（Delay）：为音频素材添加回声效果，参数及含义如表 7-2-3 所示。

（7）降噪（DeNoiser）：降低声道的噪声，参数及含义如表 7-2-4 所示。

表 7-2-3 “延迟”特效的参数及含义

参　数	含　义
延迟（Delay）	设置回声的延迟延续时间
反馈（Feedback）	设置回声的强弱
混合（Mix）	设置混响的强度

表 7-2-4 “降噪”特效的参数及含义

参　数	含　义
噪音上限（Noisefloor）	设置消除噪声的上限
偏移（Offset）	设置降噪时的偏移值
冻结（Freeze）	将某一频段的信号保持不变

（8）动态（Dynamics）：针对音频信号中的低音与高音之间的音调，消除或扩大某个范围内的音频信号，从而突出主体信号的音量或控制声音的柔和度，参数及含义如表 7-2-5 所示。

表 7-2-5 “动态”特效的参数及含义

参　数	含　义
自动切断（Auto Gate）	去除设定上限下的所有频段信号，利用阈值按钮设定上限
压缩器（Compressor）	设置音频柔和的级别和高音级别来平衡音频素材的频率浮动范围
扩展器（Expander）	设置一个频率浮动范围
限幅器（Limiter）	设置音频的上限
柔和器（Soft Clip）	设置音频柔和的上限

（9）均衡器（EQ）：使音频的高、中、低音部分相互协调，参数及含义如表 7-2-6 所示。

表 7-2-6 “均衡器”特效的参数及含义

参　数	含　义
频率（Frequency）	含高、中、低三个频率
消弱（Cut）	降低某一频段的信号

（10）镶边（Flanger）：将完好的音频素材调节成声音短期延误、停滞或随机间隔变化的音频信号，参数及含义如表 7-2-7 所示。

表 7-2-7 “镶边”特效的参数及含义

参　数	含　义
频率振动类型（Lfo Type）	设置频率振动的类型，包括正弦波（Sine）、矩形（Rect）、三角形（Triangle）三种
速率（Rate）	设置频率振动的速度
深度（Depth）	设置频率振幅
混合（Mix）	设置该音频特效与原音频素材的混合程度
反馈（Feedback）	设置振幅凝滞效果反馈到音频素材上的强弱
延迟（Delay）	设置频率振动延误的时间

（11）高通（Highpass）：将音频中的低频信号删除。参数“屏蔽强度（Cutoff）”用

来设置要消除低频的起始频率。

（12）反相（Invert）：可以反转声道的状态。

（13）多频段压缩（Multiband Compressor）：对音频素材的高、中、低频段进行压缩，参数及含义如表 7-2-8 所示。

表 7-2-8 “多频段压缩”特效的参数及含义

参　数	含　义
低/中/高（Low/Mid/High）	分别对三个音频信号进行压缩
阈值（Threshold）	设置三个波段的压缩上限
压缩系数（Ratio）	设置三个波段的压缩强度系数
处理（Attack）	设置三个波段压缩时的处理时间
释放（Release）	设置三个波段压缩时的结束时间
独奏（Solo）	只播放被激活的波段音频
波段调节（Make Up）	移动被压缩的波段

（14）变调（Pitch Shifter）：改变音频素材的音调，参数及含义如表 7-2-9 所示。

表 7-2-9 “变调”特效的参数及含义

参　数	含　义
声调（Pitch）	设置半个音程的变化量
微调（Fine Tune）	设置对半个音程的音调微调
频高限制（Formant Preserve）	限制变调时出现高频率爆音

（15）参数均衡（Parametric EQ）：调节指定范围内的音频均衡，可以精确地调节音频的高低音，参数及含义如表 7-2-10 所示。

表 7-2-10 “参数均衡”特效的参数及含义

参　数	含　义
中置（Center）	设置均衡频率的初始范围
Q	设置影响强度
放大（Boost）	调节音频素材的音量

（16）多功能延迟（Multitap Delay）：为音频添加同步、重复、回声等回声效果，参数及含义如表 7-2-11 所示。

表 7-2-11 “多功能延迟”特效的参数及含义

参　数	含　义
延迟（Delay）	设置回声和原音频素材延迟的时间
反馈（Feedback）	设置回声反馈的强度
级别（Level）	设置回声的音量
混合（Mix）	设置回声和音频的混合程度

（17）混响（Reverb）：为素材添加混响效果，参数及含义如表 7-2-12 所示。

表 7-2-12 “混响”特效的参数及含义

参　数	含　义
预延迟（Pre Delay）	设置声音遇到物体后反弹的延迟时间
吸收（Absorption）	设置声音的吸收率
大小（Size）	设置空间的大小
强度（Density）	设置声音反射的强度
低频阻尼（Lo Damp）	设置一个低频阻尼
高频阻尼（Hi Damp）	设置一个高频阻尼
混合（Mix）	设置混响和原素材的混合程度

（18）频谱降噪（Spectral Noise Reduction）：以频谱表的形式去除音频素材的噪声，参数及含义如表 7-2-13 所示。

表 7-2-13 “频谱降噪”特效的参数及含义

参　数	含　义
频率 1、2、3（Freq1、2、3）	设置音频素材的 3 个频率的滤波器值
减少 1、2、3（Reduction1、2、3）	设置 3 个频率的降噪阈值
滤波器 1、2、3（Filter1、2、3）	激活相应开关
最大级别（Max Level）	设置滤波器降噪的最大级别

7.2.3 音频过渡特效

Premiere Pro CC 2018 为音频预设了 3 种音频过渡特效：恒定增益、恒定功率和指数型淡入淡出，存放在名为“交叉渐隐”的文件夹中。

（1）恒定增益：利用淡化效果从音频 A 过渡到音频 B，可以制作淡入淡出效果。

（2）恒定功率：利用曲线淡化的方法从音频 A 过渡到音频 B。

（3）指数型淡入淡出：利用指数线性淡化的方法从音频 A 过渡到音频 B。

7.2.4 使用调音台

1. 认识调音台

执行菜单“窗口→调音台”命令，打开“调音台”窗口，如图 7-2-4 所示。

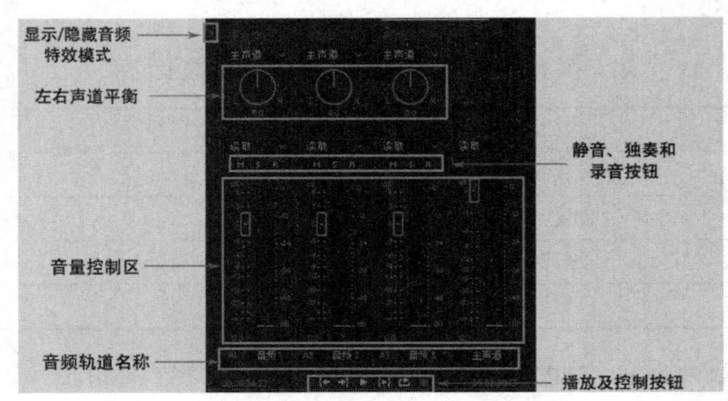

图 7-2-4 “调音台”窗口

（1）音频轨道名称：音频轨道名称与“时间线”窗口中的音频轨道名称相同。如果删除或重命名“时间线”窗口中的轨道，调音台中的音频轨道随之改变。

（2）显示/隐藏音频特效模式：打开或关闭“音频特效模式区”，在该区可以完成对音频特效的添加。

（3）左右声道平衡：如果音频素材两个声道的音量不同，可以通过该旋钮调节。默认值为 0，值小于 0 表示加大左声道音量，对应的右声道音量将减小；当值为-100 时，表示右声道关闭，只在左声道播放。

（4）静音、独奏和录音按钮：当对多个声道做音频编辑时，利用以下 3 个按钮可以控制声道的声音。

M：关闭当前音频轨道的声音输出。

S：关闭当前音频轨道以外的所有轨道，只播放当前轨道的音频。

R：控制当前声道声音的录制。

（5）音量控制区。在音量控制区中，每个音频轨道都有一个音量滑块，上下拖动滑块即可改变当前音频轨道的音量。下方的参数栏显示当前音量，也可以直接通过在参数栏中修改参数来改变音量。

小黑板

播放音频时，调音台相应的音频轨道上有绿色的水柱跳动，如果声音的强度超过了正常范围，上方的框就会变成红色。预览完毕之后，如果红色占据的时间太长，就说明声音强度过大需要调整，这时，可以拖动调音台的音量滑块调节，尽量使红色出现的时间缩短，这样声音不至于过大。

（6）播放及控制按钮。播放及控制按钮用于控制音频的播放，各按钮的功能介绍如下。

：跳转到音频素材的入点位置。

：跳转到音频素材的出点位置。

：只播放音频素材入点到出点的音频片段。

：循环播放音频片段。

：使用麦克风录制声音。

2. 录制声音

❶将需要进行配音的视频素材添加到视频轨道中。

❷执行菜单“窗口→调音台”命令，打开“调音台”窗口。单击“音频 1”轨道下方的“激活录制轨道”按钮R。

❸单击“调音台”窗口中的“录制”按钮，可以看到该按钮不停闪动，表示已经做好了录音的准备。

❹单击▶按钮，可以一边预览视频，一边进行配音录制。

7.3 情境设计 《一眼三年》片头音乐

7-3 制作《一眼三年》片头音乐

1. 情境创设

青春涌动，似水流年，一眨眼，三年的大学生活承载着欢乐与忧愁飞逝而去。青春是一本太仓促的书，只能看一次，没有回头修改的机会，应该好好展现青春风采。《一眼三年》是本书编者所在院校的学生自编、自导、自演的校园励志电影。

本项目旨在为影片《一眼三年》配音，包括影片片头音乐、影片配音等内容。

2. 技术分析

片段一：丰富的 AE 特效。本内容应该配合节奏感强、震撼人心、催人奋进的背景音乐，让观众感受到积极向上、气势磅礴的艺术语言效果，印象深刻。

片段二：字幕动画效果，配以简短、俏皮、可爱的背景音乐，展现出大学生逐渐走向成熟，但又不失可爱的特有的精神面貌。

片段三：二维动画，以夜晚的窗台为开头，微风徐徐，星光闪烁，配以安逸、宁静的背景音乐，添加图书翻页、开门声、脚步声、小鸟叫声、叹息声等声音特效，以及轻松愉快、节奏欢快的背景音乐。

片段四：故事背景介绍，需要录制旁白，要求女声，语速适中，感情真挚，与故事情节中的人物有心灵的碰撞。

该项目需要用到多个风格迥异的音频素材，并运用音频转场效果、音频特效等技巧为影片配音。同时应该调节音乐节奏，使音乐节奏与动画节奏同步。录制的音频素材应该进行增益调节、降噪等处理。

3. 项目制作

STEP01 导入素材

❶运行 Premiere Pro CC 2018，创建项目“一眼三年”和序列“一眼三年”。

❷导入“模块 7/7-3 情境设计/素材”文件夹中的“视频”、“背景音乐”和“音效”3 个文件夹。

❸将时间指示器定位到 00:00:00:00 位置，拖曳“视频”文件夹中的素材“一眼三年.flv”到“视频 1”轨道上，并与时间指示器左对齐。

STEP02 录制旁白

❶将时间指示器定位到 00:02:02:10 位置，将“音频 1”轨道重命名为“旁白和对话”。

❷执行菜单“窗口→调音台”命令，打开“调音台”窗口，激活“旁白和对话”轨道作为录音轨道，录制影片旁白。

STEP03 调节增益和降噪处理

❶选择“旁白与对话”轨道上的录制音频，右击，弹出快捷菜单，执行“音频增益”命令，将增益调节为“+6dB”。

❷打开“特效”窗口，添加特效“音频特效→降噪”到素材上，设置参数如图 7-3-1 所示，对录制的音频做降噪处理。

STEP04 添加背景音乐

❶重命名“音频 2”为“背景音乐”，拖曳“Dark River.mp3”到“背景音乐”轨道上。

❷定位时间指示器到 00:01:30:00 位置，选择“剃刀”工具，在当前位置切割素材“Dark River.mp3”，在 00:02:00:00 位置再次切割素材“Dark River.mp3”。按<Delete>键删除第 1 个和第 3 个片段。拖曳第 2 个片段，使其入点与 00:00:00:00 对齐。

❸依次拖曳素材“片名背景音乐.wma”、“静夜.wma”和“欢快.wma”到“背景音乐”轨道上，使其排列在素材“Dark River.mp3”的右侧，且左右相邻，如图 7-3-2 所示。

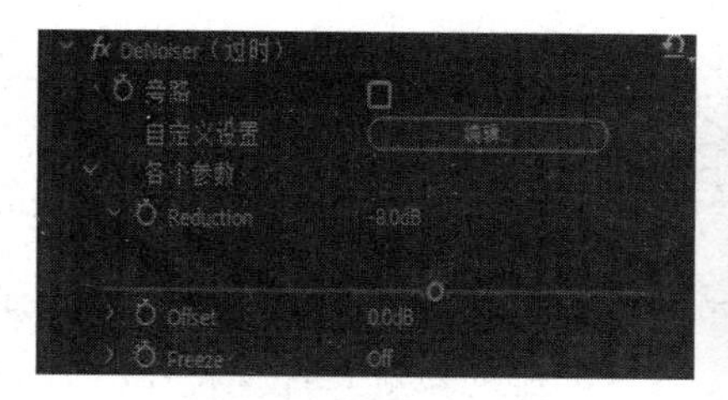

图 7-3-1 “降噪”设置

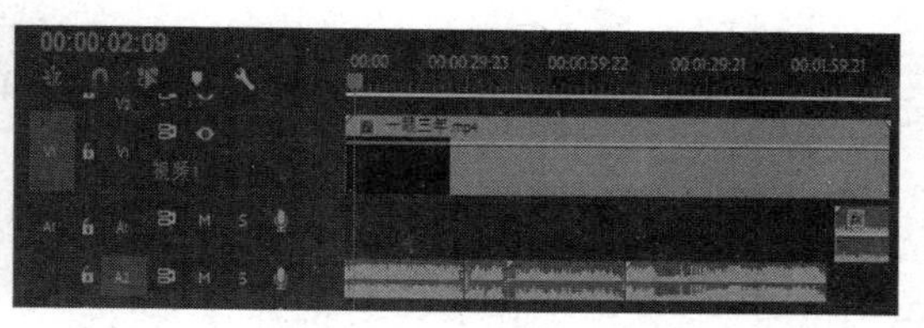

图 7-3-2 添加其他音频素材

STEP05 制作淡入淡出效果

❶分别在第 1 段～第 4 段背景音乐之间添加转场特效“音频过渡→交叉渐隐→恒定增益”，调节参数如图 7-3-3 所示。

图 7-3-3 “恒定增益”转场特效参数

❷使用轨道关键帧为素材“Dark River.mp3”添加淡入效果，如图 7-3-4 所示。

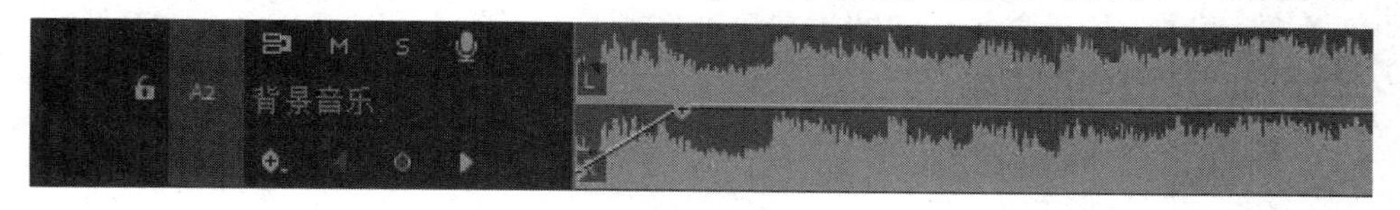

图 7-3-4 添加淡入效果

至此，音频效果制作完成，时间线如图 7-3-5 所示。

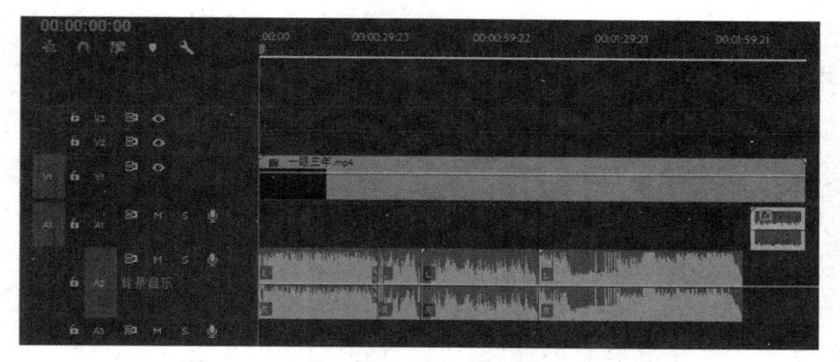

图 7-3-5 “一眼三年”音频效果时间线

4. 项目评价

从情境设计角度：本项目要求依据视频素材为影片配乐和配音；选择合适的音频，恰到好处地表现影片内容是本项目的关键；以“青春”和“积极向上”为主题，通过声音烘托故事。

从技术应用角度：多种音频素材的添加、管理和应用；音频素材的增益调节和剪辑；利用调音台录制音频素材；音频特效和转场的应用。

7.4 微课堂 影视中声音的种类

影视中的声音具体可以分为三类：人声、音乐和音响。虽然这三者形态各异、职责不同，在创作主体和创作方式上也各有各的特点，但一部好的影视作品不能把三者对立起来，只有三者互相交融、互相帮助、相辅相成，才能构建完美的声音空间，才能最大限度地提高影视作品的表现力。

1. 人声

人声简单来说就是影视作品中人物表达思想和喜怒哀乐等情感时发出的声音。人声的音色、音高、节奏、力度都有助于塑造人物性格的声音形象，这样才能和视觉形象联系起来，形成一个完整的整体。在同一部作品里，不同音色、音高、节奏和力度的人物声音形象形成的总合效果就仿佛合唱一样。人声主要分为对话、独白、旁白。

（1）对话又称对白，是影视中的人物进行交流的语言，是影视中使用最多、最重要的语言。通过对话可以交代剧情、塑造人物形象，甚至可以传达内涵丰富的潜台词。

例如，在电影《风月俏佳人》中，薇薇安刚进入酒店阁楼看到阳台后与爱德华的一段对话如下。

薇薇安：“哇，景色真棒！我赌你在这能看到海！”

爱德华：“我相信你说的，我不去外边。”

薇薇安：“你为什么不去外边？”

爱德华：“我怕高。”

薇薇安：“你怕高？那你为何租阁楼？”

影片通过两个主人公简单的几句对话，塑造了一个表面风光、内心孤独、家财万贯却没有安全感的钻石王老五形象。

（2）旁白指以画外音的形式出现的人物语言。旁白一般分为两种：一种是剧中人的主观性自述，以第一人称的口吻回忆过去或展开情节，能给人以亲切之感；另一种是局外人对故事的客观性叙述，概括说明故事发生的背景及原委，或者对人物、事件表明态度，直接进行议论和抒情。

（3）独白是剧中人物在画面中对内心活动进行的自我表述。独白是影视作品直接表现人物内心的有效手段之一。《阿飞正传》中的旭仔寻母未果后独白：

“我终于来到自己母亲的家，但她不愿意见我，用人说她不再住那儿。当我离开这个家的时候，我知道身后有一双眼睛盯着我，但我是一定不会回头的。我只不过要看看她，看看她的样子，既然她不给我机会，我亦不会给她机会。”

画面适合表现人物的行为状态等外部信息，而独白作为人物的自述，可以游刃有余地表现人物复杂的内心世界。

2. 音响

音响是除了人声、音乐，在电影时空关系中出现的自然界和人造环境中所有声音的统称。音响的出现可以增强画面的真实感，可以让人产生身临其境的感觉。

此外，音响元素还可以表达人物情绪，隐喻情节发展，恐怖片常常使用音响元素营造恐怖、紧张的氛围。有些时候“静”也可以营造特殊氛围。“沉默”升格为一种具有积极意义的表现，作为死亡、缺席、危险、不安或孤独的象征，“沉默”能发挥巨大的戏剧作用。例如，电影《海上钢琴师》中最后的片段炸船前一刻的寂静。

3. 音乐

音乐是“心灵的直接写实”，能直接打动人心，唤醒观众思想、感情和心灵情绪的反应和共鸣。

7.5 实训与赏析

1. 实训 电视散文《天下第一泉》

创作思想：素材为“模块7/7-5 实训与赏析/实训/趵突泉风景区”文件夹下的内容，以给定的视频素材为背景，再搜集适当的音频作为背景音乐素材，录制散文朗诵音频，创作电视散文。

主题特色：主题自然、纯净，表现天下第一泉风景区的唯美。

技术要求：组织好给定的素材，正确表现主题；综合运用音频处理知识，录制音频素材，并对所有音频素材进行编辑，适当添加音频特效和转场特效。

2. 赏析 《功夫熊猫》（配音）

电影《功夫熊猫》讲述好食懒做的熊猫阿宝一直醉心于中国功夫，误打误撞竟然被认定为传说中的武林高手“龙战士”，并奉命去对付刚逃狱的魔头大豹！一代宗师施福大师因此要面对人生最大的挑战——如何在有限的时间内，将拥有豪华臀、麒麟臂、肚腩肉的大熊猫，训练成名震江湖的功夫大师？

《功夫熊猫》的制作一丝不苟，各方面均力求完美，音响效果环节请来曾参与《变形金刚》（Transformers）、《魔戒三部曲》（The Lord of the Rings）、《金刚》（King Kong）的奥斯卡级大师 Vander Ryn 负责。电影配乐也邀来奥斯卡级音乐大师汉斯·季默（Hans Zimmer）操刀，谱写别具中国色彩的史诗式弦乐，令《功夫熊猫》成为一部真正有声有色的动画巨作！

请赏析电影《功夫熊猫》，体会配音、配乐在动画影片中带来的不同凡响的效果。

能力模块 8

渲染输出

输出是影视编辑的最后一步，在很大程度上直接影响播放效果。Premiere Pro CC 2018提供了格式丰富的媒体输出设置，方便不同播放或存储介质下的输出格式选择。

关键词

输出 输出范围 压缩格式

任务和目标

1．边做边学，输出微电影《一眼三年》片头，学习影片输出的基本流程。

2．验证“知识魔方”，了解 Premiere Pro CC 2018 各种输出格式的设置方法和参数设置。

3．设计情境，完成项目《不拘一格》，根据实际需要输出不同格式的影片。

8.1 边做边学　输出《一眼三年》(片头)

8.1.1 设置输出范围

❶运行 Premiere Pro CC 2018，打开项目文件“模块 7/7-3 情境设计/源文件/一眼三年.prproj”。

❷在“时间线”窗口的时间标尺下方找到渲染工作区，将时间指示器定位到 00:02:02:00 位置，单击按钮，拖动工作区尾部至与时间指示器右对齐，将输出渲染工作区设置为 00:00:00:00～00:02:02:00，如图 8-1-1 所示。

图 8-1-1　设置渲染工作区

8.1.2 输出设置

❶在“时间线”窗口的任意位置单击，执行菜单“文件→导出→媒体”命令，或者按组合键<Ctrl+M>，打开“导出设置”对话框，如图 8-1-2 所示。

❷选择“格式”为“Microsoft AVI”，单击“输出名称”右侧的默认文件名“一眼三年.avi”，打开“另存为”对话框，选择存储目录路径，输入文件名，单击 保存(S) 按钮。

❸系统回到“导出设置”对话框，勾选“导出视频”和“导出音频”复选框，选择“视频编码器”列表中的“Microsoft Video 1”选项，单击 导出 按钮，弹出“导出进度”对

话框。

导出完成后，“导出进度”对话框自动关闭，系统重新回到“导出设置”对话框。

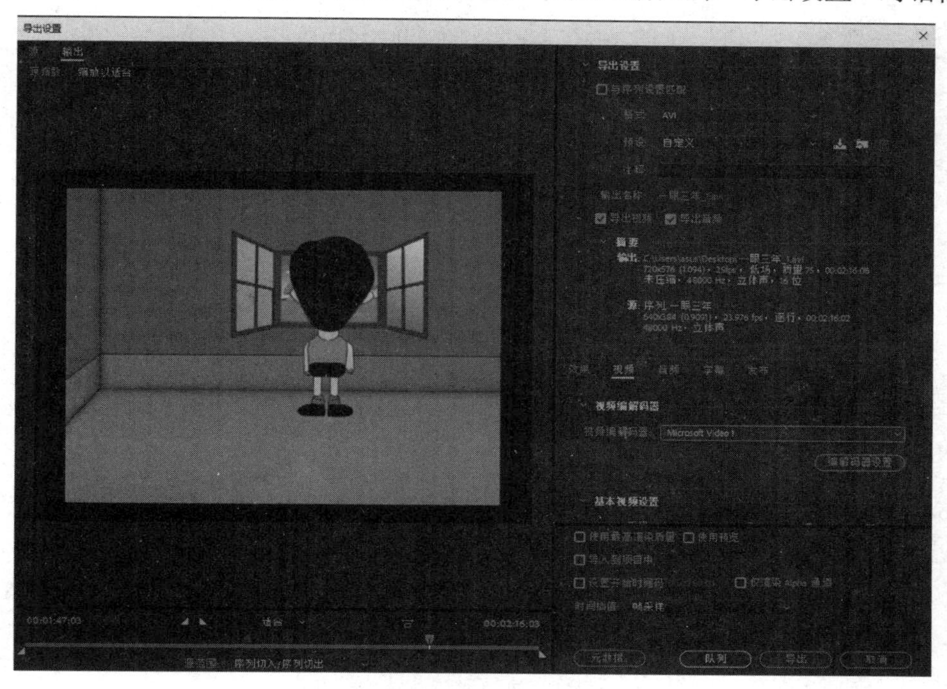

图 8-1-2 “导出设置”对话框

8.2 知识魔方 Premiere 的输出设置

输出影片前需要对渲染或输出参数进行调节，以满足最终影片的输出要求。Premiere Pro CC 2018 提供了多种视频和音频的输出格式。

8.2.1 设置渲染工作区

Premiere Pro CC 2018 提供的输出文件格式非常多，如图 8-2-1 所示。输出影片的方法主要有以下两种。

（1）在“时间线”窗口的任意位置单击，按组合键<Ctrl+M>，打开“导出设置”对话框。

（2）执行菜单“文件→导出→媒体”命令，打开“导出设置”对话框。

影片制作完成后，有时只需要对工作区的部分内容进行渲染，所以先要对渲染工作区进行设置。渲染工作区位于“时间线”窗口中，由开始工作区和结束工作区两点控制渲染区域，如图 8-2-2 所示。按住鼠标左键，向左或向右拖动渲染工作区中的或即可调整工作区。

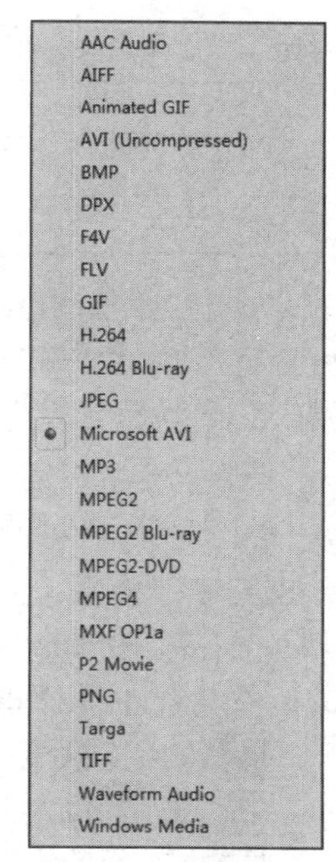

图 8-2-1 输出格式

小黑板

如果想精确控制开始工作区或结束工作区的位置，可以将时间指示器定位到需要的位置，先单击按钮，再按住鼠标左键，向左或向右拖动渲染工作区中的或即可。

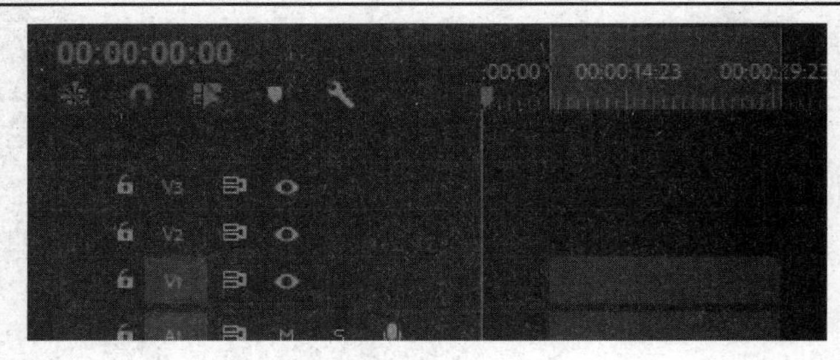

图 8-2-2　渲染工作区

8.2.2　设置输出格式

Premiere 既可以编辑视音频素材，也可以单独编辑视频或音频素材，还可以单独输出音频或视频。打开“文件→导出→媒体”命令，展开导出菜单列表，包括 7 个选项，分别为“媒体（Media）”、“字幕（Title）”、“磁带（Tape）”、“EDL”、“OMF”、“AAF”和“最终输出 XML（Final Cut Pro XLM）”，如表 8-2-1 所示。

表 8-2-1　导出菜单中各选项的含义

选　项	含　义
媒体	输出汇总不同编码的视频、音频文件，是核心输出菜单选项
字幕	输出 Ptrl 格式的独立字幕文件
磁带	将文件输出到磁带中
EDL	将编辑的素材保存为一个编辑表
OMF	将编辑的素材保存为 OMF 格式的文档
AAF	将编辑的素材保存为 AAF 格式的文档
最终输出 XML	将编辑的素材保存为 XML 格式的文档

输出文件的格式在“导出设置”对话框中进行设置，对话框包括“输出预览”、“导出设置”和“扩展参数”3 个窗格，如图 8-2-3 所示。

1.“输出预览”窗格

“输出预览”窗格包括“源（Source）”和“输出（Output）”两个选项卡。

（1）源：可以对“输出预览”窗格中的素材按比例进行剪裁，提供 3:4、4:3、9:11、9:15 等多种选项。

（2）输出：可以将“输出预览”窗格中的素材设置为“缩放适配（Scale To Fit）”、“缩放填充（Scale To Fill）”和“拉伸适配（Stretch To Fill）”等格式。

：预览纵横比，设置输出影片文件的纵横比例。

：设置输出范围的入点。

：设置输出范围的出点。

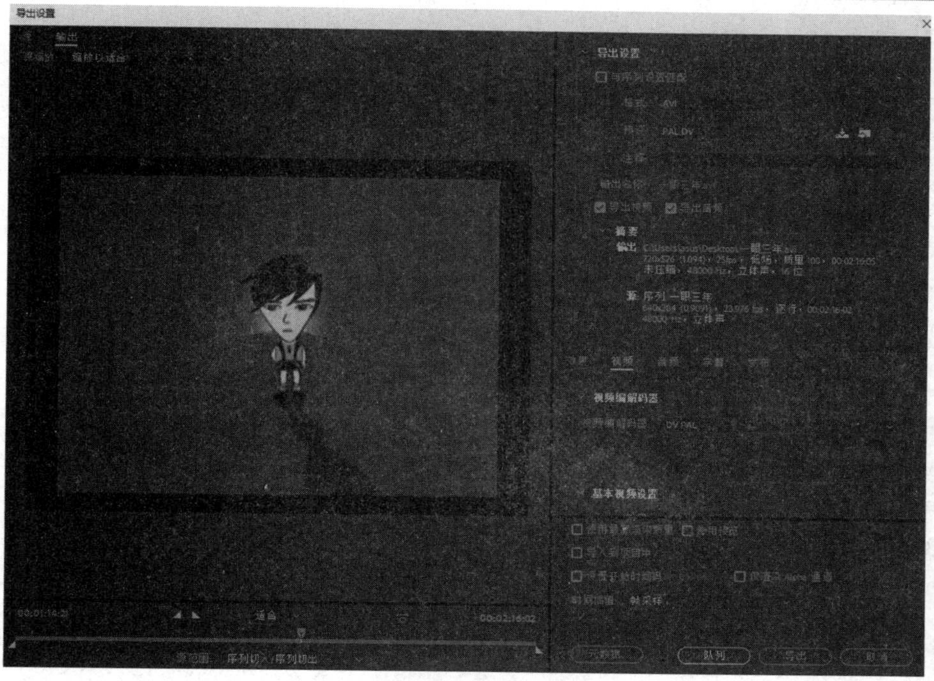

图 8-2-3 “导出设置”对话框

2. “导出设置”窗格

“导出设置”窗格是输出视频、音频和流媒体的设置面板，如图 8-2-4 所示。

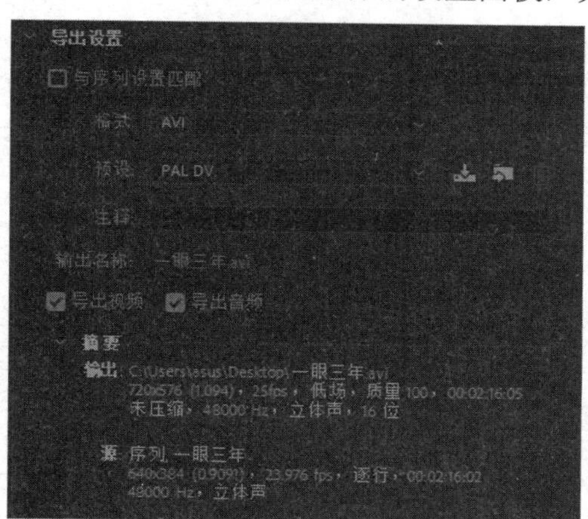

图 8-2-4 “导出设置”窗格

● 格式：选择输出的媒体格式，其下拉列表各项的含义如表 8-2-2 所示。

表 8-2-2 “格式”下拉列表中各选项的含义

选　项	含　义
音频交换文件格式	输出 AIF 格式的音频文件
Microsoft AVI	输出 AVI 格式的视频文件（在实际输出中应用最多）
Windows 位图	输出一系列 BMP 格式的静态图片
动画 GIF	输出 GIF 动画效果，但不支持声音播放

续表

选　项	含　义
GIF	输出一系列格式为 GIF 的静态图片，或者单独输出某一帧
QuickTime	输出 MOV 格式的视频文件
Targa（TGA 序列）	输出一系列 TGA 格式的静态图片
TIFF（TIF 序列）	输出一系列 TIF 格式的静态图片，或者单独输出某一帧
无压缩 Microsoft AVI（无压缩 AVI）	输出无压缩的 AVI 格式的视频文件
Windows Waveform（Windows WMA 音频）	只输出 Windows WAV 格式的音频文件
MPEG4	压缩视频的基本格式，如 VCD

- 输出名称：设置输出影片的位置和名称。
- 导出视频：只输出项目的视频。
- 导出音频：只输出项目的音频。

3. “扩展参数”窗格

“扩展参数”窗格包含“滤镜”、“视频”、“音频”和“FTP”4 个选项卡，“视频”和“音频”选项卡的作用如下。

（1）“视频”选项卡。

① 视频编解码器：设置输出视频压缩算法，单击“视频编解码器”右侧的按钮，弹出下拉列表，选择压缩方式，如图 8-2-5 所示。视频编解码器各选项的含义如表 8-2-3 所示。

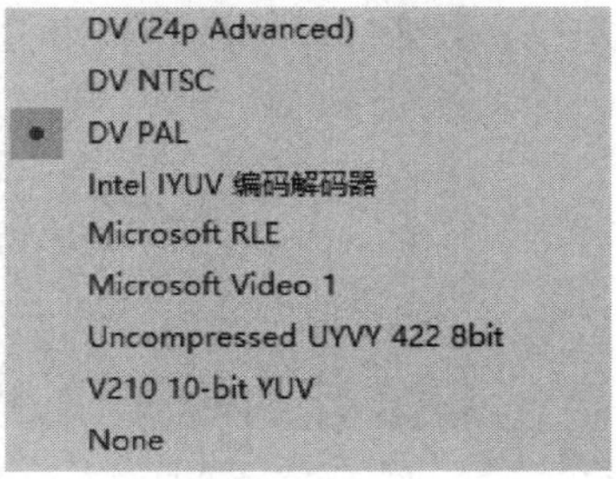

图 8-2-5 “视频编解码器”列表

表 8-2-3 “视频编解码器”各选项的含义

选　项	含　义
DV(24p Advanced)	适合制作电影模式的视频
DV NTSC/DV PAL	适合制作 NTSC 制式/PAL 制式的视频
Intel IYUV 编码解码器	用于制作未压缩的视频
Microsoft RLE	适合大面积影片，是一种无损压缩方案
Microsoft Video1	对模拟视频进行压缩
x264vfw-H.264/MPEG-4 AVC codec	高度压缩数字视频编解码器
None	无压缩

② 基本视频设置：可以对输出视频的品质、尺寸、帧速率和场类型等参数进行设置，各选项的含义如表 8-2-4 所示。

表 8-2-4 “基本视频设置”各选项的含义

参　数	含　义
品质	拖动选项区中的三角形滑块，设置输出画面的显示质量
场类型	指定是否采用场渲染方式，包括逐行、上场优先和下场优先 3 种方式
纵横比	设置视频制式的画面比
深度	设置视频画面输出的颜色深度

（2）“音频”选项卡：为输出的音频指定使用的压缩方式、采样率、声道和样本类型。

- 音频编码：为输出音频指定压缩算法，Premiere Pro CC 2018 默认为“无压缩”。
- 基本音频设置：设置输出音频的采样率、声道和样本类型等参数。
- 采样率：设置输出音频采样率，采样率越高，播放质量越好，所需磁盘空间越大，处理时间越长。一般将采样率设置为高于 48000Hz，如图 8-2-6 所示。
- 声道：提供“单声道”、“立体声”和“5.1”3 个选项，如图 8-2-7 所示。
- 样本类型：设置输出音频的声音量化倍数，最高提供 32 位比特数。音频的量化位数越高，声音质量越好，如图 8-2-8 所示。

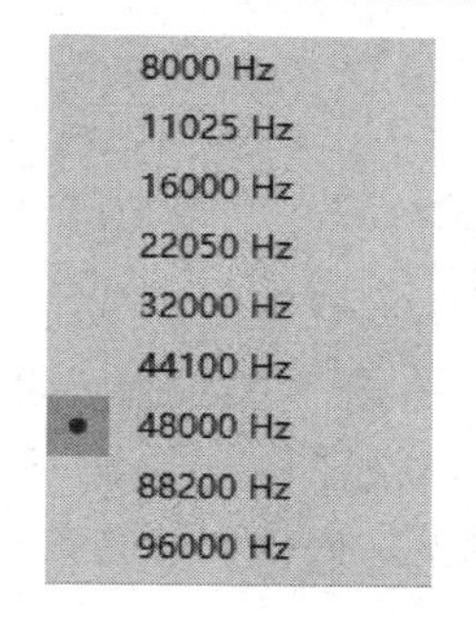

图 8-2-6 “采样率”列表

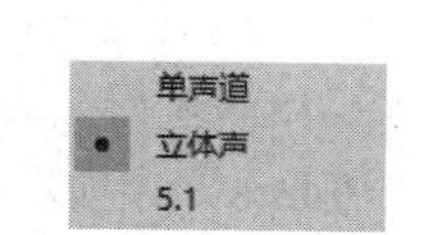

图 8-2-7 “声道”列表

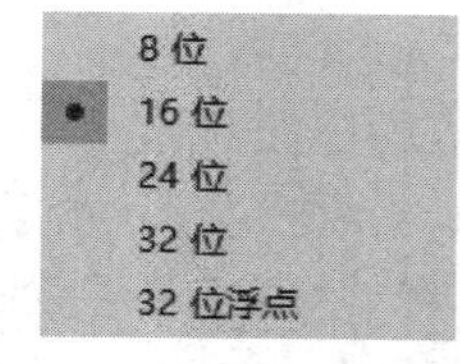

图 8-2-8 “样本类型”列表

8.3 情境设计 《不拘一格》

8-3-1 《不拘一格》输出影片

1. 情境创设

能力模块 6 中的《多彩十艺》项目制作完成后，需要在 DVD 播放器、手机、便携式媒体播放器和标清及高清电视上播放，或者需要渲染出单帧图像作为宣传海报的制作素材，又或者需要存放于不同的存储介质上。情境创设《不拘一格》，将设计多种不同用途，对《多彩十艺》项目进行渲染输出。

2. 技术分析

（1）将影片中的一段声音或歌曲制作成音乐光盘。

（2）将影片中的一个单帧图像作为宣传海报素材。

（3）输出为 TGA 格式图片序列，便于对影片某帧画面的抽取。

（4）将影片刻录 DVD 存档。

（5）输出为支持流技术、用于在线广播的视频文件。

（6）为了更清楚地了解素材的时间长度，制作素材时码记录表以供查询。

3. 项目制作

STEP01 输出音频文件

运行 Premiere Pro CC 2018，打开项目“模块 6/6-4 情境设计-多彩十艺/源文件/多彩十艺.prproj”。

❶执行菜单“文件→导出→媒体”命令，打开“导出设置”对话框。

❷在“格式”下拉列表中选择“Waveform Audio”选项。

❸单击“输出名称”右侧的默认文件名“文化艺术生活.wav”，打开“另存为”对话

框，选择存储目录路径，输入文件名“美丽中国梦”，单击保存(S)按钮。

❹单击导出按钮，开始渲染。导出完成，在指定目录下查看输出的WAV音频文件。

STEP02 输出单帧图像

❶执行菜单“文件→导出→媒体”命令，打开“导出设置”对话框。

❷在“输出预览”窗格中，定位时间指示器到00:00:27:14位置。

❸在“格式”下拉列表中选择“JPEG”选项。

❹单击“输出名称”右侧的默认文件名“文化艺术生活.jpg”，打开“另存为”对话框，选择存储目录路径，输入文件名“民间艺术团体表演”，单击保存(S)按钮。

❺取消勾选“视频”选项卡中的“导出为序列”复选框。

❻单击导出按钮，开始渲染。导出完成，在指定目录下查看输出的单帧图像文件。

STEP03 输出图片序列

❶执行菜单“文件→导出→媒体”命令，打开“导出设置”对话框。

❷在“输出预览”窗格中，定位时间指示器到00:00:22:00位置，单击按钮，设置输出入点。定位时间指示器到00:00:24:00位置，单击按钮，设置输出出点。

❸在“格式”下拉列表中选择“Targa”选项，在“预设”下拉列表中选择“DV PAL序列”选项。

❹单击“输出名称”右侧的默认文件名“文化艺术生活.tga”，打开“另存为”对话框，选择存储目录路径，输入文件名“民间艺术团体”，单击保存(S)按钮。

❺单击导出按钮，开始渲染。导出完成，在指定目录下查看输出的图片序列文件。

STEP04 输出DVD文件

❶执行菜单“文件→导出→媒体”命令，打开“导出设置”对话框。

❷在“格式”下拉列表中选择“MPEG2-DVD”选项。

❸单击“输出名称”右侧的默认文件名“文化艺术生活.m2v”，打开“另存为”对话框，选择存储目录路径，单击保存(S)按钮。

❹单击导出按钮，开始渲染。导出完成，在指定目录下查看输出的M2V视频文件。

STEP05 输出为WMV视频文件

❶执行菜单“文件→导出→媒体”命令，打开“导出设置”对话框。

❷在“格式”下拉列表中选择“Windows Media”选项。

❸单击“输出名称”右侧的默认文件名“文化艺术生活.wmv”，打开“另存为”对话框，选择存储目录路径，单击保存(S)按钮。

❹单击导出按钮，开始渲染。导出完成，在指定目录下查看输出的WMV视频文件。

STEP06 输出素材时码记录表

❶执行菜单“文件→导出→EDL”命令，打开“EDL导出设置”对话框，输入时码记录表的名称“文化艺术生活”，如图8-3-1所示。

❷单击确定按钮，打开“导出序列为EDL”对话框，选择存储目录路径，在“文件名”编辑栏内输入文件名“多彩十艺”，单击保存(S)按钮。

❸在指定目录下查看输出的“.edl”格式的文件，双击该文件，将其在Excel中打开，里面记录了“项目”面板中所有素材的起始时间，如图8-3-2所示。

4. 项目评价

影片的播放质量在很大程度上取决于最终的输出质量。本项目通过对宣传短片《多彩十艺》的渲染输出，创设了 6 个不同的需求情境，通过选择不同的输出压缩格式，设置不同的输出参数，达到输出目的，取得理想的输出效果。

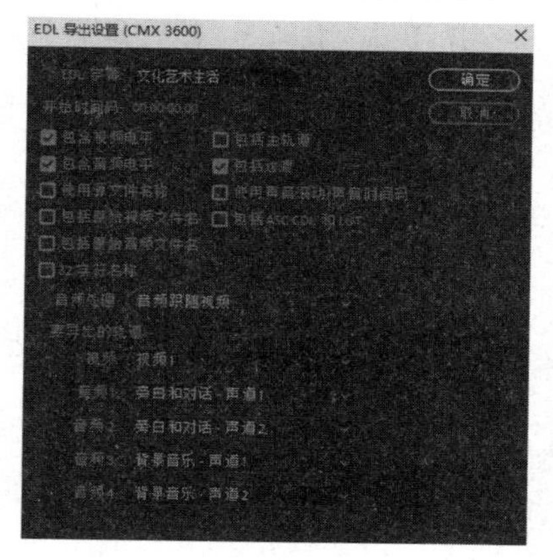

图 8-3-1 “EDL 导出设置”对话框

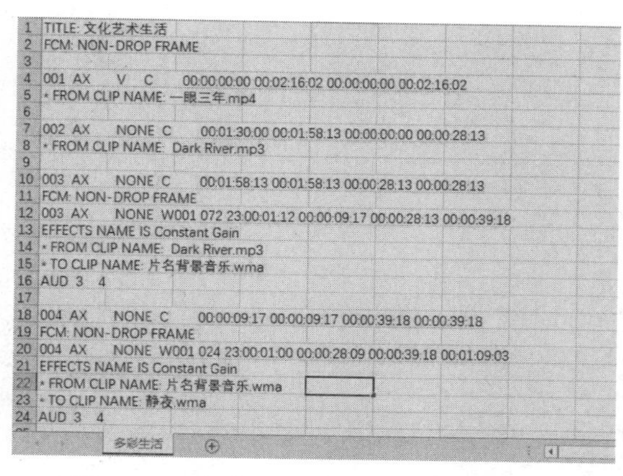

图 8-3-2 查看导出的“.edl”格式的文件

8.4 实训与赏析

1. 实训 输出《动感文字》

将《动感文字》分别输出为以下音视频格式：

（1）输出为 AVI、WMV 和 M2V 格式视频文件；

（2）输出 00:00:00:00～00:00:02:15 为 TGA 格式图片序列；

（3）输出 00:00:04:00 为 JPG 格式单帧图像。

2. 赏析 宣传片《E 统天下，I 联未来》

在线播放宣传片《E 统天下，I 联未来》（http://www.sdcet.cn/zsxxw/articles/ch00548/201407/c4d47c12-8820-4bd3-b0ff-904b1448744a.shtml，在线视频栏目），体会网络流媒体格式文件的特点。

流媒体又叫流式媒体，是指商家用一个视频传送服务器把节目当成数据包发出，并传送到网络上，用户通过解压设备对这些数据进行解压后，节目就会像发送前那样显示出来。流媒体的特点是运用可变带宽技术，使人们可以在 28～1200kb/s 的带宽环境下在线欣赏高品质音频和视频节目，所以流媒体编解码技术对音视频内容进行高压缩率的编解码的同时，还能在允许的范围内充分保证音视频品质不受影响。

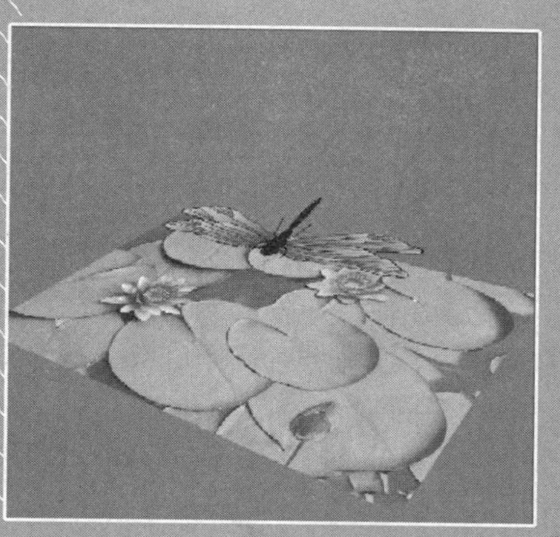

第二部分 特效制作

能力模块 9
认识影视特效

电影《阿凡达》的后期特效让人惊叹，绚丽的光影效果和飞檐走壁的绝技已经远远超出摄像机拍摄出来的真实场景。电视广告、电视节目片头动画也处处是影视特效的身影，甚至一个简单的天气预报都是通过后期特效制作出来的。影视特效已经成为影视制作中不可或缺的一部分。通过 Adobe 的 After Effects 软件，可以调整影片色彩、创造精彩文字效果、创建三维动感空间、制作绚丽光效等。

关键词

合成 图层 关键帧

任务和目标

1. 通过边做边学了解影视特效制作流程。
2. 熟悉 After Effects 的工作环境和基本操作规范。
3. 熟悉层的概念，掌握层的基本操作及层属性设置。
4. 掌握属性关键帧的添加和关键帧动画的制作。

9.1 边做边学 《影视之光》——粒子特效

9-1 《影视之光》- 粒子特效

通过实例《影视之光》介绍在 After Effects CC 2018 中进行影视后期特效制作的一般流程和基本操作；通过在实例中应用粒子特效，介绍特效的添加、参数的设置操作；通过为特效添加关键帧，介绍关键帧动画制作方法的基本操作。《影视之光》效果如图 9-1-1 所示。

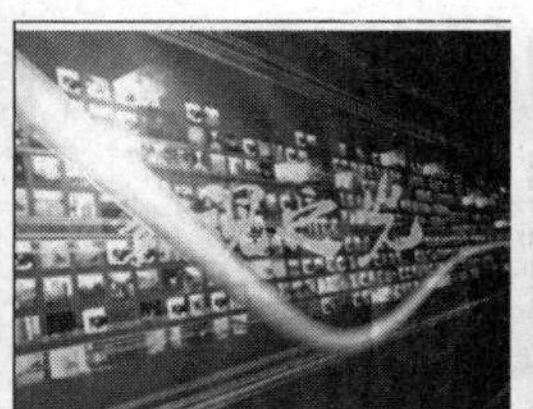

图 9-1-1 《影视之光》效果图

9.1.1 新建合成

运行 After Effects CC 2018，按<Ctrl+N>组合键，打开“合成设置”对话框，将新建合成命名为“影视之光”，参数设置如图 9-1-2 所示。

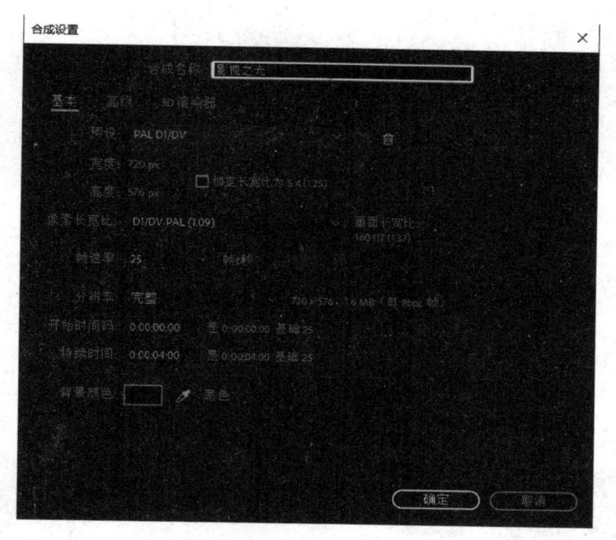

图 9-1-2 “合成设置”对话框

9.1.2 导入素材

❶双击“项目”窗口空白处，导入素材“模块 9/9-1 边做边学-影视之光/素材”文件夹下的“背景.avi”和“音乐.mp3”素材，导入的素材将依次排列于“项目”窗口中。

❷双击“项目”窗口空白处，导入素材“模块 9/9-1 边做边学-影视之光/素材/金色光线”。素材“金色光线”为一系列静止图片构成的序列素材。导入素材时，在弹出的“导入文件”对话框中，选取第一幅图片，勾选窗口下方的“Targa 序列”复选框（如果不勾选“Targa 序列”复选框，则只导入单张图片）。

❸导入图片后，系统自动弹出“解释素材”对话框，显示“项目具有未标记的 Alpha 通道”。在这里有四个选项，分别是“忽略”、“直接—无遮罩”、“预乘—有彩色遮罩”和“反转 Alpha”。一般情况下，单击“猜测”按钮，系统即会自动识别，如图 9-1-3 所示。

❹导入的素材在“项目”窗口中顺序排列，视频、音频、序列、合成分别以不同的图标样式呈现在“项目”窗口中，如图 9-1-4 所示。

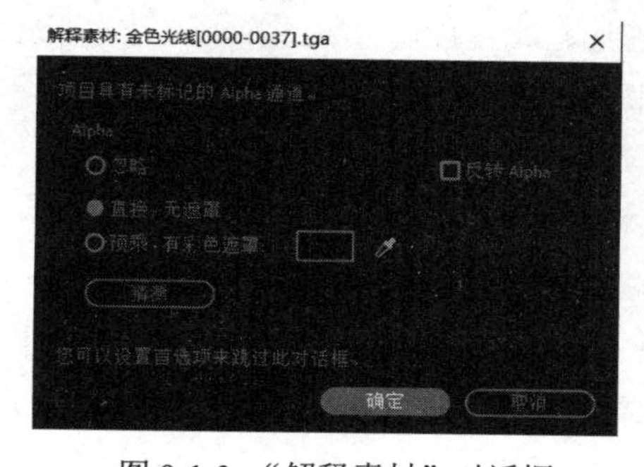

图 9-1-3 “解释素材”对话框

图 9-1-4 “项目”窗口

❺拖曳素材“背景.avi”到合成“影视之光”的“时间轴”窗口中，可以看到素材作为一个独立的层出现在时间轴上，如图 9-1-5 所示。

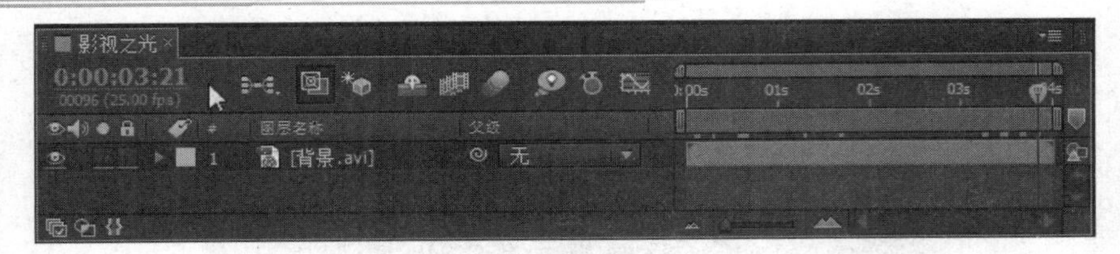

图 9-1-5 “时间轴”窗口

9.1.3 建立文本层

❶执行菜单“图层（Layer）→新建（New）→文本（T）”命令，新建一个文本层，在“合成”窗口输入文本“影视之光”。打开“字符”面板，调整文字的大小、字体、填充颜色、描边颜色、字间距等，参数设置及效果如图 9-1-6 和图 9-1-7 所示。

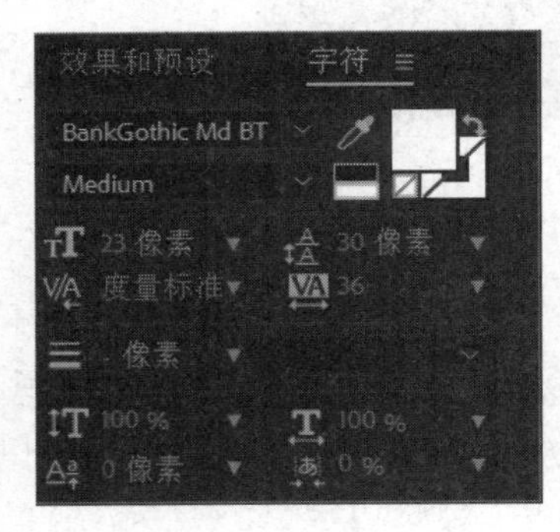

图 9-1-6 “字符”面板

图 9-1-7 调整后的文本样式效果

❷当前文本层的出点和入点的位置与合成的长度完全一致，为 4 秒。调整文本层入点的位置为 0:00:01:00，即从 1 秒的位置让文本出现。调整方法有两种：一是直接拖曳文本层入点的文本至 1 秒处，如图 9-1-8 所示；二是将当前时间指示器拖曳到 0:00:01:00 位置，按组合键<Alt+[>，重新设置入点，将 1 秒之前的素材剪掉。

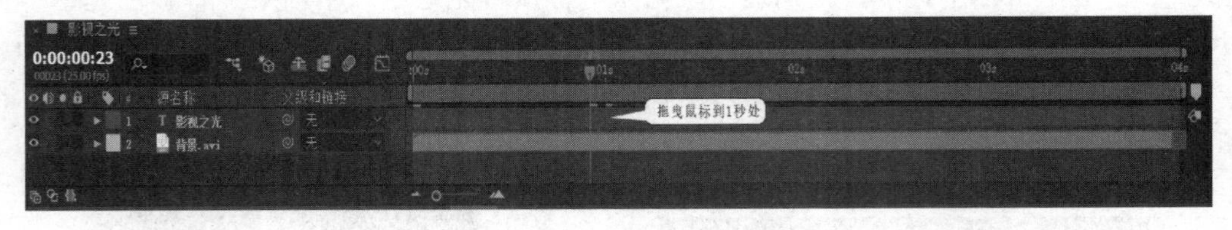

图 9-1-8 修改图层的入点

9.1.4 添加特效

选择文本层，将当前时间指示器定位在 0:00:01:00 位置，打开“效果和预设”面板，依次展开“动画预设→Text→3D Text”，选择“3D 从摄像机后下飞”选项，如图 9-1-9 所示。添加特效后文本从画面外由大到小进入画面，效果如图 9-1-10 所示。

将特效添加到文本图层有两种操作方法：一是双击特效名称；二是将特效直接拖曳到文本图层上。

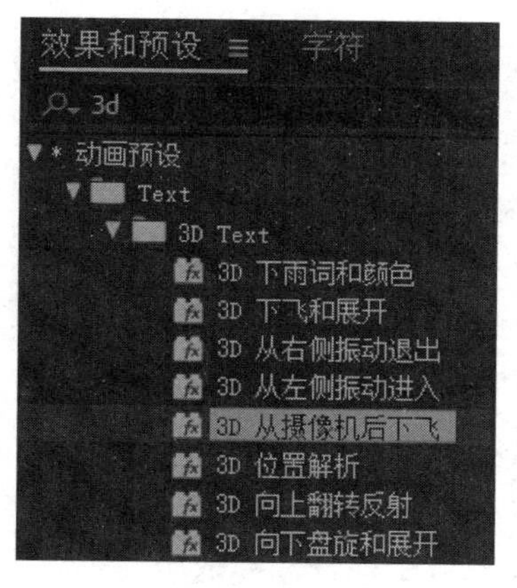

图 9-1-9　选择文本效果

图 9-1-10　添加特效后的文本效果

9.1.5　添加纯色

❶将“项目”窗口中的“金色光线”序列素材拖曳到“时间轴”窗口中，将素材的起始位置定位到 0:00:02:00 位置，“时间轴”窗口中的各素材排列顺序如图 9-1-11 所示。

图 9-1-11　各素材排列顺序

❷执行菜单“图层（Layer）→新建（New）→纯色（S）”命令，或者按<Ctrl+Y>组合键，新建一个纯色层。在弹出的“纯色设置”对话框中，设置名称为“镜头光晕”，颜色为黑色。同时将纯色层的入点定位在 0:00:03:00 位置。“时间轴”窗口中各素材的位置如图 9-1-12 所示。

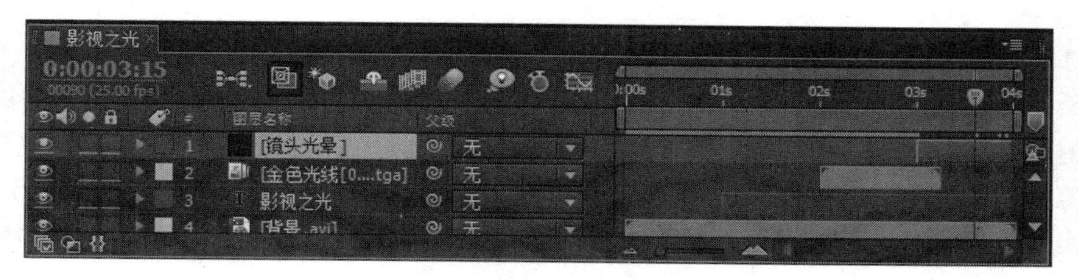

图 9-1-12　“时间轴”窗口中各素材的位置

9.1.6　添加特效及关键帧

在“时间轴”窗口中，选择纯色层，执行菜单“效果（Effect）→生成（Generate）→镜头光晕（Lens Flare）”命令，为纯色层添加镜头光晕效果。添加特效后，在“效果控件”面板中调节参数，如图 9-1-13 所示，效果如图 9-1-14 所示。

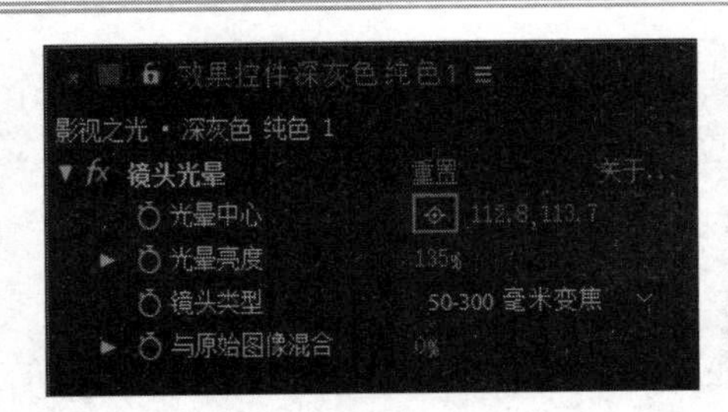

图 9-1-13 “效果控件”面板

图 9-1-14 镜头光晕效果

要实现镜头光晕的流转效果，即光晕的中心点从画面左侧移动到右侧，需要为镜头光晕的光晕中心添加关键帧。添加关键帧的方法如下。

❶将当前时间指示器定位在 0:00:03:00 位置，在“效果控件”面板中，更改光晕中心位置 X、Y 轴的值，使其处于画面左侧，激活“光晕中心”前面的时间变化秒表，使其成为按下状态，设置第一个关键帧。

❷将当前时间指示器定位在 0:00:04:00 位置，再次更改光晕中心位置 X、Y 轴的值，使其位于画面右侧，系统自动记录第二个关键帧的值。关键帧不显示在“效果控件”中，可以展开镜头光晕层的层属性，找到“效果→镜头光晕→光晕中心”属性，查看关键帧状态，如图 9-1-15。

图 9-1-15 光晕中心属性的关键帧设置

9.1.7 层混合模式

至此，“时间轴”窗口中有四个图层，最上方的图层为“镜头光晕”，其完全遮盖了下方的图层。将“镜头光晕”图层与下一层的混合模式更改为“添加”，滤掉黑色，露出下方的图层。

设置图层混合模式的方法：单击“时间轴”窗口左下方的“展开或折叠转换控制窗格”按钮，显示“图层模式”，在“图层模式”选项中选择“添加”即可，如图 9-1-16 所示。

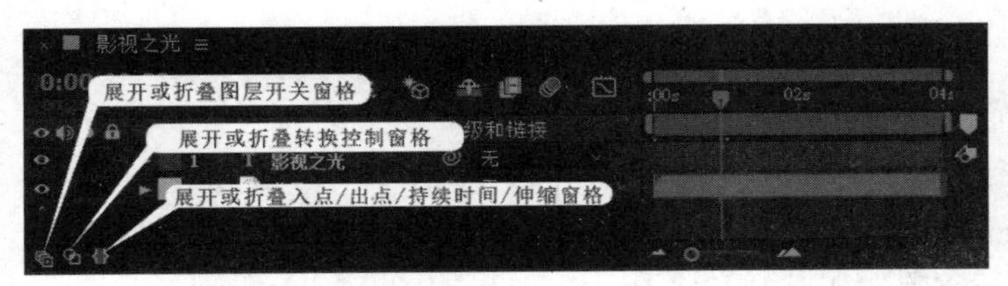

图 9-1-16 “时间轴”窗口左下方的三个折叠按钮

9.1.8 添加音乐

将“项目”窗口中的“音乐.mp3”素材拖曳到时间轴的最后一层，作为影片的背景音乐。现在“影视之光”合成中一共有五个图层。

9.1.9 输出影片

打开“预览”面板，单击“播放/停止”按钮预览影片，如图9-1-17所示。勾选“全屏”复选框实现全屏预览，观察效果。

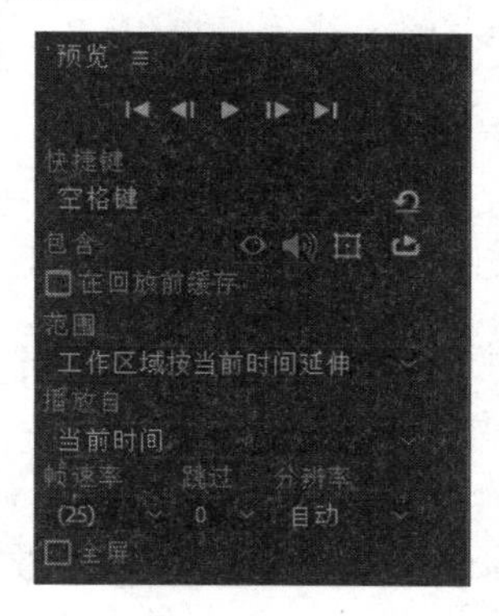

图9-1-17　预览

执行菜单“图像合成（Composition）→添加到渲染队列（Add to Render Queue）”命令，或者按<Ctrl+M>组合键，弹出“渲染队列”（Render Queue）面板，如图9-1-18所示。输出格式选择“输出模块”的“QuickTime”选项，勾选“输出音频”复选框，在“输出到”选项中输入保存文件的名称和位置。单击 渲染 按钮，输出影片，保存为“影视之光.mov”。

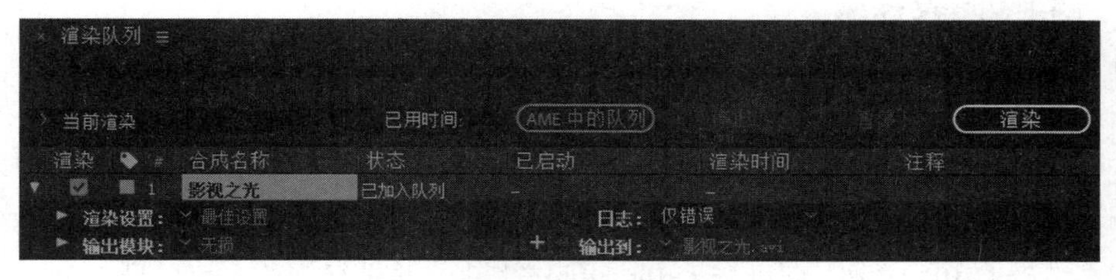

图9-1-18　设置输出格式和输出位置

9.2 特效的光芒

9.2.1 什么是合成

After Effects 中的很多特效和 Photoshop 中的滤镜效果很相似。同时，After Effects 也是基于图层进行操作的，先将各种元素，如图像、视频、文本、效果，甚至灯光、摄像机放置在层当中，再进行加工、组合，完成最终的影片。

如图9-2-1所示，该影片由背景图层（图层1）、禾苗图层（图层2）、男性图层（图层3）和文本图层（图层4）四种元素组成，经过艺术化处理，最终形成合成影片。

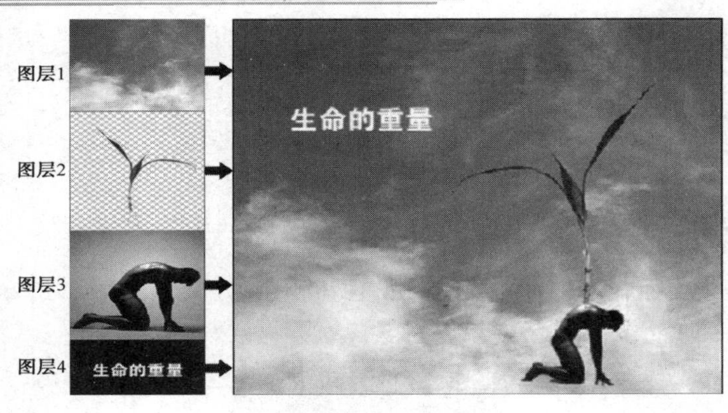

图 9-2-1　合成的各元素

9.2.2　什么是特效

After Effects 是一款用于高端视频特效的专业特效合成软件，包含强大的特效功能，主要体现在以下几方面。

1. 强大的合成能力

对视频、音频、图片、动画文件进行无限层的画面合成；利用“钢笔”工具创建复杂的游动的蒙版，并将蒙版的特性应用于其他图像；创建不同形状的蒙版，并对蒙版进行自由操作。

2. 无压缩的动画控制能力

针对每层画面的动画属性，如位置、缩放、旋转、不透明度等都可以添加无限量的关键帧；通过运动草图绘制运动路径并记录速度，通过实时采集运动路径，模拟真实的自然物体的不规则运动。

3. 强大的特效功能

具有数以百计的特效功能，每层画面可以实现多种特效；能够添加外挂插件，增强特效；可以创建调节图层，把特效整体添加到下方所有图层。

4. Adobe 家族产品的无缝集成

可以导入 Photoshop 文件，其中的图层、Alpha 通道、调节图层、混合模式等信息都会保留在 After Effects 中；可以导入 Illustrator 文件，并进行修改；可以导入 Premiere 文件，并保持完整性。

9.3　认识 After Effects

9.3.1　After Effects 工作环境

After Effects 为用户提供了一个可伸缩、可自由定制的多用户界面，具有九种工作界面，可以在“窗口（Window）→工作区（Workspace）”中选择预设的工作模式。图 9-3-1 所示是 After Effects CC 2018 中文版的界面，是系统定义的标准（Standard）工作区。

图 9-3-1 After Effects CC 2018 中文版的界面

1.“工具”（Tools）：该面板分为三部分，最左边是 After Effects 的操作工具，工作区（Workspace）是系统定义的不同工作模式，最右侧是系统提供的搜索工具。

2.“项目”（Project）窗口：存放和管理素材与合成，可对素材和合成进行分类管理。

3.“效果控件”（Effects）：显示所有为素材添加的特效，并为特效设置各项参数，添加关键帧。

4.“合成”（Composition）窗口：双击“项目”窗口中的合成，打开“合成”窗口，显示当前时间轴上合成的最终画面，可以使用工具栏中的工具进行编辑，显示实时效果。

5.“图层”（Layer）窗口：双击时间轴上的某层，该层的内容都显示在“图层”窗口中。

6.“素材”（Footage）窗口：在“素材”窗口中查看素材播放的效果。

7.“时间轴”（Time Line）窗口：After Effects 非常重要的窗口，对素材进行编辑、设置，并修改素材属性、设置动画关键帧，还可以显示素材、合成的时间长度及素材在合成中的位置等与时间相关的信息。

8.“渲染队列”（Render Queue）窗口：设置输出影片的窗口，设定输出影片的格式和位置等。

9.“音频”（Audio）面板：用于显示音频信息，监视合成音量的窗口。

10.“预览”（Preview）：用于控制影片播放，对合成进行渲染。

11.“字符”（Text）面板：对文本的字体、大小、距离、颜色、描边等属性进行设置。

12.“效果和预设”（Effects & Presets）面板：包含 After Effects 中的所有特效，包含动画预设，用户可以直接调用。

13.“段落”（Paragraph）面板：可以对文本段落进行调整。

9.3.2 项目窗口与素材管理

After Effects 的“项目”窗口是导入、组织、管理素材的窗口，与 Premiere 的“项目”窗口类似。

1. 项目设置

项目设置分为四部分，分别是视频渲染和效果、时间显示样式、颜色设置、音频设置。时间显示样式分为时间码显示和帧显示两种，帧显示又有 35mm 和 16mm 两种，是两种电影胶片的规格。在颜色设置中，颜色深度有 8 位、16 位和 32 位三种。默认值为 8 位/通道，高品质影像为 16 位/通道，高清晰影像为 32 位/通道（浮点）。

2. 素材的导入

素材是制作影片的基本元素，在 After Effects 中可以导入的素材有图片、音频、视频和图片序列等。导入素材的操作方法与 Premiere 基本相同，不再赘述。

导入 Photoshop 软件生成的 PSD 类型素材时，可以包含其 Alpha 通道、层、调节层和遮罩层等信息，有“素材”、“合成—保持图层大小”和“合成”三种方式，如图 9-3-2 所示。导入 PSD 类型素材时，如果包含 Alpha 通道，会自动弹出“解释素材”对话框，如图 9-3-3 所示，有五个选项可以进行设置。

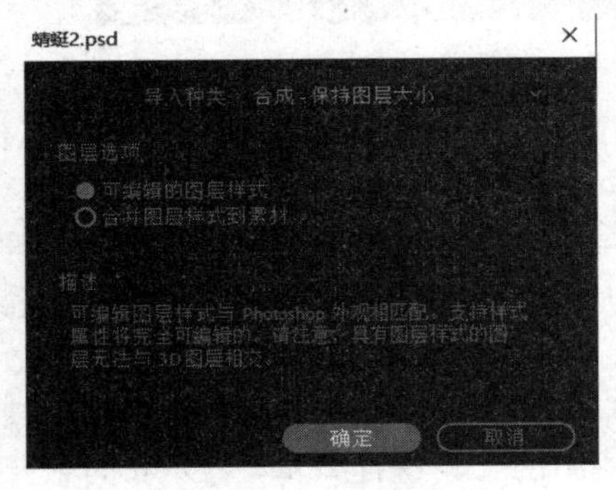

图 9-3-2　导入 PSD 文件

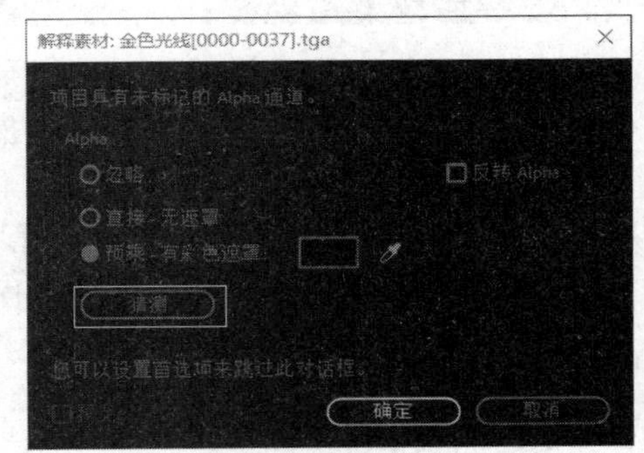

图 9-3-3　“解释素材”对话框

（1）忽略：忽略透明信息。

（2）直接—无遮罩：该项素材的不透明度信息保存在独立的 Alpha 通道中。

（3）预乘—有彩色遮罩：保存 Alpha 通道的不透明度信息，也保存可见的 RGB 通道中的相同信息。

（4）猜测：让系统自动识别 Alpha 通道类型。当不确定如何进行选择时，可以选择该选项。

（5）反转 Alpha：反转透明区域和不透明区域。

3. 素材的管理

在“项目”窗口中，可以显示素材的名称、文件类型、大小、帧速率、入点、出点和文件路径等信息，方便对素材进行管理，如图 9-3-4 所示。

“项目”窗口下方有“解释素材”、“新建文件夹”、“新建合成”、“色彩深度”8 bpc和“删除选择的项目条目”五个功能图标按钮。

- “解释素材”：单击按钮，弹出“解释素材”对话框，可以对其 Alpha 通道信息、帧速率、开始时间码、场次及色彩信息进行设置。
- “色彩深度”8 bpc：单击8 bpc按钮，弹出“项目设置”对话框，可以进行色彩深度的修改。按<Alt>键的同时单击该按钮，颜色深度在 8 位、16 位、32 位之间进行转换。

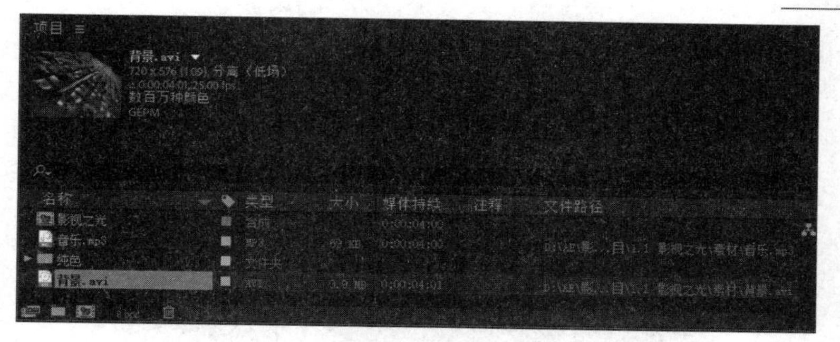

图 9-3-4 “项目”窗口

9.3.3 合成窗口、素材窗口与层窗口

1. 图像合成设置

执行菜单“合成（Composition）→新建合成（New Composition）”命令，或者单击“项目”窗口下方的“新建合成”按钮，或者直接将素材拖曳到“新建合成”按钮上，可以产生一个合成。

“合成设置”对话框中含有“基本”、“高级”和“3D 渲染器”三个选项卡，如图 9-3-5～图 9-3-7 所示。在“高级”选项卡中，可以对合成的高级属性进行设置。

- 锚点：可以自定义合成图像的锚点，当对合成图像进行尺寸修改时，锚点的位置决定了如何显示合成图像中的影片。
- 在嵌套时或在渲染队列中，保留帧速率：若勾选该选项，当前合成图像被嵌套到另一个合成图像中后，仍然保持自己的帧速率；若不勾选该选项，则使用另一个合成图像的帧速率。
- 在嵌套时保留分辨率：若勾选该选项，当前合成图像被嵌套到另一个合成图像中后，仍然使用自己的分辨率；若不勾选该选项，则使用另一个合成图像的分辨率。
- 快门角度：当在时间轴中定义了运动模糊功能后，可以在输入框中定义模糊的强度。
- 快门相位：可以输入运动模糊偏移的方向。

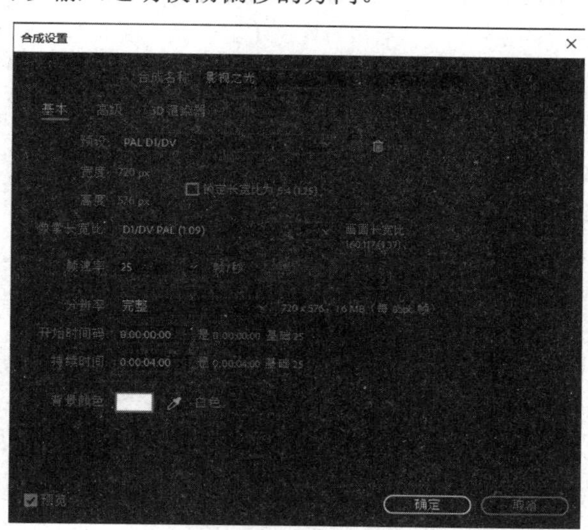

图 9-3-5 “合成设置—基本”选项卡

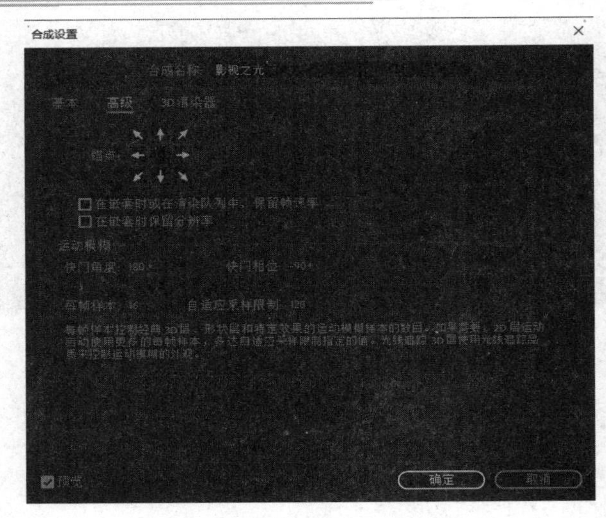

图 9-3-6 “合成设置—高级”选项卡

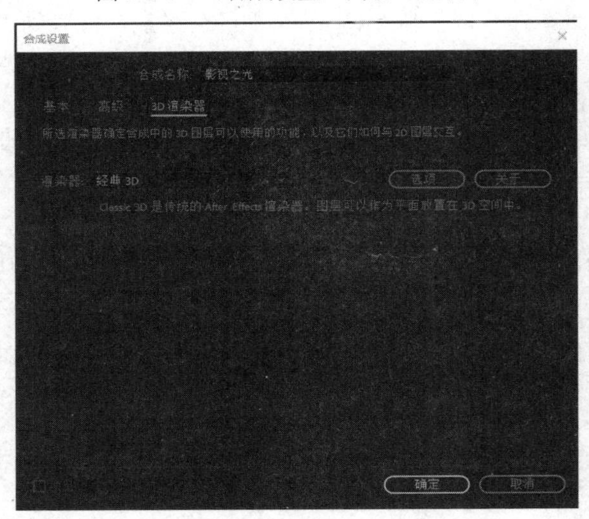

图 9-3-7 “合成设置—3D 渲染器”选项卡

2. “合成”窗口

“合成”窗口的作用是进行合成效果的监视，可以预览节目，主要对层的空间位置进行操作，例如，对素材层进行移动、缩放、旋转等操作。在“项目”窗口中双击合成名称，打开“合成”窗口，如图 9-3-8 所示。

“合成”窗口的大部分区域是显示区域，最下方是操作区域。

- 始终预览此视图 ：单击该按钮，则预览时预览当前视图，再次单击该按钮，则预览时当前视图不参与预览。
- 放大率弹出式菜单 100%：在弹出的下拉列表中选择显示区域的缩放比例，也可以通过鼠标的滚轮来缩放窗口。
- 切换蒙版和形状路径可见性：单击该按钮，显示合成中的蒙版，再次单击该按钮，则隐藏蒙版。
- 拍摄快照：单击该按钮，为当前画面制作快照。

图 9-3-8 “合成”窗口

● 显示通道及彩色管理设置：下拉列表中包含 RGB、红、绿、蓝、Alpha 等选项，单击其中的按钮即可显示对应的通道模式。
● 选择网格与参考线选项：下拉列表中有六个选项，分别为标题/动作安全、对称网格、网格、参考线、标尺和 3D 参考轴，如图 9-3-9 所示。
● 目标区域 ：可以在合成图像预览窗口中定义一个矩形区域，系统仅显示矩形区域内的影片内容，以提高预览速度，如图 9-3-10 所示。

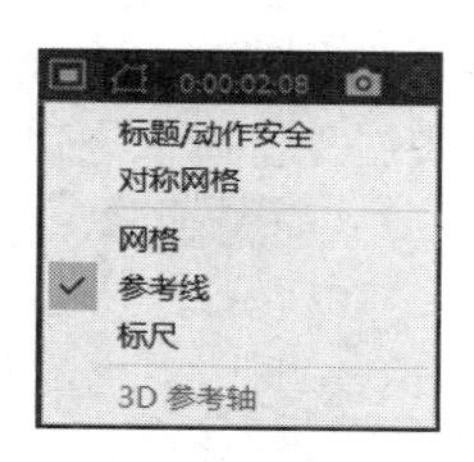

图 9-3-9 网格与参考线选项

图 9-3-10 目标区域

● 切换透明网格：单击该按钮，“合成”窗口中以棋盘格显示透明背景。
● 3D 视图弹出式菜单 ：在下拉列表中可以选择合成图像的显示视图，通过不同的视图进行透视观察，如图 9-3-11 所示。
● 选择视图布局：以八种预设的视图模式查看合成图像预览窗口的内容，方便用户操作，如图 9-3-12 所示。

图 9-3-11 3D 视图弹出式菜单

图 9-3-12 选择视图布局

● 快速预览：可以根据需要在软件参数中启用 OpenGL，加速预览。

3. “素材”窗口

双击“项目”窗口中的素材，打开“素材”窗口。“素材”窗口下方含有时间轴，可以定义素材的入点和出点，还可以进行波纹插入和覆盖编辑，如图 9-3-13 所示。

图 9-3-13 “素材”窗口

4. “图层”窗口

“图层”窗口是显示素材的窗口，只能显示蒙版、切入点、切出点、分辨率和持续时间等。在“图层”窗口中可以进行一些特定操作，如层编辑、绘制蒙版、移动点等。

双击“时间轴”窗口中的层名称，打开“图层”窗口。“图层”窗口下方也有时间轴，除了具备入点和出点按钮，还可以查看三种 Alpha 切换方式、遮罩方式及是否显示当前视图渲染结果。

9.3.4 “时间轴”窗口

“时间轴”窗口是 After Effects 中一个非常重要的窗口，调整素材层在合成中的时间位置、素材长度、叠加方式、合成的渲染范围和长度等操作，都是在该窗口中完成的。“时间轴”窗口包含三部分：时间轴区域、控制面板区域和层区域，如图 9-3-14 所示。

图 9-3-14 “时间轴”窗口

1. 时间轴区域

时间轴区域包括时间标尺、当前时间指示器、当前工作区域及合成的持续时间。时间轴区域是“时间轴”窗口工作的基准，承担着指示时间的任务。

2. 层区域

素材导入合成后，以层的形式、以时间为基准排列在层区域中，如图 9-3-15 所示。可以拖曳层，更改层在时间标尺的位置，或者更改层的出点和入点。

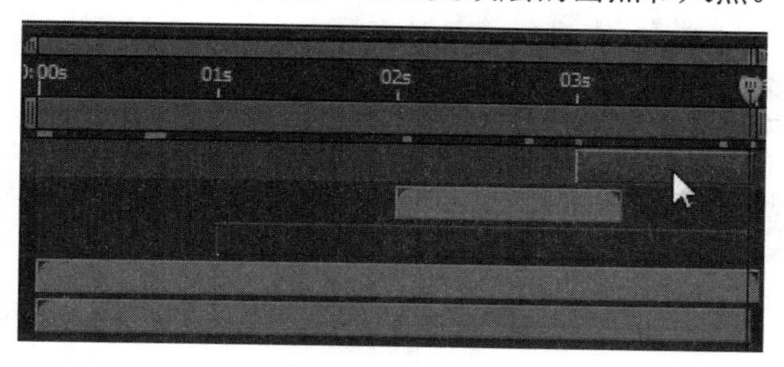

图 9-3-15　层区域

3. 控制面板区域

通过控制面板区域可以对层进行控制。在默认情况下，系统不显示全部控制面板，“时间轴”窗口左下角有三个展开和折叠按钮 ，可以将控制面板展开或折叠。或者在面板上右击，弹出快捷菜单，选择“显示栏目”命令，显示要显示的面板。

（1）层概述面板：包含素材的名称、素材在时间轴的层编，用户可以对素材属性进行编辑，如图 9-3-16 所示。

（2）展开或折叠图层开关面板：有八个具体控制合成效果的图标按钮，控制该层的各种显示和性能特征，如图 9-3-17 所示。

图 9-3-16　层概述面板

图 9-3-17　展开或折叠图层开关面板

- 消隐：在时间轴中隐藏图层。
- ：对于合成图层，折叠变换；对于矢量图层，连续栅格化。
- 质量和采样：素材在“合成”窗口中的显示质量，分为线框图质量、草图质量和最佳质量三种。
- 效果：打开或关闭用于层的特效。
- 帧融合：为素材应用帧融合技术。启用此功能将在连续的帧画面之间添加过渡帧，使画面效果更柔和。
- 运动模糊：激活该开关将开启运动模糊功能。
- 调整图层：开启或关闭合成中建立的调节层。
- 3D 图层：使图层变为三维图层，具有三维属性。

（3）开关按钮：在“时间轴”窗口的上方，与开关面板的功能大体相似，但是其中的开关用来控制合成的效果，如图 9-3-18。

图 9-3-18　开关按钮

- 合成微型流程图：显示整个合成流程图结构。

- 草图 3D：打开该开关，系统在 3D 草图模式下工作，忽略所有灯光照明、阴影和摄像机深度场模糊等效果。该开关仅对 3D 层有效。
- “消隐”开关：隐藏为其设置的“消隐”开关的所有图层。
- “帧混合”开关：为设置了“帧混合”开关的所有图层启用“帧混合”。
- “动态模糊”开关：为设置了“动态模糊”开关的所有图层启用“动态模糊”。
- 图表编辑器：可以打开“动画曲线”面板进行曲线编辑。

> **小黑板**
>
> 渲染时，随着当前时间指示器往后播放，时间轴上出现绿色的细线，说明这个画面的渲染已经完成，可以实时播放。有时候可能渲染到一半就不渲染了。因为渲染要占用系统的物理内存，如果内存满了，则无法继续渲染，所以要设置渲染的工作区，以便能够渲染后面的部分。

9.4 层的操作

9.4.1 层的概念

在 Premiere 中，所有的操作都是基于轨道的，而在 After Effects 中的操作是基于层的，这一点和 Photoshop 类似。

层就是一层透明的纸片，把不同的素材放置在不同的纸片上，并逐个叠加。层和层之间相互独立，每层都不受其他层的影响，如图 9-4-1 所示。

图 9-4-1　三维空间下层的叠加图层

9.4.2 层的类型及创建

一个项目可以包含若干层，这些层依次排列在“时间轴”窗口中。建立层的方法有以下几种。

（1）在“项目”窗口中选择素材，并将素材直接拖曳到“时间轴”窗口中，系统会自动建立以素材名称命名的层。

（2）将素材直接拖放到“项目”窗口下方的新建合成图标上，建立合成图像层。

（3）按组合键<Ctrl+D>复制已存在的层。

（4）执行菜单“图层（Layer）→新建（New）”命令，建立层。可以新建如图 9-4-2 所示九种类型的图层。

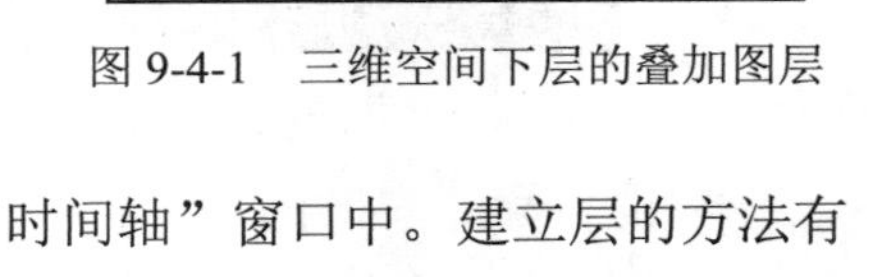

图 9-4-2　新建图层的类型

- 文本（T）：文本以层的形式独立存在于合成中。
- 纯色（S）：单色层，可以添加效果，也可以将其理解为一种媒介层。
- 灯光（L）：针对三维图层产生灯光效果的层。
- 摄像机（C）：用于创建摄像机的动画效果。
- 空对象（N）：一种不会被输出的层，可用于父子连接。
- 形状图层：用于创建矢量图形。
- 调整图层（A）：用于添加效果来影响下面其他层的透明图层。

- Adobe Photoshop 文件：可以直接新建一个 PSD 文件作为层。
- MAXON CINEMA 4D 文件：可以直接新建一个 C4D 文件作为层。

小黑板

重组是一个非常重要的概念，经常需要使用它简化层。重组时，选择的层合并为一个新合成，这个新合成代替选择的层。

9.4.3 层的操作方法

层的操作包括设置层的出/入点、复制和拆分图层、层的对齐和分布等。

1. 更改层的排列顺序

层的顺序决定了层在合成图像中显示的优先级别，最上方的层优先显示。更改层顺序的方法有以下两种。

（1）在“时间轴”窗口中，上下拖动层会出现一条黑色的水平线，松开鼠标即可将层放在指定的位置。

（2）通过菜单控制层的位置。选择层，执行菜单“图层（Layer）→排列（Arrange）”命令，可以选择将图层置于顶层（组合键<Shift+Ctrl+]>）、使图层前移一层（组合键<Ctrl+]>）、使图层后移一层（组合键<Ctrl+[>）、将图层置于底层（<Shift+ Ctrl+ [>）。

2. 层剪辑

层剪辑是改变在合成图像中的入点和出点位置的操作，但对原素材并没有进行破坏。

选择要剪辑的层，将当前时间指示器定位在层的边缘，将其拖动到需要剪辑的位置，如图 9-4-3 所示。

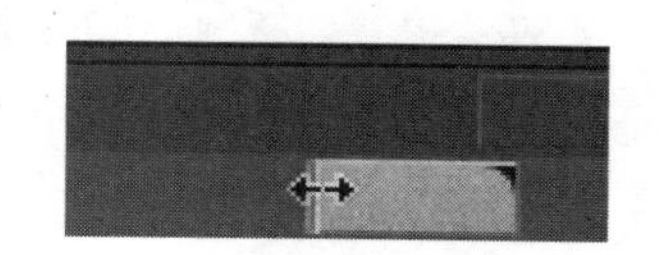

图 9-4-3 拖曳层的入点

或者通过组合键<Alt+[>剪辑入点，通过组合键<Alt+]>剪辑出点。

3. 拆分图层

拆分图层是指在某个位置将层一分为二，产生两个独立的层，拆分后的层依然保留原层中的关键帧，且关键帧位置不变。拆分图层的方法：指定拆分的时间位置，执行菜单“编辑（Edit）→拆分图层（Split Layer）”命令，或者按组合键<Ctrl+Shift+D>，如图 9-4-4 所示。

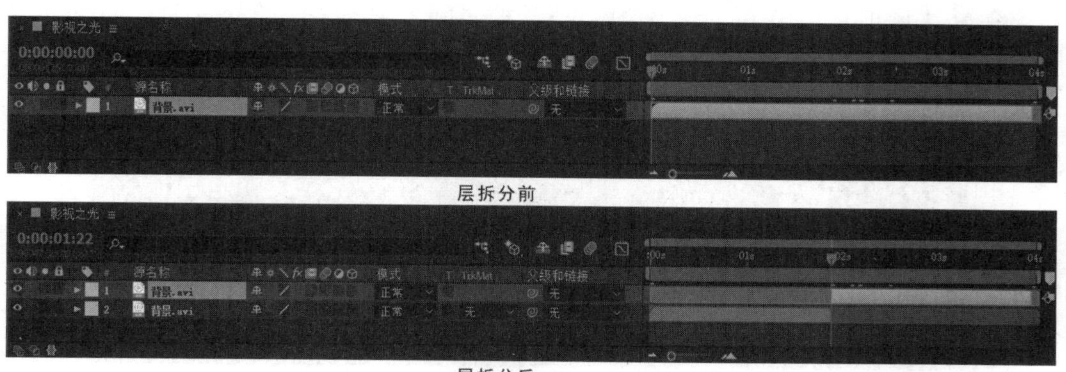

图 9-4-4 层的拆分

4. 层模式

在 After Effects 中可以通过层模式控制上层与下层的融合效果。使用层模式的层会根据下层的颜色通道发生变化，产生不同的融合效果。层模式对于合成非常重要，利用层模式可以产生风格迥异的叠加效果。层的混合模式有 38 种，按类型可以分为 8 类。层模式的基本添加方法：在“时间轴”窗口的层名称后面找到“模式”选项，在下拉菜单中找到适合的层模式，如图 9-4-5 所示。

图 9-4-5 层模式

层模式是一个非常重要的概念，在大多数情况下，为了取得更好的合成效果，经常要对层模式进行调节。图 9-4-6 所示是通过不同的层模式得到的不同艺术效果。

原图　　正片叠底　　叠加

图 9-4-6 不同层模式效果

9.4.4 轨道蒙版层

After Effects 可以把一层上方的层作为透明用的蒙版（Matte）层，并可以使用任何素材片段或静止图像作为轨道蒙版层（Track Matte）。当一层被定义为其下层的轨道蒙版层时，系统会自动将其显示视频开关关闭。

❶ 新建一个项目，并导入三个素材，分别是“蒙版.psd”、“风车.jpg”和“背景.jpg”，将其按先后顺序放置在“时间轴”窗口中。

❷ 将“风车.jpg”图层的轨道蒙版设置为“Alpha 遮罩‘[风车.png]’”，如图 9-4-7 所示。风车层的显示方式受“蒙版.psd”图层影响，最终效果如图 9-4-8 所示。

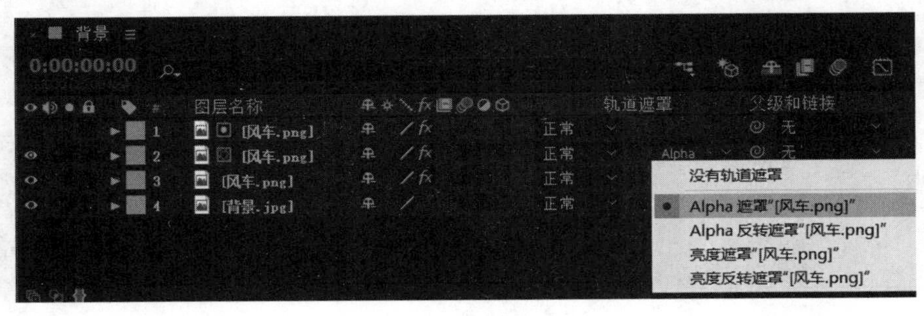

图 9-4-7 轨道蒙版设置

图 9-4-8　效果图

9.5　关键帧动画

9.5.1　层的基本属性

展开任何一层的属性折叠按钮▶，都可以看到，层的“变换”属性包含五个：锚点、位置、缩放、旋转和不透明度。

（1）锚点：图层的中心锚点位置。按快捷键<A>，快速展开锚点属性。

（2）位置：图层在合成中的位置，有 *X* 轴和 *Y* 轴两个基本的属性数值。按快捷键<P>，快速展开位置属性。

（3）缩放：图层在合成中的比例变化，有 *X* 轴和 *Y* 轴两个缩放数值，按下或取消约束比例按钮，决定是否等比例缩放。按快捷键<S>，快速展开缩放属性。

（4）旋转：图层在合成中的旋转属性变化，由周数和度数两个数值决定。按快捷键<R>，快速展开旋转属性。

（5）不透明度：图层在合成中的透明度变化，100%是完全不透明，0%是完全透明。按快捷键<T>，快速展开透明度属性。

9.5.2　设置关键帧动画

通过对层的不同属性设置关键帧，可以为层进行动画设置。建立关键帧时，系统以当前时间指示器为基准，在该时间点为层增加一个关键帧。激活时间变化秒表，即在当前位置产生一个关键帧标记◆，如图 9-5-1 所示。

图 9-5-1　层的基本属性

❶运行 After Effects CC 2018，导入文件夹“模块 9/9-5 关键帧动画”中的素材“背景.jpg”和“黄色风车.png”。将“背景.jpg”拖曳到“新建合成”按钮上，新建一个以“背景.jpg”命名的合成，其中“背景.jpg”作为一层出现在合成中。

❷将“黄色风车.png”拖曳到“背景.jpg”层的上方，效果如图 9-5-2 所示。

图 9-5-2 “合成”窗口中的两个素材

❸展开“黄色风车.png”的层属性，将当前时间指示器定位在 0:00:00:00 位置。在“合成”窗口中，将黄色风车移动到画面的左侧。激活“位置”属性的时间变化秒表，添加第一个关键帧，“时间轴”窗口如图 9-5-3 所示。

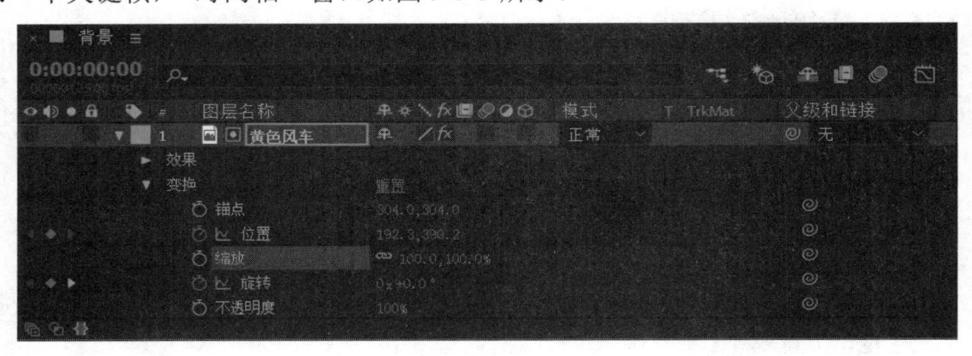

图 9-5-3 “时间轴”窗口

❹将当前时间指示器移动到最后一帧，在“合成”窗口中将黄色风车移动到画面右侧。观察动画，产生了风车从画面左侧水平移动到右侧的动画效果。

❺定位当前时间指示器到 0:00:00:00 位置，激活“旋转”属性的时间变化秒表，添加关键帧。定位当前时间指示器到最后一秒，更改“旋转”属性为“1x+180° ”（系统自动记录关键帧）。此时风车产生了旋转动画，效果如图 9-5-4 所示，关键帧设置如图 9-5-5 所示。

图 9-5-4 旋转动画效果图

图 9-5-5 “旋转”属性关键帧设置

❻为“黄色风车.png”的“缩放”属性和“不透明度”属性添加关键帧。将当前时间指示器定位在 0:00:04:00 位置，激活“缩放”属性的时间变化秒表，添加一个关键帧。激活“不透明度”属性的时间变化秒表，添加一个关键帧。将当前时间指示器定位在最后一秒，设置“缩放”属性值为“300%”，更改“不透明度”属性值为“0%”。此时，风车会产生一个缩放并逐渐消失的动画效果，如图 9-5-6 所示。

图 9-5-6　最终动画效果

9.6　微课堂　影视包装

“酒香也怕巷子深”是当今对包装宣传最确切的形容。

影视包装指的是对影视、频道、节目的美化，包括电视台及其频道的整体形象设计、风格定位、栏目片头和片尾的设计、主持人的形象设计、演播厅的舞台美术设计，可以突出节目、栏目和频道的特点和品牌定位，增强观众对节目、栏目、频道的识别能力。

1. 包装的要素

（1）形象标志。节目、栏目和频道都有 CI 形象设计，即形象标志，这是构成包装的要素。频道的形象标志一般展现在角标或节目结尾落幅上，例如，中央电视台最早的形象标志是电子图形的变动轨迹。在影视包装中，形象标志的设计和制作要求醒目、简洁、特点突出、有时代感，地方台或专业频道能体现地方特色或专业特色，如图 9-6-1 所示。

图 9-6-1　电视台形象标志

（2）颜色。颜色设计是影视包装的基本要素之一。首先要根据频道、栏目和节目的定位确定包装的主色调，例如，中央电视台一套是以新闻为主的综合频道，所以以蓝色为主，凸显冷静、客观的形象。文艺性的频道和栏目一般采用暖色调，色彩相对艳丽，例如，湖南卫视是表现快乐的橙黄色主色调，如图 9-6-2 所示。

（3）声音。声音在影视包装中起着非常突出的作用，包括语言、音乐、音响和音效等元素。在好的影视包装中，音乐应和形象设计、色彩搭配有机地成为一个整体，无须看到画面，观众就能判断其是什么频道和什么栏目。

图 9-6-2　电视台的颜色设计

2. 频道包装

频道包装是电视频道的品牌标志，是经过设计而建立的一种完善的频道形象。频道包装的要素包括频道标志、频道基调、频道宣传、频道呼号和频道总片头等，如图 9-6-3 所示。

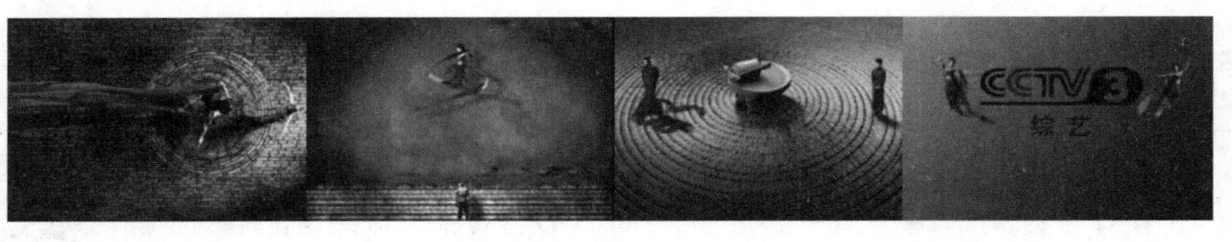

图 9-6-3　频道包装

9.7　实训与赏析

1. 实训　栏目片头制作《致青春》

创作思路：以当代大学生的校园生活为主题，搜集相关图片和影视素材，制作一个电视栏目《致青春》的栏目片头。

创作要求：①画面美观，节奏明快；②片头字幕大方合体；③片头具有青春感和现代气息；④结合层属性关键帧动画，适当添加运动效果。

2. 赏析　频道包装《CCTV-3 中央电视台综艺频道宣传片》

CCTV-3 频道即中央电视台综艺频道，是以播出音乐及歌舞节目为主的专业频道，以创作精品栏目、繁荣电视文艺为宗旨，加强节目的服务性、娱乐性、民族性、参与性、艺术性和群众性，融综艺、音乐、资讯、服务、文学、歌舞等文艺性节目为一体。

介于上述特点，CCTV-3 频道宣传片处处洋溢着艺术的气息。片中将京剧脸谱、舞动的红绸、石磨、花轿、高原、水乡、陕北和西藏等意境结合在一起，既包含中国传统的艺术形式，也体现了劳动人民的朴实生活，即大舞台的观念，成为综艺频道宣传片的一大特色。

打开“模块 9/9-7 实训与赏析/赏析/CCTV-3 中央电视台综艺频道宣传片.flv”，进行赏析。

能力模块 10

文字特效

在影视作品中，除了画面和声音，字幕被认为是影视节目的第三大语言。好的文字效果能够为影视节目增添光彩，增强节目的美观性，文字特效在影视合成中起着举足轻重的作用。

关键词

文字属性　文字动画　特效

任务和目标

1．制作短片《放大镜文字》，熟悉为文字添加属性动画的基本操作。

2．学习、验证“知识魔方”，掌握文字的属性设置及文本动画特效。

3．设计情境，制作《流光溢彩文字》，实现文字扫光效果。

4．设计情境，制作《路径广告文字》，掌握路径文字动画的制作。

10.1　边做边学　《放大镜文字》

10-1　放大镜文字

本例是制作一个文字动画短片《放大镜文字》。通过为文字添加偏移、颜色等属性动画，设置跟踪参数，实现文字的偏移放大动态效果，如图 10-1-1 所示。

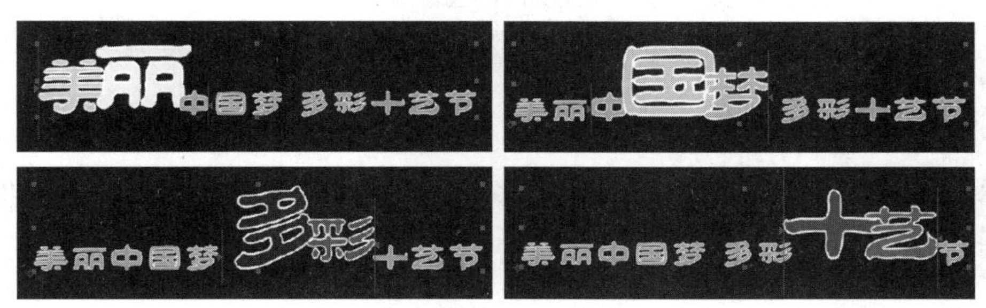

图 10-1-1　《放大镜文字》效果

10.1.1　建立文字层

❶运行 After Effects CC 2018，按组合键<Ctrl+N>新建合成，命名为“放大镜文字”，设置宽高为“800×400px”，“帧速率”为“25 帧/秒”，“持续时间”为“5s”，背景色为“黑色”。

❷在工具栏中选择“文字”工具T，在“合成”窗口中输入文字“美丽中国梦　多彩十艺节”。选中文字，在“字符”面板中，修改文本的颜色、字号、字间距、描边颜色和边宽，如图 10-1-2 所示。在“合成”窗口中，文字效果如图 10-1-3 所示。

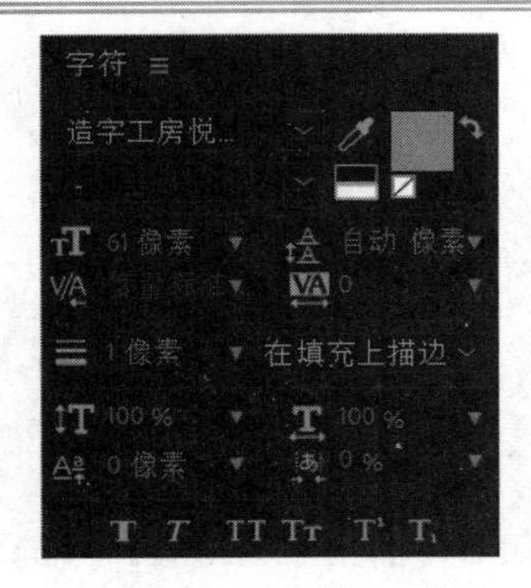

图 10-1-2 “字符”面板

图 10-1-3 文字效果

10.1.2 设置动画

❶在“时间轴”窗口中，展开文字层，显示文本属性。在“动画”下拉列表中选择“缩放”属性。

❷添加完“缩放”属性后，在“时间轴”窗口中的层属性中多了“动画制作工具 1”属性。展开其中的“范围选择器 1”，设置“起始”为“0%”，设置“结束”为“15%”，设置“缩放”为“300%”，选择范围内的文字被放大，选择范围外的文字没有变化，“合成”窗口中的效果如图 10-1-4 所示。

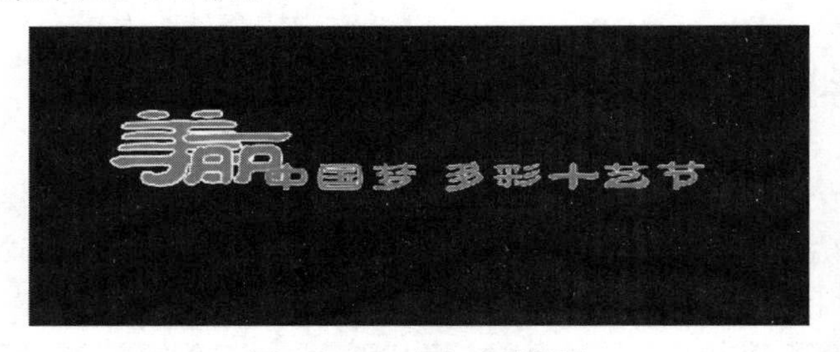

图 10-1-4 文字动画效果

10.1.3 设置偏移动画

激活“偏移”参数的时间变化秒表，移动选择范围，产生波动效果动画。在 0:00:00:00 位置记录第一个关键帧，设置“偏移”为“-20%”，使文字在开始时保持正常状态，移动当前时间指示器到 0:00:05:00 位置，设置“偏移”为“100%”。

预览动画，随着选择范围的移动，文字实现了局部放大效果，如图 10-1-5 所示。

图 10-1-5 偏移动画效果

10.1.4 设置跟踪属性

在以上动画效果中，文字由于放大而挤在了一起。接下来为动画设置字距，使文字在放大时可以保持队列。

❶在文本属性“添加”下拉列表中，选择“属性”选项中的“字符间距”命令，为动画添加“字距”属性，设置“字符间距大小”为“60”。

❷预览动画效果，可以看到文字在放大的同时保持队列的原状。

10.1.5 添加颜色动画

展开文本属性“添加”下拉列表中的“属性”选项，选择“填充颜色”为“RGB”模式。激活“填充色”的时间变化秒表，移动时间指示器，每隔一秒添加一个关键帧，共设置六个关键帧，每个关键帧设置不同颜色。预览效果如图 10-1-1 所示。

10.1.6 渲染输出

执行菜单“合成（Composition）→添加渲染到队列（Add To Render Queue）”命令，或者按组合键<Ctrl+M>，弹出“渲染队列（Render Queue）”面板，对其中的参数进行设置。单击渲染按钮，输出影片为“放大镜文字.mp4”。

10.2 知识魔方 文字的效果

10.2.1 文字属性

在 After Effects 中，使用工具栏中的“文字”工具创建文本，如图 10-2-1 所示。

图 10-2-1 文字工具

通过“文字”工具可以对文字的字体、大小、样式、间距和段落等属性进行设置，还可以为文字添加阴影、纹理、渐变、三维和立体效果，或者运用特效。

10.2.2 文字动画

在合成中输入文字后，系统自动在“时间轴”窗口中建立一个文字层。展开文字层的层属性，可以对属性进行修改，如图 10-2-2 所示。在文字层中，还可以对文字的源文本、路径选项和高级选项进行设置，或者修改变换组中的五个基本属性。通过为这些属性添加关键帧，设置关键帧动画。

除了为文字添加基本的层关键帧动画，After Effects 还为文字提供了更多的动画功能。在文字层属性右侧，单击“动画”按钮，弹出的下拉菜单中包含锚点、位置、缩放和倾斜等多种动画选项。

下面以一个动画为例，介绍文字动画属性的设置方法。

❶ 选择文字层，从动画预置菜单中选择“位置”命令，系统自动为文字层添加位置动画属性。如果需要为文字层添加其他文字动画，可以单击动画属性右侧的“添加”按钮，在弹出的下拉菜单中选择“属性”或“选择器”命令。

❷ 为文字添加一个动画后，在文字层上自动添加“动画制作工具 1”属性。在“动画制作工具 1”属性中自动添加了“范围选择器 1”，可以对动画的属性进行设置，如图 10-2-3 所示。

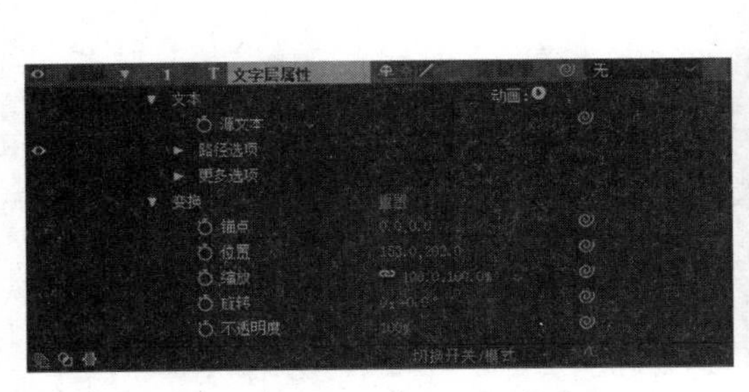

图 10-2-2　文字层属性

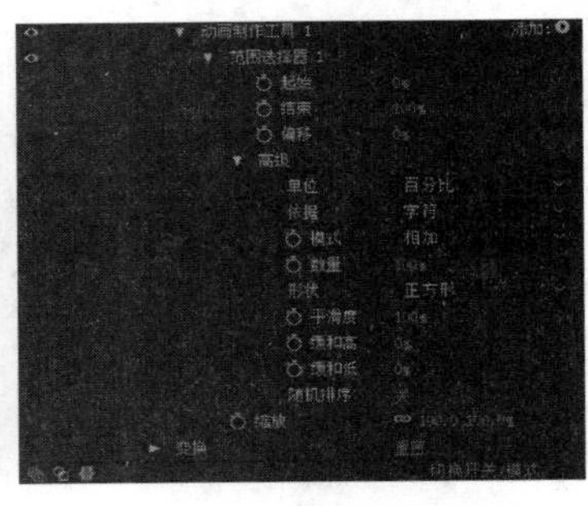

图 10-2-3　动画属性设置

- 范围设置：在范围选择器中设置文字变化的范围，需要设置起始位置、结束位置和偏移参数。
- 高级设置：对动画中的一些属性进行具体设置。

① 单位：选择动画变化的单位，包括“百分比”和“索引”。

② 依据：选择动画变化的基础，包括“字符”、“不包含空格的字符”、“词”和“行”。

③ 模式：选择范围之间的叠加模式，包括“相加”、“相减”、“相交”、“最小值”、“最大值”和“差值”六个选项。

④ 数量：决定动画效果变化的幅度，取值范围为-100%～100%。值为 0 表示无效果；值为 50%表示效果幅度大小是属性设置的一半；值为 100%表示完全符合属性设置的值；值为负数表示动画效果与正值时相反。

⑤ 形状：可以控制选择范围内文字变化的样式，包括“正方形”、“上倾斜”、“下倾斜”、“三角形”、“圆形”和“平滑”，如图 10-2-4 所示。

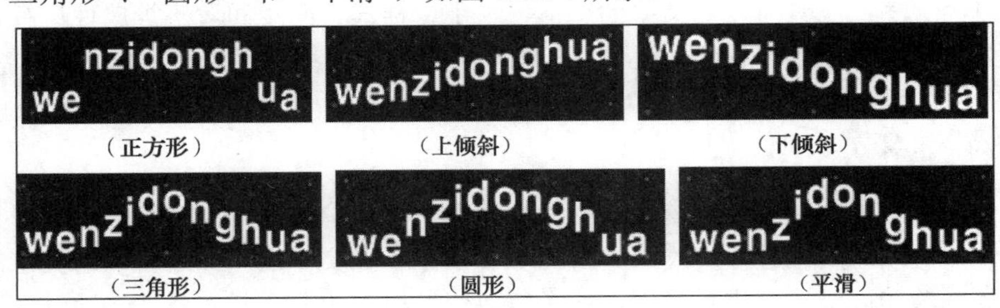

图 10-2-4　形状变化样式

⑥ 平滑度：该属性只有当“形状”为“正方形”时有效，设置文字动画从一种字符变换为另一种字符需要耗费的时间。

⑦ 缓和高与缓和低：决定动画效果从当前选择的较高属性值变为较低属性值的过程中动画变化的速度。“平滑度”、“缓和高”和“缓和低”三个参数都用来调节“范围选择

器 1”的选择范围内字符变化的范围和幅度。

⑧ 随机排序：设置随机变化效果。打开开关可以设置随机种子。

10.2.3 动画类型

可以为文字属性设置动画效果，也可以将多个属性动画进行组合。

（1）锚点。锚点是很多属性的运动基准，其位置会影响动画的运动状态。在文字层上单击“动画”按钮，在弹出的菜单中选择“锚点”命令，即可添加锚点动画。通过改变 X 轴和 Y 轴的坐标来改变文字的锚点位置，效果如图 10-2-5 所示。

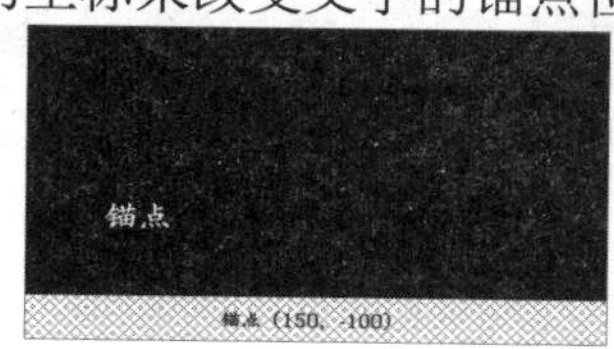

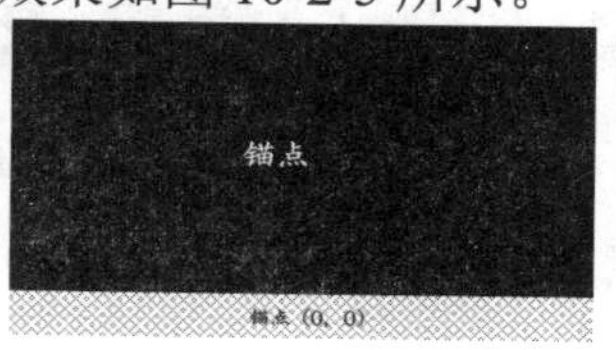

图 10-2-5 文字锚点变化效果

（2）位置。在文字层上单击“动画”按钮，在弹出的菜单中选择“位置”命令，即可添加位置动画。更改 X 轴和 Y 轴的坐标，可以改变位置属性，效果如图 10-2-6 所示。

图 10-2-6 位置动画效果

（3）缩放。在文字层上单击“动画”按钮，在弹出的菜单中选择“缩放”命令，在文字层中就添加了缩放动画，效果如图 10-2-7 所示。

（缩放比例 100%）

（缩放比例-50%）

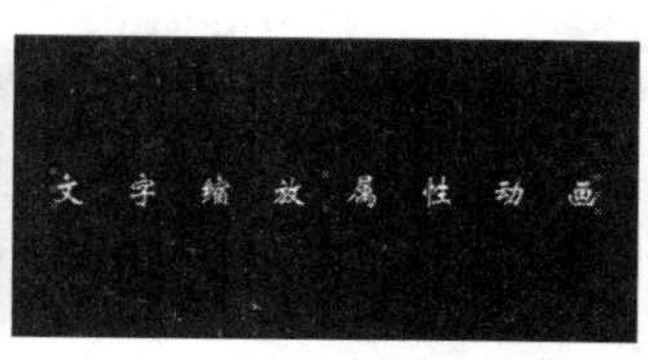

（缩放比例 50%）

图 10-2-7 缩放动画效果

（4）倾斜。在文字层上单击“动画”按钮，在弹出的菜单中选择“倾斜”命令，即可在文字层中添加倾斜动画，修改“倾斜”和“倾斜轴”两个属性进行动画设置，效果如图 10-2-8 所示。

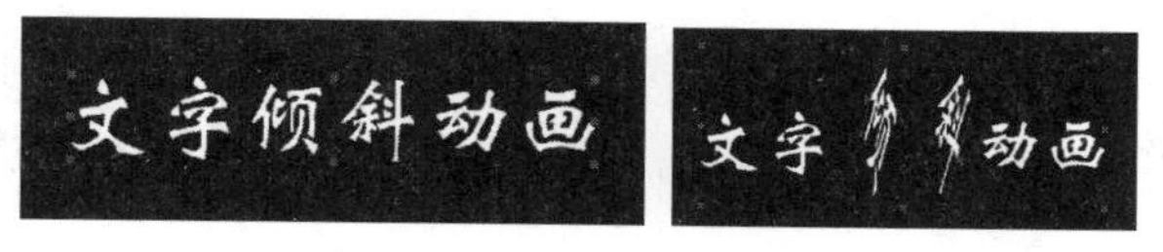

图 10-2-8 倾斜动画效果图

（5）旋转。在文字层上单击“动画”按钮，在弹出的菜单中选择“旋转”命令，可以通过设置“旋转”属性来设置旋转动画，效果如图 10-2-9 所示。

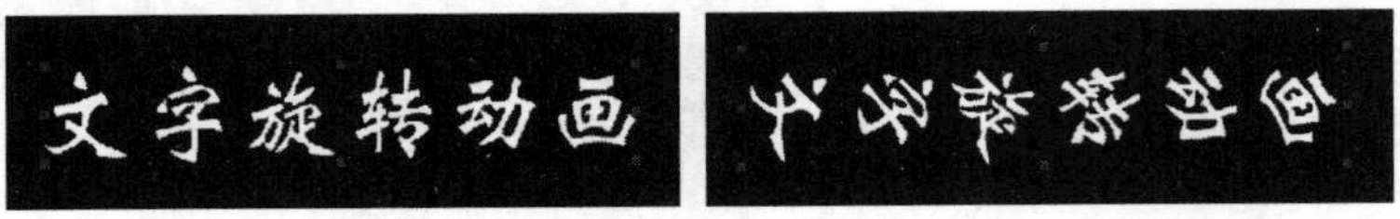

图 10-2-9　旋转动画效果

（6）不透明度。插入关键帧，设置透明度属性，图 10-2-10 所示是“不透明度”为“36%”的效果图。

图 10-2-10　不透明度动画效果

10.2.4　路径文本动画

在文字层上使用“钢笔”工具绘制蒙版，将蒙版作为文字路径，使文字按照路径进行排列。

❶运行 After Effects CC 2018，导入一个“钟表”图片素材，建立一个合成。使用文字工具，在“合成”窗口中输入文字“创建路径文本动画实例演示”，新建文字层，如图 10-2-11 所示。

❷使用“钢笔”工具，沿着钟表轮廓绘制一条圆形的封闭路径。路径的默认名称为“蒙版 1”，如图 10-2-12 所示。

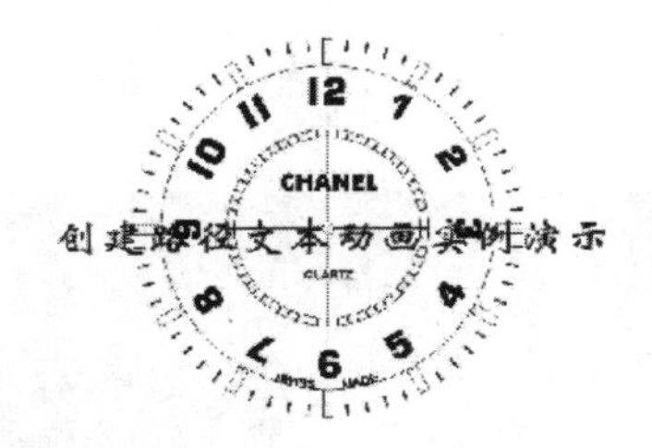

图 10-2-11　图层的位置

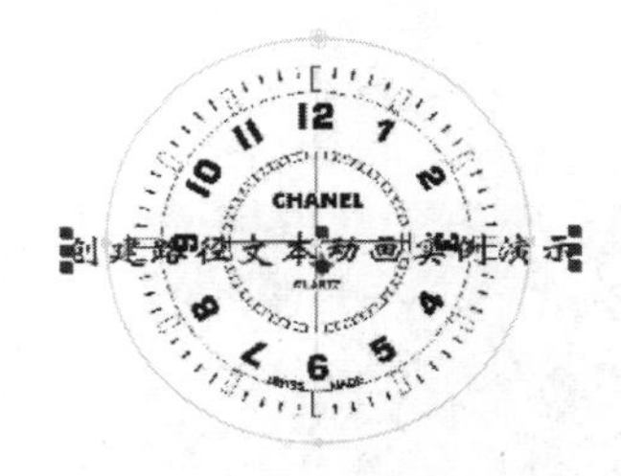

图 10-2-12　文本路径

❸选择文字层，展开层属性，在“路径选项”的下拉列表中选择“蒙版 1”，系统自动添加“路径选项”参数，设置“反转路径”为“打开”，其余选项使用默认设置。反转路径默认为“关闭”，文字位于路径内侧，将反转路径设置为“打开”，文字位于路径外侧，如图 10-2-13 所示。

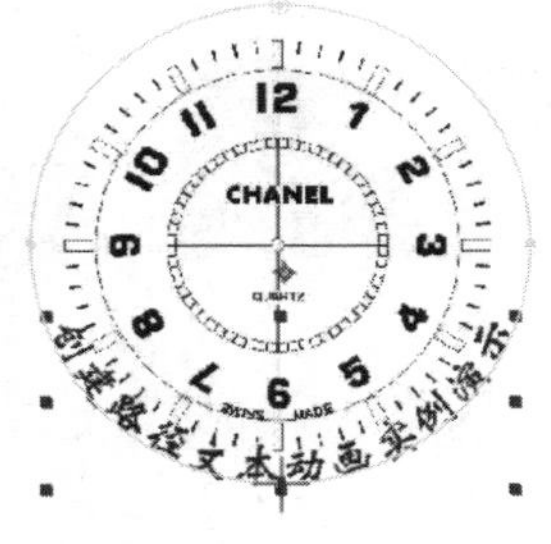

（a）反转路径关闭

（b）反转路径打开

图 10-2-13　反转路径对比图

- 垂直于路径：默认为“打开”，文字垂直于路径，若设置为“关闭”，文字保持原来的方向不变，如图 10-2-14 所示。
- 强制对齐：默认为“关闭”，文字按照原来的间距排列，若设置为“打开”，文字按照参考路径的长度均匀排列，如图 10-2-15 所示。
- 首字边距：调整该参数可以调节文本在路径上的起始位置，默认为 0。
- 末字边距：调整该参数可以调节文本在路径上的结束位置，默认为 0。

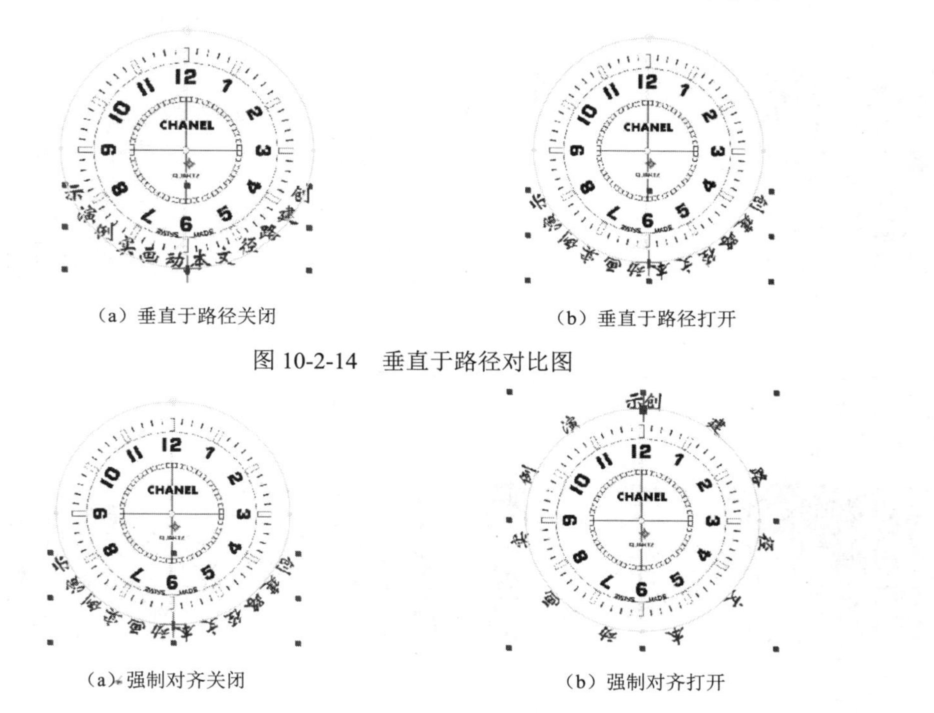

（a）垂直于路径关闭　　（b）垂直于路径打开

图 10-2-14　垂直于路径对比图

（a）强制对齐关闭　　（b）强制对齐打开

图 10-2-15　强制对齐对比图

❹修改首字边距和末字边距的参数值，并添加关键帧，实现文字沿路径转动的动画效果，如图 10-2-16 所示。

图 10-2-16　路径转动的动画效果图

10.2.5　内置文本特效

After Effects 内置了两个文本特效：“基本文字”和“路径文本”。执行菜单“效果（Effect）→过时（Obsolete）”命令，可以为文字添加特效。

（1）路径文本特效。路径文本特效可以使文字按照特定的路径创建动画。路径可以是用户绘制的路径，也可以是一个蒙版。

❶新建合成，并建立一个纯色层。在“时间轴”窗口中选中该纯色层，执行菜单“效果（Effect）→过时（Obsolete）→路径文本（Path Text）”命令，弹出“路径文字”对话框，如图 10-2-17 所示。

❷在对话框中输入文字“多彩十艺节 美丽中国梦”，选择字体和样式，单击“确定”按钮，系统自动为图层添加路径文本特效。在“合成”窗口中的效果如图 10-2-18 所示。

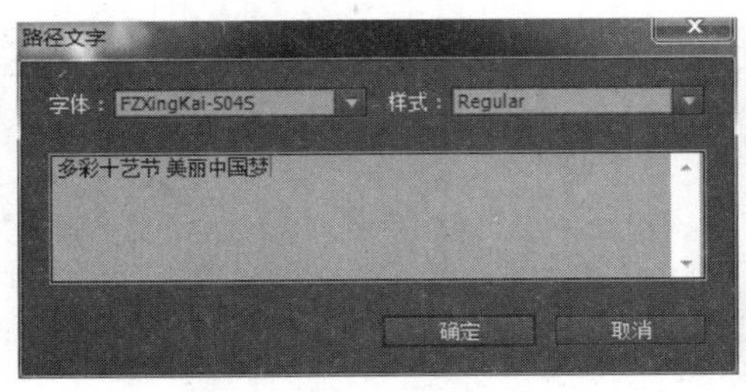

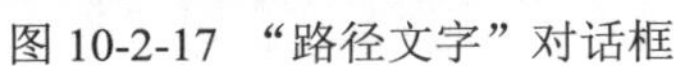

图 10-2-17 “路径文字”对话框　　图 10-2-18 “合成”窗口中的路径文本效果

❸将当前时间指示器定位在 0:00:00:00 位置，激活“左侧空白”的时间变化秒表，设置参数为“790”；定位当前时间指示器在 0:00:05:00 位置，设置参数为“-610”，动画效果如图 10-2-19 所示。

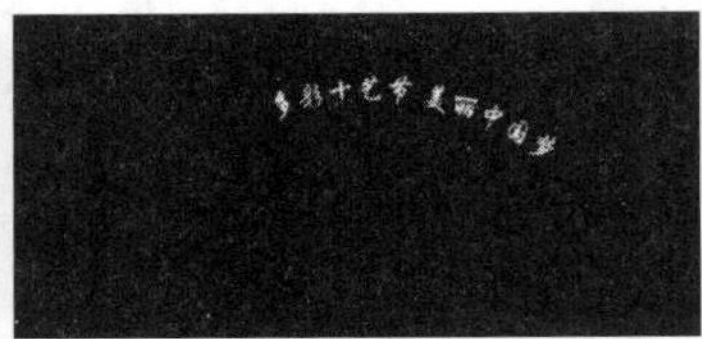

图 10-2-19　路径文本动画效果

（2）时间码。该特效用于合成的计时，加入时间码会为其他内容制作提供方便。

导入一段视频素材，新建一个合成。选中该素材层，执行菜单“效果（Effect）→文本（Text）→时间码（Time code）”命令，为素材添加时间码。打开“效果控件”面板，“时间码”参数设置如图 10-2-20 所示，预览效果如图 10-2-21 所示。

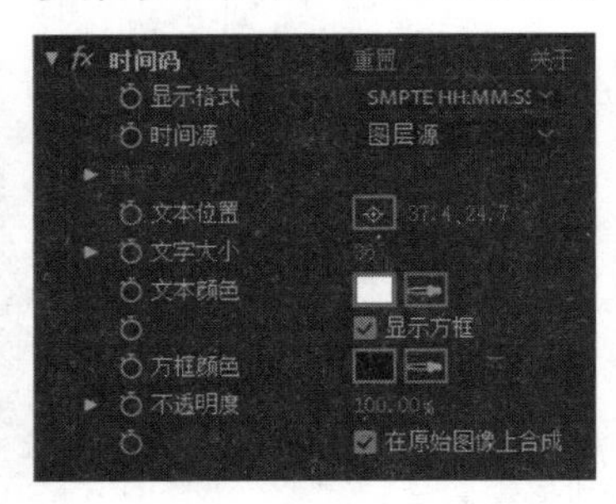

图 10-2-20 “时间码”参数设置

图 10-2-21 “合成”窗口中的时间码

还可以设置时间码的“显示格式”、“时间源”、“文本位置”、“文字大小”、“文本颜色”、“方框颜色”和“不透明度”等参数。

（3）编号。编号特效可以产生随机或连续的数字效果。

❶新建一个项目合成，为合成图像建立一个纯色层。在“时间轴”窗口中选中该纯

色层，执行菜单“效果（Effect）→文本（Text）→编号（Numbers）”命令，弹出“编号”对话框，选择“格式”和“类型”等选项。

❷在“效果控件”面板中设置“编号”参数，如图 10-2-22 所示。

❸图 10-2-23 所示为设置“类型”为“短日期”，勾选“随机值”和“当前时间/日期”复选框时的合成画面效果。

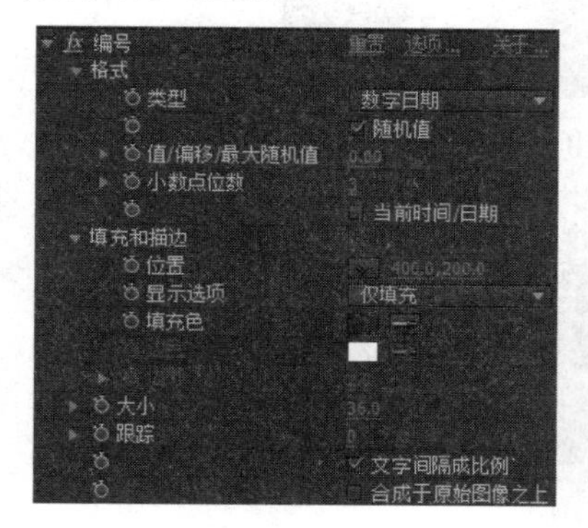

图 10-2-22 “编号”参数设置

图 10-2-23 编号效果图

10.2.6 预置文本动画特效

After Effects 包含“Adobe Bridge”工具，该工具提供预置的 17 类文本动画。执行菜单“动画（Animation）→浏览预设（Browse Animation Presets）”命令，打开 Bridge 的预置窗口。

❶新建合成，在“合成”窗口中输入文本“预置文本动画特效实例”。

❷系统自动建立文字层。选中文字层，执行菜单“动画→浏览预设”命令，打开 Bridge 的预置窗口，打开“文字预置”窗口。在“动画（入）”文件夹中以缩略图形式显示所有动画的静止效果，如图 10-2-24 所示。

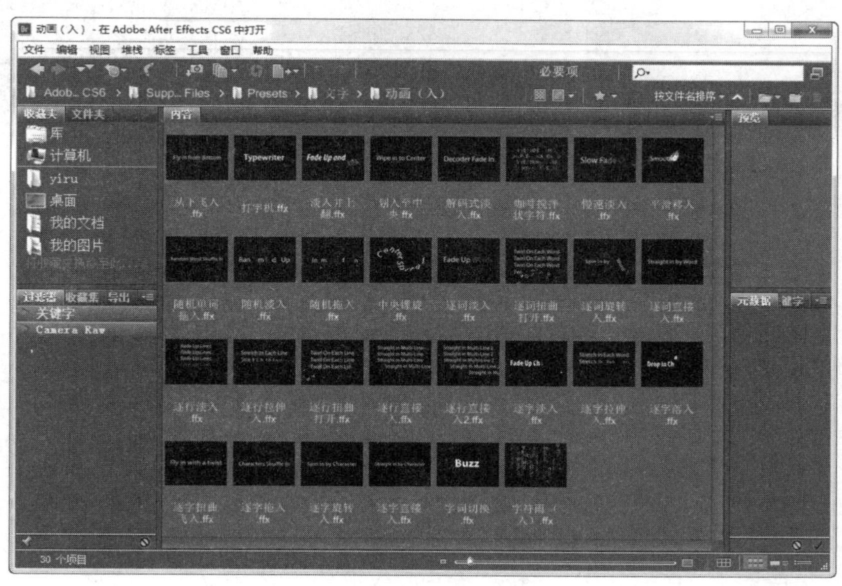

图 10-2-24 动画（入）预置动画

❸双击选中的动画，动画效果被添加到选中的文字层，如图 10-2-25 所示。展开层属性，系统自动为其添加动画选项，并含有关键帧设置，如图 10-2-26 所示。

图 10-2-25　预置动画效果图

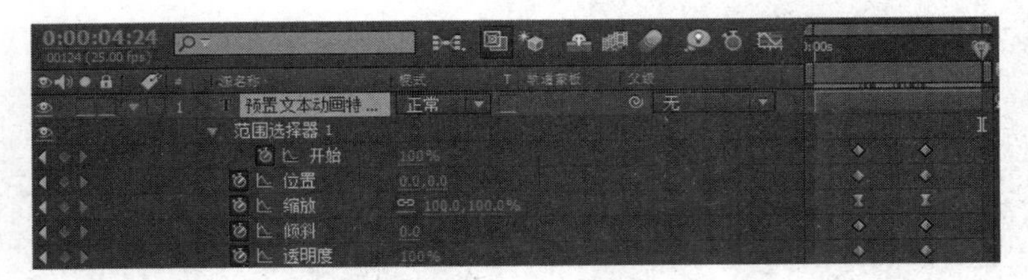

图 10-2-26 层属性

10.3　情境设计 1 《流光溢彩文字》

10-3　流光溢彩文字

1. 情境创设

本项目通过为文字添加缩放、旋转、不透明度、色彩等动画效果，使文字产生多种运动效果。此外，通过为文字添加蒙版，为蒙版建立位移动画，实现扫光特效。结合制作文字倒影和添加发光特效，使文字产生流光溢彩的精彩效果，如图 10-3-1 所示。

图 10-3-1　《流光溢彩文字》效果

2. 技术分析

（1）通过添加“缩放”、“旋转”、“不透明度”和“填充”命令，实现图片的综合运动效果。

（2）建立纯色层，添加“发光”和“模糊”特效，并建立矩形蒙版，添加关键帧，实现扫光效果。

（3）建立文字倒影层，添加蒙版，实现倒影渐隐效果。

（4）为纯色层添加蒙版和关键帧，使蒙版从左向右运动，制作扫光效果。

3. 项目制作

STEP01 导入素材，新建合成

❶运行 After Effects CC 2018，执行菜单“文件→导入→文件”命令，导入素材“模块 10/10-3 情境设计 1-流光溢彩文字/素材/文字背景.avi”。

❷执行菜单“合成（Composition）→新建合成（New Composition）”命令，新建“文字合成”，设置宽高为“720×576px”，“帧速率”为“25 帧/秒”，“持续时间”为“10s”。

❸使用文字工具T，在“合成”窗口中输入文字“ADOBE AFTER EFFECTS”。在“字符”面板中，为文字添加黄色填充和灰色描边，设置“描边宽度”为“2px”，加粗文字。

STEP02 为文字添加动画

❶在“时间轴”窗口中选中文本层，展开文字属性。单击文字属性右侧的“动画”按钮，为文字创建“缩放”动画。

展开“动画制作工具 1”选项，在“范围选择器 1”中设置文字的选择范围。

将当前时间指示器定位到 0:00:00:00 位置，激活“起始”属性的时间变化秒表，添加关键帧，设置参数为“0%”。将当前时间指示器移动到 0:00:02:00 位置，设置“起始”属性为“100%”，如图 10-3-2 所示。

图 10-3-2　文字动画参数调节（1）

将当前时间指示器定位到 0:00:00:00 位置，设置“缩放”为“1205.0%”，拖动当前时间指示器观看效果，产生文字由大变小的效果。

❷单击“动画制作工具 1”右边的“添加”按钮，为文字添加“旋转”动画，在 0:00:00:00 位置，设置“旋转”为“1x+0.0° ”，实现让文字在缩放的过程中旋转一周。

❸单击“动画制作工具 1”右边的“添加”按钮，为文字添加“不透明度”动画，在 0:00:00:00 位置，设置“不透明度”为“0%”，实现让文字在缩放和旋转的过程中由透明变为不透明。

❹单击“动画制作工具 1”右边的“添加”按钮，选择“属性”属性中的“填充颜色→色相”选项，为文字添加“填充色相”动画，在 0:00:00:00 位置，设置“填充色相”为“1x+0.0° ”，实现让文字产生变色效果。详细参数设置如图 10-3-3 所示。

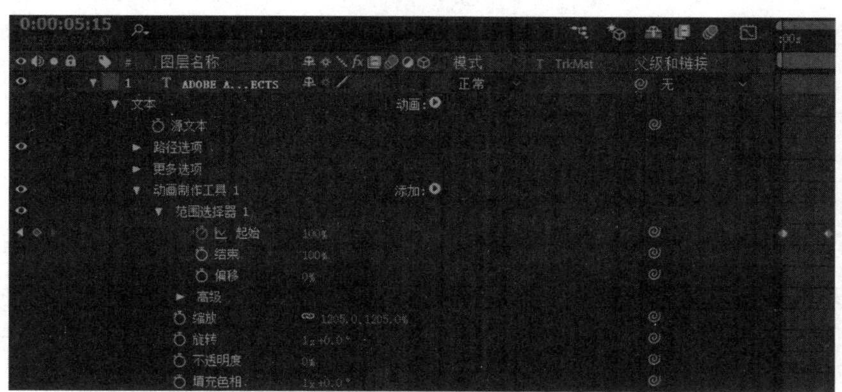

图 10-3-3　文字动画参数调节（2）

打开文本图层的运动模糊开关。至此，文字动画制作完成。拖动当前时间指示器，观察动画效果，如图 10-3-4 所示。

图 10-3-4　动画效果图

STEP03 新建纯色图层，添加特效

❶执行菜单“图层→新建→纯色”命令，建立纯色层，将其命名为“文字发光”，设置宽高为“720×576px”，颜色为“白色”。

❷执行菜单“效果（Effect）→风格化（Stylize）→发光（Glow）”命令，添加发光效果，调节参数如图 10-3-5 所示。

❸执行菜单“效果（Effect）→模糊与锐化（Blur & Sharpen）→高斯模糊（Gaussian Blur）”命令，调节“模糊度”为“1.8”，选择“模糊方向”为“水平和垂直”选项。

STEP04 添加蒙版特效，制作扫光特效

❶选中“文字发光”层，选择“钢笔”工具，绘制如图 10-3-6 所示形状。

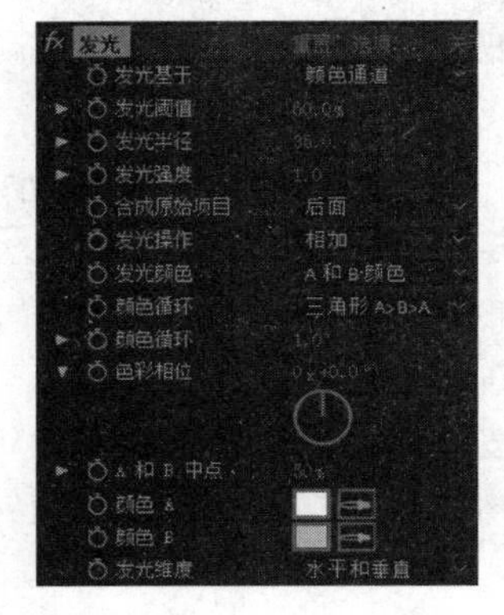

图 10-3-5　“发光”参数调节

图 10-3-6　文字发光蒙版

❷让蒙版从文本层的左边移动到右边，实现逐个文字扫光的效果。将当前时间指示器定位到 0:00:03:00 位置，激活蒙版形状前面的时间变化秒表，将蒙版移动到文字的最左边。将当前时间指示器定位到 0:00:05:00 位置，将蒙版移动到文字的最右边，效果如图 10-3-7 所示。

图 10-3-7　文字蒙版动画效果图

❸打开“文字发光”层的“调整图层”按钮，使发光图层的效果应用与下方图层合成，如图 10-3-8 所示。

图 10-3-8　打开“调整图层”按钮前后对比图

STEP05 为文字制作倒影效果

❶执行菜单“合成→新建合成”命令，新建合成“文字倒影”，设置宽高为“720×576px”，“帧速率”为“25帧/秒”，“持续时间”为“10s”，“背景色”为“黑色”。

❷将“文字合成”合成拖曳到“文字倒影”合成的“时间轴”窗口中，建立合成的嵌套。在“文字倒影”合成中，“文字合成”以层的形式出现。选择“文字合成”层，按<Ctrl+D>组合键复制一层，将新复制的层重命名为“倒影”。“时间轴”窗口如图 10-3-9 所示。

图 10-3-9 “文字倒影”合成的层设置

❸更改“倒影”层的“缩放”属性为“100”和“-100”，使倒影上下翻转，在“合成”窗口中调整倒影的位置如图 10-3-10 所示。

图 10-3-10 文字倒影的位置

❹为“倒影”层添加方形蒙版，设置“蒙版羽化”为“50 像素”，参数设置如图 10-3-11 所示，使倒影的文字产生渐隐的效果，如图 10-3-12 所示。

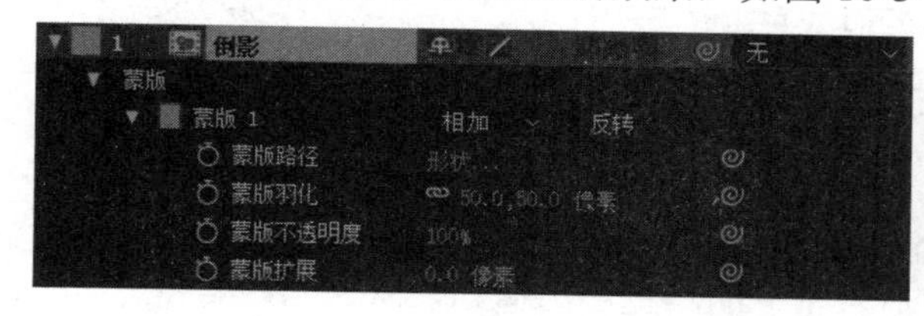

图 10-3-11 倒影蒙版的设置

图 10-3-12 倒影添加蒙版后的渐隐效果图

❺选择“倒影”层，执行菜单“效果→风格化→发光”命令，为“倒影”层加发光特效。

❻选择“倒影”层，执行菜单“效果（Effect）→生成（Generate）→梯度渐变（Ramp）”命令。选择“起始颜色”，在弹出的面板中输入起始颜色（# 4A0454）；选择“结束颜色”，将颜色设置为（# 7AEBEF），为其添加渐变效果，如图 10-3-13 所示。

图 10-3-13 设置倒影特效后的效果图

STEP06 建立“最终合成”

❶执行菜单“合成→新建合成”命令，新建合成“最终效果”，设置宽高为“720×576px”，“帧速率”为“25帧/秒”，“持续时间”为“10s”，“背景色”为“黑色”。

将“文字倒影”合成和素材“文字背景.avi”拖曳到“最终效果”合成的“时间轴”窗口中。

❷执行菜单“效果（Effect）→透视（Perspective）→投影（Shadow）”命令，为其添加阴影效果，产生立体感，参数设置如图 10-3-14 所示。

❸执行“特效控制（Effect Controls）→颜色校正（Color Correction）→色调（Tint）”命令，对“文字背景.avi”素材添加浅色调命令，降低素材的着色数量，参数设置如图 10-3-15 所示。

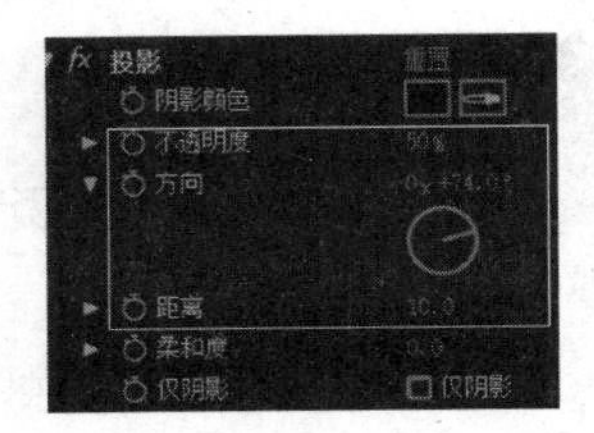

图 10-3-14 “投影”参数调节

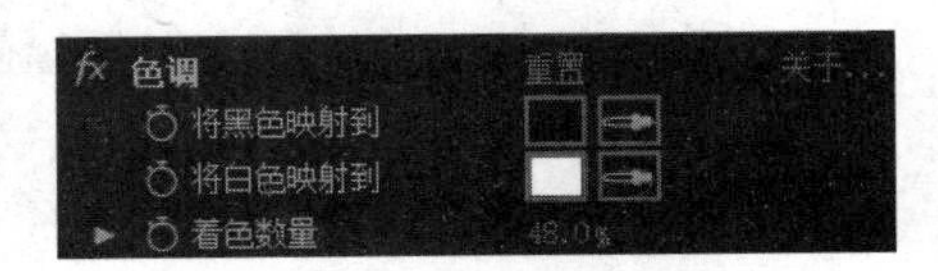

图 10-3-15 “色调”参数调节

❹输出影片，保存为“流光溢彩文字.mp4”。

4. 项目评价

本项目通过为文字添加多个属性关键帧动画，使文字产生多种形式的运动，在实现缩放的同时产生色彩和不透明度的变化，运动形式丰富多彩。同时，利用蒙版形状和位置变化添加发光效果，为文字创造扫光动画，增添文字的神秘感和动感。

10.4 情境设计 2 《路径广告文字》

10-4 路径广告文字

1. 情境设计

路径文字能够使文字沿着指定的路线运动。本项目通过一幅提供的广告图片，将一段文字排列成一把勺子的形状，使文字沿着勺子的路径产生运动，与图片效果完美结合，体现出广告的无限创意，效果如图 10-4-1 所示。

图 10-4-1 《路径广告文字》效果图

2. 技术分析

（1）利用“钢笔”工具，沿着一把无形的勺子为文字图层绘制一个蒙版。

（2）为文字添加蒙版效果，将蒙版设置为文字路径。

（3）修改文字路径选项，使文字沿着路径运动。

3. 项目制作

STEP01 导入素材，建立合成

运行 After Effects CC 2018，执行菜单“文件→导入→文件”命令，导入文件“模块

10/10-4 情景设计 2-路径广告文字/素材/美食广告.jpg”。拖曳素材到新建合成按钮上，系统自动建立合成“美食广告”，按<Ctrl+K>组合键，修改合成长度为 10 秒。

STEP02 输入文字

选择“文字”工具，在“合成”窗口中输入文字“舌尖上的美味，带您品尝尊贵极致的世界之旅”。调整文字大小，设置文字颜色为白色，如图 10-4-2 所示。

STEP03 为文字添加蒙版

选中文本图层，选择“钢笔”工具，沿着一把无形的勺子绘制一个蒙版，在“合成”窗口中的效果如图 10-4-3 所示。

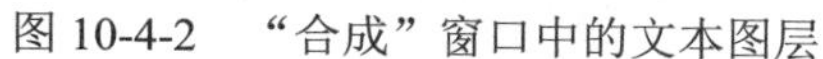

图 10-4-2 “合成”窗口中的文本图层

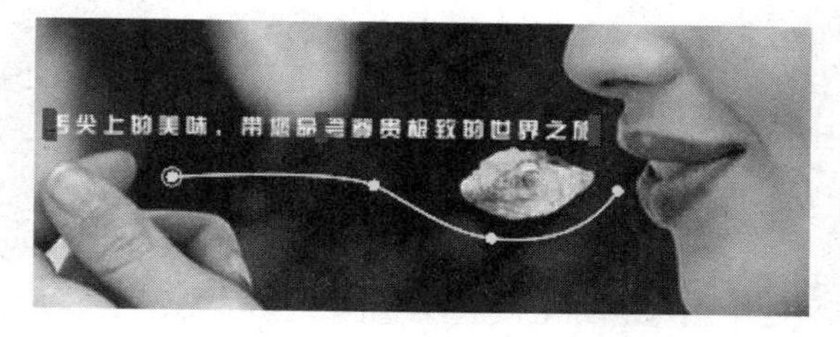

图 10-4-3 绘制蒙版的形状

STEP04 将蒙版设置为文字的路径

展开文本图层的层属性，在“路径选项”的下拉列表中选择路径为“蒙版 1”。设置完路径后，在“合成”窗口中将文字按照路径进行排列，如图 10-4-4 所示。

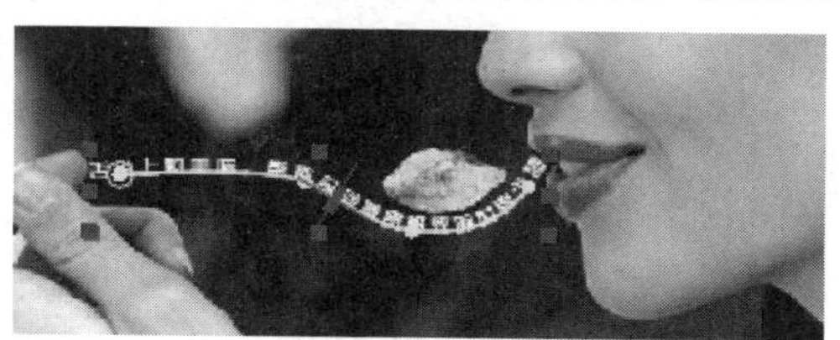

图 10-4-4 将文字按路径排列

STEP05 设置文字运动动画

在路径选项中，将当前时间指示器定位到 0:00:00:00 位置，激活“首字边距”前面的时间变化秒表，设置“首字边距”为“-335”，将文字移出画面。将当前时间指示器定位到 0:00:05:00 位置，将“首字边距”设置为“0”，使文字进入画面。此时，产生文字进入画面的动画效果，在“合成”窗口中的效果如图 10-4-5 所示。

图 10-4-5 文字运动效果图

STEP06 为文字设置倾斜动画

单击文字后面的动画按钮，在弹出的下拉菜单中执行“倾斜”命令，为文字添加倾斜属性。设置“倾斜”为“30”，在 0:00:05:00 位置，激活“起始”和“结束”的时间变化秒表；在 0:00:08:00 位置，设置“起始”为“100%”。在“合成”窗口中，文字的倾斜度产生了动画。

STEP07 为文字设置填充色动画

单击“动画制作工具 1”后面的“添加”动画按钮，在弹出的下拉菜单中执行“属性→填充颜色→RGB”命令，为文字添加填充色属性。设置“填充颜色”为“红色”，根据 STEP05 设定的动画范围，文字的颜色会在倾斜的同时发生变色，效果如图 10-4-6 所示。

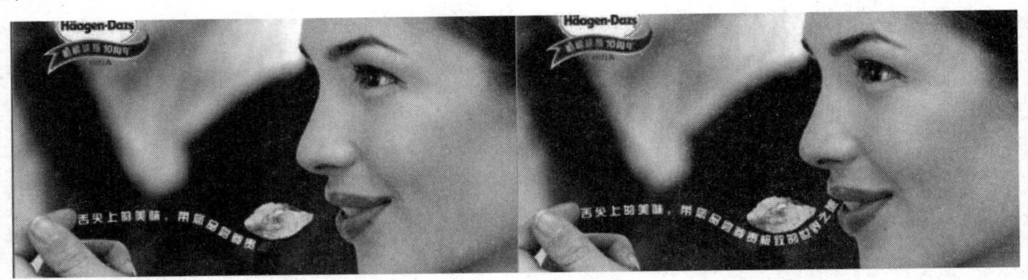

图 10-4-6　动画效果图

STEP08 渲染并输出影片

预览影片效果，输出影片“路径广告文字.mp4”。

4．项目评价

创意是一则广告根本的价值所在，本项目使用“路径文本”特效来体现广告的创意。文字沿绘制的路径运动，运动的轨迹形成一把勺子的形状，并延伸到嘴边。同时，文字在运动中产生了一定的倾斜度和色彩变化，使呆板的文字具有了灵动感。

10.5　微课堂　3D 电影的奥秘

3D 电影又称立体电影，3D 是指三维空间。人的视觉之所以能分辨远近，是靠两只眼睛的差距，虽然差距很小，但经视网膜传到大脑里，大脑就用这微小的差距产生远近的深度，从而产生立体感。

3D 电影的制作有多种形式，广泛采用的是偏光眼镜法。它以人眼观察景物的方法，利用两台并列安置的电影摄影机，分别代表人的左、右眼，同步拍摄出两个略带水平视差的电影画面。放映时，将两条电影影片分别装入左、右电影放映机，并在放映镜头前分别安置两个偏振轴互成 90 度的偏振镜。两台电影放映机需同步运转，同时将画面投放在金属银幕上，形成左像、右像双影，这就是 3D 电影的原理，如图 10-5-1 所示。

当观众戴上特制的偏光眼镜时，如图 10-5-2 所示，由于左、右两片偏光镜的偏振轴互相垂直，并与放映镜头前的偏振轴一致，使观众的左眼只能看到左像、右眼只能看到右像，再通过双眼汇聚功能将左、右像叠合在视网膜上，由大脑神经产生三维立体的视觉效果。3D 电影展现出一幅幅连贯的立体画面，使观众感到景物扑面而来或进入银幕深凹处，能产生强烈的身临其境之感。

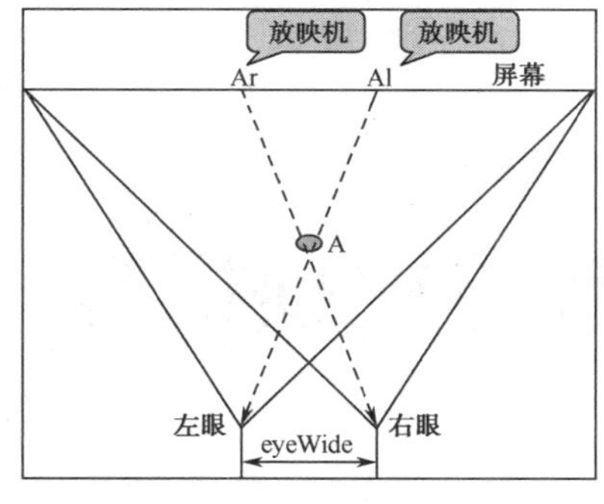

图 10-5-1　3D 电影原理

图 10-5-2　3D 眼镜

3D 电影《阿凡达》（Avatar）是一部科幻电影，如图 10-5-3 所示，由著名导演詹姆斯·卡梅隆执导，由二十世纪福克斯出品，影片的预算超过 5 亿美元，成为电影史上预算最高的电影。《阿凡达》为 3D 技术带来历史性的突破。该影片利用动态捕捉、虚拟合成及抠像技术，演员穿着有节点的衣服，可以实时捕捉到逼真的动画。使用 3D 摄影机拍摄可以实时观看 3D 拍摄的技术效果。

图 10-5-3　电影《阿凡达》

10.6　实训与赏析

1. 实训　影视广告《汽车广告》

创作思路：使用“模块 10/10-6 实训与赏析/实训/汽车广告.mp4”素材，为视频添加动态文字特效，体现汽车的完美性能。

创作要求：①设置文字属性动画，建立动态的文字效果；②设置路径文字，使文字沿路径运动；③利用内置文本特效，产生文字效果；④文字和画面有机结合，既说明主题，又美化画面。

2. 赏析　电影《碟中谍》片头字幕

影视节目的片头字幕制作的艺术性是整个影片价值的最初体现。片头字幕制作的精致程度直接影响观众对影片的直接感受和评价。

电影《碟中谍》由汤姆·克鲁斯主演，布莱恩·德·帕尔玛执导，是一部非常优秀的动作电影。它的片头字幕制作也非常具有个性和艺术欣赏价值。字幕闪动、不安的晃动效果结合画面的光效，增添影片的神秘感和紧张度。

打开“模块 10/10-6 实训与赏析/赏析/碟中谍片头文字特效.mp4”，进行赏析，研究片头字幕的制作形式和风格。

能力模块 11

色彩调节与视频抠像

在影视节目中，经常看到众多不可思议的场面，例如，演员置身于一些虚幻的场景中飞檐走壁的特效镜头，正是通过抠像技术实现的。抠像即将主体从背景提取出来，并与计算机制作的虚拟背景结合在一起。

关键词

颜色校正特效　抠像特效　调整图层　蒙版

任务与目标

1．边做边学《七彩风车》，熟悉“颜色校正”特效的作用及基本操作。
2．通过“知识魔方”了解并掌握所有的颜色校正类特效和抠像特效。
3．设计情境，制作《玩转色彩》，综合运用特效，添加调整图层，实现色彩调整。
4．设计情境，制作《我是主持人》，掌握颜色键抠像特效，对素材进行抠像。

11-1　七彩风车

11.1　边做边学　《七彩风车》

通过为图片添加“颜色校正”特效，应用关键帧，设置旋转动画，实现旋转的彩色风车效果，如图 11-1-1 所示。

图 11-1-1　《七彩风车》效果图

11.1.1　导入素材

❶新建合成，命名为“七彩风车”，设置宽高为“720×576px”，“帧速率”为“25 帧/秒”，“持续时间”为“6s”，“背景色”为“黑色”。

❷双击“项目”窗口的空白处，导入素材文件夹“模块 11/11-1 边做边学-七彩风车/素材”下的“背景.jpg”和“风车.jpg”素材，将其拖曳到合成“七彩风车”的“时间轴”窗口中，自动建立名为“背景.jpg”和“风车.jpg”的两个层。选中“风车.jpg”层，将其改名为“变色风车”。按组合键<Ctrl+D>两次，复制“变色风车”层，并分别将其重命名为“红色风车”和“绿色风车”。

11.1.2 为风车着色

❶展开图层属性，调整“位置”和“缩放”属性，将三个风车的位置进行调整，在“合成”窗口中的调整效果如图 11-1-2 所示。

图 11-1-2 “合成”窗口中各风车的位置

❷选择“红色风车”与“绿色风车”层，执行菜单“效果→颜色校正→色调”命令，进行着色。在“效果控件”面板中，通过拾色器将白色映射的颜色分别修改为红色和绿色，“着色数量”为“100%”。

11.1.3 设置关键帧

❶选择“变色风车”层，执行菜单“效果（Effect）→颜色校正（Color Correction）→色相/饱和度（Hue/Saturation）”命令，为该层添加“色相/饱和度”效果。勾选“彩色化”复选框，设置“主饱和度”为“100”，“主亮度”为“−50”。

❷定位当前时间指示器到 0:00:00:00 位置，激活“着色色相”的时间变化秒表，添加关键帧；将当前时间指示器定位到 0:00:06:00 位置，设置“着色色相”为“3x+0.00”。这样就实现了“变色风车”色彩演变的动画过程。

11.1.4 制作旋转动画

❶选择“变色风车”层，将当前时间指示器定位到 0:00:00:00 位置，按<R>键打开“旋转”属性，激活时间变化秒表，添加关键帧。在 0:00:06:00 位置，设置“旋转”属性为“3x+0.00”，即旋转 3 圈，如图 11-1-3 所示。

图 11-1-3　旋转属性设置

❷输出影片，保存为“七彩风车.mp4”。

11.2　知识魔方　色彩与抠像

11.2.1　认识色彩

影片的调色是非常重要的一个因素，但具体调节到何种程度又很难把握，需要对色彩具有一定的认识。

1. 色彩的三要素

每种颜色都有最基本的三个属性，分别是色相、明度和纯度。

（1）色相：色彩的相貌，如红色的花朵、绿色的树叶、蓝色的天空等，是区别于其他颜色的本质特征。色相的不同是由光的波长决定的，波长最长的是红色，波长最短的是紫色。图 11-2-1 所示为 24 色色相环。

（2）明度：色彩的明暗程度，也称深浅度，是表现色彩层次感的基础。在无彩色系中，白色明度最高，黑色明度最低，在黑、白色之间存在一系列灰色，靠近白色的部分称为明灰色，靠近黑色的部分称为暗灰色，如图 11-2-2 所示。

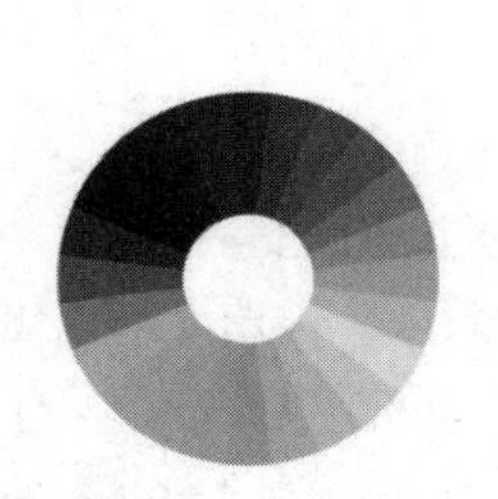

图 11-2-1　24 色色相环

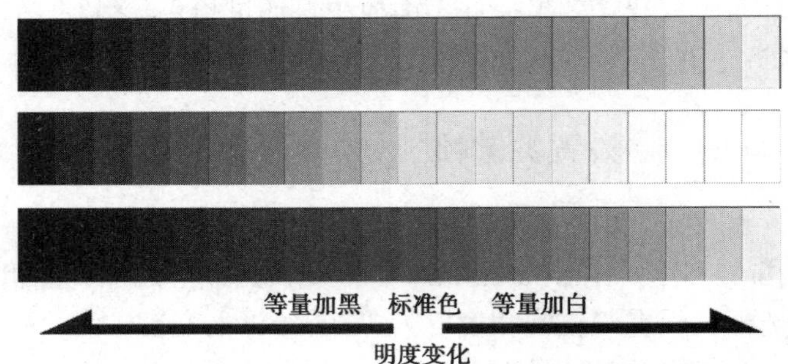

图 11-2-2　色彩明度表

（3）纯度：色彩的鲜浊程度。纯度的变化可以通过三原色互混产生，也可以通过加白、加黑、加灰产生，还可以补色相混产生，如图 11-2-3 所示。

2. RGB 色彩模式

RGB 色彩模式是由红、绿、蓝三原色组成的色彩模式，图像中所有的色彩都是由三原色组合而来的。在 RGB 图像中，每个通道可包含 28 个不同的色调，即从 0 至 255，共 256 级颜色。RGB 图像包含 3 个通道，因此在一幅图像中可以有 224 个不同的颜色，大约有 1670 万种色彩。

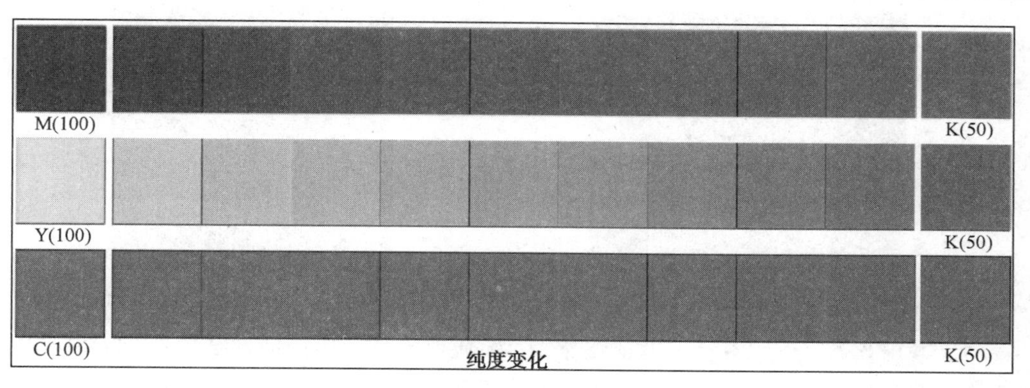

图 11-2-3　色彩纯度表

3. 色彩深度

深度是计算机图形学领域表示图像或视频储存 1 像素的颜色所用的位数，也称为位/像素。色彩深度越高，可用的颜色越多。

11.2.2　调色特效概述

After Effects 默认有 30 多种可以进行色彩调节的特效，通过执行“效果→颜色校正”命令添加合适的调色特效。

（1）CC 调色：可选色调有双色调、三色调、全色调、纯色调 4 种，可以改变高亮、中间调、阴影的 3 种颜色，还可以选择与原始图像混合的方式，参数如图 11-2-4 所示。

（2）CC 色彩偏移：通过改变红色、绿色、蓝色三原色的相位来改变图像的颜色，“溢出”选项有包围、曝光过度、偏振 3 种选择，参数如图 11-2-5 所示。

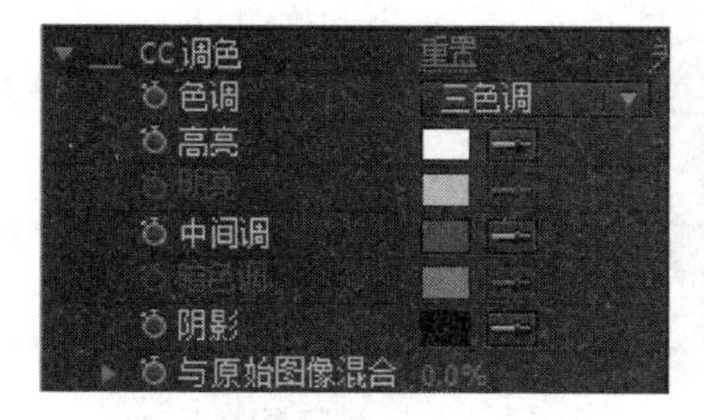

图 11-2-4　“CC 调色”属性

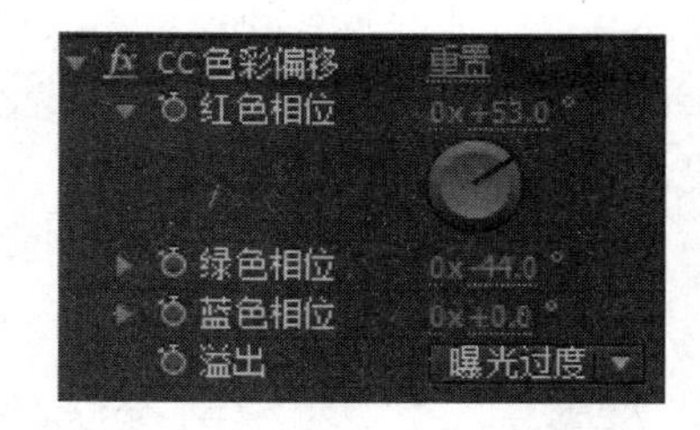

图 11-2-5　“CC 色彩偏移”属性

（3）CC 色彩中和器：更改阴影、中间调、高光 3 部分的色彩基准，使图像重新以定义的标准更改颜色，参数如图 11-2-6 所示。

（4）CC 卷积内核：通过更改 3 个线路的电平和调节分频选项，实现画面明暗度的变化。

（5）色阶（单独控件）：可以为 RGB 通道分别进行色阶控制，改变图像的明暗分布，参数如图 11-2-7 所示。

（6）色光：指定图像的一个元素，以其为基准进行平滑的周期填色，实现彩光、彩虹、霓虹灯等多种效果，参数如图 11-2-8 所示。

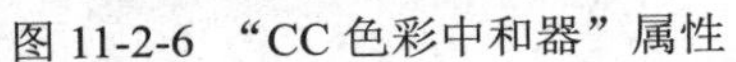

图 11-2-6 “CC 色彩中和器”属性

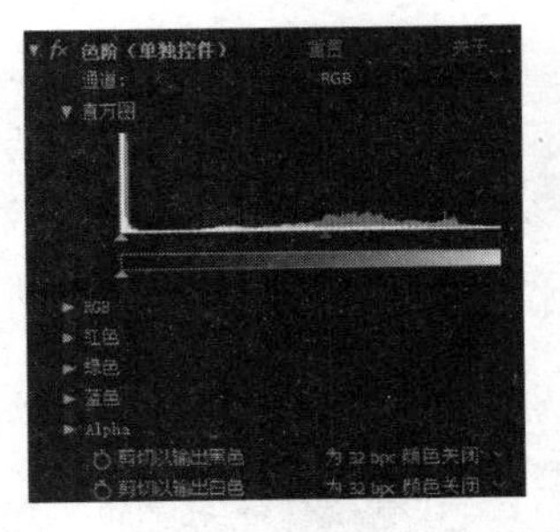

图 11-2-7 “色阶（单独控件）”属性

（7）灰度系数/基值/增益：调整每个 RGB 独立通道的还原曲线值，分别对某种颜色进行输出曲线控制。“黑色伸缩”用来重新设置黑色强度，“红色/绿色/蓝色灰度系数”分别调整各通道的灰度系数曲线值，“红色/绿色/蓝色基值”分别调整各通道的最低输出值，“红色/绿色/蓝色增益”分别调整各通道的最大输出值，参数如图 11-2-9 所示。

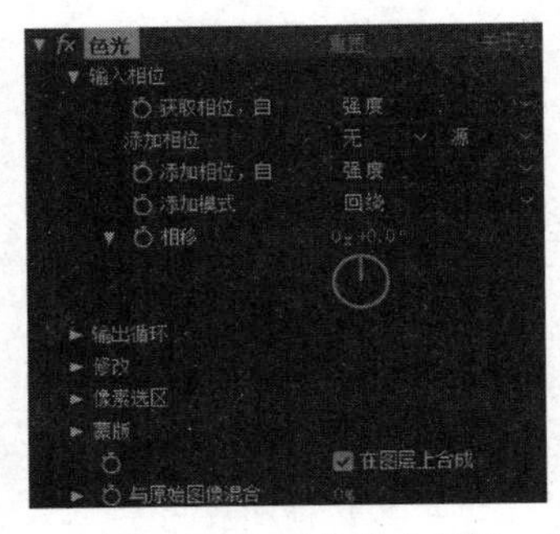

图 11-2-8 “色光”属性

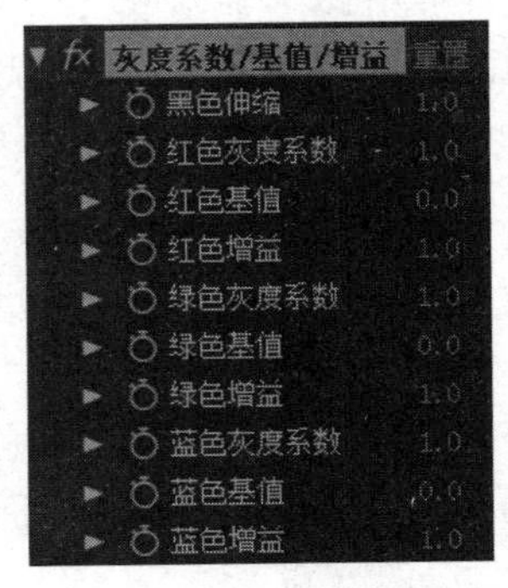

图 11-2-9 “灰度系数/基值/增益”属性

（8）PS 任意映射：调整图像色调的亮度级别。通过调用 Photoshop 的图像文件（.amp）来调节层的亮度，或者重新映射一个专门的亮度区域来调节明暗及色调。

（9）保留颜色：消除给定颜色，或者删除层中的其他颜色，可以进行容差和边缘柔和度设置，参数如图 11-2-10 所示。

（10）更改颜色：改变图像中的某种颜色区域的色调饱和度和亮度，参数如图 11-2-11 所示。

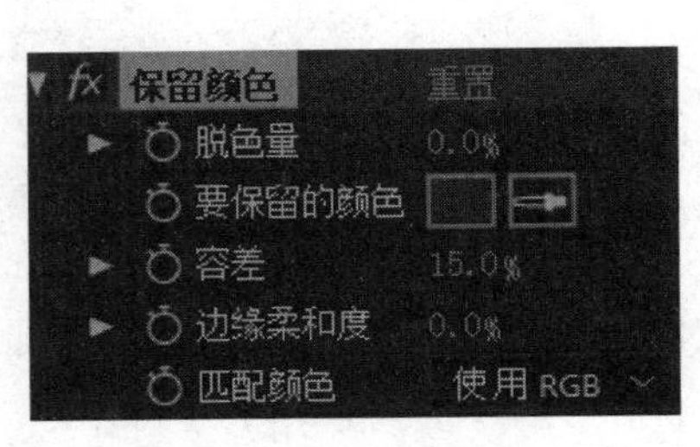

图 11-2-10 “保留颜色”属性

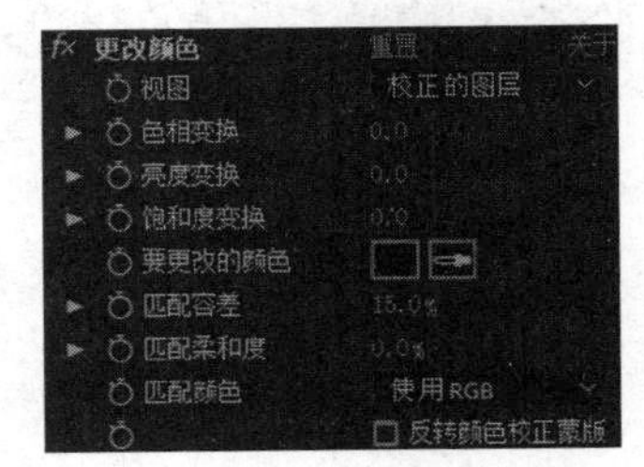

图 11-2-11 “更改颜色”属性

（11）黑色和白色：将图片进行去色，为整个图片进行着色处理，参数如图 11-2-12 所示。

（12）广播颜色：校正广播级的颜色和亮度。由于电视信号发射带宽的限制，在计算机上看到的所有颜色和亮度并不都反映在电视信号上。

（13）亮度与对比度：通过亮度和对比度调整图像中所有像素的亮部、暗部和中间色，但不能单独调节某个通道。

（14）曝光度：通过模拟照相机抓拍图像时对曝光率设置的修改原理获得效果。通过对通道信息进行分析，对曝光度、偏移、灰度系数校正3个属性进行调整，从而对胶片进行整体校正。

（15）色调：调整图像中包含的颜色信息，在最亮和最暗之间确定融合度，黑色和白色像素被映射到指定的颜色，介于两者之间的颜色被赋予对应的中间值，参数如图11-2-13所示。

（16）色调均化：使图像变化平均化，可以选择RGB、亮度和Photoshop样式进行均衡调整，参数如图11-2-14所示。

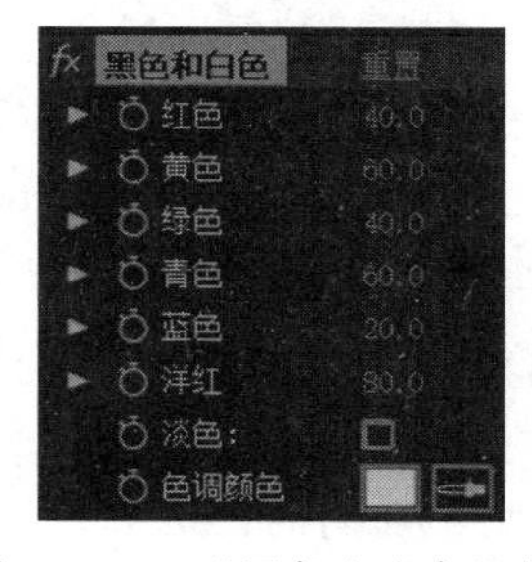

图11-2-12 “黑色和白色”属性

图11-2-13 “色调”属性

图11-2-14 “色调均化”属性

（17）照片滤镜：纠正照片中轻微的色彩偏差，参数如图11-2-15所示。

（18）颜色链接：将一层中的颜色信息赋给另一层，通过计算Source Layer（源图层）图像像素的平均值对效果层重新定义颜色。

（19）曲线：通过改变效果窗口的曲线来改变图像的色调，可以对图像的各个通道进行控制，并调节图像色调范围，用0～255的灰阶调节任意点的色彩。使用曲线进行颜色校正可以获得更大的自由度，可以在曲线的任意一个位置添加控制点，以做出更精确的调整，参数如图11-2-16所示。

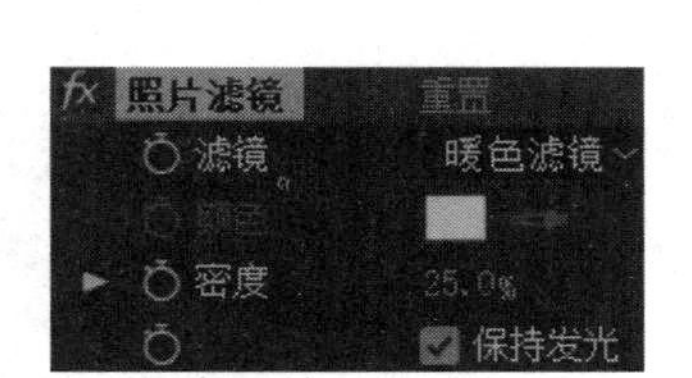

图11-2-15 “照片滤镜”属性

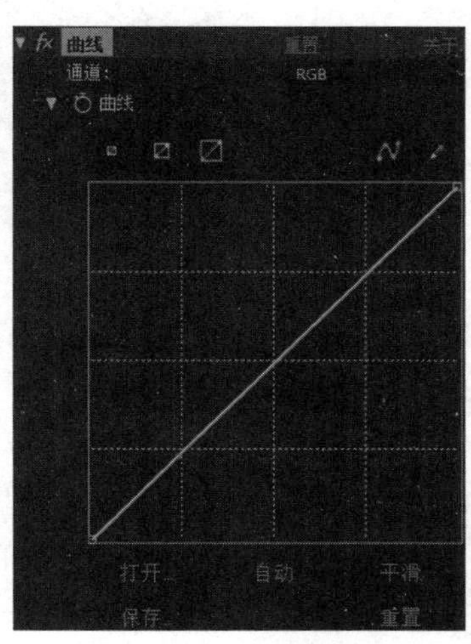

图11-2-16 “曲线”属性

（20）更改为颜色：用指定的颜色替换图像中的某种颜色的色相、亮度及饱和度的值，在进行颜色转换的同时添加一种新的颜色，参数如图11-2-17所示。

（21）颜色平衡：通过分别调整层中的阴影、中间调、高光部分的红/绿/蓝通道的颜色值，进行颜色平衡的整体调节，参数如图 11-2-18 所示。

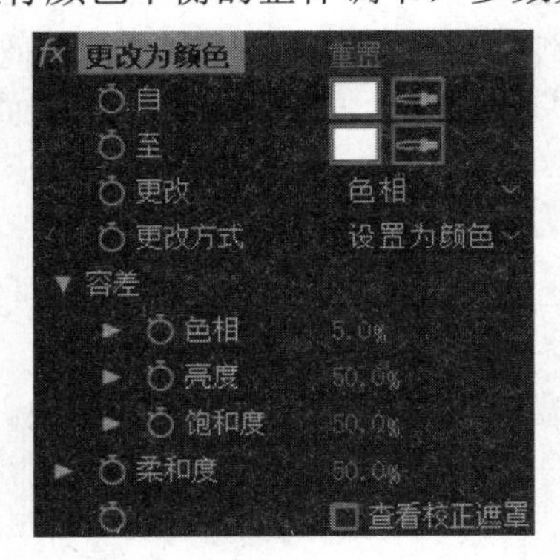

图 11-2-17 “更改为颜色”属性

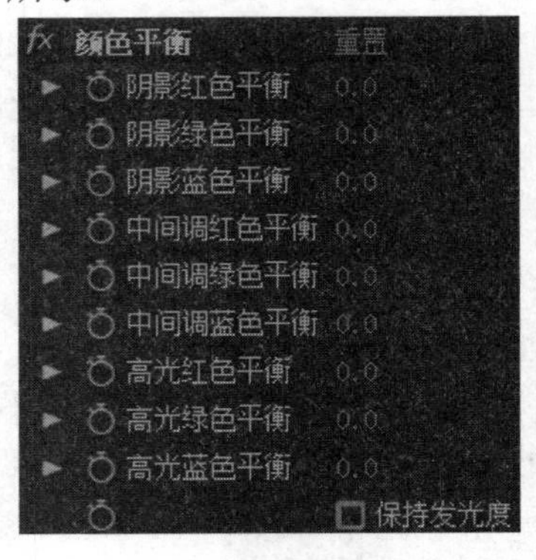

图 11-2-18 “颜色平衡”属性

（22）三色调：将图像的高光、中间调、阴影的 3 种颜色进行设定，类似于 CC 调色。

（23）颜色稳定器：根据周围环境改变素材的颜色，设置采样颜色，从整体上调节画面颜色。可以设置关键帧，显示亮度区域和要匹配的颜色，包含亮度、色阶和曲线 3 种平衡方式。

（24）自动颜色：根据图像的高光、中间色和阴影色的值调整原图像的对比度和色彩。

（25）自动色阶：自动设置高光和阴影，通过在每个存储白色和黑色的色彩通道中定义最亮和最暗的像素，按比例分布中间像素值。

（26）可选颜色：通过选择特定色系，进行青色/洋红色/黄色/黑色属性数值的修改，更改图像颜色，参数如图 11-2-19 所示。

（27）阴影/高光：单独处理阴影区域或高光区域。经常用来处理逆光画面背光部分丢失的细节，或者强光下亮部细节丢失的问题，参数如图 11-2-20 所示。

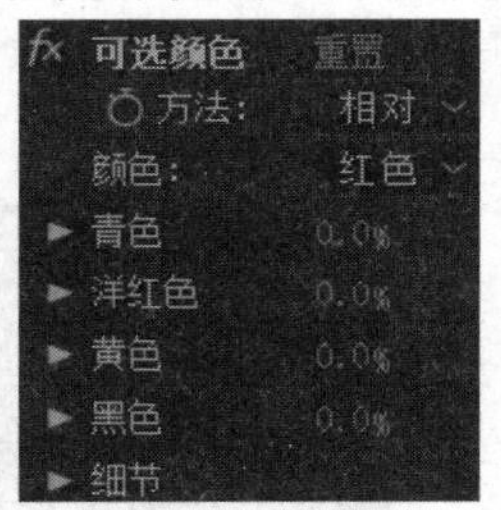

图 11-2-19 “可选颜色”属性

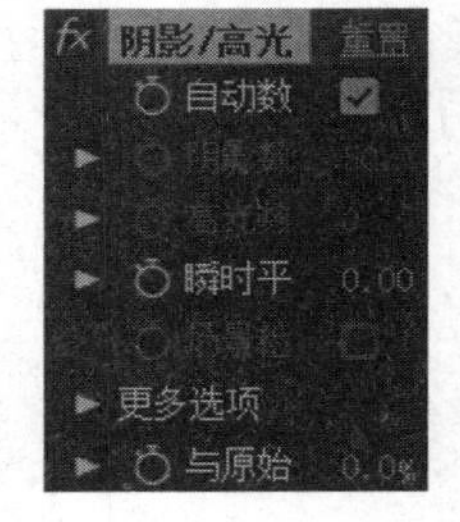

图 11-2-20 “阴影/高光”属性

（28）色阶：将输入的颜色范围重新映射到输出的颜色范围，参数如图 11-2-21 所示。

（29）色相/饱和度：调整图像中单个颜色分量的色相/饱和度/亮度，参数如图 11-2-22 所示。

（30）通道混合器：用当前彩色通道的值修改一个彩色通道，或者通过设置每个通道提供的百分比产生高质量的灰阶图，或者产生高质量的棕色调和其他色调图像，或者交换和复制通道，参数如图 11-2-23 所示。

（31）自动对比度：自动分析层中所有对比度和混合的颜色，将最亮和最暗的像素映射到图像的白色和黑色中，使高光部分更亮、阴影部分更暗。

（32）自然饱和度：根据图像的饱和度信息调整原始图像的饱和度，有饱和度和自然饱和度两个选项。

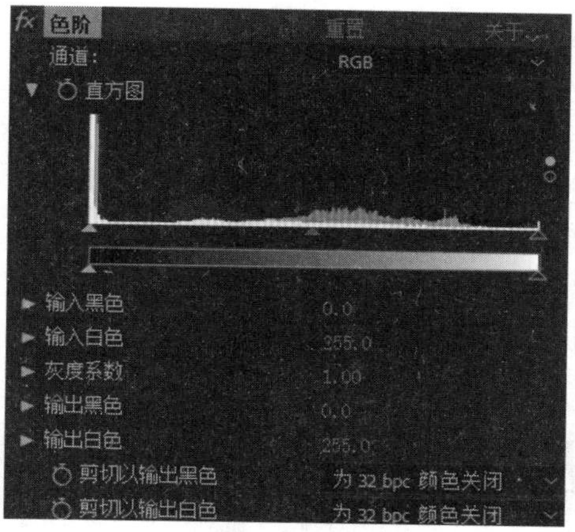

图 11-2-21 “色阶”属性

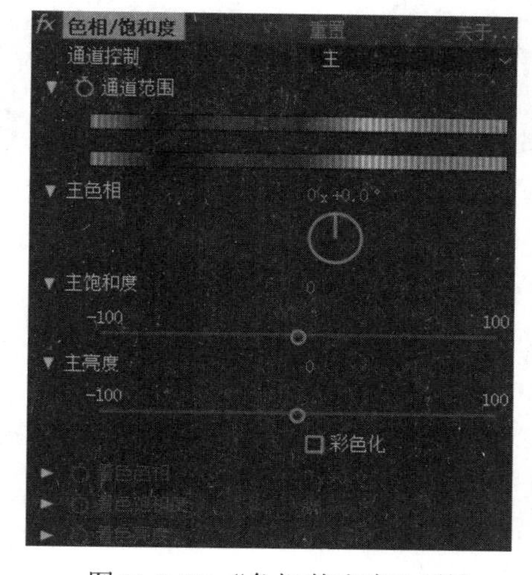

图 11-2-22 “色相/饱和度”属性

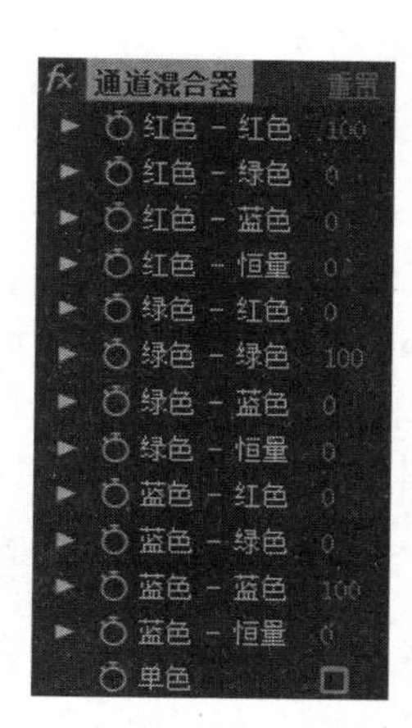

图 11-2-23 “通道混合器”属性

> **小黑板**
>
> After Effects 中的调色特效非常丰富，需要综合运用多种调色特效才能达到预期效果。

11.2.3 抠像原理

蓝绿屏抠像技术、摄像机追踪技术、动作捕捉技术等构成了现在的数字电影技术。抠像也称为“键控”，即选取一种颜色让它变为透明，将主体从背景中提取出来。抠像是合成的基础，使用抠像技术，先产生一个 Alpha 通道识别图像中的透明度信息，然后与计算机制作的场景或其他场景进行叠加合成。

因为人的肤色不含有蓝色和绿色，为便于后期进行抠像处理，一般以蓝色和绿色为背景。

11.2.4 几种常用的抠像技巧

1. CC 简单金属丝移除

在影视作品创作中，常常需要给演员吊威亚，以完成一些飞檐走壁的特效，但后期为演员擦钢丝的工作就变得很烦琐。CC 简单金属丝移除特效可以将拍摄特技时使用的钢丝快速擦除，如图 11-2-24 所示。

- 点 A 和点 B：通过调整该选项中的两个参数设置起点和终点的位置。
- 移除风格：有 4 个选项，分别是衰减、帧偏移、置换、水平置换。
- 厚度：可以设置擦除线段的宽度。
- 倾斜：可以设置擦除的强度。
- 镜像：可以设置混合程度。
- 帧偏：可以设置框架偏移的量。

图 11-2-24　CC 简单金属丝移除效果图

2. Keylight(1.2)

Keylight 键控特效可以通过选择屏幕颜色将该颜色去除。图 11-2-25 所示为通过 Keylight(1.2)将绿色的背景色去除和图像合成的效果。

- 视图：设置图像在“合成”窗口中的显示方式。
- 屏幕颜色：通过单击“颜色”按钮或“拾色器”按钮，选择想要去除的颜色。
- 屏幕均衡：通过调整参数设置屏幕颜色的平衡度。
- 屏幕蒙版、内侧蒙版和外侧蒙版：对影像进行细部的抠除或恢复。
- 前景色校正和边缘色校正：进行色彩设置。

图 11-2-25　Keylight(1.2)效果图

3. 差值遮罩

差值遮罩特效通过对两张图像进行比较，而将相同区域抠除。该特效适用于对运动物体的背景进行抠像。“差值图层”下拉列表中的不同选项可定义作为抠像参考的合成层素材。如果图层和当前图层的尺寸不同，则定义如何调整尺寸变化，参数如图 11-2-26 所示。

4. 亮度键

亮度键特效根据图像像素的亮度进行抠图。该特效主要运用于图像对比度较大但色相变化不大的图像，参数如图 11-2-27 所示。

- 键控类型：通过在该选项的下拉列表中选择不同的模式进行抠像。
- 阈值：设置抠像的程度。
- 容差：设置抠像颜色的容差范围。
- 薄化边缘：用于修补图像的 Alpha 通道。在生成 Alpha 图像后，沿边缘向内或向外添加若干层像素。
- 羽化边缘：对生成的 Alpha 通道进行羽化边缘处理，从而使蒙版更加柔和。

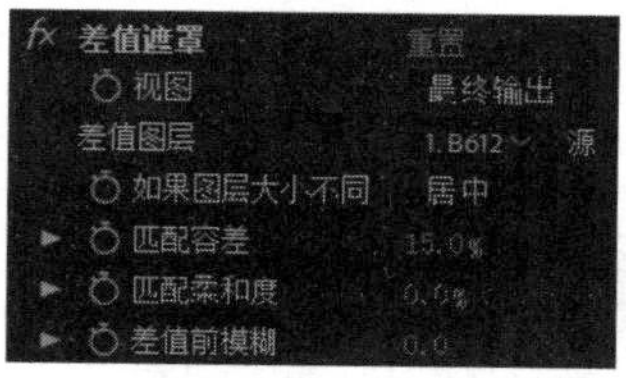

图 11-2-26 “差值遮罩”属性

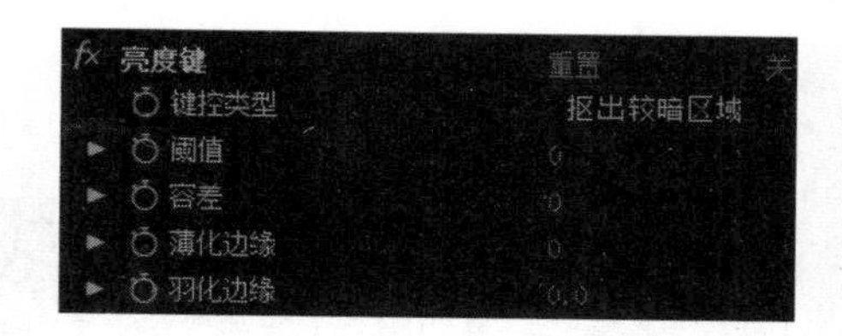

图 11-2-27 “亮度键”属性

5. 提取

提取特效是对图像中非常明亮的白色部分或很暗的黑色部分进行抠像。该特效适用于有很强的曝光度背景或对比度比较大的图像。

- 直方图：显示用于抠像参数的色阶。左端为黑色平衡输出色阶，右端为白色平衡输出色阶。调整下方的参数，将改变图表的曲线形状。
- 通道：用于选择要抠像的色彩通道。黑色/白色部分设置色阶黑或白平衡的最大值。
- 黑色/白色柔和度：设置色阶黑或白平衡的柔和度。
- 反转：反转黑或白平衡。

6. 颜色范围

颜色范围特效通过设置一定范围的色彩变幻区域进行抠像，一般用于非统一背景颜色的画面抠除，如图 11-2-28 所示。通过设定“色彩空间”选项中的 Lab、YUV 或 RGB，调整“最大值”、“最小值”和“模糊”选项中的参数，完成背景色彩比较复杂的素材抠像。

图 11-2-28 “颜色范围”属性设置及效果图

7. 线性颜色键

线性颜色键特效采用 RGB、色相和色度的信息进行抠像处理。该特效不仅能够用于抠像，还可以保护被抠掉或指定区域的图像像素不被破坏，是常用抠像特效，如图 11-2-29 所示。

- 预览和视图：显示原始素材和视图选项提供的图像，利用吸色管可以选择抠像颜色。
- 主色：主要抠像颜色。
- 匹配颜色：用于调节抠像的色彩空间。
- 匹配容差：设置抠像颜色的容差范围。
- 匹配柔和度：设置透明与不透明像素间的柔和度。
- 主要操作：控制是否保留某种颜色不被抠像。

图 11-2-29 “线性颜色键”属性设置及效果图

8. 颜色差值键

颜色差值键特效将指定的颜色划分为 A、B 两部分，实施抠像操作。在图像 A 中，需要用吸色管指定需要抠除的颜色；在图像 B 中，指定需要抠除不同于图像 A 的颜色。若两个黑、白图像相加，会得到色彩抠像后的 Alpha 通道。

在该特效选项中，通过调整 A 部分、B 部分和蒙版的灰度系数选项中的参数，可以设置灰度系数在各个选项中的校正值；通过调整 A 部分和 B 部分的黑、白输出中的参数，可以分别设置溢出黑、白平衡；通过调整 B 部分和蒙版的黑、白输入中的参数，可以分别调节非溢出黑、白平衡，如图 11-2-30 所示。

图 11-2-30 颜色差值键效果图

9. 内部/外部键

内部/外部键特效通过手绘蒙版对图像进行抠像。在图层面板的蒙版通道上绘制一个蒙版，将其指定给特效的前景属性或背景属性，如图 11-2-31 所示。

- 前景（内部）：前景选项可选择为前景层的蒙版层，该层包含的素材将作为合成中的前景层。添加前景选项具有同样的功能。
- 背景（外部）：背景功能与前景选项相似，作为合成中的背景层。添加背景选项同样作为合成中的背景层。
- 边缘阈值：可以设置蒙版边缘的值，较大值可以向内缩小蒙版的区域。

- 反转提取：可反转蒙版。
- 与原始图像混合：可以定义填充的颜色和原图像的混合程度。

图 11-2-31 内部/外部键效果图

10. 颜色键

颜色键特效通过设置或指定图像中某一像素的颜色，而把图像中相应的颜色全部抠除。

11. 溢出抑制

溢出抑制特效并不用于抠像，主要作用是对抠完像的素材进行边缘部分的颜色压缩，经常在蓝屏或绿屏抠像后处理一些细节部分。

11.3 情境设计 1 《玩转色彩》

11-3 玩转色彩

1. 情境设计

前期拍摄的视频可能存在曝光不足、画面偏色等一系列问题，这时候就需要通过后期色彩处理使画面恢复正常状态。此外，为了表达特定的意义或情绪，追求艺术化效果，往往对图像进行一些特别的处理。本项目对 After Effects 中的色彩调节特效中的多种特效进行综合运用，实现特殊色彩效果，如图 11-3-1 所示。

图 11-3-1 《玩转色彩》效果图

2. 技术分析

（1）通过特效“四色渐变”命令，对素材添加 4 种渐变色，实现图片的彩色效果。

（2）通过特效“色阶”命令，实现图片的明暗质量调整。

（3）通过添加蒙版和模糊命令，实现图片的景深感觉。

（4）通过添加“调整图层”，实现对其下所有画面进行整体色彩调整。

3. 项目制作

STEP01 新建合成

运行 After Effects CC 2018，导入素材文件“模块 11/11-3 情境设计 1-玩转色彩/素材/玩转色彩.jpg”，新建合成“玩转色彩”。

STEP02 对素材降噪

选择“玩转色彩”素材层，执行菜单“效果（Effect）→杂色与颗粒（Noise & Grain）→移除颗粒（Remove Grain）”命令。打开“效果控件”面板，将“查看模式”修改为最终输出，“杂色深度减低”设置成“2.000”。

STEP03 复制图层，进行层叠加

选中“玩转色彩”素材层，按组合键<Ctrl+D>复制图层。图层模式选择“叠加”，使其颜色加深，图片颜色层次感更强。

STEP04 建立调整图层，添加特效

❶新建调整图层“色彩调节”。选择调整图层，执行菜单“效果（Effect）→生成（Generate）→四色渐变（4-Color Gradient）”命令，打开“效果控件”面板，将“混合模式”设置为“叠加”。具体参数设置如图 11-3-2 所示。

❷执行菜单“效果→颜色校正→色阶”命令，打开“效果控件”面板，调节直方图的三角滑块，进行高光、阴影、中间调的调节，或者直接调整输入/输出黑、白色的数值，如图 11-3-3 所示。

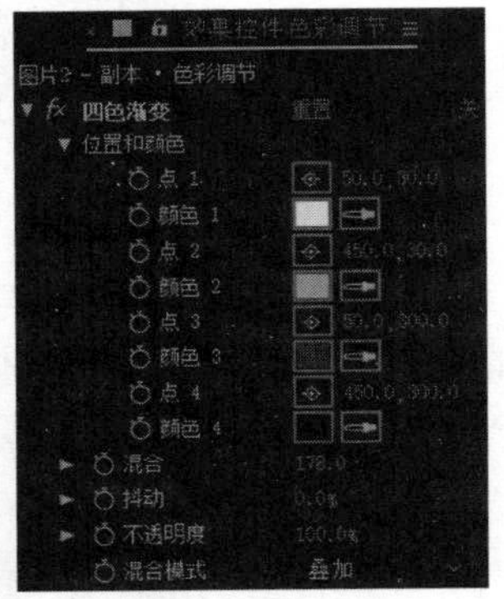

图 11-3-2 “四色渐变”参数调节

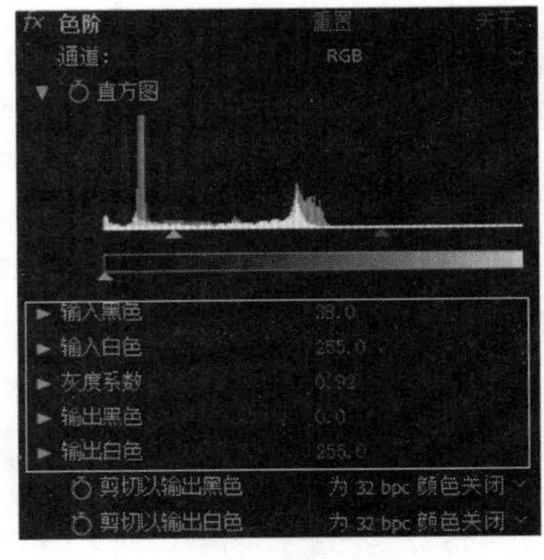

图 11-3-3 “色阶”参数调节

❸对调整图层执行菜单“效果→颜色校正→色相/饱和度”命令，打开“效果控件”面板，设置“主饱和度”为“8”，“主亮度”为“3”，进一步提升图像色彩饱和度。

STEP05 建立纯色图层，调节景深

❶新建纯色图层“景深”。选择“椭圆”工具，在舞台中央画一个椭圆形，如图 11-3-4 所示。勾选“景深”图层属性中“蒙版 1”的“反转”复选框，调节“蒙版羽化”为“79”，“蒙版不透明度”为“37%”。

❷选择“景深”层，执行菜单“效果→过时→快速模糊（旧版）”命令，调节“模糊度”为“16.0”。

STEP06 建立调整图层，为头发建立蒙版

❶新建调整图层“发色调节”。选择“发色调节”层，用“钢笔”工具手动绘制蒙版，如图 11-3-5 所示。在蒙版中设置“蒙版羽化”为“10.0px”。

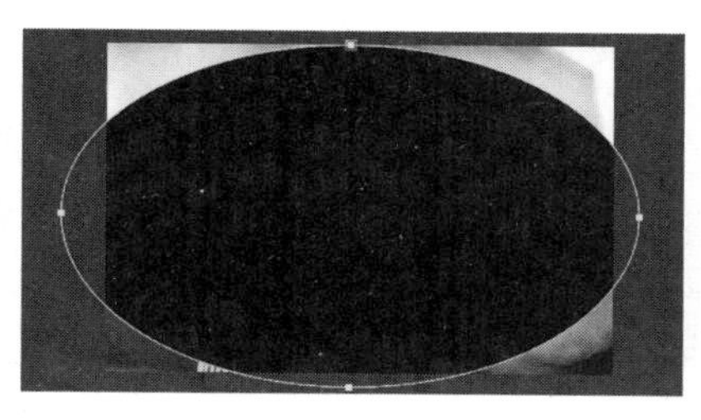

图 11-3-4 椭圆形蒙版

图 11-3-5 添加蒙版

❷选择“发色调节”图层，执行菜单“效果（Effect）→颜色校正（Color Correction）→三色调（Tritone）”命令，打开“效果控件”面板，设置三色调的中间调为红色，将发色改为红色。

❸输出影片，保存为“玩转色彩.mp4”。

4. 项目评价

本项目融合了多种色彩调整特效对画面进行艺术创作，使一幅平淡无奇的画面充满浓重的艺术气息。项目通过添加蒙版和模糊特效，创造了人像摄影中摄像机镜头的小景深效果，虚化了背景，突出了人物。通过选择调整范围，进行了头发的局部调色效果，使画面更加艳丽。调整图层的设置独立于素材层之外对图像进行调整，增强色彩调整的灵活性。

11.4 情境设计 2 《我是主持人》

11-4 我是主持人

1. 情境设计

本项目通过三组蓝绿屏素材，使用不同的抠像方法，逐个实现抠像效果。先通过合成嵌套进行合成，再通过部分色彩调整实现最佳的抠像效果，如图 11-4-1 所示。

图 11-4-1 《我是主持人》抠像合成效果图

2. 技术分析

（1）通过特效“Keylight(1.2)”命令，以及添加垃圾遮罩，实现“女性”抠像效果。

（2）通过特效“颜色键”命令实现“画面画框”抠像效果。

（3）通过添加“线性颜色键”命令，添加“溢出抑制（Spill Suppressor）”和“简单阻塞工具”特效，为“主持人”精确抠像。

（4）对嵌套合成中的各层添加“色阶”和“颜色平衡”，进行色彩调整。

3. 项目制作

STEP01 导入素材，新建合成

❶运行 After Effects CC 2018，导入素材文件夹“模块 11/11-4 情境设计 2-我是主持人/素材”中的 4 个素材“女性.mov”、“画面边框.jpg”、“主持人.avi”和“背景.jpg”。

❷将素材“女性.mov”拖曳到“项目”窗口，新建合成“女性”。将素材“背景.jpg”放置在“女性”合成的第二层，并调整大小。

❸在“时间轴”窗口中，选择“女性.mov”层，执行菜单“效果（Effect）→抠像（Keying）→Keylight(1.2)”命令。打开“效果控件”面板，使用“拾色器”工具，选取“屏幕颜色”为素材中的绿色，修改“屏幕增益”为“115”，其他数值默认。

STEP02 添加蒙版

通过观察发现，人物的双手部分抠像效果不甚理想。选择“女性.mov”层，使用“钢笔”工具，沿着人物的大体轮廓绘制一个区域，不需要的部分排除在绘制区域之外，如图 11-4-2 所示。这样人物手边的黑色垃圾部分就被去掉了。

图 11-4-2　添加蒙版

STEP03 对“画面边框”层抠像

将素材“画面边框.jpg”拖曳到“项目”窗口，新建合成“画面边框”。在“时间轴”窗口中，选择“画面边框”层，执行菜单“效果→过时→颜色键”命令。打开“效果控件”面板，使用“拾色器”工具，选取“主色”为“绿色”，修改“颜色容差”为“38”，其他数值默认。

STEP04 对“主持人”层抠像

❶将素材“主持人.avi”拖曳到“项目”窗口，新建合成“主持人”。选择“主持人”层，执行菜单“效果（Effect）→抠像（Keying）→线性颜色键（Linear Color Key）”命令。打开“效果控件”面板，使用“拾色器”工具，选取“主色”为素材中的蓝色，修改“匹配柔和度”为“5%”，效果如图 11-4-3 所示。

图 11-4-3　线性颜色键抠像效果对比

❷此时的抠像效果周围还有一些蓝色像素，需要再次为素材添加特效。选择“主持人”层，执行菜单“效果→过时→溢出抑制”命令。打开“效果控件”面板，使用“拾色器”工具，选取“要抑制的颜色”为素材中的蓝色，其他数值默认。通过溢出抑制特效将蓝色像素颜色抑制为灰色。

❸观察图像，发现人物的身体边缘处及周围还是存在灰色像素，抠像不彻底，为素

材再次添加特效。选择“主持人”层，执行菜单“效果→遮罩→简单阻塞工具”命令。打开“效果控件”面板，设置“阻塞遮罩”为“2.5”，其他数值默认。通过简单阻塞工具特效将周围像素进行了收缩，效果如图 11-4-4 所示。

图 11-4-4　简单阻塞工具抠像效果对比

STEP05 合成嵌套

此时，在“时间轴”窗口中包含了 3 个合成：“女性”、“画面边框”和“主持人”。

❶在“项目”窗口中，拖曳“画面边框”合成到新建合成按钮上，新建合成“画面边框 2”。选择“画面边框 2”，按<Enter>键，重命名为“最终合成”。分别拖曳合成“女性”和“主持人”至“最终合成”的“时间轴”窗口中，层顺序如图 11-4-5 所示。

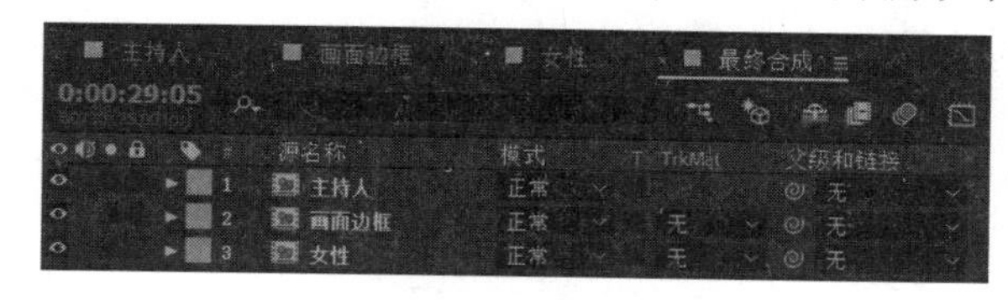

图 11-4-5　最终合成时间线

❷通过观察发现，主持人色调与背景不是很和谐，而且曝光不足。选中“主持人”层，执行菜单“效果→颜色校正→色阶”命令和“效果→颜色校正→颜色平衡（Color Balance）”命令，打开“效果控件”面板，适当调节参数，如图 11-4-6 所示。

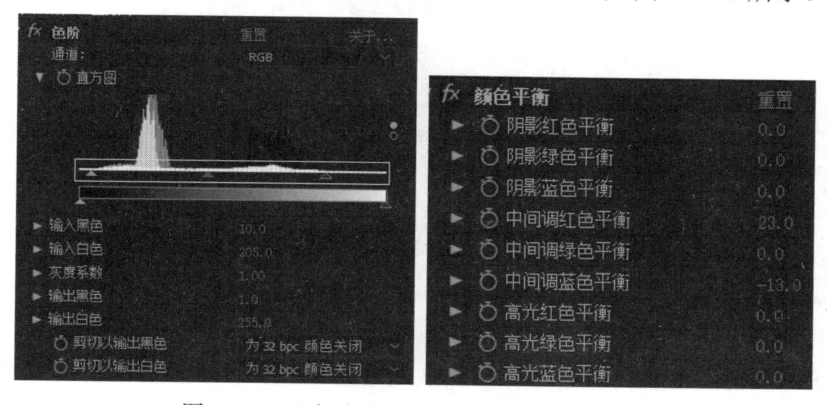

图 11-4-6　“色阶”和“颜色平衡”参数设置

❸输出影片，保存为“我是主持人.mp4”。

4. 项目评价

本项目是抠像与色彩调整的一次综合实战演练，将 3 个抠像素材通过不同的键控特效分别抠像。垃圾遮罩能够很好地对主体之外的元素进行屏蔽，再结合颜色抑制和边缘像素收缩实现完美的抠像效果。最后对各素材进行一定的色彩调整，使合成的色调更加融合。

11.5 微课堂 虚拟演播室

你知道天气预报是怎么制作出来的吗？主持人播报天气时，其背后并不是气象云图，而是一块蓝色的布景，这是后期抠像技术合成画面的典型实例，如图 11-5-1 所示。

图 11-5-1 天气预报

虚拟演播室是近年发展起来的一种独特的电视节目制作技术，如图 11-5-2 所示。它的实质是将计算机制作的虚拟三维场景与电视摄像机现场拍摄的人物活动图像进行数字化的实时合成，使人物与虚拟背景能够同步变化，从而实现两者天衣无缝的融合，以获得完美的合成画面。

虚拟演播室技术包括摄像机跟踪技术、计算机虚拟场景设计、色键技术、灯光技术等。在传统色键抠像技术的基础上，充分利用计算机三维图形技术和视频合成技术，根据摄像机的位置与参数，使三维虚拟场景的透视关系与前景保持一致，经过色键合成后，使前景中的主持人看起来完全融合在计算机产生的三维虚拟场景中，而且能在其中运动，从而创造出逼真、立体感很强的电视演播室效果。

图 11-5-2 虚拟演播室

采用虚拟演播室技术可以制作出实际不存在的场景，并可以不受物理空间限制，在瞬间改变场景，制作出真实演播室无法实现的效果。例如，在演播室内搭建摩天大厦；演员在月球进行“实况”转播；演播室里刮起了龙卷风等。

11.6 实训与赏析

1. 实训 颜色调整《时光变换》

创作思路：找一张景物图片，尝试根据本模块所学知识，将图片进行艺术化处理，制作出朝夕变化、四季更迭、时光变迁的效果。

创作要求：①颜色特效应用合理，数值调节恰当；②每种效果可以综合运用多种特效实现；③适当运用蒙版和层的混合模式来达到预期效果。

2. 赏析电影《疯狂的赛车》特技片段

电影《疯狂的赛车》是一部优秀的喜剧电影，有一个片段深入人心：两个敌对势力剑拔弩张，一只打火机被扔进漆黑的屋内，瞬间点燃了泄漏的煤气，一个震撼的爆炸场面开始了，屋内的桌椅全被炸碎，坏人也在爆炸气流的冲击下被炸飞。慢镜头将这一爆炸场景描述到极致。

打开“模块 11/11-6 实训与赏析/赏析”文件夹中的“疯狂的赛车特效部分.rmvb”与“疯狂的赛车特效解密.flv”，进行赏析，探究抠像后期特效在影片中的运用。

能力模块 12

粒子效果及绚丽光效

After Effects 通过各种光效和粒子效果的综合运用，可以丰富和修饰画面，增添画面美感和动感，甚至可以创造出无穷尽的奇幻世界，完成前期拍摄过程中难以实现的画面效果。在影视节目中随处可见这些特效的影子，例如，新闻联播片头中闪耀的光芒；电影《疯狂的赛车》中壮烈的爆炸光效；大雪飘飞、烟雨蒙蒙等仿真效果。

关键词

粒子效果 光效

任务与目标

1．边做边学效果短片《吹泡泡》，熟悉 Foam 粒子特效的运用。

2．学习和验证“知识魔方”，掌握几种常用的粒子特效和光效的制作方法。

3．设计情境，制作《经典天气——雨后春笋与雪中藏羚》，熟练掌握“CC 下雨”和“CC 下雪”特效的运用。

4．设计情境，制作《闪耀的 Logo》，熟悉“发光”和“CC 光线扫射”光效的运用。

12.1 边做边学 《吹泡泡》

12-1 吹泡泡

为只有“吹泡泡”动作，不见“泡泡”的素材添加五彩气泡效果，如图 12-1-1 所示。

图 12-1-1 《吹泡泡》效果图

12.1.1 添加泡沫特效

❶运行 After Effects CC 2018，新建合成，命名为“吹泡泡”，设置宽高为“720×576px”，“帧速率”为“25 帧/秒”，“持续时间”为“8s”，“背景色”为“黑色”。

❷导入素材“模块 12/12-1 边做边学–吹泡泡/素材/吹泡泡.jpg”，将素材拖曳到合成“吹泡泡”的时间轴上，自动建立名为“吹泡泡.jpg”的层。

❸新建纯色图层“黑色纯色 1（Black Solid 1）”，设置宽高为“720×576px”，颜色为“黑色”，其他参数取默认值。

❹选择“黑色纯色 1”图层，执行菜单“效果（Effect）→模拟（Simulation）→泡沫（Foam）”命令，为纯色图层添加气泡效果，如图 12-1-2 所示。

图 12-1-2 添加气泡效果图

12.1.2 调整特效参数

❶调整“泡沫”效果的参数“视图”为“已渲染”，“产生点”为“305.5px，298.3px”，“产生方向”为“75° ”，“产生速率”为“0.48”，“大小差异”为“0.75”，“寿命”为“70”，“强度”为“7.5”，“初始速度”为“0.7”，“初始方向”为“1x+70° ”，“风速”为“7”，“风向”为“70”，“湍流”为“0.5”，“摇摆量”为“0.05”，“随机植入”为“3”，其他参数取默认值。

❷为了加强泡泡效果，将图层“黑色纯色 1（Black Solid 1）”和层“吹泡泡.jpg”进行“相加”模式叠加，如图 12-1-3 所示。

图 12-1-3 层叠加模式

❸预览影片效果，输出影片“吹泡泡.mp4”。

12.2 知识魔方 粒子效果与光效

12.2.1 粒子效果

粒子是指按照一定的关系组成一类物质的细小物体，如雪花、雨点、礼花、泡泡等。粒子系统是影视后期和三维动画软件中的重要组成部分，如果没有粒子系统，那么制作漫天飞舞的雪花、一串串的肥皂泡和五彩缤纷的礼花效果将变得很艰难。

在 After Effects CC 中，粒子效果集合在“效果→模拟”菜单中。After Effects CC 内置粒子效果有多种，包括卡片舞蹈、焦散、CC 滚珠操作、CC 吹泡泡、CC 细雨滴、CC 毛发、CC 水银滴落、CC 粒子仿真系统Ⅱ、CC 粒子仿真世界、CC 像素多边形、CC 降雨、CC 散射、CC 降雪、CC 星爆、泡沫、粒子运动、碎片、水波世界等，如图 12-2-1 所示。

（1）CC 粒子仿真系统Ⅱ（CC Particle Systems Ⅱ）。

CC 粒子仿真系统Ⅱ用来制作燃放的礼花、炫耀的星空、缤纷多姿的星星等。在 CC

粒子仿真系统Ⅱ面板中，参数是决定最终效果的关键因素，如图 12-2-2 所示，参数及含义如表 12-2-1 所示。图 12-2-3 所示为添加 CC 粒子仿真系统Ⅱ后的效果。

CC 吹泡泡
CC 滚珠操作
CC 降雪
CC 降雨
CC 粒子仿真世界
CC 粒子仿真系统 II
CC 毛发
CC 散射
CC 水银滴落
CC 细雨滴
CC 下雪
CC 下雨
CC 像素多边形
CC 星爆
焦散
卡片舞蹈
粒子运动
泡沫
水波世界
碎片

图 12-2-1　粒子效果

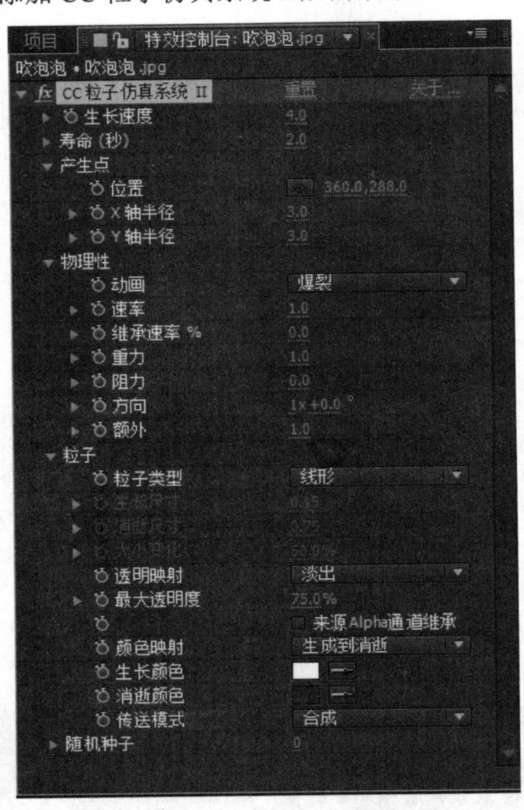

图 12-2-2　“CC 粒子仿真系统　Ⅱ”参数面板

表 12-2-1　CC 粒子仿真系统Ⅱ的参数及含义

参数名称	参数含义
生长速度（Birth Rate）	决定粒子诞生的初始速度
寿命（秒）[Longevity(sec)]	控制粒子从出现到消失的时间
产生点（Producer）	调整粒子的位置和走向
物理性（Physics）	调整动画（Animation）、速率（Velocity）、继承速率%（Inherit Velocity）、重力（Gravity）、阻力（Resistance）、方向（Direction）、额外（Extra）等
粒子（Particle）	调整粒子类型（Particle Type）、生长尺寸（Birth Size）、消逝尺寸（Death Size）、大小变化（Size Variation）、透明映射（Opacity Map）、最大透明度（Max Opacity）、颜色映射（Color Map）、生长颜色（Birth Color）、消逝颜色（Death Color）、传送模式（Transfer Mode）等

（2）CC 降雨和 CC 降雪（CC Rainfall 和 CC Snowfall）。

众所周知，在雨天和雪天等特殊天气环境下拍摄出来的画面效果并不理想，因此需要后期处理。

添加“效果→模拟→CC 降雨”和“效果→模拟→CC 降雪”特效，精确设置参数，实现理想的下雨和下雪效果，如图 12-2-4 和图 12-2-5 所示，CC 降雨特效的参数及含义如表 12-2-2 所示。

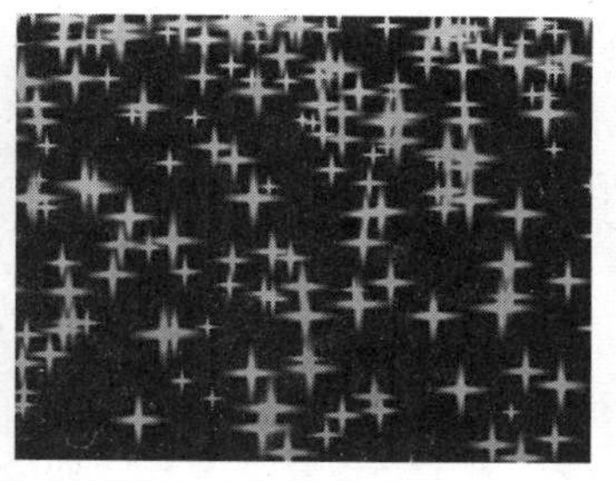

图 12-2-3　CC 粒子仿真系统Ⅱ后的效果图

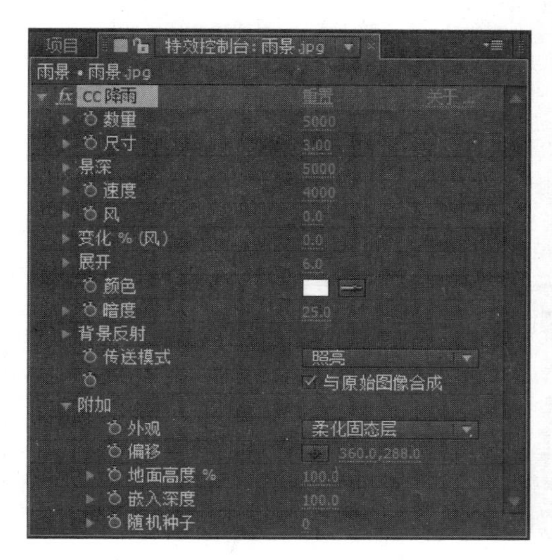

图 12-2-4　“CC 降雨”参数面板

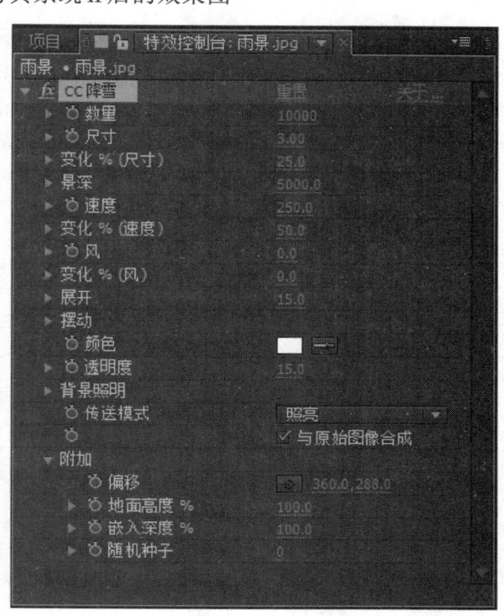

图 12-2-5　“CC 降雪”参数面板

表 12-2-2　CC 降雨特效的参数及含义

参数名称	参数含义
数量（Drops）	调整雨滴的数量
尺寸（Size）	调整单个雨滴的大小
景深（Scene Depth）	调整粒子的纵深度，增加雨滴的纵深感
速度（Speed）	调整雨滴降落的速度
风（Wind）	调整在风力的作用下下雨的角度
变化%（风）	调整风速的变化
展开（Spread）	调整雨线的分散程度
透明度（Opacity）	调整雨点的透明程度
背景照明（Background Reflection）	调整雨滴与背景的叠加模式，一般选择照亮（Lighten）
附加（Extras）	调整外观、补偿、电平、深度和随机度

图 12-2-6 所示为一幅图片分别添加降雨和降雪特效后的效果。

图 12-2-6　降雨和降雪效果图

（3）泡沫（Foam）。

在很多影视作品中，五彩缤纷的气泡、水泡或随风吹散的花蕊效果，可以通过在 After Effects CC 中内置的泡沫（Foam）特效实现，参数及含义如表 12-2-3 所示。

表 12-2-3　Foam 特效的参数及含义

参数名称	参数含义
视图（View）	调整渲染质量的预览方式
制作者（Producer）	调整粒子产生点（Producer Point）、产生方向（Producer Orientation）和产生速率（Producer Rate）等
气泡（Bubbles）	设置气泡大小（Size）、大小差异（Size Variance）、寿命（Lifespan）、气泡增长速度（Bubble Growth Speed）、强度（Strength）等
物理学（Physics）	设置初始速度（Initial Speed）、初始方向（Initial Direction）、风速（Wind Speed）、风向（Wind Direction）、湍流（Turbulence）、摇摆量（Wobble Amount）、排斥力（Repulsion）、初始运动参数（Pop Velocity）、黏性（Viscosity/Stickiness）
粒子缩放（Zoom）	调整泡沫粒子的大小
综合大小（Universe Size）	调整粒子所在空间的活动范围
正在渲染（Rendering）	调整渲染数值
流动映射（Flow Map）	为粒子贴图，替换成想要的粒子颗粒样式
随机植入（Random Speed）	控制粒子大小的随机数，增加真实感

小黑板

粒子效果的参数调整非常关键，微小的参数差别会导致不同的画面效果。除了内置的特效插件，还可以通过安装外挂插件的方法来添加更多具有特殊效果的粒子特效。

12.2.2　光效

After Effects 内置了很多光效，可以制作出视觉效果非常好的光线特效。

（1）镜头光晕（Lens Flare）。

After Effects 内置了镜头光晕特效，这是专门为处理视频镜头光晕效果设置的，可以很逼真地模仿现实中的光晕效果。操作方法：选择素材，执行菜单“效果→生成→镜头光晕”命令，并在“特效控制台”面板中调整参数，如图 12-2-7 所示，效果如图 12-2-8 所示。

图 12-2-7 “镜头光晕”参数设置

图 12-2-8 镜头光晕效果图

（2）CC 光线照射（CC Light Rays）。

CC 光线照射特效在片头制作和动画制作中应用很广泛。操作方法：选择素材，执行菜单“效果→生成→CC 光线照射”命令，并在“特效控制台”面板中调整参数，如图 12-2-9 所示，效果如图 12-2-10 所示，该特效参数及含义如表 12-2-4 所示。

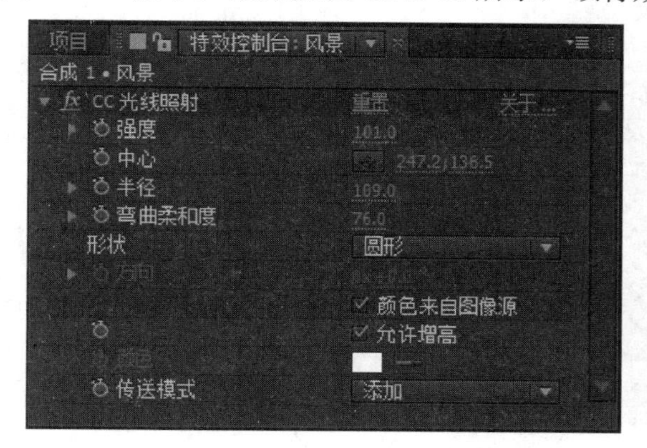

图 12-2-9 “CC 光线照射”参数设置

图 12-2-10 CC 光线照射效果图

表 12-2-4 CC 光线照射特效参数及含义

参数名称	参数含义
强度（Intensity）	调整光线照射强度，数值越大，光线越强
中心（Center）	调整光源位置
半径（Radius）	调整光线照射范围
弯曲柔和度（Warp Softness）	调整光线柔和度
形状（Shape）	调整光源发光形状
传送模式（Transfer Mode）	调整光线与背景的融合度，共设置了 4 种模式

（3）CC 突发光 2.5（CC Light Burst 2.5）。

CC 突发光特效是在制作片头字幕中比较常用的。操作方法：选择素材，执行菜单“效果→生成→CC 突发光 2.5”命令，并在“特效控制台”面板中调整参数，如图 12-2-11 所示，效果如图 12-2-12 所示。

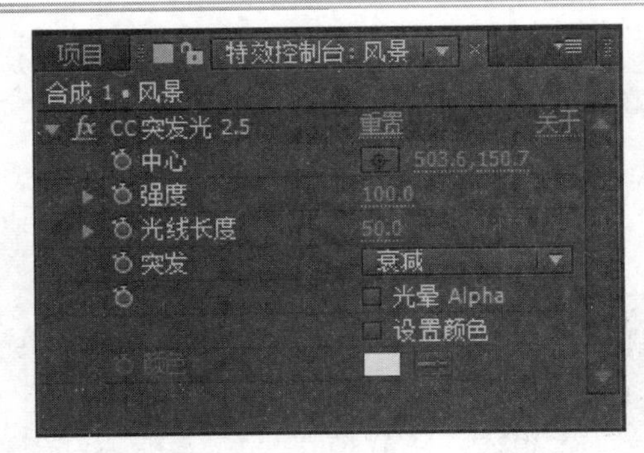

图 12-2-11 “CC 突发光 2.5”参数设置

图 12-2-12 CC 突发光效果图

（4）CC 光线扫射（CC Light Sweep）。

制作片头字幕时，常用的另一种特效是 CC 光线扫射。操作方法：选择素材，执行菜单“效果→生成→CC 光线扫射”命令，在“特效控制台”面板中调整参数，如图 12-2-13 所示，效果如图 12-2-14 所示。

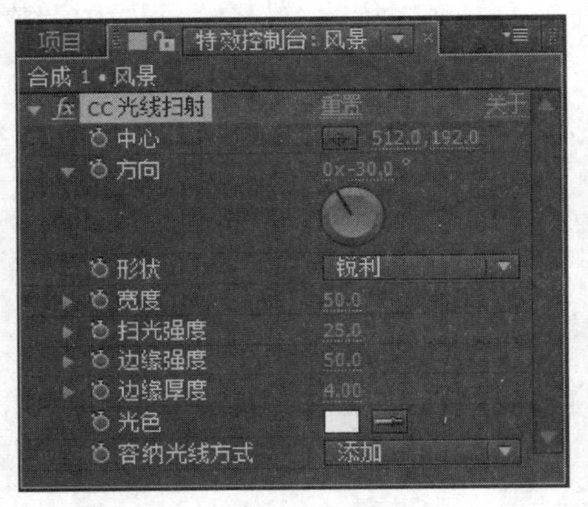

图 12-2-13 “CC 光线扫射”参数面板

图 12-2-14 CC 光线扫射效果图

12.3 情境设计 1 经典天气特效——《雨后春笋与雪中藏羚》

1. 情境设计

12-3 经典天气特效——雨后春笋与雪中藏羚

很多时候，栏目或节目需要一些特殊效果的画面，以表达特定意义。而这些特殊画面通过前期拍摄的途径去获取，可能需要耗费大量的财力和精力，甚至不可能现场拍摄某些特定的镜头。此时，可以通过后期技术手段实现这些画面效果。本项目将通过 After Effects CC 中的粒子特效实现较完美的“雨后春笋拔节生长”的神奇效果，并通过恰当地应用下雪特效，抒发对“藏羚羊不畏风雪严寒的生存精神”的赞美，效果如图 12-3-1 所示。

2. 技术分析

（1）添加 CC 降雨特效，实现下雨效果，并对各项参数进行精细调整。

（2）添加定向模糊（Directional Blur）特效，强化下雨效果。

（3）添加 CC 降雪特效，实现下雪效果，并对各项参数进行精细调整。

图 12-3-1　经典天气特效——《雨后春笋与雪中藏羚》效果图

（4）添加阴影/高光（Shadow/Highlight）特效，调节画面明暗影调分布。

（5）对两段素材添加“雨声”和“风声”音效，以增强视听体验。

3. 项目制作

STEP01 导入素材

运行 After Effects CC 2018，双击“项目”窗口的空白处，导入“模块 12/12-3 情境设计 1-经典天气/素材”文件夹中的“春笋.avi”和“藏羚羊.avi”。拖曳素材“春笋.avi”到新建合成按钮上，在时间轴上自动建立一个名为“春笋”的合成，合成的长宽为“720×576px”，“持续时间”为“8s”，与素材“春笋.avi”一致。

STEP02 添加 CC 降雨特效

❶选择“春笋.avi”层，执行菜单“效果→模拟→CC 降雨”命令，为层添加降雨效果。

❷调整 CC 降雨特效的参数，使下雨动作符合预期效果。调整“数量”为“10000”，“尺寸”为“5.5”，“景深”为“5000”，“速度”为“2800”，“风”为“520”，“变化%（风）”为“30”，“展开”为“16”，调整参数如图 12-3-2 所示。

❸为了锦上添花，达到更逼真的烟雨蒙蒙效果，可以添加模糊特效。选择“春笋.avi”层，执行菜单“效果→模糊与锐化→定向模糊”命令，为该层添加定向模糊效果。

❹调整“定向模糊”效果参数，设置“方向”为“0x-20°”，“模糊长度”为“2”，如图 12-3-3 所示。

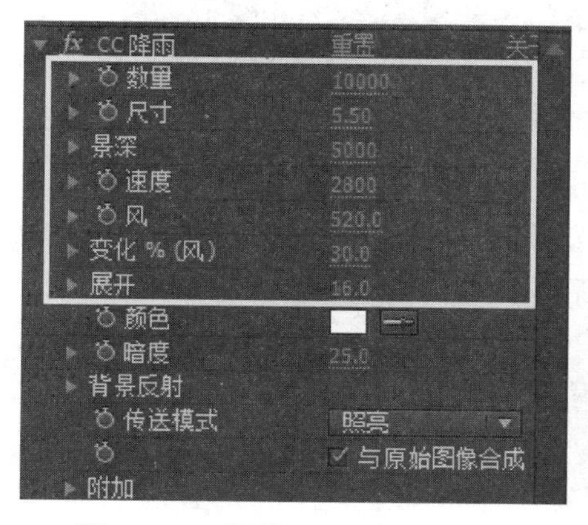

图 12-3-2　调整“CC 降雨”参数

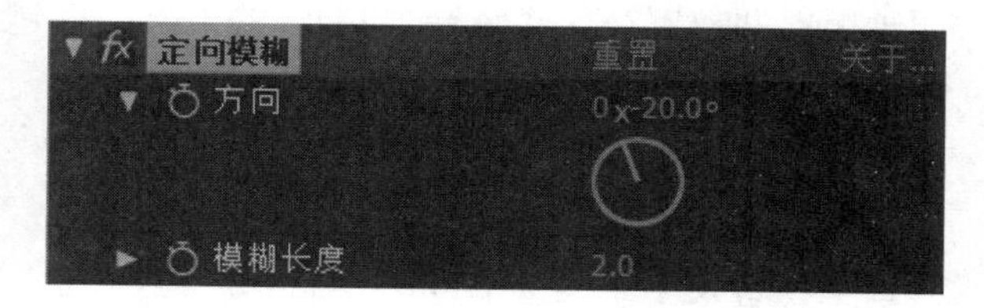

图 12-3-3　调整“定向模糊”参数

STEP03 添加音效

双击“项目”窗口的空白处，导入音频素材“模块 12/12-3 情境设计 1-经典天气/素材/雨声.wav”，拖曳素材到合成“春笋”的时间轴上，并放置在层“春笋.avi”的下方，创建新层“雨声.wav”。

STEP04 新建合成

拖曳素材“藏羚羊.avi”到新建合成按钮上，在时间轴上自动新建一个名为“藏羚羊”的合成，合成的长宽为“720×576px”，“持续时间”为“8s”，与素材“藏羚羊.avi”一致。

STEP05 添加 CC 降雪特效

❶选择“藏羚羊.avi”层，执行菜单“效果→模拟→CC 降雪”命令，为该层添加下雪效果。

❷为了使下雪效果达到完美的画面效果，调整 CC 降雪特效的各项参数。调整参数“数量”为“135100”，“变化%（尺寸）”为“25”，“风”为“500”，“速度”为“400”，“变化%（风）”为“32.5”，“展开”为“15”，如图 12-3-4 所示。

❸为了使画面明暗影调分布得更好，添加阴影和高光特效。选择“藏羚羊.avi”层，执行菜单“效果→颜色校正→曲线”特效，为层添加曲线效果，调整曲线为 S 形，如图 12-3-5 所示。

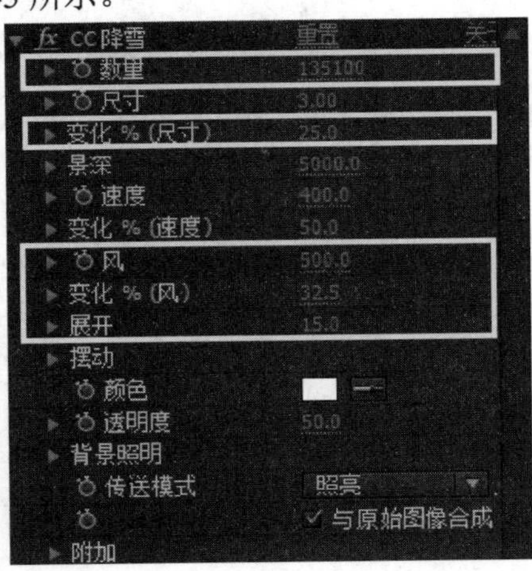

图 12-3-4 调整“CC 降雪”特效参数

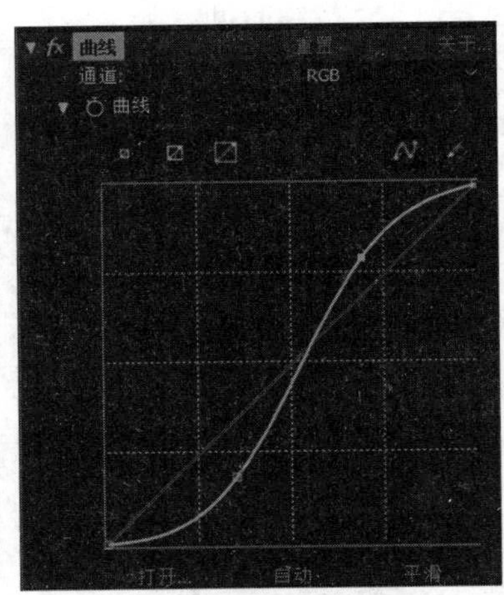

图 12-3-5 “曲线”参数设置

STEP06 添加音效

为了增强视听效果，为视频添加风声音效。双击“项目”窗口的空白处，导入素材“模块 12/12-3 情境设计 1-经典天气/素材/风声.wav”，将素材拖曳到合成“藏羚羊”的时间轴上，并放置在层“藏羚羊.avi”的下方，创建新层“风声.wav”。

STEP07 输出影片

选择合成“春笋”和“藏羚羊”，输出影片“雨后春笋.mp4”和“雪中藏羚.mp4”。

4. 项目评价

本项目使学生建立后期制作意识，前期拍摄很难得到的画面完全可以通过后期特效来实现，如雨、雪等经典天气特效的制作。通过雨雪粒子特效，让学生逐渐了解并掌握 After Effects 中的粒子特效的运用与调节。

12-4 闪耀的Logo

12.4 情境设计 2 《闪耀的 Logo》

1. 情境设计

在影视制作中，制作动态的 Logo 已经成为很多企业的需求。本项目通过一些基本的光效与其他效果的综合运用，实现闪耀的 Logo 效果，如图 12-4-1 所示。

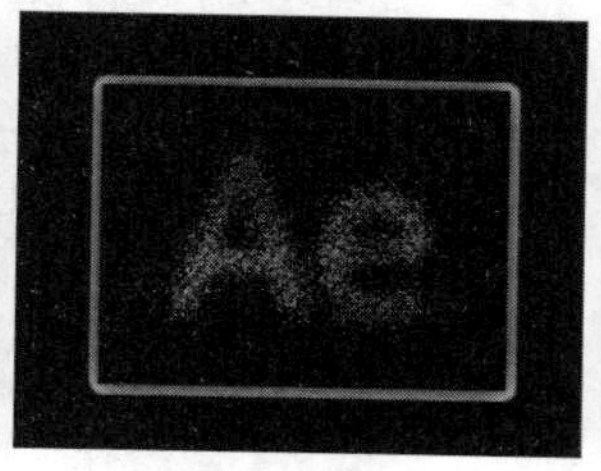

图 12-4-1 《闪耀的 Logo》效果

2. 技术分析

（1）添加“效果→风格化→发光”特效，实现线条的发光流动效果。

（2）添加“效果→生成→CC 光线扫射”特效，实现文字的扫光效果，结合其他特效达到完美的画面效果。

（3）为文字添加“四色渐变”、“斜面 Alpha”、“散布（Scatter）”和“基本 3D”等特效。

3. 项目制作

STEP01 新建合成

运行 After Effects CC 2018，按<Ctrl+N>组合键新建合成，命名为“闪耀的 Logo”，设置宽高为“720×576px”，“帧速率”为“25 帧/秒”，“持续时间”为“20s”，“背景色”为“黑色”。

STEP02 新建纯色图层，添加蒙版

❶执行菜单“图层→新建→纯色”命令，建立纯色图层，命名为“勾画”，设置宽高为“720×576px”，“颜色”为“黑色”，其他参数取默认值。

❷利用“矩形”工具为纯色图层添加蒙版，效果如图 12-4-2 所示。

STEP03 添加勾画（Vegas）特效

❶为“勾画”层添加“效果→生成→勾画”特效，定位当前时间指示器到 0:00:00:00 位置，调整勾画的参数。

❷设置“路径”为“蒙版 1”，“片段”为“1”，“长度”为“0”，“宽度”为“20”，“硬度”为“1”，“结束点不透明度”为“1”，调整参数如图 12-4-3 所示。

❸定位当前时间指示器到 0:00:05:00 位置，设置长度为“1”，建立勾画长度变化动画，效果如图 12-4-4 所示。

STEP04 添加发光特效

❶按<Ctrl+D>组合键复制“勾画”层，命名为“发光”，并修改“勾画”参数值。

❷为“勾画”层添加“效果→生成→勾画”特效，定位当前时间指示器到 0:00:00:00

位置，调整“长度”为“0.01”，“硬度”为“0.5”，“颜色”为“浅黄色”，“旋转”为“0x+0.0”。

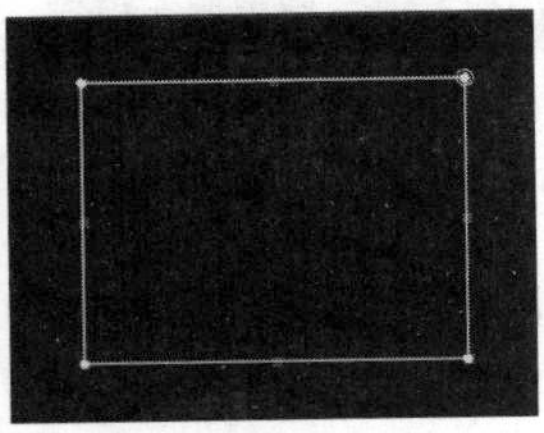

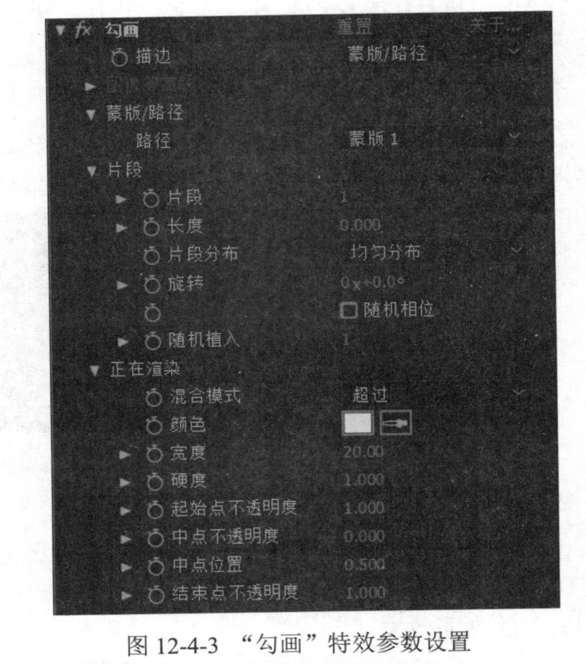

图 12-4-2　遮罩效果图

图 12-4-3　“勾画”特效参数设置

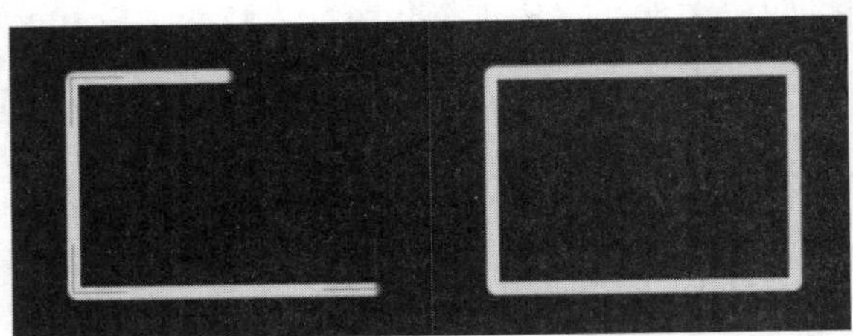

图 12-4-4　勾画长度变化动画效果图

❸定位当前时间指示器到 0:00:00:00 位置，设置“旋转”为“0x+0.0°”；定位当前时间指示器到 0:00:05:00 位置，添加关键帧，“旋转”为“1x+0.0°”；定位当前时间指示器到 0:00:05:00 位置，添加关键帧，“长度”为“0.01”；定位当前时间指示器到 0:00:05:01 位置，“长度”为“0”。

❹为“勾画”层添加“效果→风格化→发光”特效，设置“旋转”为“0x+0.0°”，“发光阈值”为“30%”，“发光半径”为“50”，“发光强度”为“4”，“颜色循环”为“锯齿 A>B”，勾画效果如图 12-4-5 所示。

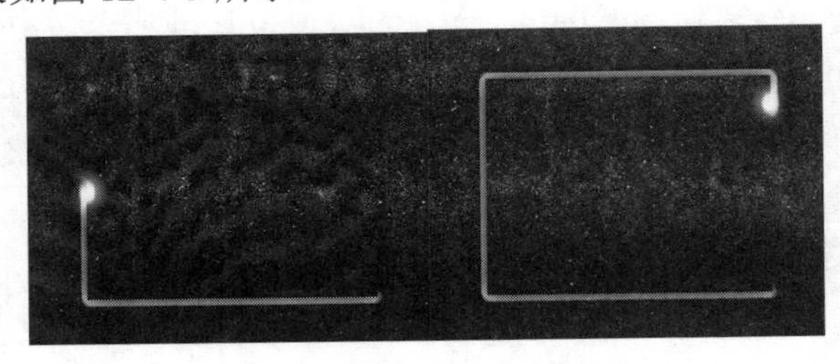

图 12-4-5　勾画发光效果图

STEP05 建立文字层，添加四色渐变特效

❶新建合成，命名为“文字”，调整字体和大小，设置文字层的起始位置，让文字层从 0:00:05:00 位置开始。

❷为文字添加“效果→生成→四色渐变”效果，定位当前时间指示器到 0:00:05:00、0:00:10:00、0:00:15:00、0:00:20:00 位置，分别添加设置关键帧，修改四色渐变中各颜色的位置，如图 12-4-6 所示，效果 12-4-7 所示。

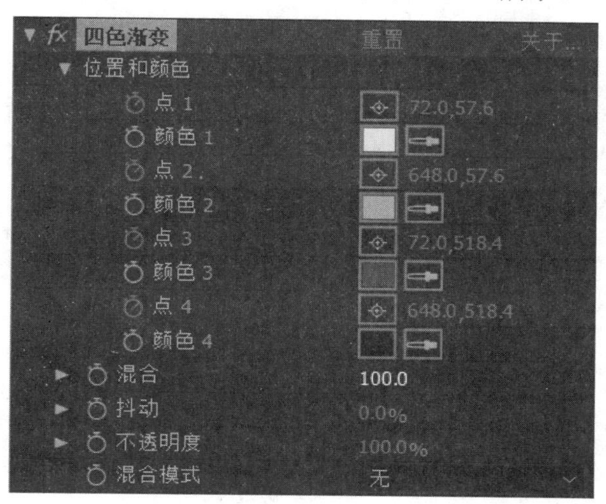

图 12-4-6 “四色渐变”特效参数设置

图 12-4-7 四色渐变效果图

STEP06 添加斜面 Alpha 特效（倒角）

执行菜单“效果→生成→斜面 Alpha”命令，并设置“边缘厚度”为“5”，产生倒角效果，如图 12-4-8 所示。

STEP07 添加散射特效（散射）

执行菜单“效果→风格化→散布”命令，定位当前时间指示器到 0:00:05:00 位置，添加关键帧，设置“散布数量”为“1000”；定位当前时间指示器到 0:00:10:00 位置，设置“散布数量”为“0”，勾选“随机分布每个帧”选项，产生扩散效果，如图 12-4-9 所示。

图 12-4-8 斜面 Alpha 效果图

图 12-4-9 散布效果图

STEP08 添加基本 3D 特效（空间旋转）

执行菜单“效果→过时→基本 3D”命令，定位当前时间指示器到 0:00:10:00 位置，添加关键帧，设置“旋转”为“0x+0.0°”，定位当前时间指示器到 0:00:12:00 位置，设置“旋转”为“1x+0.0°”，让文字顺时针旋转一周。

STEP09 添加CC光线扫射特效（扫光）

执行菜单“效果→生成→CC光线扫射”命令，定位当前时间指示器到0:00:12:00位置，添加关键帧，设置中心的位置在文字左侧，数值自定义；定位当前时间指示器到0:00:16:00位置，设置中心的位置在文字右侧，实现光线扫射效果，设置“宽度”为“30”，“扫光强度”为“100”。

STEP10 渲染输出

按组合键<Ctrl+M>，输出影片“闪耀的Logo.mp4”。

4. 项目评价

影视后期能够很好地利用自身特点制作出丰富多彩的动态Logo影像。通过本项目的练习，能够使学生掌握“发光”和“CC光线扫射”两种光效的制作。“发光”有些类似月亮，发出微微的、融融的光芒，而“CC光线扫射”则是明亮的、探照灯般的光线。

12.5 微课堂 微电影

网络流行的筷子兄弟的《老男孩》让您潸然泪下了吗？那就是早期的“微电影”。

微电影即微型电影，可以指专业的小成本制作，或者使用数码摄像机拍摄、在计算机上剪辑并发布到网络上的业余电影，也可以指时间短的电影。微电影专门在各种新媒体平台上播放，适合在移动状态和短时休闲状态下观看，具有完整的故事情节，由完整的策划和系统制作体系支持。电影之“微”在于微时长、微制作、微投资，以短小、精练、灵活的形式风靡中国互联网。微电影的内容融合了幽默搞怪、时尚潮流、公益教育、商业定制等主题。

1. 追根溯源

2005年12月31日，自由职业者胡戈制作完成《一个馒头引发的血案》，其被业内人士认定为微电影的雏形。20分钟的影片将各种视音频素材重新进行剪辑，对白经过重新改编，无厘头的对白、滑稽的视频片段分接、搞笑另类的穿插广告给大家留下了深刻印象。作为真正意义上的第一部广告微电影，吴彦祖主演的《一触即发》是“微时代”的产物，其剧本来自微小说《一触即发》，堪称微时代的里程碑。

2. 特色优势

微电影具有与商业联姻的先天基因。

（1）“微”特性。曲高和寡的艺术殿堂回归到了真正具有互动和体验特点、人人皆可参与的“草根秀”时代。你可以用一部家用DV甚至手机尝试微电影的拍摄和发布。

（2）得力的“碎片化”信息接收方式。微电影短小精悍，恰到好处地符合了人们快节奏的生活方式，无论你是在等公交车，或是在排队买票，还是在享受一段短途旅行，微电影都可以给你带来心灵的震撼。

3. 优秀作品

微电影的优秀作品包括：《洞藏酒的那些事儿》、《再见理想》、《我们结婚吧》、《光斑》、《白色恋人》、《独立包装》、《代·家》、《站立的玫瑰》、《岸边的记忆》、《誓不低头》、《我的城管女友》、《空巢老人》、《假如爱情》、《礼物》、《交换》、《我爱考拉》。

与电影的巨大投资相比，微电影在拍摄设备、资金、团队、流程等方面都有较低的要求。越来越多的电影爱好者举起自己的摄像机，自导自演，在自己的计算机上制作出一部小制作的电影。如果你怀揣电影梦，也一起加入微电影制作的行列中来吧。

12.6 实训与赏析

1. 实训　广告标志设计《动态 Logo》

创作思路：根据本模块所学知识，将自己学校或公司的 Logo 通过添加光效和粒子效果制作成绚丽多彩的动态 Logo。

创作要求：①添加合适的光效，并调整参数，设置 Logo 闪耀效果；②为 Logo 添加相应的粒子效果，产生粒子运动特效；③恰当调节参数，结合其他特效，使 Logo 效果明快、具有艺术性。

2. 赏析　微电影《我要进前十》

还记得那些被汗水浸泡的梦想吗？它们在阳光下那么闪亮，在每个埋头苦读、挑灯夜战的日子里支撑着我们。你曾痛恨高考是炼狱，进入社会你会发现，原来我们曾经痛恨的都是最好的时光。微电影《我要进前十》以中国学生挥之不去的梦魇——高考为主题，再现了属于“90 后”的集体校园记忆。该片由中国传媒大学电视与新闻学院的学生执导，荣获北京大学生电影节大学生原创影片大赛最佳网络剧情片。

打开“模块 12/12-6 实训与赏析/赏析/我要进前十.mp4”，进行赏析，探究一下微电影的特点。

能力模块 13

制作三维空间特效

在三维空间中，X 轴、Y 轴和 Z 轴构成了具有宽度、高度和深度的三维空间。After Effects 不能像三维制作软件那样进行三维建模，但通过三个维度的空间位置表现，以及强大的摄像机功能和灯光效果，能够模仿现实世界中的透视、光影效果，给人以身临其境的三维感受。

关键词

三维图层 摄像机 灯光

任务与目标

1．边做边学《三维空间》，熟悉三维空间及三维图层的设置。

2．学习“知识魔方”，掌握三维对象的操作方法。

3．设计情境，制作《舞动青春》，熟练掌握三维空间的建立和灯光的运用。

4．设计情境，制作《蜻蜓点水》，掌握三维图层和摄像机的运用。

13.1 边做边学 《三维空间》

13-1 三维空间

通过 After Effects 中的“三维图层”和“三维空间”技术，制作三维空间效果，如图 13-1-1 所示。

图 13-1-1 《三维空间》效果图

13.1.1 新建合成

❶运行 After Effects CC 2018，按组合键<Ctrl+N>，新建合成“三维空间”，设置宽高为“1280×800px”，“帧速率”为“25 帧/秒”，“持续时间”为“5s”，“背景色”为“白色”。

❷导入素材“模块 13/13-1 边做边学”文件夹中的“1.jpg”、“2.jpg”和“3.jpg”3 张素材图片。拖曳素材到合成“三维空间”的时间轴，自动建立 3 个图层，图层顺序如图 13-1-2 所示。

图 13-1-2　3 个图层的顺序

13.1.2　转换三维图层

❶依次选择 3 个图片素材层，激活三维图层的转换按钮，将当前层转换为三维图层。展开三维图层属性，其比二维图层属性多了很多内容，如图 13-1-3 所示。

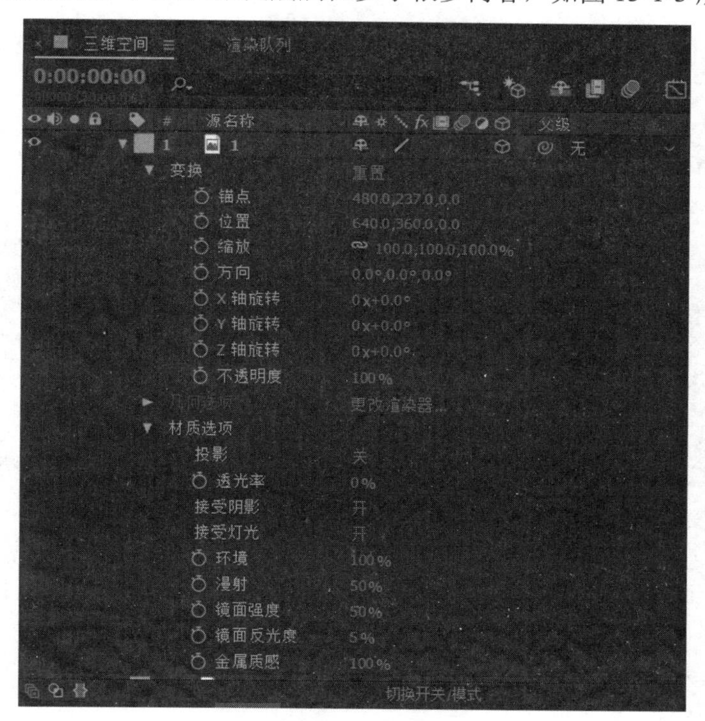

图 13-1-3　三维图层属性

❷在“合成”窗口下方单击“视图”选项，在下拉列表中选择“4 个视图”选项，如图 13-1-4 所示。“合成”窗口中形成由顶视图、前视图、右视图和有效摄像机视图 4 个视图构成的视图效果，如图 13-1-5 所示。

❸在“时间轴”窗口中选中全部素材层，按<R>键打开“旋转”选项。将“1.jpg”层旋转属性的“X 轴旋转”设置为“90°”，设置“2.jpg”层旋转属性的“Y 轴旋转”为“90°”。

1 个视图
2 个视图 - 水平
2 个视图 - 纵向
4 个视图
4 个视图 - 左侧
4 个视图 - 右侧
4 个视图 - 顶部
4 个视图 - 底部
共享视图选项

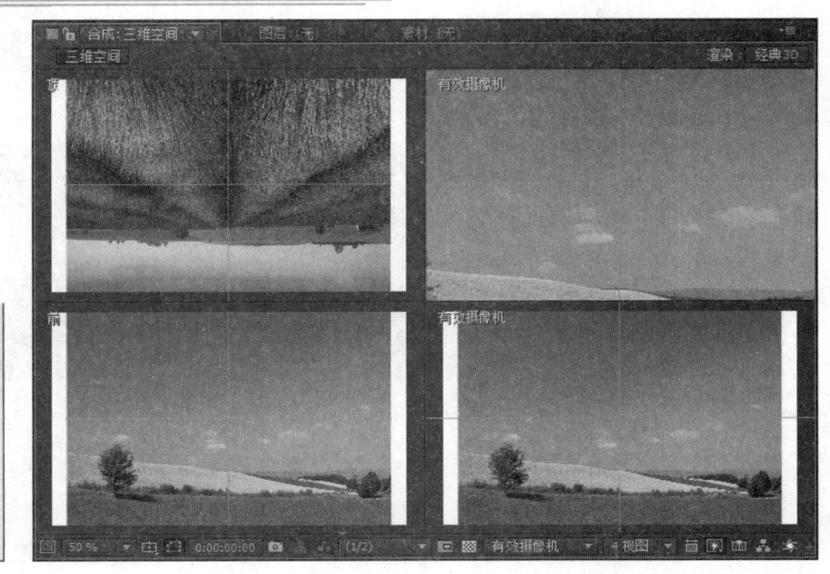

图 13-1-4 “视图”选项　　　　图 13-1-5　视图格局

13.1.3　建立摄像机层

❶执行“图层（Layer）→新建（New）→摄像机（Camera）”命令，为合成新建摄像机层。打开“摄像机设置”对话框，设置摄像机焦距为“35mm”。添加摄像机后，摄像机在时间轴上以层的方式存在，如图 13-1-6 所示。

图 13-1-6　摄像机层

❷在“合成”窗口下方单击“3D 视图弹出式菜单”选项，在弹出的下拉列表中选择“摄像机 1”选项，当前视图转换为摄像机视图，4 个视图恢复到 1 个视图。选择“统一摄像机”工具，在“合成”窗口中按住鼠标左键并左右拖动，“合成”窗口中的画面效果如图 13-1-1 所示。

13.1.4　为摄像机添加关键帧

❶展开摄像机层属性，为“位置”属性添加关键帧。选择“统一摄像机”工具，在“合成”窗口中按住鼠标左键并左右拖动，调整摄像机的位置参数，摄像机参数变化自动在当前位置记录为关键帧。将当前时间指示器分别定位在 0:00:00:00、0:00:02:00、0:00:05:00 位置，调整摄像机的位置参数，实现三维图片在三维空间的旋转效果。

❷输出影片，并保存为“三维空间.mp4”。

13.2 知识魔方 三维空间、摄像机、灯光

13.2.1 三维空间

After Effects 实际上是一个二维软件，所有导入的素材都是平面的，也无法创建三维模型。但是，它可以将二维图层转化为三维图层，使图像包含三维对象的信息。

1. 三维图层属性

在“时间轴”窗口的层控制面板中，可以通过“3D 图层”按钮将二维素材转换成三维，如图 13-2-1 所示。

图 13-2-1 “3D 图层”按钮

打开 3D 属性的对象就具有三维空间的属性。系统在其 X 轴、Y 轴坐标的基础上自动添加 Z 轴，对操作对象中的锚点、位置、缩放、方向及旋转等都设置了 Z 轴参数，同时添加了材质选项属性和几何选项属性。二维图层和三维图层属性比较如图 13-2-2 所示。

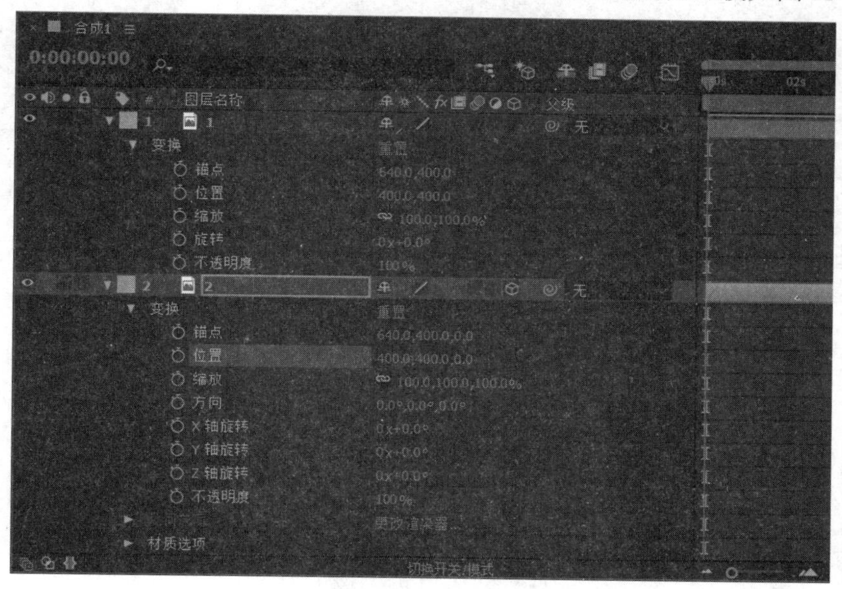

图 13-2-2 二维图层和三维图层属性比较

（1）移动三维对象。

① 使用“选取”工具移动三维对象。使用“选取”工具，朝任意方向拖曳三维对象，或者将“选取”工具移动到三维对象的坐标轴上，当系统自动显示 X 轴、Y 轴或 Z 轴时，按住鼠标左键并拖动，可以精确地在某个轴向上移动对象，如图 13-2-3 所示。

② 更改三维图层的位置属性，移动三维对象。在“位置”一栏中改变 X 轴、Y 轴、

Z 轴的数值，从而精确设置 X 轴、Y 轴、Z 轴的位置，如图 13-2-4 所示。

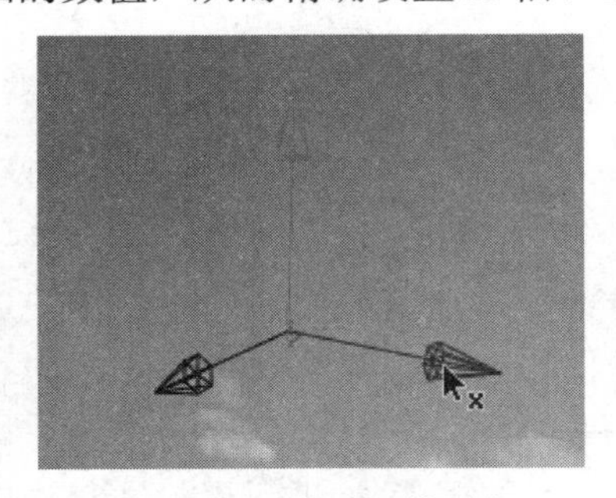

图 13-2-3　移动三维对象

图 13-2-4　修改层属性移动对象

（2）旋转三维对象。

① 使用“旋转”工具对三维对象进行旋转操作。使用“旋转”工具，将鼠标光标放在三维对象上，拖曳鼠标，可以向任意角度旋转图像。或者将“旋转”工具移动到三维对象的坐标轴上，当系统自动显示 X 轴、Y 轴或 Z 轴的时候，按住鼠标左键并拖动，可以精确地在某个轴向上旋转对象，如图 13-2-5 所示。

② 通过更改三维图层的旋转属性旋转对象。通过分别设置 X 轴、Y 轴、Z 轴的旋转数值精确控制对象的旋转，如图 13-2-6 所示。

图 13-2-7 所示为经过旋转、移动后的 3 张纸片的空间位置效果。

图 13-2-5 使用旋转工具

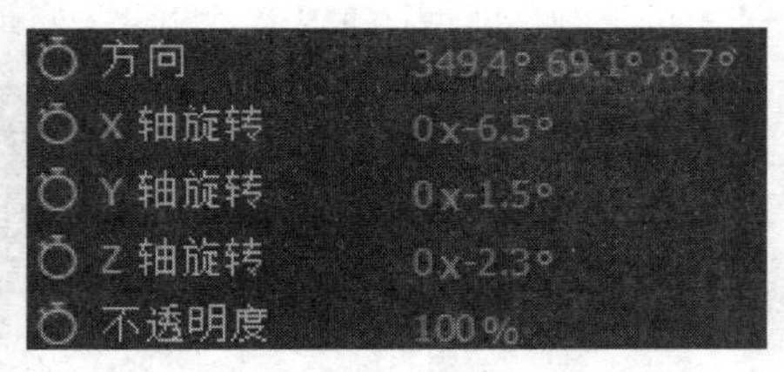

图 13-2-6　修改层属性

图 13-2-7　空间位置效果图

2．三维视图

三维空间的对象可以通过多种视图方式来精确观察。在 After Effects 的“合成”窗口下方，可以选择视图的显示数目，如 1 个视图、2 个视图或 4 个视图。还可以选择视图的布局，图 13-2-8 所示为“4 个视图-左侧”视图。此外，还可以在“合成”窗口下方的视图模式下拉列表中进行选择，如图 13-2-9 所示。

- 活动摄像机：对所有 3D 对象进行操作，相当于所有摄像机的总控制台。
- 摄像机 1：默认情况下没有这个视图方式，在合成图像中新建一个摄像机后，就可以选择“摄像机 1”视图。在通常情况下，最后输出的影片都是摄像机视图中显示的影片，类似于一架真实的摄像机拍摄的画面。
- 六视图：分别从三维空间中的六个方位，正面、左侧、顶部、背面、右侧、底部观察视图。前视图和后视图分别从正前方和正后方观察对象，顶视图和底视图分别从正上方和正下方观察对象，左视图和右视图分别从正左方和正右方观察对象。
- 自定义视图：通常用于对象的空间调整。它不使用任何透视，在该视图中可以直观地看到物体在三维空间的位置，而不受透视的影响。

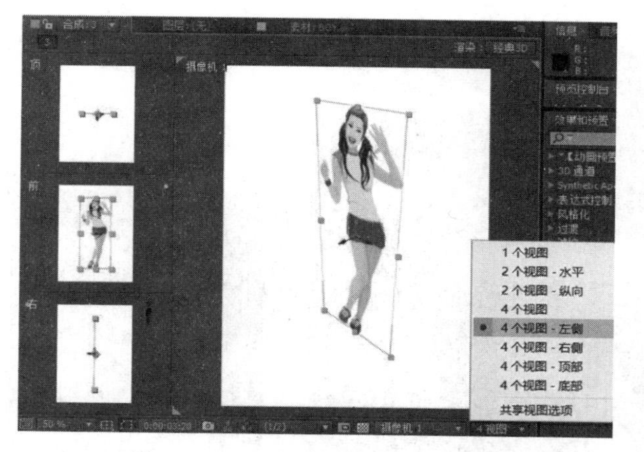

图 13-2-8　4 个视图-左侧视图列表

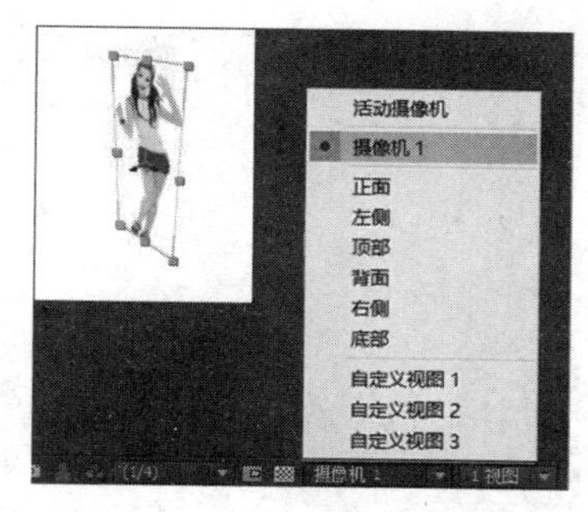

图 13-2-9　摄像机视图列表

图 13-2-10 所示为不同视图的显示效果。

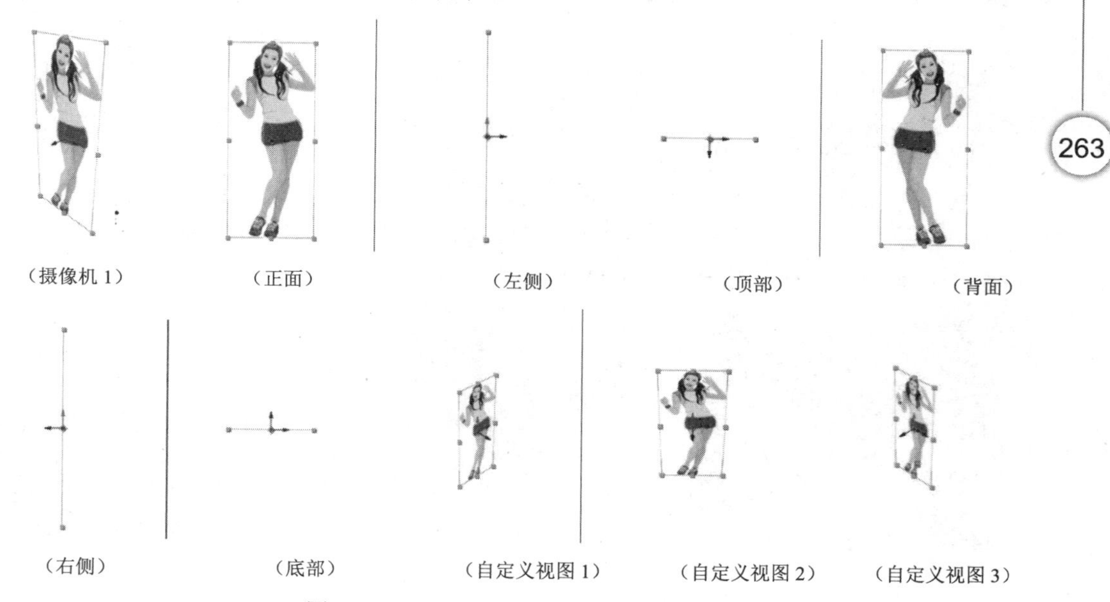

图 13-2-10　不同视图的显示效果图

小黑板

After Effects 通过将平面图层转化为三维图层实现在立体空间多角度的观察效果。但是这里的三维不同于 3D、MAYA 等三维制作软件能够建立三维模型，而是一种“假三维”，类似于将一张纸片放置在三维空间中的感觉，有宽度，有高度，厚度很薄。

13.2.2　摄像机

执行菜单“图层→新建→摄像机”命令，新建摄像机，打开“摄像机设置”对话框，如图 13-2-11 所示。可以在“预设”选项中选择从 15 毫米广角镜头至 200 毫米长焦镜头等 9 种镜头类型的摄像机，如图 13-2-12 所示。

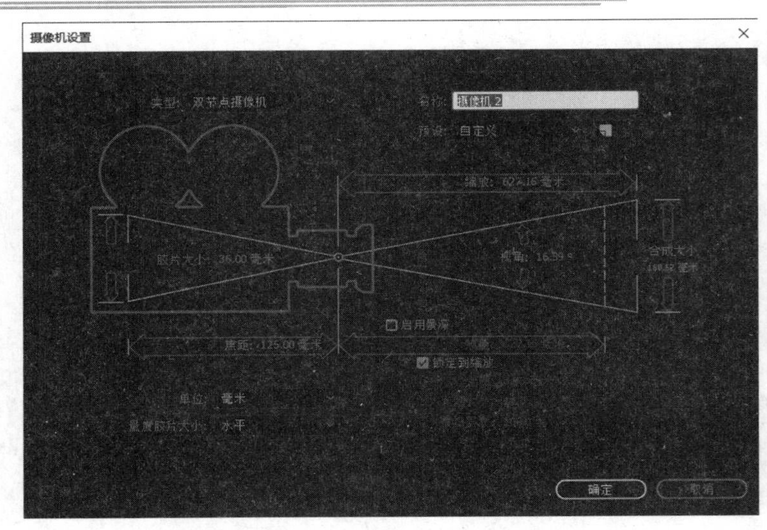

图 13-2-11 “摄像机设置”对话框

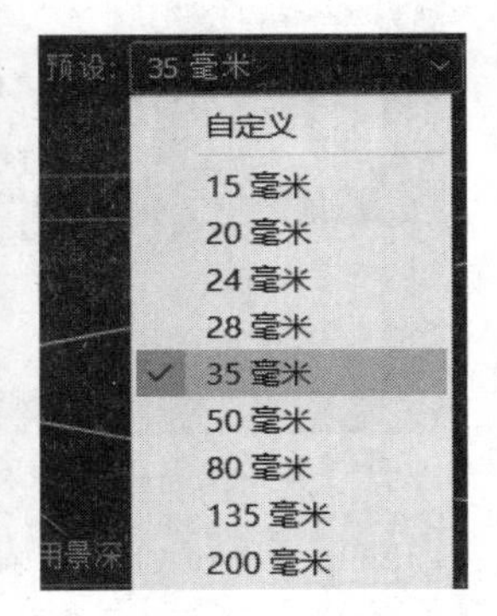

图 13-2-12 镜头“预设”选项

当选择不同的摄像机镜头时，其他参数也随之改变，可以选择“自定义”选项进行设置，自己定义镜头的缩放、视角、胶片大小和焦距。图 13-2-13 和图 13-2-14 所示为 20 毫米镜头和 50 毫米镜头的差别。

在场景中建立摄像机后，可以通过工具箱中的摄像机工具调节摄像机视图。在“工具箱”面板中，统一摄像机工具集合了轨道摄像机工具、跟踪 XY 摄像机工具和跟踪 Z 摄像机工具，如图 13-2-15 所示。

图 13-2-13 20 毫米镜头

图 13-2-14 50 毫米镜头

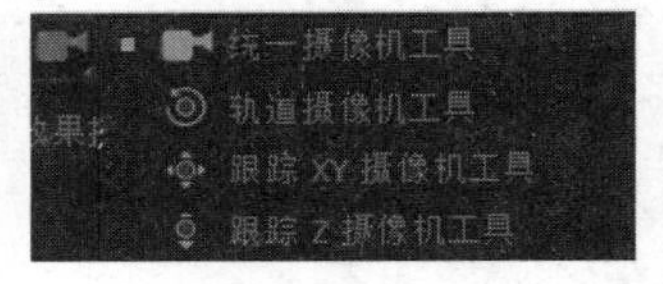

图 13-2-15 统一摄像机工具

统一摄像机工具：其他 3 种摄像机工具的集合，可以自由操作摄像机，配合鼠标左键使用时为旋转工具，配合鼠标滚轮使用时为移动工具，配合鼠标右键使用时为拉伸工具。

轨道摄像机工具：可以旋转摄像机视图，将鼠标光标移动到摄像机视图中时，左、右、上、下拖动鼠标可以旋转摄像机，类似于左、右、上、下摇镜头。

跟踪 XY 摄像机工具：可以移动摄像机视图。将鼠标光标移动到摄像机视图中时，左、右、上、下拖动鼠标可以移动摄像机，类似于在水平方向和垂直方向移动镜头。

跟踪 Z 摄像机工具：可以沿着 Z 轴拉远或推近摄像机视图。将鼠标光标移动到摄像机视图中时，向上拖动鼠标可以推近摄像机，向下拖动鼠标可以拉远摄像机。

此外，还可以通过层的属性来设置摄像机。展开摄像机的层属性，包含“变换”和“摄像机选项”两类属性，分别调节这些参数可以精确设置摄像机，如图 13-2-16 所示。

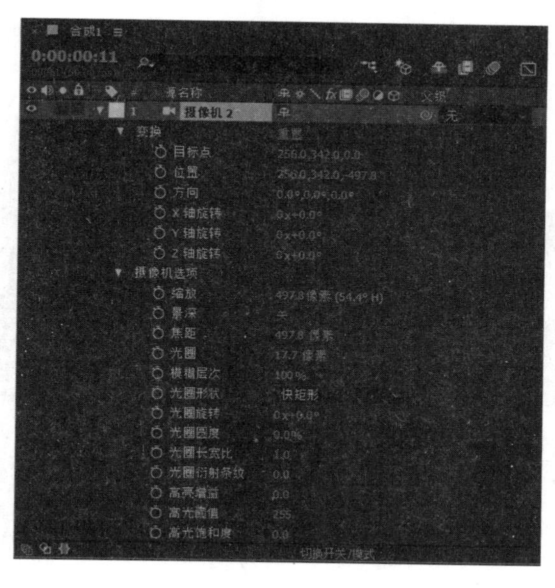

图 13-2-16　摄像机的层属性

13.2.3　灯光

光与影是表现三维空间的重要元素。在 After Effects 中，利用建立灯光的方式来模拟三维空间的真实光线效果，创造氛围。

执行“图层→新建→灯光（Light）”命令，建立一盏照明灯光，灯光作为一个独立层呈现在“时间轴”窗口中。可以同时建立多盏灯光，产生复杂的光影效果。

在“灯光设置”对话框中可以设置灯光的类型。After Effects 中一共存在 4 种灯光，分别是：平行、聚光、点和环境。

- 平行：一个无限远的光照范围，可以照亮场景中处于目标点上的所有对象，光照不会因为距离而衰减，可以将其想象成太阳光。
- 聚光：一个点向前以圆锥形状发射的光线，圆锥角度不同，照射面积就不同。圆锥的角度可以根据需求设定，可以将其想象成舞台的聚光灯或手电筒。
- 点：从一个点向四周发出的光线，目标点到光源的距离不同，受光程度也不同，离光点越远，光照越弱，根据距离由近至远逐渐衰减，可以将其想象成灯泡或蜡烛。
- 环境：没有发光点，可以照亮场景中的所有对象，没有衰减，也不产生阴影，类似于环境中多次漫反射的均匀光照效果。

还可以对颜色、强度、锥形角度、锥形羽化、衰减进行设置。勾选“投影”复选框，在光照下让物体产生投影效果，并精确设置阴影的深度、阴影扩散。图 13-2-17～图 13-2-19 所示是一系列经过部分参数调整后的对比图。

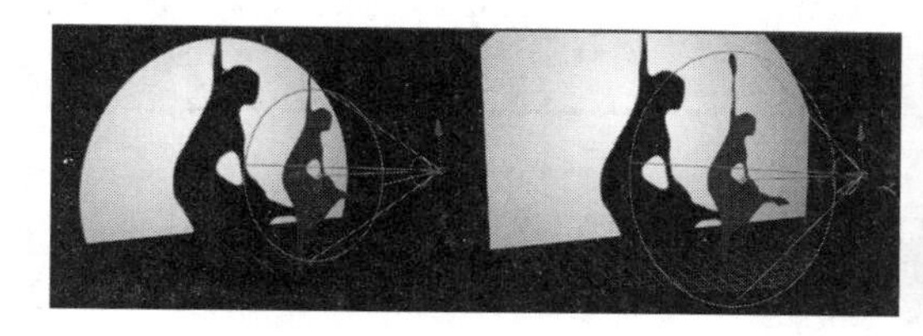

图 13-2-17　不同锥形角度的灯光效果图

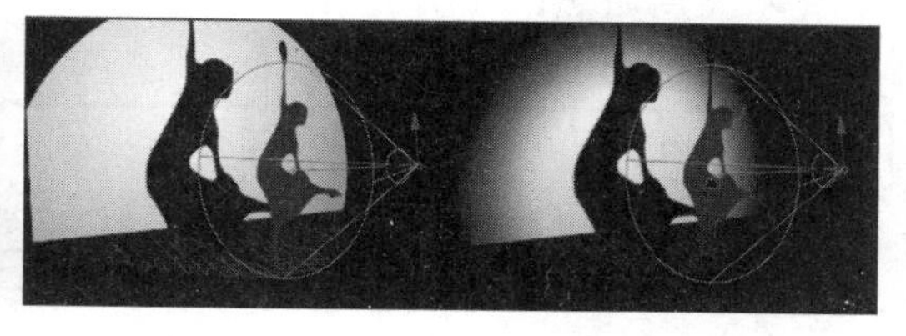

图 13-2-18　不同锥形羽化的灯光效果图

在合成中添加灯光后，场景中的其他图层也相应增加了一个“材质选项”属性，用来设定如何接受灯光照明、如何设定投影等，如图 13-2-20 所示。

图 13-2-19　不同阴影扩散的灯光效果图

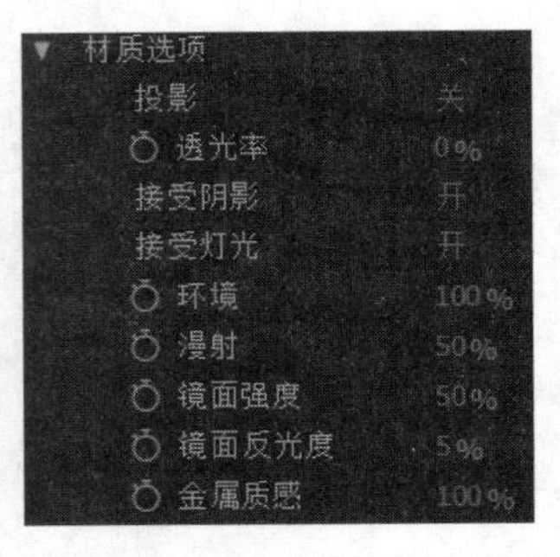

图 13-2-20　“材质选项”属性

- 投影：决定当前层是否产生投影，包含“开”、“关”和“仅”3 个选项。
- 透光率：表示光线透过该层的强度，能够产生一个透明的阴影。数值范围为 0～100，数值越高，效果越明显。
- 接受阴影：决定当前层是否接受其他层投射过来的阴影，包含“开”、“关”和“仅”3 个选项，如图 13-2-21 所示。

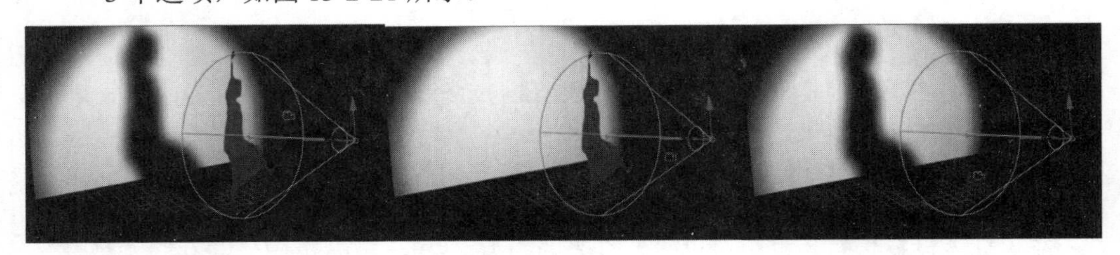

图 13-2-21　接受阴影（开）、接受阴影（关）和接受阴影（仅）对比图

- 接受灯光：决定当前层是否受灯光的影响，包含“开”和“关”两个选项。
- 环境：控制当前层接受环境光的程度，数值范围为 0～100%，数值越高，受灯光影响越大，默认为 100%。
- 漫射：控制当前层接受灯光的发散程度，决定层的表面有多少光线覆盖。数值越高，接受灯光的发散级别越高，对象越明亮，数值范围为 0～100%，默认为 50%。
- 镜面强度：控制对象的镜面反射程度，数值范围为 0～100%，数值越高，高光斑越明显，默认为 50%。
- 镜面反光度：控制高光点的大小光泽度，数值范围为 0～100%，数值越大，高光越集中，默认为 5%。
- 金属质感：控制层的金属光泽质感，数值范围为 0～100%，数值越大，质感越强烈，默认为 100%。

小黑板

灯光和阴影是构成三维空间的重要因素，合理添加灯光和阴影可以增强三维空间感。

13.3 情境设计 1《舞动青春》

13-3 舞动青春

1. 情境设计

项目先搭建一个立体舞台，然后在舞台中间设置一个跳舞的人，为舞台打上一盏灯光，同时建立一架摄像机。通过三维图层、灯光和摄像机实现较完美的立体舞台效果，如图 13-3-1 所示。

图 13-3-1 《舞动青春》效果图

2. 技术分析

通过三维图层转换实现立体效果；添加灯光实现光照和阴影效果；综合运用灯光和摄像机实现立体效果。

3. 项目制作

❶新建合成。运行 After Effects CC 2018，新建合成，命名为“舞动青春”，设置宽高为“800×800px”，“帧速率”为“25 帧/秒”，“持续时间”为“4 秒 20 帧”，“背景色”为“黑色”。

❷建立三维舞台。新建纯色图层，命名为“舞台”，设置宽高为“800×800px”，“颜色”为“蓝色”。选择“舞台”层，执行菜单“效果→生成→网格”命令，为层添加网格效果。设置参数“大小依据”为宽度和高度滑块，“宽”为“30”，“高”为“30”，“混合模式”为“正常”。网格效果如图 13-3-2 所示。

❸建立白色纯色图层“幕墙”。新建纯色图层，命名为“幕墙”，设置宽高为“800×800px”，“颜色”为“白色”。按下“3D 图层”按钮，将纯色图层“舞台”和“幕墙”转换成三维图层，将“舞台”层的 X 轴属性设置为旋转“90° ”。

❹建立摄像机层。为合成新建一个摄像机层，打开“摄像机设置”对话框，设置摄像机焦距为“35mm”。

❺调整“舞台”和“幕墙”的位置。将“合成”窗口中的视图方式更改为“摄像机 1”，选择统一摄像机工具，按住鼠标左键并左右拖动，多角度观察。利用“选取”工具调整“舞台”和“幕墙”的 X 轴、Y 轴和 Z 轴，达到如图 13-3-3 所示效果。

❻调整“跳舞的人”在舞台的位置并着色。导入 Targa 序列素材“模块 13/13-3 情境设计 1-舞动青春/素材/跳舞的人”。将“跳舞的人”层转换为三维图层，根据空间关系，结合统一摄像机工具观察视图，将“跳舞的人”放置在舞台中央。执行菜单“效果→颜色校正→色调”命令，设置“将黑色映射到”为“红色”，使“跳舞的人”由一段黑色动态影像变成红色，舞台效果如图 13-3-4 所示。

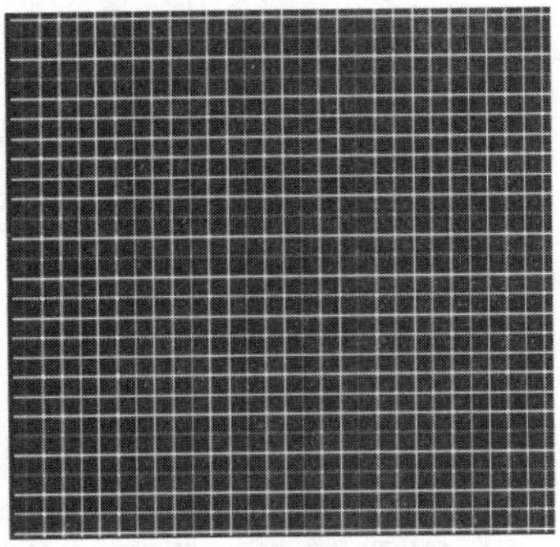

图 13-3-2　网格效果图

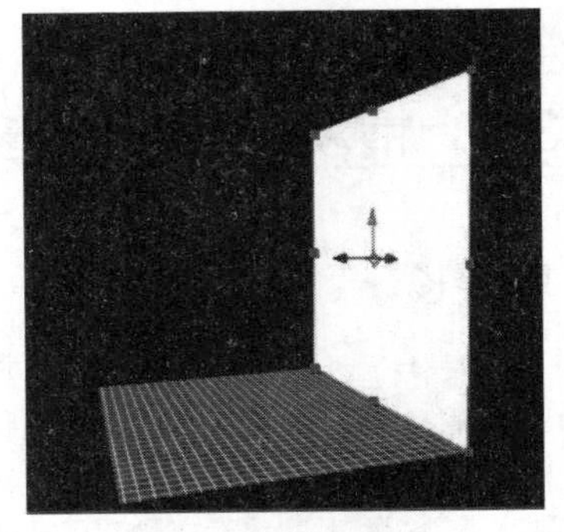

图 13-3-3　“舞台”和“幕墙”效果图

❼添加灯光效果。执行菜单“图层→新建→灯光”命令，为合成新建一个灯光。打开“灯光设置”对话框，选择“灯光类型”为“聚光”，打开“投影”对话框，设置“阴影深度”为“70%”，“阴影扩散”为“5px”。

❽设置灯光选项及相关层的材质选项。设置“灯光 1”层的“投影”为“开”，“跳舞的人”层的“投影”、“接受阴影”和“接受灯光”均为“开”，“幕墙”和“舞台”层的“接受阴影”和“接受灯光”也均为“开”，舞台效果如图 13-3-5 所示。

图 13-3-4　舞台效果图

图 13-3-5　“合成”窗口舞台效果图

❾添加关键帧，产生空间运动效果。为“摄像机 1”层的“位置”属性添加关键帧，将当前时间指示器分别定位到 0:00:00:00、0:00:04:20 位置，利用统一摄像机工具，拖动视图，自动记录摄像机的位置关键帧，如图 13-3-6 所示。

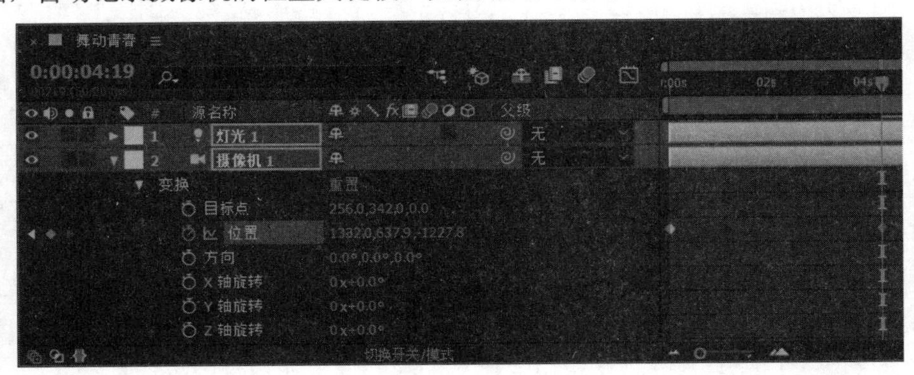

图 13-3-6　自动记录位置关键帧

❿渲染输出。输出影片，并保存为“舞动青春.mp4”。

4. 项目评价

本项目通过搭建一个立体舞台培养学生三维合成的构建能力。通过三维图层的建立、灯光的设置及摄像机运动镜头的处理，建立逼真的三维舞台效果。三维合成需要有一定的空间观察能力，精确地调整三个维度的位置，以达到预期效果。

13.4 情境设计 2 《蜻蜓点水》

13-4 蜻蜓点水

1. 情境设计

本项目使用 Photoshop 文件，并将二维图层转换为三维图层，使蜻蜓翅膀在空间上下扇动。在荷花的背景下，实现蜻蜓在水面上飞舞，创作出蜻蜓点水的三维效果。同时为场景设置摄像机和灯光效果，实现一个运动镜头效果，如图 13-4-1 所示。

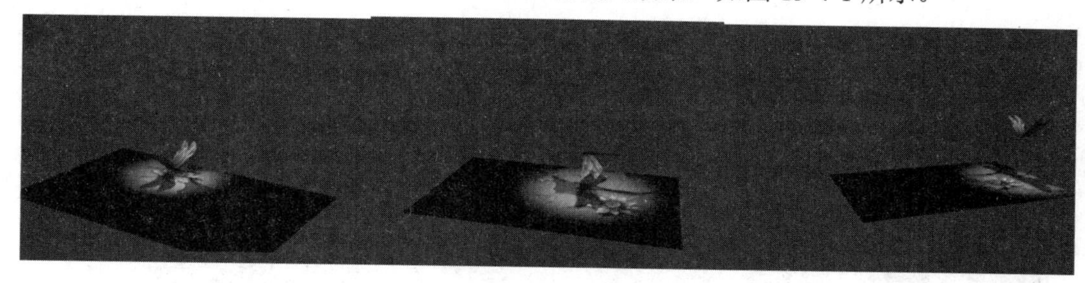

图 13-4-1 《蜻蜓点水》效果图

2. 技术分析

（1）将 PSD 文件中的层进行三维图层转换，实现立体化效果。

（2）添加摄像机，跟随蜻蜓运动，产生运动镜头效果。

（3）添加灯光和阴影效果，突出立体空间感。

3. 项目制作

STEP01 新建合成

❶新建合成“蜻蜓点水”，设置宽高为“1284×852px”，“帧速率”为“25 帧/秒”，“持续时间”为“10s”，“背景色”为“蓝色”。

❷导入“模块 13/13-4 情境设计 2-蜻蜓点水/素材/蜻蜓.psd”文件，在“导入种类”下拉列表中选择“合成”，将素材文件原始的合成状态导入合成中。

❸将“项目”窗口“蜻蜓图层”文件夹中的“翅膀左”、“翅膀右”和“身体”3 个素材拖曳到“蜻蜓点水”合成中，成为 3 个图层。

❹在“时间轴”窗口中，按下层的“3D 图层”按钮，将 3 个层转化为三维图层。

STEP02 建立父子关系

❶在“父级”面板中，按住“翅膀右”层的“父级”按钮，将其拖曳到“身体”层上。可以看到，在“父级”按钮旁边的下拉列表中显示“身体/蜻蜓”层，已经将“身体”层设为“翅膀右”层的父对象。

❷使用相同的方法，将“身体”层指定为“翅膀左”层的父对象，如图 13-4-2 所示。

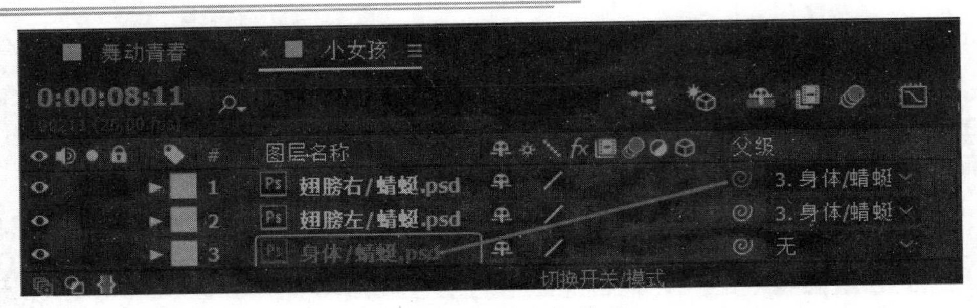

图 13-4-2　建立父级关系

STEP03 设置蜻蜓振翅动画

❶选择层“翅膀右”，展开层的旋转属性。将当前时间指示器定位到 0:00:00:00 位置，激活“Y 轴旋转”属性的关键帧，调整参数，使“翅膀右”沿着 Y 轴旋转。

❷选择向后平移（锚点）工具，按住鼠标左键，将其拖曳到蜻蜓的身体中心。设置“翅膀右”层沿 Y 轴旋转-45°。激活“翅膀左”的“Y 轴旋转”属性关键帧，使其沿 Y 轴旋转 45°。

❸将当前时间指示器定位到 0:00:06:00 位置，将“翅膀右”层的“Y 轴旋转”属性设为“45°”，“翅膀左”层的 Y 轴方向设为“-45°”。第二个关键帧自动建立，如图 13-4-3 所示。

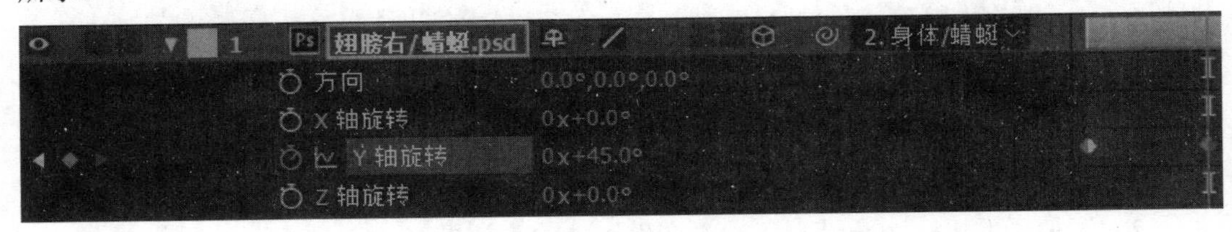

图 13-4-3　“Y 轴旋转”属性关键帧设置

观看动画效果，可以看到蜻蜓翅膀上下拍动的效果，但拍动一下就停止。

❹选择刚刚设置的关键帧，按<Ctrl+C>组合键复制关键帧，移动时间指示器到下一个振翅位置，按<Ctrl+V>组合键粘贴关键帧。

❺重复步骤❹的操作，复制多个振翅动画，即可实现蜻蜓不停振翅的动画效果。

STEP04 建立摄像机层

❶导入素材“模块 13/13-4 情境设计 2-蜻蜓点水/素材/荷花背景.jpg”，将其拖曳到“时间轴”窗口的最下方，作为最底层。

❷在“时间轴”窗口中，打开“3D 图层”按钮，将该层转化为三维图层。展开层属性，将“荷花背景.jpg”层沿 X 轴旋转 90°，并将其沿 Y 轴向下移动一段距离，和蜻蜓产生一定距离。

❸新建一个摄像机层，选择轨道摄像机工具，按住鼠标左键并旋转摄像机，在“合成”窗口中效果如图 13-4-4 所示。

❹选择“身体”层，将其沿 Y 轴向上移动，使蜻蜓距离荷花背景有一定的距离。选择“身体”层，使其沿 X 轴旋转 90°，并与荷花背景平行，如图 13-4-5 所示。

图 13-4-4　摄像机视图

图 13-4-5 “合成”窗口效果图

❺激活“身体”层的位置属性关键帧，移动蜻蜓，使其从左上飞进，盘旋飞舞。建立如图 13-4-6 所示的运动路径，并打开 4 个视图进行路径调整。

当为 3D 层记录了位移动画后，系统会自动生成位移路径。同二维合成时不同，此时产生的路径是三维空间中的位移路径，具有 X 轴、Y 轴、Z 轴 3 个轴的属性变化。

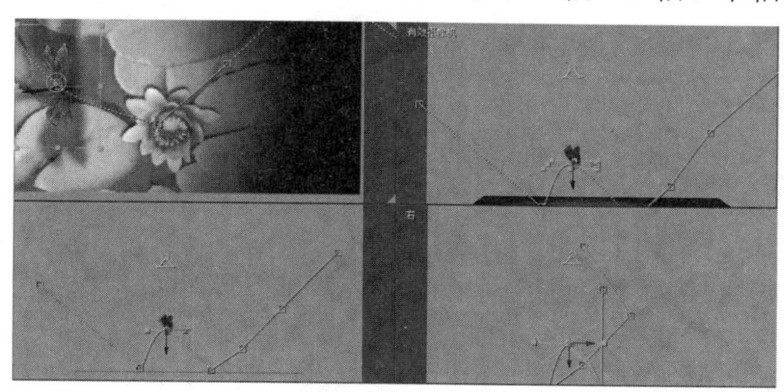
图 13-4-6　蜻蜓飞舞的路径调整

STEP05 建立灯光

❶执行菜单“图层→新建→灯光”命令，打开“灯光设置”对话框。在“灯光类型”下拉列表中选择“聚光”，将“强度”设为“150%”，“锥形角度”设为“70”，“锥形羽化”设为“60”，使用颜色栏中默认的白色光线。

❷激活“投影”，在场景中产生投影。设置“阴影深度”为“75%”，“阴影扩散”为“10”。移动聚光灯，使其照亮蜻蜓。

STEP06 设置阴影

❶打开“翅膀左”、“翅膀右”和“身体”3 个层的材质属性，将“投影”选项设置为“开”，产生投影。

❷由于蜻蜓的翅膀是半透明的，所以光线穿过时投影也不应该是一片黑色。在“翅膀左”、“翅膀右”和“身体”的材质属性中，分别将“透光率”设置为“50%”。可以看到，阴影呈现彩色透明效果。

STEP07 设置灯光与“身体”层的父子关系

❶让灯光始终照亮蜻蜓。由于蜻蜓是不停运动的，所以必须让光线跟随蜻蜓运动。单击父子关系图标，按住鼠标左键，将其拖曳到“身体”层的位置属性，松开鼠标左键，即建立了灯光与身体的父子关系连接。

❷为了让蜻蜓的振翅效果更逼真，可为其添加运动模糊效果。单击“时间轴”面板的“运动模糊”按钮，增强运动的模糊效果。

STEP08 渲染输出

输出影片，并保存为“蜻蜓点水.mp4”。

4. 项目评价

三维合成除了三维图层设置，还需要结合灯光和摄像机共同实现。本项目利用Photoshop的图层信息，通过三维图层及动画设置创造了一只飞舞的蜻蜓，并实现了蜻蜓点水的三维效果。摄像机的运动实现了在三维空间中的移动镜头效果，通过父子关系建立灯光的运动路径。

13.5 微课堂 公益广告

曾经，电视中“妈妈洗脚”的广告让很多人感动。它不像其他类型的广告一样吆喝自己的产品，而是以温情、博爱和社会责任感打动人心，如图13-5-1所示。

公益广告是为公众谋利益的广告，不以赢利为目的，而为社会公众切身利益和社会风尚服务。它具有社会的效益性、主题的现实性和表现的号召性三大特点。

1. 公益广告的特征

公益性是公益广告最本质的特征，它是纯粹为公众服务的广告，不含有任何商业利益，唯一的目的就是为大众谋福利，为社会的发展作贡献。

非营利性是公益广告的一个重要特征，是公益广告区别于商业广告的典型特点。

公益广告关注的不是一个人或少部分人的问题，而是人们普遍关心的社会性问题，因而具有社会性的特征。

公益广告的受众为广大公众，公众的文化程度不一，理解能力不一，因此公益广告在形式上要通俗、简洁，语言要平易近人，适合大多数人的口味。

2. 创意特点

一个好的电视公益广告创意，大致应具备以下特点：深刻揭示本质，透彻剖析事理；高度艺术浓缩，巧妙含蓄比喻，情真味浓；适度地夸张，精辟地警策。

常看电视公益广告，总感到创意风格各异，各有各的妙处：有直言相告，启迪心智的；有妙语惊人，针砭时弊的；有措辞警策，发人深思的；有画龙点睛，让人茅塞顿开的……总之，一条创意绝妙的电视公益广告总会通过声、像、字幕、音响等电视手段充分体现创意效果，以求产生最好的社会效益，达到警世和教化的目的。看创意好的公益广告是一种艺术享受。禁烟公益广告如图13-5-2所示。

图13-5-1 公益广告《爱心传递》

图13-5-2 禁烟公益广告

13.6 实训与赏析

1. 实训 三维实例公益宣传片《绿色家园》

创作思路：根据本模块所学知识，搜集一些关于环保题材的图片或视频，制作一段三维空间的公益视频。

创作要求：①将图片素材设置成三维图层；② 根据需求设置三维属性，制作三维动画效果；③ 结合摄像机和灯光效果增强空间感；④ 突出爱护家园、保护环境的主题。

2. 赏析 公益广告《FAMILY》

中央电视台的公益广告《FAMILY》给人们留下了非常深刻的印象。广告讲述了一个非常感人的关于孩子在家庭中成长的故事。这段广告将组成“FAMILY”这个单词的每个字母都拆开，每个字母代表家庭中的每个角色。故事中的 F（爸爸）和 M（妈妈）在 I（孩子）小的时候细心呵护 I。随着孩子的长大，其企图挣脱爸爸的束缚自由成长，这使爸爸、妈妈十分伤心，并流下了眼泪。孩子成年以后体会到生活的艰辛，也发现爸爸的背早已驼得不成样子，妈妈的身材已臃肿，于是其主动承担起责任，让年迈的爸爸可以依靠，替年老的妈妈遮挡盛夏的骄阳。

打开“模块 13/13-6 实训与赏析/赏析/央视公益广告 Family.flv”，进行赏析。

能力模块 

经典影视特效

After Effects 具有强大的特效制作功能，如熊熊燃烧的火焰、爆炸场景、图像的艺术化处理、画面的动态追踪等。

14-1 燃烧吧，火焰

14.1 燃烧吧，火焰

火焰效果是在影视中经常看到的画面，通过后期制作可以节省制作成本，并远离真实场景潜在的危险。本实例通过为文字添加模糊、分形杂色、湍流置换、彩色光等特效，将普通的文字制作成熊熊燃烧的画面效果，如图 14-1-1 所示。

图 14-1-1 “燃烧吧，火焰”效果图

1. 创建合成

❶运行 After Effects CC 2018，导入素材文件夹“模块 14/素材/14-1 燃烧吧，火焰”中的图片素材“火焰背景.jpg”和“Adobe After effects.psd”，选择“合并图层样式到素材”选项。

❷新建合成“描边合成”，设置宽高为“720×576px”，“帧速率”为“25 帧/秒”，“持续时间”为“7s”，“背景色”为“黑色”。拖曳“Adobe After effects.psd”素材到“描边合成”。

小黑板

将“Adobe After effects.psd”拖曳到“时间轴”窗口后，发现“合成”窗口中一片漆黑，什么都看不到。因为在制作 PSD 文件的时候使用的颜色是黑色，而在新建合成的时候背景色也是黑色。现在只需要打开“合成”窗口底部的“切换透明网格”开关即可。

2. 添加路径

❶在“时间轴”窗口中，复制“Adobe After effects.psd”图层，重命名为“描边”，作为第一层。

❷选择“钢笔”工具，为“描边”层添加路径，如图 14-1-2 所示。

Adobe After effects

图 14-1-2 利用“钢笔”工具添加路径

❸选择“描边”层，执行菜单“效果→生成→描边”命令，添加描边效果，调节参数如图 14-1-3 所示。

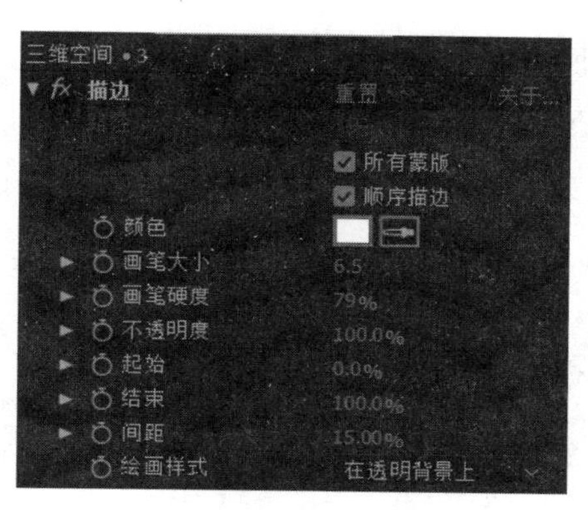

图 14-1-3　设置“描边”参数

3. 添加描边动画

将当前时间指示器定位到 0:00:00:00 位置，激活“结束”的时间变化秒表，设置“结束”为“0.0%”；将当前时间指示器定位到 0:00:03:00 位置，设置“结束”为“100.0%”。在“描边合成”中，选中“Adobe After effects.psd”层，设置其轨道遮罩为“Alpha 遮罩‘描边’”，如图 14-1-4 所示。

图 14-1-4　描边动画效果

4. 添加模糊特效

❶新建合成“火焰效果”，设置宽高为“720×576px”，“帧速率”为“25 帧/秒”，“持续时间”为“7s”，“背景色”为“黑色”。将“描边合成”拖曳到“火焰效果”合成中，建立合成的嵌套。

❷选择“描边合成”层，执行菜单“效果→过时→快速模糊”命令，为其添加模糊效果。调节“模糊度”为“4.0”，模糊方向设置为“水平和垂直”。

5. 添加湍流置换特效

❶选择“描边合成”层，执行菜单“效果→扭曲→湍流置换”命令，为其添加湍流置换特效，设置参数如图 14-1-5 所示，效果如图 14-1-6 所示。

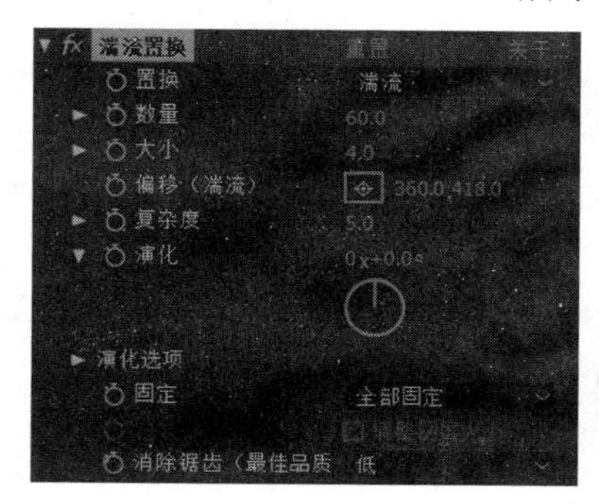

图 14-1-5　“湍流置换”参数设置

图 14-1-6　湍流置换效果图

❷将当前时间指示器定位到 0:00:00:00 位置，激活“偏移（湍流）”的时间变化秒表，添加关键帧，设置“偏移（湍流）”为（360.0，418.0）；将当前时间指示器定位到 0:00:07:00 位置，设置“偏移（湍流）”为（360.0，278.0），实现火苗上升效果。

6. 添加贴图效果

❶为“火焰效果”合成新建一个纯色图层“贴图”，设置宽高为“720×576px”，“颜色”为“白色”，其他参数取默认值。

❷选中“贴图”层，执行菜单“效果→杂色和颗粒→分形杂色”命令，为其添加分形杂色特效，参数设置如图 14-1-7 所示。

❸定位当前时间指示器到 0:00:00:00 位置，激活“偏移（湍流）”时间变化秒表，添加关键帧，设置“偏移（湍流）”为（360.0，288.0）；定位当前时间指示器到 0:00:07:00 位置，设置“偏移（湍流）”为（360.0，-120.0），滑动当前时间指示器并观察效果，如图 14-1-8 所示。

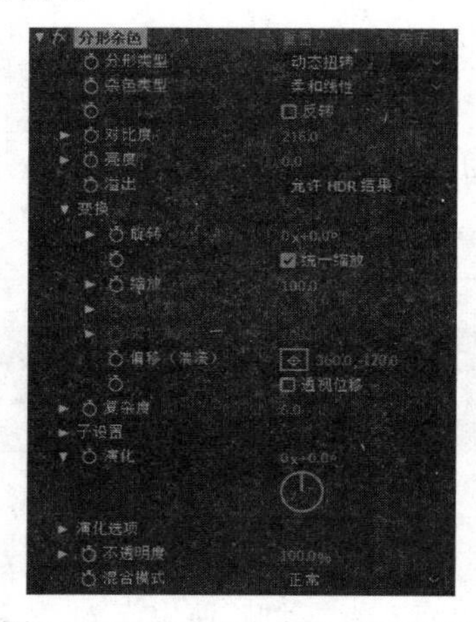

图 14-1-7 “分形杂色”参数设置

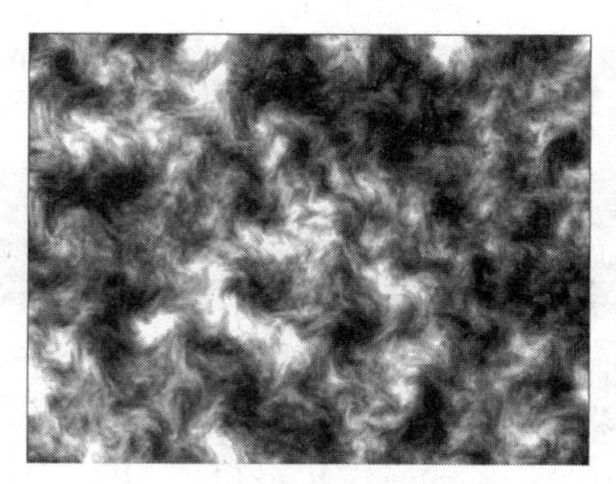

图 14-1-8 分形杂色效果图

7. 图层预合成

❶选中“贴图”层，按组合键<Ctrl+Shift+C>，打开“预合成”对话框。输入“新合成名称”为“图层置换”，勾选“将所有属性移动到新合成”复选框，将“贴图”图层打包成一个独立的合成，如图 14-1-9 所示。在“火焰效果”合成中，原来的“贴图”图层被替换为“图层置换”合成层。

❷单击“图层置换”层前面的视频开关按钮，将该层暂时隐藏。

8. 添加置换图特效

选择“描边合成”层，执行菜单“效果→扭曲→置换图”命令，为其添加置换贴图特效。在“效果控件”中，选择“置换图层”为“图层置换”，设置“最大水平置换”为“0.0”，“最大垂直置换”为“-6.0”，如图 14-1-10 所示。

9. 为火焰着色

❶选择“描边合成”层，执行菜单“效果→颜色校正→色光”命令，为火焰着色，选择“获取相位，自”的“Alpha”选项，在输出循环中，选择“使用预置调板”的“火焰”选项，效果如图 14-1-11 所示。

图 14-1-9 “预合成”设置

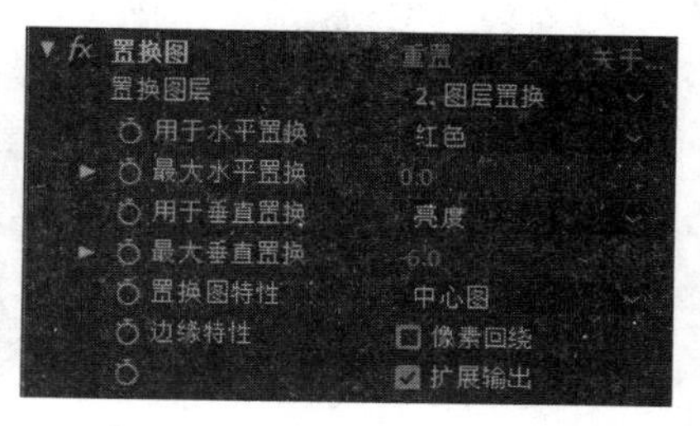

图 14-1-10 “置换图”参数

图 14-1-11 彩色光效果图

❷选择“描边合成”层，执行菜单“效果→风格化→发光”命令，添加发光特效，调节“发光强度”为“0.5”，为“发光颜色”选择“A 和 B 颜色”选项，“颜色循环”选择“锯齿 A>B”选项。

10. 添加辉光

选择“描边合成”层，按组合键<Ctrl+D>复制一层。调节两个层的混合模式为“叠加”，效果如图 14-1-12 所示。

图 14-1-12 火焰效果图

11. 三维空间效果

❶新建合成“最终合成”，设置宽高为“720×576px”，“帧速率”为“25 帧/秒”，“持续时间”为“7s”，“背景色”为“黑色”。

❷将素材“火焰背景.jpg”和“火焰效果”合成拖曳到“最终合成”合成中。为“火焰背景.jpg”层添加 CC 玻璃特效，使其更有质感。选择“火焰背景.jpg”层，执行菜单“效果→风格化→CC 玻璃”命令，设置“柔化”为“2.0”，“高度”为“5.0”，“置换”为“0”。

❸打开“火焰背景.jpg”和“火焰效果”图层的三维图层开关。

12. 添加辉光

❶执行菜单“图层→新建→灯光”命令，新建灯光，设置“灯光类型”为“聚光”，“颜色”为“白色”，“强度”为“100%”，“锥形角度”为“88%”，“锥形羽化”为“51%”，“阴影深度”为“100%”，“阴影扩散”为“33px”，勾选“投射阴影”选项。

❷展开“火焰背景.jpg”和“火焰效果”层属性，在材质选项中，设置“投影”、“接受阴影”和“接受灯光”均为“开”。

13. 建立摄像机

❶执行菜单“图层→新建→摄像机”命令，新建摄像机层，参数取默认值。

❷展开摄像机属性，为“位置”属性添加关键帧，使画面从左至右，产生摇镜头的画面效果，位置属性可根据需求调整。“时间轴”窗口如图 14-1-13 所示。

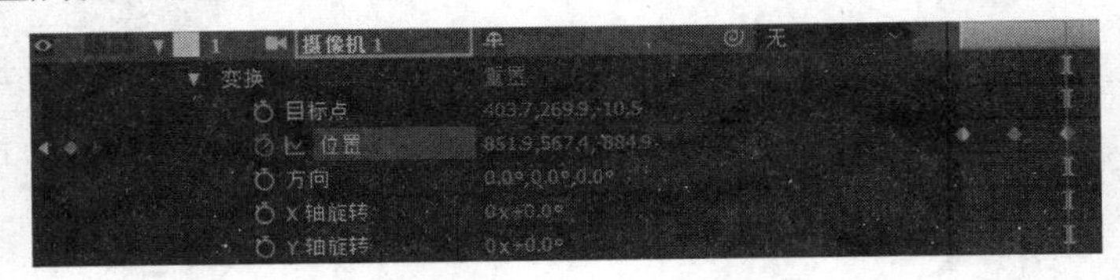

图 14-1-13 “摄像机”参数调节

至此，火焰效果制作完成，在“合成”窗口中的镜头效果如图 14-1-14 所示。

图 14-1-14 摇镜头效果图

14.2 中国水墨画

14-2 中国水墨画

本例使用色彩调整特效，进行色彩修正，结合层混合模式，将图片制作成富含意境的水墨画效果，如图 14-2-1 所示。

图 14-2-1 “中国水墨画”效果图

1. 新建合成

❶运行 After Effects CC 2018，导入素材文件夹“模块 14/素材/14-2 艺术画-中国水墨”中的“大明湖.jpg”和“宣纸.jpg”素材。将“大明湖.jpg”拖曳到“项目”窗口的新建合成按钮上，建立名为“大明湖”的合成。

❷添加色彩效果。选择“大明湖. jpg”层，执行菜单“效果→颜色校正→色相/饱和度”命令，在“效果控件”中，设置“主饱和度”为“-100”，进行去色处理。

2. 基本水墨效果

❶勾勒图像边缘。选择“大明湖. jpg”层，执行菜单“效果→风格化→查找边缘”命令。选择“大明湖. jpg”层，执行菜单“效果→杂色和颗粒→中间值”命令，设置“半径”为“2”，效果如图 14-2-2 所示。选择“大明湖. jpg”层，执行菜单“效果→颜色校正→曲线”命令，调整曲线如图 14-2-3 所示，水墨效果的雏形就出现了。

图 14-2-2　中间值效果图

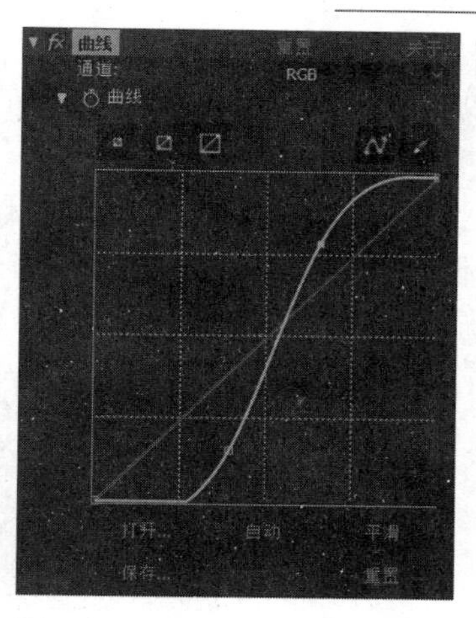

图 14-2-3 “曲线”参数设置（1）

❷选中“大明湖. jpg”层，按组合键<Ctrl+D>复制图层，重命名为“大明湖浸墨.jpg”。将“大明湖浸墨.jpg”的曲线特效调整至如图 14-2-4 所示状态，压暗画面，让黑色像素更多，以便创建大面积墨痕。

❸添加快速模糊。选择“大明湖浸墨.jpg”层，执行菜单“效果→过时→快速模糊”命令，将“模糊量”设置为“13.0”。

❹添加湍流置换。执行菜单“效果→扭曲→湍流置换”命令，添加湍流置换特效，让图层产生随机的扭动效果。设置“数量”为“91.0”，“大小”为“3.0”，“复杂度”为“2.0”，效果如图 14-2-5 所示。

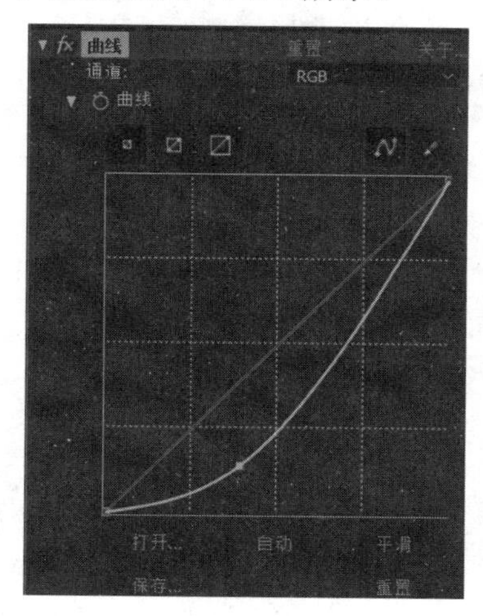

图 14-2-4 “曲线”参数设置（2）

图 14-2-5　湍流置换效果图

❺将“宣纸.jpg”素材拖曳到“时间轴”窗口的底层，并将“大明湖浸墨.jpg”与“大明湖.jpg”层的混合模式设置为“正片叠底”。

这时可以在“合成”窗口中看到水墨画效果已经基本完成了。

> **小黑板**
>
> 正片叠底混合模式的作用是保留画面中比较暗的部分，比较亮的像素透明就可以显示出下层。设置完毕后墨迹和渗墨都会叠加在背景的宣纸上。

3．加强水墨效果

❶分别选择“大明湖浸墨.jpg”层与“大明湖.jpg”层，按组合键<Ctrl+Shift+C>进行重组，命名为“大明湖合成”。

❷将“大明湖合成”层混合模式设置为“正片叠底”。

❸使用“钢笔”工具绘制一个蒙版轮廓，如图 14-2-6 所示。在层属性中找到蒙版属性，设置“蒙版羽化”为（71，71）。

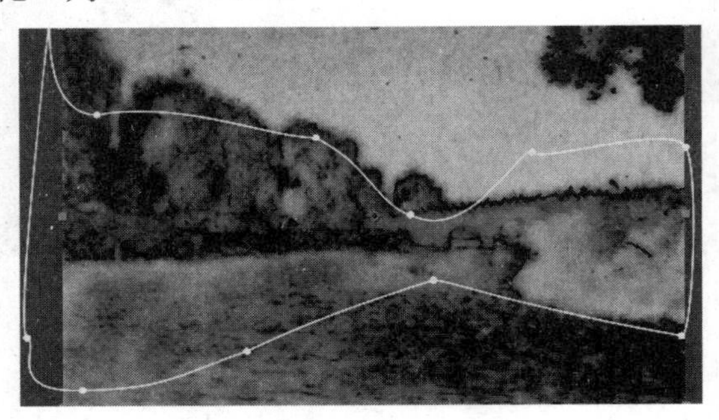

图 14-2-6　遮罩轮廓

添加蒙版后有一定的虚实和隐现，效果如图 14-2-7 所示。

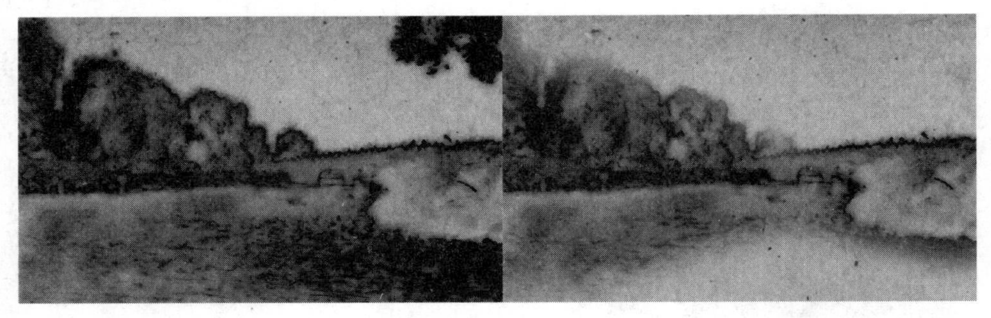

图 14-2-7　添加遮罩前后对比图

4．添加文字

选择“文字”工具，输入文字“中国水墨”，为其添加快速模糊特效，设置“模糊量”为“2”，图层混合模式为“叠加”。至此，水墨画效果设置完成。

14.3　动态追踪

14-3　动态追踪

跟踪（Tracking）是一个非常强大且特殊的动画功能，可以对动态素材中的某个或某几个指定的像素点进行跟踪处理，并将跟踪结果作为路径依据，进行各种特效处理。

在 After Effect CC 视频特效制作中，实现跟踪有两种方法：跟踪运动和跟踪稳定。跟踪运动一般将跟踪的路径应用在其他层，使一个层跟踪另一个层上的某个或某几个像素；跟踪稳定一般用来防止画面摇晃和抖动。本项目是将一幅动态图片追踪到一个移动的建筑物上，效果如图 14-3-1 所示。

图 14-3-1 “动态追踪”效果图

1. 建立合成

❶运行 After Effects CC 2018，导入素材文件夹“模块 14/素材/14-3 动态追踪”下的“追踪视频.avi”和“移动建筑.avi”素材。

❷新建合成“动态追踪”，宽高为“720×480px”，持续时间为“4 秒 21 帧”。

❸将素材“移动建筑.avi”拖曳到合成“动态追踪”中，双击“跟踪视频”图层，打开“图层”窗口。

> **小黑板**
>
> 需要注意的是，跟踪稳定、跟踪运动效果都是通过“图层”窗口实现的。

2. 添加跟踪运动效果

在这里，被跟踪的图层是源跟踪图层。

选中源跟踪层“移动建筑”，执行“窗口→跟踪”命令，打开“跟踪”面板，单击“跟踪运动”按钮，如图 14-3-2 所示。此时会在屏幕上出现“跟踪点 1”按钮，如图 14-3-3 所示。

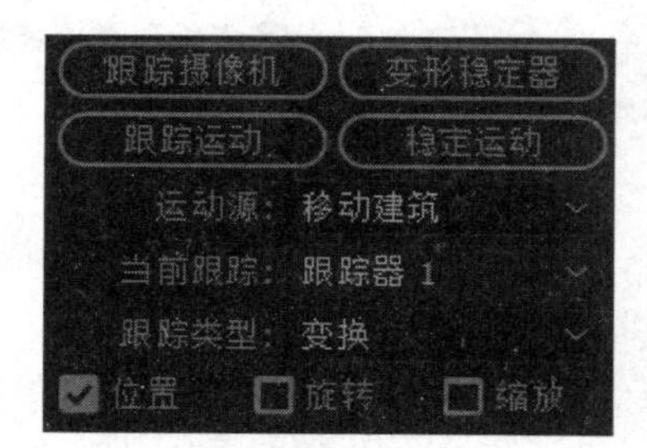

图 14-3-2 “跟踪”面板（1）

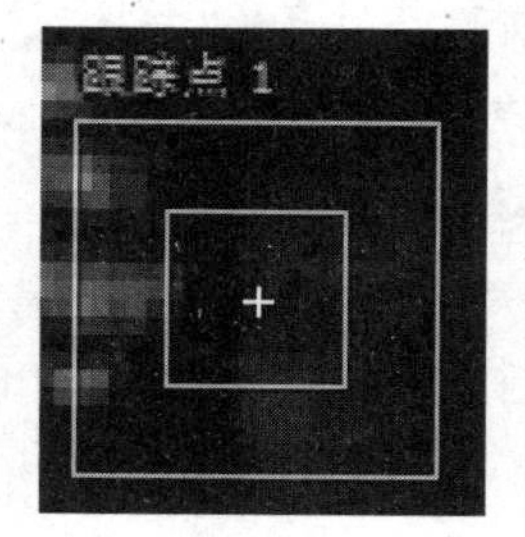

图 14-3-3 跟踪点

> **小黑板**
>
> 单击“跟踪运动”按钮后会出现一个搜索区域（外面的大方框），用于定义下一帧的跟踪范围。搜索区域的大小与要跟踪对象的运动速度有关。对象运动越快，两帧之间的位移就越大，需要搜索的区域也越大。需要注意的是，尽量不要将此范围调得过大，因为这将影响最后制作的成功率。

3. 移动跟踪点，建立空白对象

❶将跟踪点位置放置在建筑物的一角，如图 14-3-4 所示。

❷在“运动追踪”合成中，执行菜单“图层→新建→空对象”命令，新建一个空白对象。

建立空白对象的目的是考虑将跟踪出来的路径传递给谁，或者说谁接收跟踪的路径信息。在“跟踪”面板中，“编辑目标”选项中显示的目标就是刚才建立的空对象。在这里，空对象只用来存储位置信息，如图 14-3-5 所示。

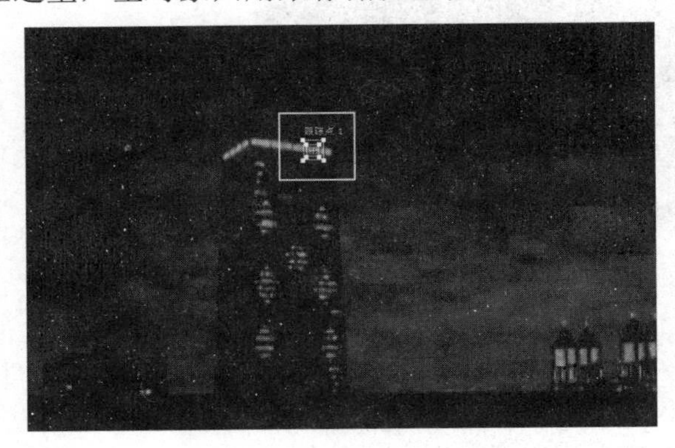

图 14-3-4　跟踪点调节

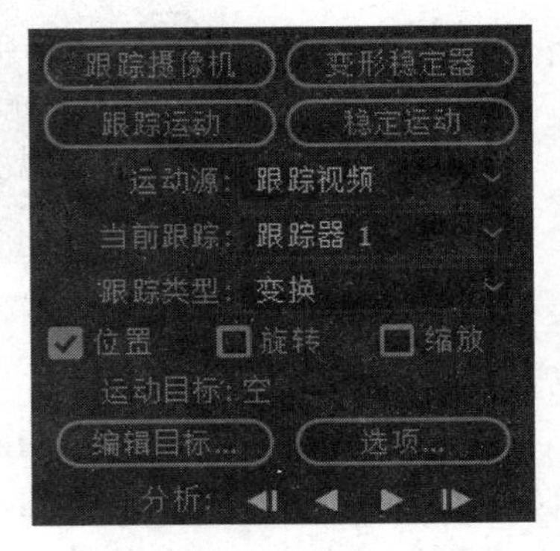

图 14-3-5　“跟踪”面板（2）

❸在“跟踪”面板中，单击“编辑目标”按钮，选择“空”图层。将当前时间指示器定位到 0:00:00:00 位置，单击▶按钮，进行向后翻译。

❹翻译完成后，单击 应用 按钮，打开“动态跟踪器应用选项”窗口，选择“应用维度”为“X 和 Y”。

❺选中“动态追踪”合成中的图层“动态跟踪.avi”，在英文输入法状态下按<U>键，即可查看所有关键帧，如图 14-3-6 所示。

图 14-3-6　自动加入的关键帧

4. 制作建筑贴画效果

❶将图层“追踪视频.avi”拖曳到“动态追踪”合成中，调节参数，如图 14-3-7 所示，使其符合建筑物的形状和大小，如图 14-3-8 所示。

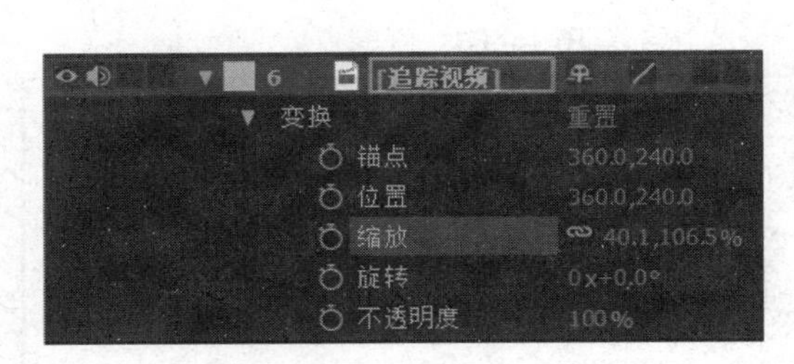

图 14-3-7　“追踪视频”素材层属性参数调节

图 14-3-8　“合成”窗口中的追踪视频

❷选中“追踪视频.avi”图层，按组合键<Ctrl+D>复制图层，调整两个图层的混合模式为“柔光”。

❸选中两个“追踪视频.avi”图层，按组合键<Ctrl+Shift+C>重组图层，弹出“预合

成”对话框。新建合成，命名为“银幕”，选中“将所有属性移动到新合成”选项，将两个“追踪视频.avi”层打包成一个独立的合成。

通过以上操作建立了一个图像贴上建筑物的效果，但是两者之间的位置没有变化，“追踪视频”没有完全贴合在“移动建筑”上，播放的时候画面有些虚。

5. 建立父子关系并新建蒙版

❶将“银幕”层的父级按钮拖到“空”图层。这样空对象是“父亲”，“银幕”层的运动则根据“空”层的位置变化而变化。

❷选择“银幕”层，利用“钢笔”工具为其加入蒙版，效果如图 14-3-9 所示。

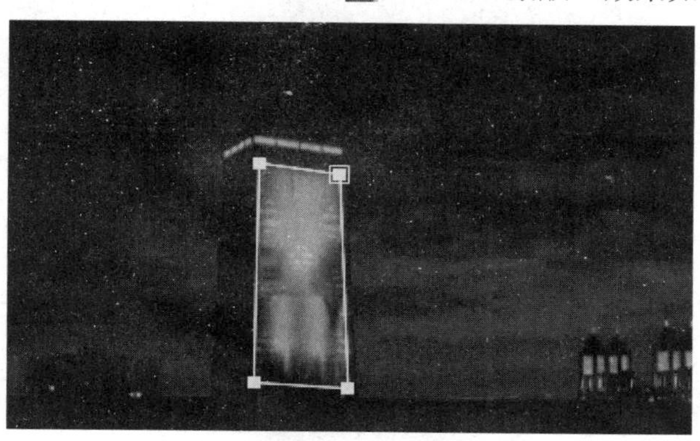

图 14-3-9 加入蒙版效果图

❸ 展开“银幕”层的参数，将时间指示器定位在 0:00:00:00 位置，激活“遮罩形状”的时间变化秒表，添加关键帧。在屏幕上调节蒙版位置，使其铺满大厦一半以上，在 0:00:04:20 位置修改屏幕上的蒙版位置，使其完全贴合在移动的建筑上。

❹制作完遮罩动画后，修改其蒙版参数，将“蒙版羽化”设置为“8.0px”，“蒙版透明度”设置为“78%”。

6. 修改最终视频颜色

选择“银幕”层，执行菜单“效果→颜色校正→色调”命令，为其加入“色调”特效，设置参数“着色数量”为“36”，使其与环境颜色更加融合。

至此，跟踪特效设置完成，效果如图 14-3-10 所示。

图 14-3-10 “动态追踪”效果图

第三部分 企业案例

微电影《占座》

A.1 项目描述

有一个段子在大学校园广为流传：一对情侣早上去图书馆排队占座，女生进门时摔倒了，朝男生大喊："不要管我，快去占座。"……占座是大学校园中既普遍又经典的学生现象，无论是课堂、讲堂、图书馆，还是自习室等，处处留有占座的印迹，一本书或一摞书，压上纸条或锁上链锁，无所不用其极。占座贯穿了大学生的全部生活。

本项目以大学校园中的占座现象为蓝本，以占座的不同方式为线索，通过几个简单的场景，展现大学生占座现象的普遍性。本片以新闻调查的方式，随机采访在校学生，并以幽默诙谐的铅笔画动画形式突出主题，提升效果；片尾采用拍摄花絮的形式，进一步营造欢快、风趣的氛围，大学生的年轻朝气和占座这一幽默主题相呼应。

本项目属于校园题材的微电影，由本书的编者指导学生自编、自导、自演、独立编辑制作完成，效果如图 A-1-1 所示。

图 A-1-1 微电影《占座》效果图

A.2 分场景剧本

场景一 大学校园，一个男生想追求一个女生

男生对女生说："我家有房，有车，很有钱，你愿意做我女朋友吗？"女生摇头。

镜头号	景　别	拍摄方法	画　面	声　音
1	全景	固定	一个男生，一个女生，面对面站着	（无声音）
2	近景	推	男一面对着女一，女一低着头	说话声（男）
3	近景	摇	女一摇摇头（生气）	（无声音）

场景二 大学校园，另一个男生想追求同一个女生

男生对女生说："我长得又高又帅，家里世代做官，你愿意和我交往吗？"女生不同意。

镜头号	景　别	拍摄方法	画　面	声　音
1	全景	固定	一个男生，一个女生，面对面站着	（无声音）
2	近景	推	男二面对着女一，女一低着头	说话声（男）
3	近景	摇	女一摇头（生气）	说话声（女）

场景三 大学校园，教学楼下，一个男生想追求同一个女生

男生对女生说："我家里虽然很穷，但是我自习室有座位，你愿意和我一起交往吗？"女生微思，点头："我愿意！"

镜头号	景　别	拍摄方法	画　面	声　音
1	全景	固定	一个男生，一个女生，面对面站着	（无声）
2	近景	推	男三面对着女一，女一低着头	说话声（男）
3	近景	摇	女一点头	说话声（女）

场景四 大学校园，图书馆楼下

一对情侣手牵着手快速跑向图书馆。女生被台阶绊倒，摔在地上，男生想去扶她，女生说："别管我，快去占座!!!"

镜头号	景　别	拍摄方法	画　面	声　音
1	全景	固定	一对情侣，手牵着手，快速跑向图书馆	无
2	全景	推	女二被台阶绊倒，摔在地上	无
3	近景	推	男四想去扶女二，女二抬起头	说话（女）

场景五 大学校园，教学楼内

一对情侣面对面站着。女生低下头，对男生说："我们分手吧。"男生："那你就把自习室的座位还给我吧。"女生抬头，笑了笑，说："跟你开玩笑的！"

镜头号	景　别	拍摄方法	画　面	声　音
1	远景	固定	一对情侣，面对面站着	无
2	近景	推	女三低下头	说话
3	近景	摇	女三抬起头，笑了	笑声，说话（男，女）

场景六　大学校园

记者（面对镜头）：你用过或见过什么好的占座方法吗？

女生A：一般就是将一张纸条贴在座位上，告诉他们我什么时候有课，一般就不会有人占座了。

记者（面向对面走来的两个女生）：同学，你们占过座吗？

女生B、C：占过。

记者：都有什么方法？

女生B、C：用课本或同学，一次占六个。

记者（面对女生D）：请问你占过座吗？

女生D：没有，都是同学帮我占的。

记者（面向对面走来的两个女生）：请问你占过座吗？

女生E、F：占过。

记者：都有什么方法？

女生E：用衣服占的。

女生F：我还用矿泉水瓶占过。

记者：什么方法都有呀。

一起笑……

字幕：学生占座疯狂起来，地球人都阻止不了。快来看看下面的占座方法吧，我和我的小伙伴们都惊呆了……

场景七　教学楼内，占座系列方法——板砖占座法

一个女生左手拿一张纸条，右手握一块板砖，快速走进自习室。她看看四周无人，找到合适的座位，把纸条放在座位上，“啪”，把板砖压在纸条上。纸条上写着：不怕拍的，尽管来抢。

镜头号	景　别	拍摄方法	画　面	声　音
1	全景	固定	女四：左手拿一张纸条，右手握一块板砖，快速走进自习室	推门
2	近景	摇	把纸条放在座位上，“啪”，把板砖压在纸条上	拍砖
3	近景	摇	纸条上赫然写着：不怕拍的，尽管来抢	无
4	全景	拉	女四得意地笑……	无

场景八　教学楼内，占座系列方法——书本占座法

一个女生怀抱一摞书，远远向教室跑来。女生气喘吁吁地走进合堂教室，四处观察后找到自己满意的位置，把书放在桌子上后跑着离开。

镜头号	景　别	拍 摄 方 法	画　　面	声　　音
1	全景	固定	女五，怀抱一摞书，远远跑来	脚步
2	全景	固定	女五，气喘吁吁，推开合堂教室的门，走进合堂教室	推门，粗重的呼吸
3	近景	固定	四处观察，找到自己满意的位置，把书放在桌子上	放书
4	全景	摇	跑着离开	脚步

场景九　教学楼内，占座系列方法——纸条占座法

一个女生拿着几张纸、一支笔和一卷透明胶带高兴地推门进入空无一人的自习室，拿起笔在纸条上写："计算机系，十一班占！"，用透明胶带把纸条粘在几张桌子的中间，她看着自己的杰作，满意地点头……

镜头号	景　别	拍 摄 方 法	画　　面	声　　音
1	全景	摇	女六，拿着纸条，高兴地，推门进入空无一人的自习室	无
2	近景	固定	女六，拿笔，连续在两张纸条上写："计算机系，十一班占！"	无
3	全景	摇	女六，用透明胶带把纸条粘在几张桌子的正中间	撕胶带
4	全景	摇	女六，看着纸条，满意地点头……	脚步

场景十　教学楼内，占座系列方法——铁链占座法

一个女生手拿铁链诡异地推门走进自习室，确认四周无人后，走向合适的座位，将桌子和椅子锁在一起，拔下钥匙。

镜头号	景　别	拍 摄 方 法	画　　面	声　　音
1	全景	固定	女七，手拿铁链，推门走进自习室	无
2	近景	固定	女七，将桌子和椅子锁在一起，拔下钥匙	上锁
3	近景	摇	课桌和座椅的腿被铁链锁在一起……	无

场景十一　教学楼内，占座系列方法——大熊占座法

女生 A 抱着大熊玩具，遮着脸跑进自习室，女生 B 拿着衣服相随进入教室。女生 A 把大熊玩具放在凳子上，女生 B 把衣服披在大熊玩具身上，二人迅速给玩具大熊整理衣服。远远望去，像一个学生趴在桌子上睡着了……

镜头号	景　别	拍 摄 方 法	画　　面	声　　音
1	全景	固定	女八抱着大熊玩具，遮着脸，跑进自习室	推门
2	全景	固定	女九拿着衣服，紧跟其后	无
3	近景	固定	女八把大熊玩具放在凳子上	无
4	近景	固定	女九把衣服披在大熊玩具身上	无
5	近景	固定	女八和女九一起给大熊玩具整理衣服，让其趴在桌子上	无
6	近景	摇	远远望去，大熊玩具像一个同学趴在桌子上睡着了……	无

A.3　视频拍摄

（1）开发团队按照影视项目的制作流程和基本工作过程划分项目开发小组，包括导演、编剧、摄像、演员、剧务、剪辑、特效、音乐等。

（2）按分场景剧本划分镜头号，根据导演对影片风格的把握和要求，自行组织选拔演员，选择拍摄场地和拍摄设备，并按照不同场景进行拍摄。在拍摄过程中，要特别注意镜头号的标注，要求剧务的工作要细致。同时，室外镜头较多，要注意现场录音的质量。

（3）制作小组除了要把每次的拍摄成果及时采集到本地硬盘进行存储和整理，还要通过上网搜索、自行录音创作等不同方法，进行视频、音频、图像、动态等素材的搜集和创建，并按照项目要求进行编辑、整理，再分类打包。

A.4 技术分析

本项目的编辑制作是 Adobe After Effects CC 2018 影视特效软件和 Adobe Premiere Pro CC 2018 非线编软件的完美结合，充分利用和体现了两大软件在影视制作中强大的特效制作、视频剪辑与视频合成的功能。

（1）通过 After Effects 完成影片片头特效和场景过渡特效的制作。包括：

① 制作影片片头。采用流行的沙画特效，配合文字，营造含蓄而温暖的校园环境。

② 以铅笔画素描特效作为场景衔接特效，增强影片活泼、明快、简洁的风格特点。

③ 应用 After Effects 丰富的调色特效，弥补拍摄过程中的光线不足，增强画面效果。

（2）通过 Premiere 完成视频的采集、剪辑，添加音效和字幕，合成特效和视频。包括：

① 对拍摄素材进行采集。

② 以镜头为单元，按剧本要求对素材进行剪辑。

③ 将使用 After Effects 完成的各个场景特效进行整合、组接。

④ 添加字幕、背景音乐和音效。

⑤ 合成影片，渲染输出。

A.5 项目制作

本项目制作的所有素材请从“企业案例/案例 A”文件夹及相应子文件夹中导入。

A.5.1 制作片头——沙画效果

STEP01 新建合成

运行 After Effects CC 2018，新建项目合成“第一小节”，设置“宽高”为“1920×1080px”，“开始时间”为 0:00:00:00，“持续时间”为 0:00:40:08，“背景色”为“黑色”，勾选“纵横比 16 : 9”选项。导入视频素材“1 小节.mov”，将其拖曳到“第一小节”项目合成中。

STEP02 新建固态层

新建固态层“色彩调节”，设置“宽高”为“1920×1080px”，背景颜色为“土黄色（#FFAE00）”，设置图层混合模式为“叠加”。

由于拍摄的视频素材画面颜色偏暗，添加固态层，通过层模式设置调节影片的色相及饱和度，以达到温暖的黄色调和明亮清新的画面效果，与沙画的画面风格协调。

STEP03 新建文字图层

❶创建文字图层“占座是大学生活中永恒的话题”，通过调节文字透明度变化，对文字图层添加淡入淡出效果。

❷定位时间指示器到 0:00:32:16 位置，创建文字图层“还记得考试前的努力吗?”。

STEP04 创建遮罩

选中“1 小节.mov”层，按组合键<Ctrl+D>复制层，为视频添加遮罩。定位时间指示器到 0:00:32:16 位置，展开“遮罩”下拉列表，激活“遮罩形状”参数的关键帧记录器，移动选择范围，直至文字显示完毕，如图 A-5-1 所示。

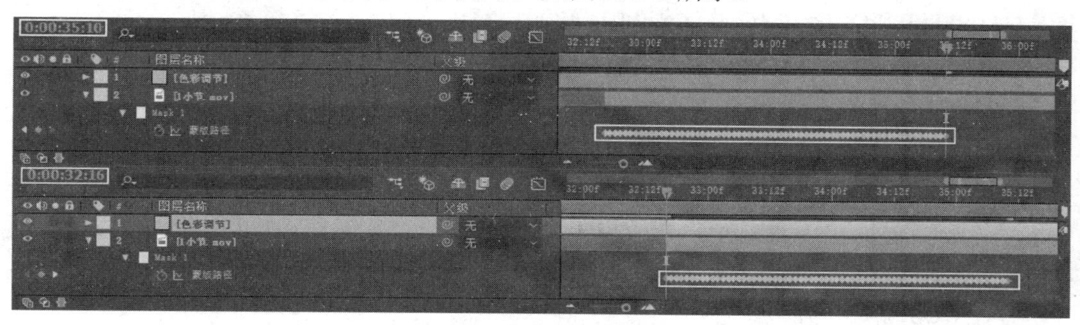

图 A-5-1　调整遮罩关键帧

STEP05 制作文字路径

为文字图层“还记得考试前的努力吗?”创建文字路径。选中文字图层，展开文字属性，在路径选项中设置文字的路径为 Mask1。

STEP06 调整图层排列顺序

为了方便影片渲染时提高处理速度，按组合键<Alt+[>或<Alt+]>切割多余图层，节省系统资源，提高输出效率。调节图层顺序如图 A-5-2 所示。

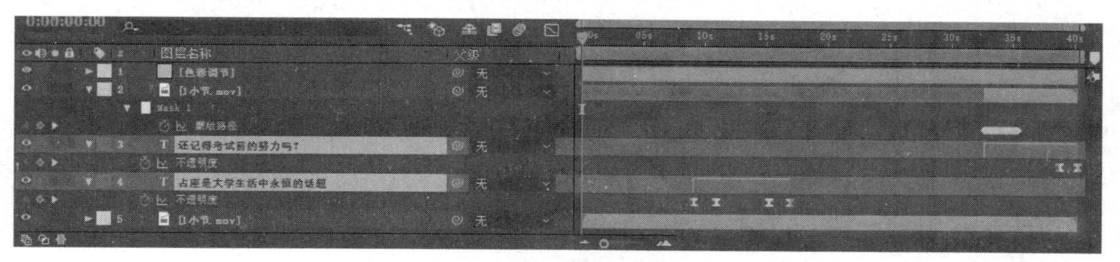

图 A-5-2　调整图层排列顺序

STEP07 制作其他小节

按照 STEP01～STEP06 的方法和步骤，制作“第二小节”～“第四小节”合成内容。

STEP08 新建合成

新建项目合成“最终效果”，设置“宽高”为“720×576px”，“开始时间”为 0:00:00:00，“持续时间”为 0:01:39:14，依次将“第一小节”～“第四小节”合成内容拖曳到“最终效果”合成面板中。

STEP09 调节图像大小

选中“第一小节”～“第四小节”合成，调节缩放参数，让其铺满整个屏幕，为“第四小节”合成加入淡出效果。

STEP10 渲染输出

预览效果，渲染输出“沙画片头.avi”。

A.5.2 制作过渡场景——铅笔画效果

添加写入、涂写等特效，并灵活运用灯光、摄像机效果，共分为 5 个小节。

STEP01 新建合成

新建项目合成，命名为“background”，设置“宽高”为“4000×4000px”，“开始时间”为 0:00:00:00，“持续时间”为 0:01:00:00，勾选“纵横比 1 : 1”选项，“背景色”为“黑色”。

STEP02 导入素材

导入背景素材“11.jpg”、“12.jpg”、“21.jpg”和“22.jpg”，按照第一行第一个、第一行第二个、第二行第一个、第二行第二个的顺序将其摆放到“background”合成中，并铺满整个背景层。选中“11.jpg”、“12.jpg”、“21.jpg”和“22.jpg”4 个图层，按组合键<Ctrl+Shift+C>，将 4 个图层整合成一个组，命名为“背景图片”。

STEP03 新建固态层

新建固态层“调节图层”，调节背景颜色为浅黄色（# FDFCEE），设置“宽高”为“720×576px”，“颜色”为白色（255，255，255），修改“图层模式”为“正片叠底”。

STEP04 添加遮罩

❶新建合成“insert photo 01”，设置“宽高”为“1280×720px”，“帧速率”为“24 帧/秒”，“持续时间”为 0:01:00:00（1 分钟）。导入“demo-01.jpg”素材到“insert photo 01”中。

❷新建项目合成“photo 01”。在预置中选择“HDTV 1080 24”选项，合成大小设置成“1920×1080px”，持续时间设置成“0:01:00:00”。将合成“insert photo 01”拖曳到新建合成中，为其添加遮罩。选中“insert photo 01”合成，并复制一层，将上层重命名为“insert photo 01 外框”。

STEP05 制作动画

❶选择“insert photo 01 外框”合成，添加“涂写”特效，参数设置如图 A-5-3 所示。添加“写入”特效，设置“画笔位置”参数，实现绘画效果，参数设置如图 A-5-4 所示。

❷定位时间指示器到 0:00:00:00 位置，展开“写入”特效列表，激活“画笔位置”的关键帧记录器，移动画笔，直至路径显示完毕，如图 A-5-5 所示。

❸选择“insert photo 01”合成，添加“写入”特效，适当设置参数。将时间指示器定位到 0:00:00:14 位置，展开“写入”特效列表，激活“画笔位置”参数的关键帧记录器，移动画笔，直至图片显示完毕。

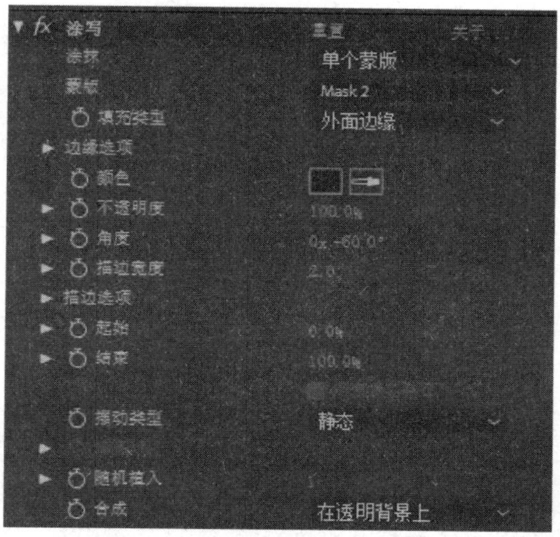

图 A-5-3 “涂写”特效参数设置

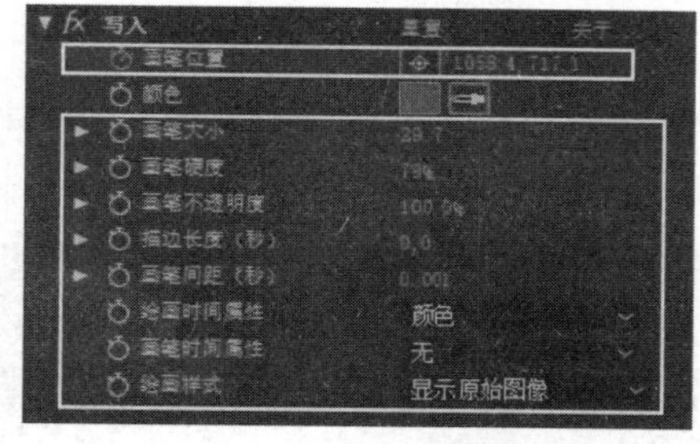

图 A-5-4 “写入”特效参数设置

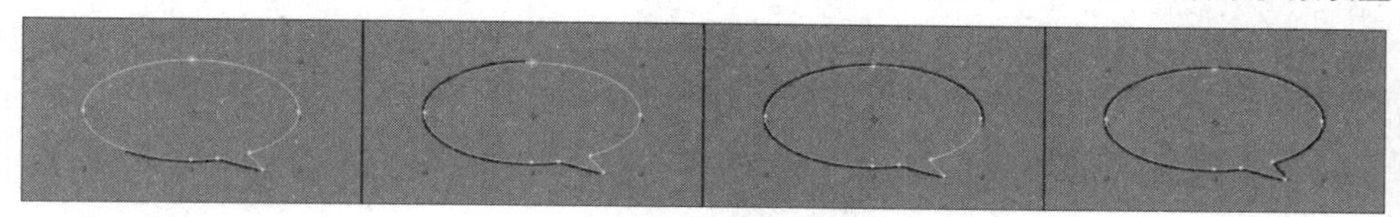

图 A-5-5　书写描边效果

STEP06 新建文字

新建项目合成“text 01”，设置“宽高”为“1100×2500px”，“帧速率”为“24 帧/秒”，“持续时间”为 0:01:00:00，勾选“纵横比以 1:1 锁定”选项。在“合成”窗口中输入文本“板砖占座法”，选择有铅笔字效果的字体“国祥手写字体”。

STEP07 添加特效

❶选择“板砖占座法”文字层，按组合键<Ctrl+Shift+C>重组图层，命名为“change text 01”。选择合成“change text 01”，添加“写入”特效，并调节参数。

❷将时间指示器定位到 0:00:00:00 位置，展开“写入”特效列表，激活“画笔位置”参数的关键帧记录器，移动画笔，直至图片显示完毕。

STEP08 新建合成

❶新建项目合成“main”，设置“宽高”为“3900×3900px”，“帧速率”为“24 帧/秒”，“持续时间”为 0:01:00:00，勾选“纵横比以 1:1 锁定”选项。将“background”、“photo 01”和“text 01”合成拖曳到“main”合成中。选择“photo 01”合成，按<P>键调出其位置参数，修改“位置”为（786.0，3242.0）。

❷选择“background”和“photo 01”合成，按组合键<Ctrl+D>复制合成，并调整顺序。选择第一组“background”合成，更改图层模式为“正片叠底”，设置“轨道蒙版”为“Alpha 蒙版”。选择第一组“photo 01”合成，单击图标隐藏图层。

STEP09 新建形状图层

❶在“main”合成中新建一个形状图层“dashed line 01”。用“钢笔”工具绘制形状如图A-5-6所示的曲线，展开目录参数，适当调节参数。

❷定位时间指示器到0:00:00:00位置，展开“偏移路径1”列表，激活“结束”参数的关键帧记录器，改变结束参数，直至路径显示完毕。

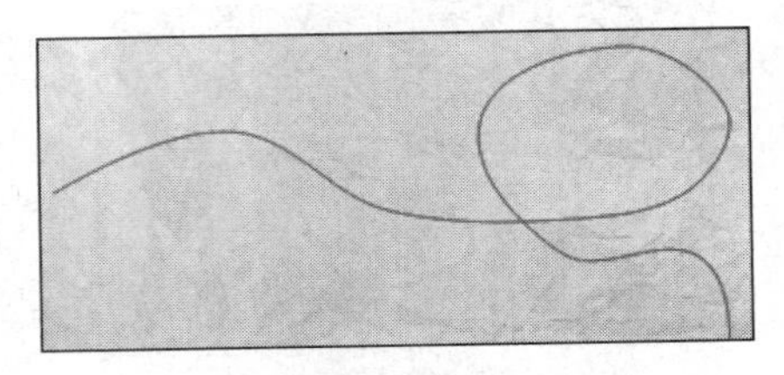

图A-5-6　路径制作

STEP10 排列图层

按照STEP01～STEP09的方法制作其他合成内容。具体参数调节及效果如图A-5-7和图A-5-8所示。

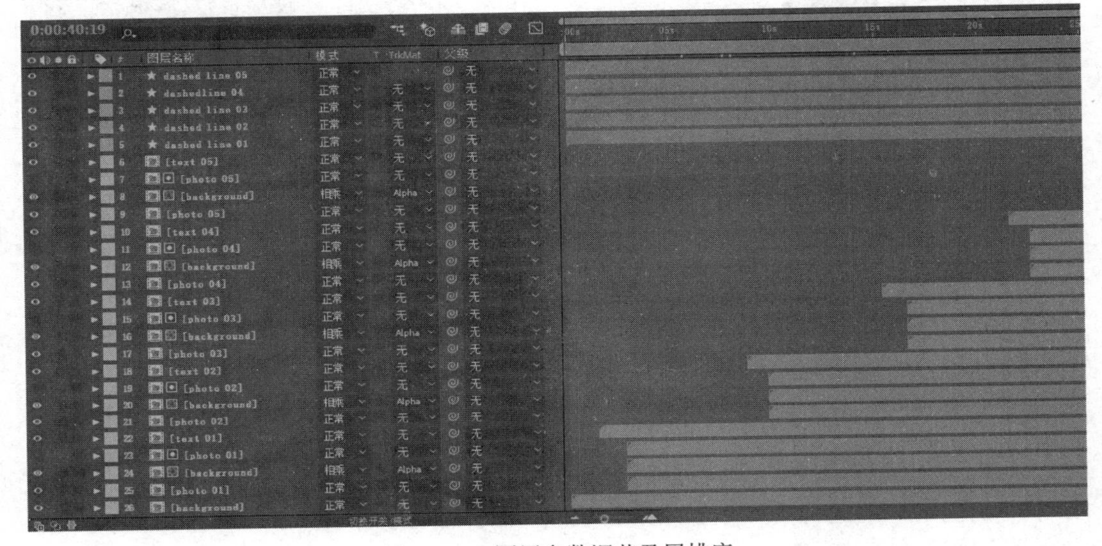

图A-5-7　图层参数调节及层排序

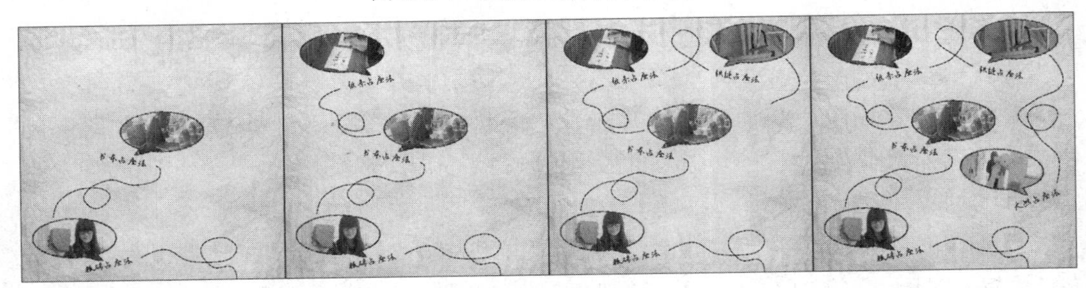

图A-5-8　铅笔画素描效果图

STEP11 新建灯光、摄像机

❶新建项目合成“1920×1080”。设置“宽高”为“1920×1080px”，“帧速率”为“24帧/秒”，“持续时间”为0:00:35:00。

❷将“main”合成拖曳到“1920×1080”合成中。创建摄像机，命名为“camera1”；新建照明层，命名为“light 1”；新建空白对象图层，命名为“camera&light control”。选择图层“main”、“camera1”、“light 1”和“camera&light control”，单击三维空间控制按钮。

STEP12 建立父级关系

选择“light 1”图层，按<P>键，修改“位置”为（253.7，-253.7，-2113.9）。选择“camera 1”图层，按<P>键，修改“位置”为（0.0，0.0，-1866.7）。选择图层“light 1”和“camera 1”，将图层父级关系按钮拖曳到“camera&light control”空白图层上，以获取其位置信息。

STEP13 修改空白对象位置参数

❶选择“camera&light control”图层，调节空白对象的位置信息，制作最终效果。将时间指示器定位到 0:00:00:00 位置，展开“变换”列表，激活“位置”参数的关键帧记录器，修改位置信息为（2713.0，540.0，0.0）；将时间指示器定位到 0:00:03:00 位置，调节位置参数为（963.0，540.0，0.0）；将时间指示器定位到 0:00:07:00 位置，调节位置参数为(963.0,540.0,0.0)；将时间指示器定位到 0:00:10:01 位置，调节位置参数为(1850.0，-1080.0，0.0)；将时间指示器定位到 0:00:14:00 位置，调节位置参数为（1850.0，-1080.0，0.0)；将时间指示器定位到 0:00:17:00 位置，调节位置参数为（970.0，-2207.0，0.0）；将时间指示器定位到 0:00:20:12 位置，调节位置参数为（970.0，-2207.0，0.0）；将时间指示器定位到 0:00:22:12 位置，调节位置参数为（2850.0，-2237.0，0.0）；将时间指示器定位到 0:00:27:00 位置，调节位置参数为（2850.0，-2237.0，0.0）；将时间指示器定位到 0:00:30:00 位置，调节位置参数为（2867.0，-288.0，0.0）。

❷选择“camera&light control”图层，展开“变换”列表，按<Alt>键的同时单击“方向”参数的关键帧记录器。添加表达式“wiggle(0.8，1)”，产生抖动效果。排列图层顺序，如图 A-5-9 所示。

❸预览影片效果，渲染输出，命名为“1920×1080.avi”。

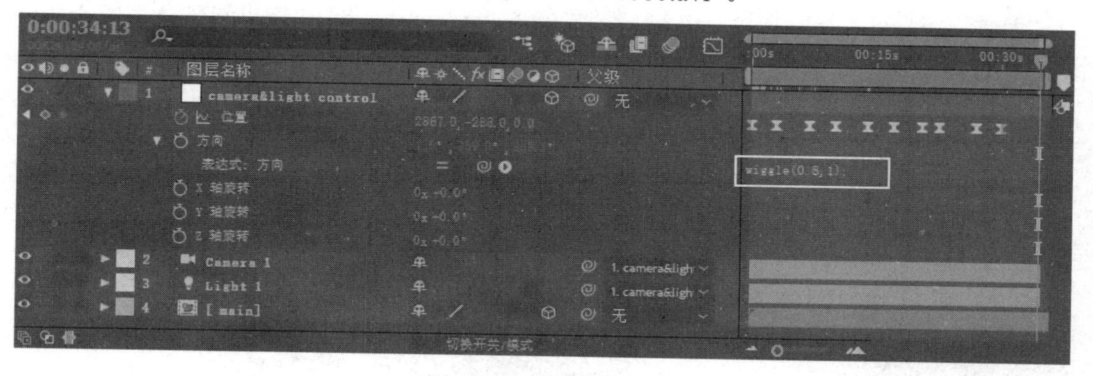

图 A-5-9　添加表达式

A.5.3　影视合成——剪辑、字幕及音效

STEP01 创建序列

运行 Premiere Pro CC 2018，新建项目，命名为“占座”，并选择“DV PAL 48kHz”编辑模式，命名序列为“序列 01”。

STEP02 导入素材

展开文件夹“企业案例/案例 A-微电影-占座/素材”，导入其中的视频素材“沙画片头.avi”、“1920×1080.avi”、“占座第一次拍摄.avi”和“占座第二次拍摄.avi”，以及音频素材“Die Young.mp3”、“Good Day .mp3”、“Ready to Go.mp3”、“Young Homie.mp3”、“电音之王.mp3”、“轻音乐.mp3”和“嗖嗖嗖.mp3”。

STEP03 剪辑素材

拖曳素材“1920×1080.avi”、“占座第一次拍摄.avi”和“占座第二次拍摄.avi”到“序列 01”。利用“剃刀”工具按分场景剧本剪辑视频，如图 A-5-10 所示。

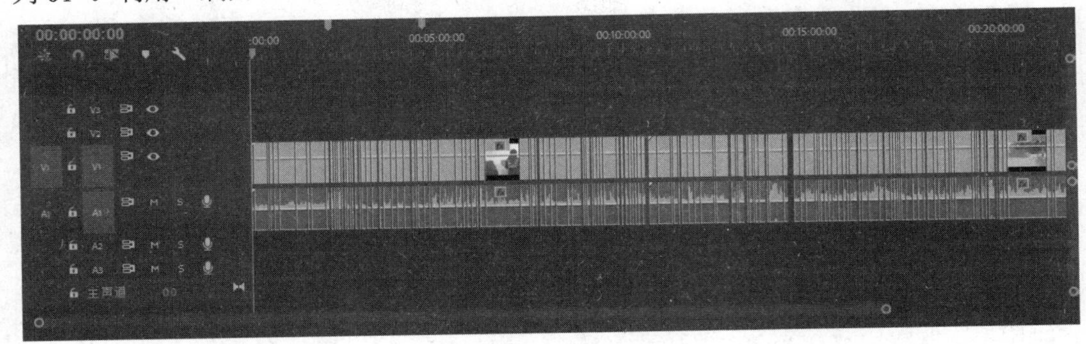

图 A-5-10　剪辑素材

STEP04 制作片头

❶新建序列“最终合成”。

❷拖曳视频素材“沙画片头.avi”、音频素材“电音之王.mp3”到序列“最终合成”中，选择音乐“电音之王.mp3”，利用轨道关键帧为其添加淡出效果。

STEP05 组接镜头

❶选择“序列 01”中剪辑完成的视频素材，将其拖曳到序列“最终合成”中，与素材“沙画片头.avi”左右相连，并按分场景剧本的顺序排列好。（这里对视频剪辑不再赘述，具体参照项目源文件。）

❷拖曳音频素材“Good Day .mp3”、“轻音乐.mp3”和“Young Homie.mp3”到序列“最终合成”中，如图 A-5-11 所示。

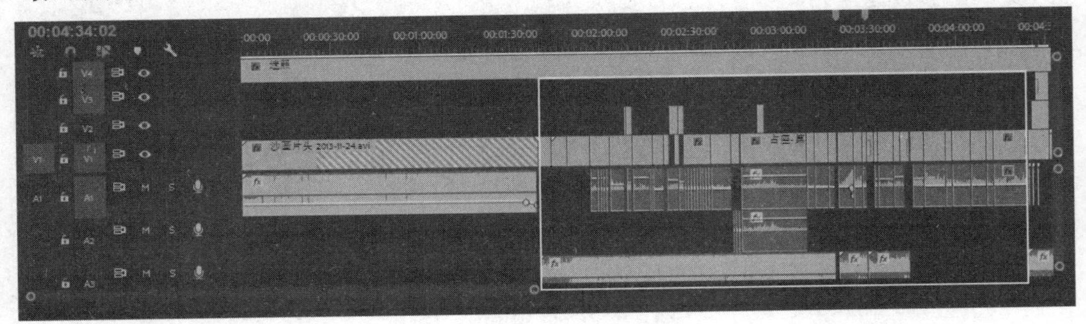

图 A-5-11　组接镜头

STEP06 创建转场字幕

使用动态字幕实现场景的转场效果。新建字幕“学生占座疯狂起来”、“地球人都阻止不了”和“快来看看下面的占座方法吧，我和我的小伙伴们都惊呆了！”，并设置文字效果。

STEP07 添加音效

选择刚刚创建的 3 个字幕，将其拖曳到序列“最终合成”中，添加视频特效“快速模糊”，设置模糊效果（关键帧）。为字幕素材添加特效音“嗖嗖嗖.mp3”，如图 A-5-12 所示。

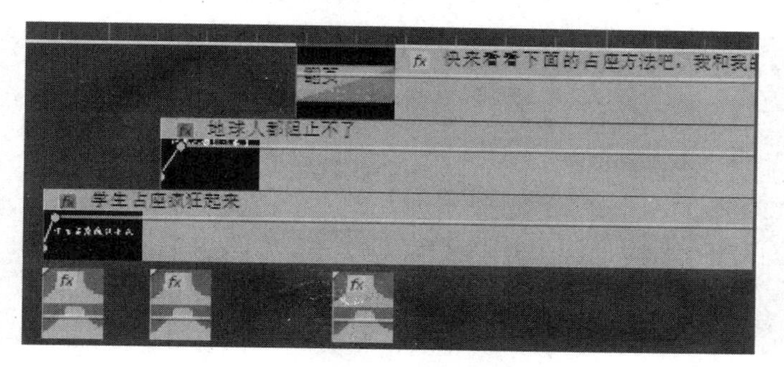

图 A-5-12　为字幕添加音效

STEP08 编辑特效

复制“序列 01”中剪辑完成的视频“1920×1080.avi”，将其粘贴到序列“最终合成”中。在各镜头间添加“滑动”转场特效。

STEP09 遮罩字幕

❶由于拍摄设备的原因，以及制作小组的疏忽，造成一部分视频画面存在上下黑场。

❷为保持整体视频画面的统一性，采用字幕“遮罩”方法进行修正。新建字幕“遮罩”，绘制与上下黑场位置和尺寸吻合的矩形，并将其添加到“最终合成”中，设置素材的“持续时间”与影片一致，如图 A-5-13 所示。

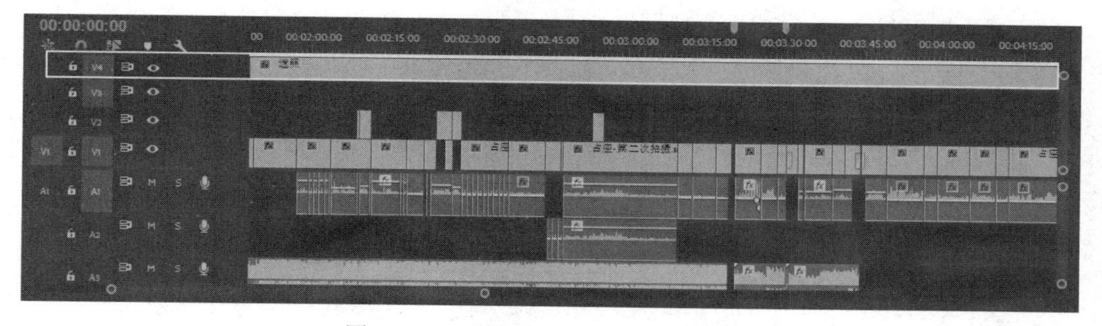

图 A-5-13　将字幕置于“遮罩”轨道中

STEP10 创建对白字幕

为影片中的每段对白创建一个字幕，并将其添加到“最终合成”中。在编辑、添加对白字幕时，要做好命名工作；在插入序列时，要定位好时间位置。

STEP11 制作片尾

❶选择序列“序列 01”中的拍摄花絮视频，将其复制到序列“最终合成”的最右侧，并为其添加缩放动画效果。

❷先新建滚动字幕“背景”，再分别创建字幕“编剧”、“导演”、“演员”和“后期”，并将其添加到“最终合成”中。在添加字幕到时间线时，位置要与视频画面吻合，否则会出现“音画不同步”的现象。为每个字幕添加“推”转场特效，时间线如图 A-5-14 所示。

STEP12 渲染输出

预览影片效果，如图 A-5-1 所示。渲染、输出影片“占座.flv”。

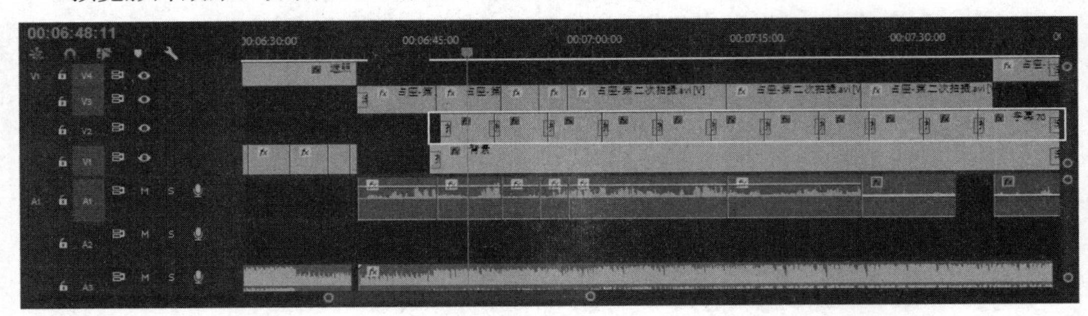

图 A-5-14　时间线

案例 B

电视栏目包装《聊城气象》

B.1 项目描述

本项目是一个天气预报栏目片头，来自聊城电视台。画面为水墨风格，色彩清新、淡雅，音乐选用中国民乐古筝名曲，与画面风格协调，音画合一。片长 15 秒，包含春、夏、秋、冬 4 个片段，以小桥流水、春柳夏荷、枫叶飘飘、白雪红梅等水墨画面的镜头叠化为主，模拟镜头的拉伸，产生动态效果，并用 4 句描写四季景象的古诗句“半壕春水一城花”、“布谷声中夏令新”、“银烛秋光冷画屏”和“冬至阳生春又来”衬托画面，烘托气氛。效果如图 B-1-1 所示。

图 B-1-1 栏目片头《聊城气象》效果图

B.2 技术分析

本项目使用的编辑制作软件为 Adobe After Effects CC 2018。

影片结构主要包括春、夏、秋、冬、标版 5 组镜头，1 个最终合成。在技术应用和特效处理上，本着操作简单、效果突出的原则，灵活运用遮罩动画、CC 插件，增强影片的视觉冲击和整体感染力。

（1）制作春、夏、秋、冬 4 个季节的气象变化特效时，重点在图层排列顺序的梳理。对文字遮罩添加动画，同时调节各图层的图层模式。

（2）制作标版镜头时，突出当标版文字出现时，水波荡漾动画效果的制作。

（3）最终合成时，注意调节各层间的顺序，强调背景音乐的配合。

B.3 项目制作

本项目制作时使用的所有素材从“企业案例/案例 B”文件夹及相应子文件夹中导入。

B.3.1 镜头 1 半壕春水一城花

STEP01 新建合成

❶运行 After Effects CC 2018，新建项目合成，命名为“镜头 1”，设置“宽高”为“720×576px”，“帧速率”为“25 帧/秒”，“持续时间”为 0:00:10:00（10s）。

❷导入图像序列“ren[0001-2077].png”、图片“红/镜头 1.psd”、“气球 2/镜头 1.psd”、“气球 1/镜头 1.psd”、“桥/镜头 1.psd”、“桥倒影/镜头 1.psd”、“背景 2/镜头 1.psd”、“桃花/镜头 1.psd”和“背景 1/镜头 1.psd”，并将其拖曳到“镜头 1”项目合成中。

STEP02 制作运动气球

❶选中素材“气球 2/镜头 1.psd”和“气球 1/镜头 1.psd”，按组合键<Ctrl+Shift+C>，将图层重组，命名为“气球”。双击“气球”合成，选中图层“气球 1/镜头 1.psd”，按组合键<Ctrl+D>复制图层。执行“效果→色彩校正→CC 调色”命令，调节“中间色”为（#3E529F）。

❷选中“气球 2/镜头 1.psd”、“气球 1/镜头 1.psd”和“气球 1/镜头 1.psd”3 个图层，按快捷键<P>，定位时间指示器到 0:00:00:00 位置，激活“变换”特效参数“位置”的关键帧记录器，记录各图层参数。移动时间指示器到 0:00:05:00 位置，修改图层参数信息，如图 B-3-1 所示。

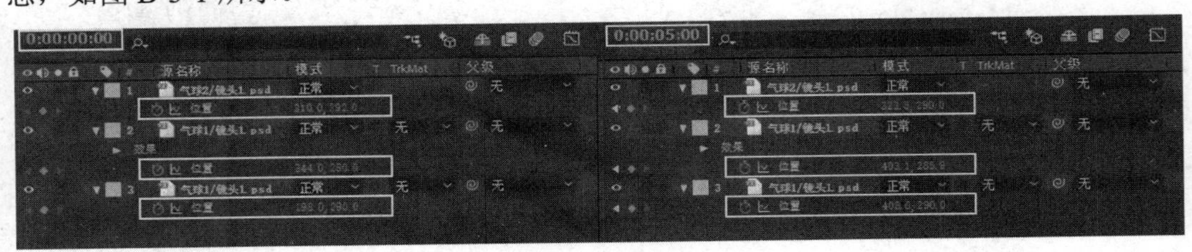

图 B-3-1 “位置”的关键帧信息

STEP03 新建遮罩

❶在“镜头 1”合成中，选择“桥/镜头 1.psd”和“桥倒影/镜头 1.psd”图层，按组合键<Ctrl+Shift+C>重组图层，命名为“桥”。双击合成“桥”，选中图层“桥/镜头 1.psd”和“桥倒影/镜头 1.psd”，按快捷键<S>，修改参数如图 B-3-2 所示。

❷返回到“镜头 1”合成，选中合成“桥”，用“钢笔”工具添加遮罩，设置“蒙版羽化”为（153.0，153.0），遮罩形状如图 B-3-3 所示。

❸定位时间指示器到 0:00:01:09 位置，激活“变换”特效参数“位置”的关键帧记录器，激活“蒙版路径”的关键帧记录器，将遮罩形状铺满整个图层。移动时间指示器到 0:00:05:08 位置，调节位置信息如图 B-3-4 所示。

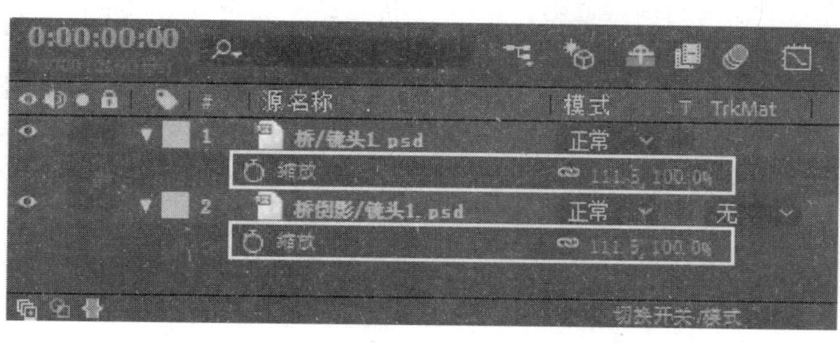

图 B-3-2　参数设置（1）

图 B-3-3　遮罩形状

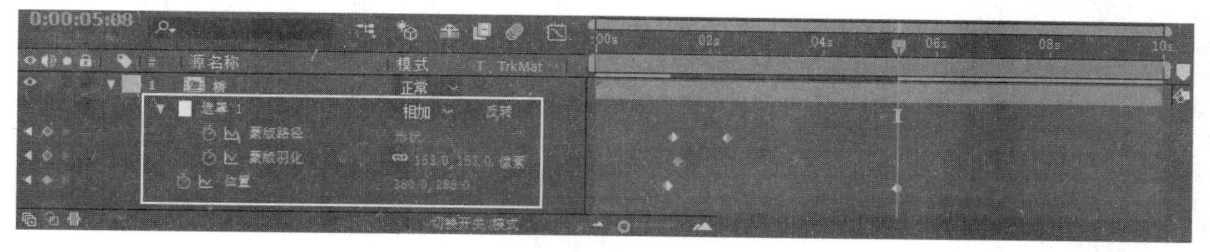

图 B-3-4　参数设置（2）

STEP04 调整图层属性

❶选择图层“背景 1/镜头 1.psd”，按快捷键<P>，激活“变换”特效参数“位置”的关键帧记录器，修改参数值，制作动画，参数设置如图 B-3-5 所示。选中“背景 1/镜头 1.psd”图层，按组合键<Ctrl+D>复制图层，为其添加遮罩，并制作动画。

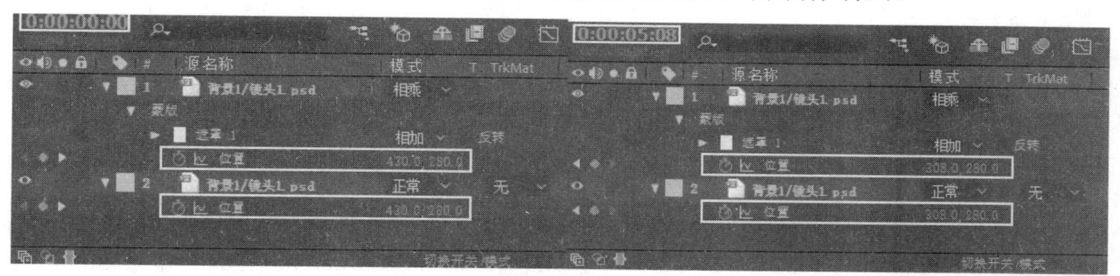

图 B-3-5　“位置”参数设置

❷选择加入遮罩的“背景 1/镜头 1.psd”图层，更改“图层模式”为“正片叠底”。

❸选择“桃花/镜头 1.psd”图层，激活“位置”、“缩放”和“旋转”等参数的关键帧记录器，调整参数值，产生抖动效果。

❹选择“背景 2/镜头 1.psd”图层，定位时间指示器到 0:00:00:19 位置，添加淡入效果。

选择“镜头 1”合成中的所有图层，按图 B-3-6 所示排列图层位置，并将部分图层的层模式调节为“正片叠底”。

STEP05 新建合成

❶新建项目合成，命名为“01”，设置“宽高”为“720×576px”，“帧速率”为“25 帧/秒”，“持续时间”为 0:00:10:00（10 秒）。

❷拖曳素材“圈/镜头 1.psd”、“半壕春水一城花/镜头 1.psd”、“镜头 1”到“01”合成中。选择图层“圈/镜头 1.psd”，为其添加遮罩，在 0:00:01:24 位置制作动画。

❸选择图层“半壕春水一城花/镜头 1.psd”，制作水波荡漾效果，为其添加淡入效果。

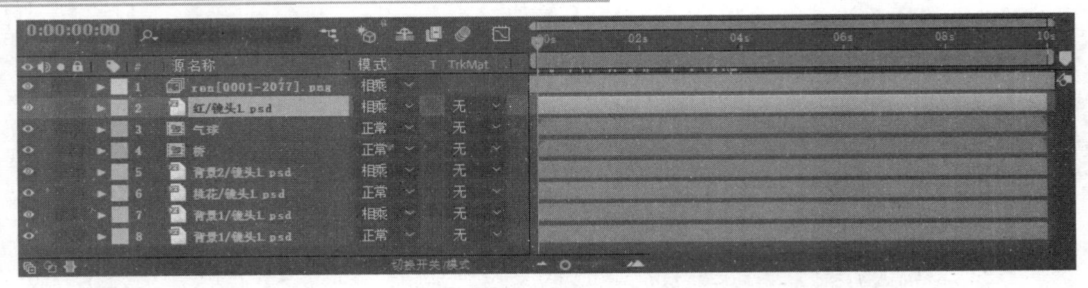

图 B-3-6　调整图层排列顺序及图层模式（1）

❹选择“镜头 1”合成，调节“位置”和“缩放”参数的值，制作由右向左、由大变小的动画。

B.3.2　镜头 2　布谷声中夏令新

STEP01 新建合成

❶新建项目合成，命名为“镜头 2”，设置“宽高”为“720×576px”，“帧速率”为“25 帧/秒”，“持续时间”为 0:00:10:00（10 秒）。

❷导入素材“荷花 2/镜头 2.psd”、“荷叶/镜头 2.psd”、“荷花/镜头 2.psd”、“荷叶/镜头 2.psd”、“背景 2 副本/镜头 2.psd”、“图层 4/镜头 2.psd”、“背景 2/镜头 2.psd”、“图层 2/镜头 2.psd”、“背景 2/镜头 2.psd”和“背景 1/镜头 2”，并将其拖曳到“镜头 2”项目合成中。

STEP02 制作荷花摇摆动画

❶选择“荷花 2/镜头 2.psd”、“荷叶/镜头 2.psd”、“荷花/镜头 2.psd”和“荷叶/镜头 2.psd”图层，按组合键<Ctrl+Shift+C>重组图层，命名为“荷花”。

❷调整“缩放”和“旋转”参数，产生荷花摇摆效果，参数设置如图 B-3-7 所示。

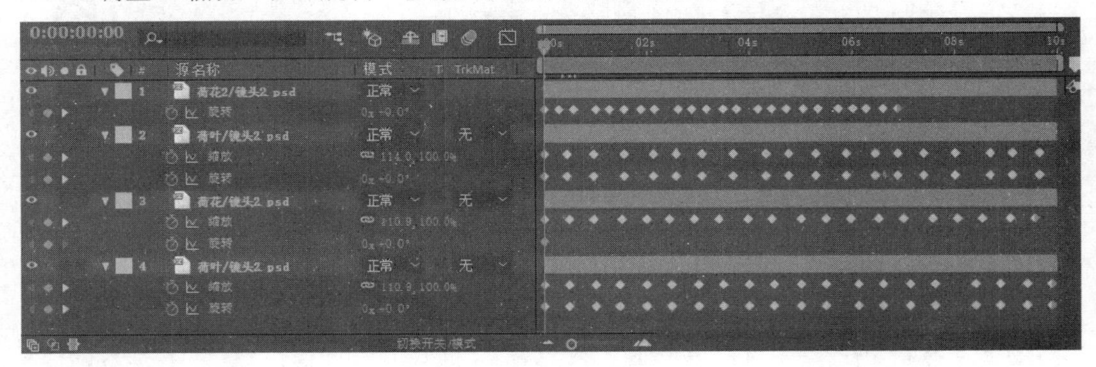

图 B-3-7　参数设置（3）

STEP03 制作下雨特效

选择“图层 2/镜头 2.psd”图层，为其添加外挂插件“CC 细雨滴”和“CC 下雨”特效，适当调整参数。

STEP04 调整其他图层

选择“镜头 2”合成中的所有图层，按图 B-3-8 所示排列图层位置，并将部分图层的图层模式设置为“正片叠底”。

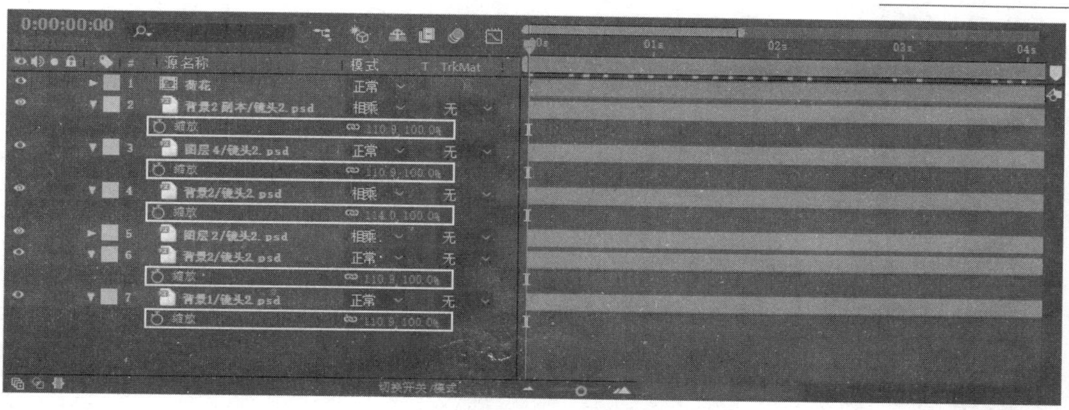

图 B-3-8　调整图层排列顺序及图层模式（2）

STEP05 新建遮罩

❶新建项目合成，命名为“02”，设置“宽高”为“720×576px”，“帧速率”为“25帧/秒”，“持续时间”为 0:00:10:00（10s）。

❷拖曳素材“布谷声中夏令新/镜头 2.psd”、“圈/镜头 1.psd”和“镜头 2”合成到“02”合成中。

❸选择“布谷声中夏令新/镜头 2.psd”图层，为其添加遮罩。定位时间指示器到 0:00:00:18 位置，设置遮罩动画效果。

调整“02”合成中各图层的排列位置，如图 B-3-9 所示。

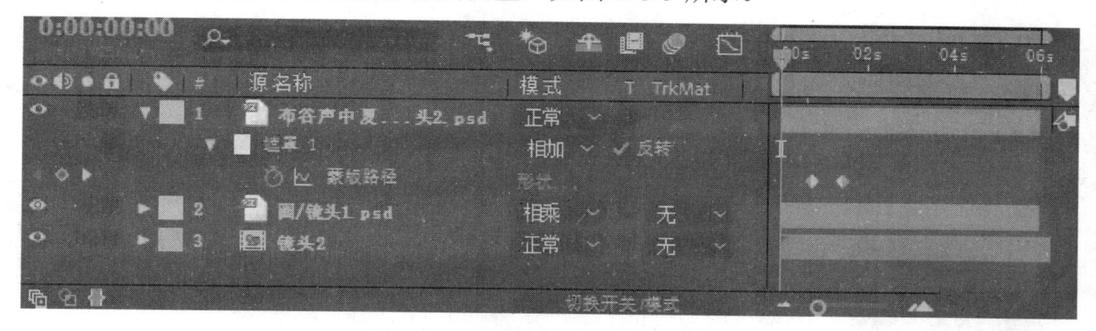

图 B-3-9　调整图层排列顺序（1）

B.3.3　镜头 3　银烛秋光冷画屏

STEP01 新建合成

❶新建项目合成，命名为“镜头 3”，设置“宽高”为“720×576px”，“帧速率”为“25 帧/秒”，“持续时间”为 0:00:10:00（10s）。

❷导入素材“ren[0001-0049].png”、“荷/镜头 3.psd”、“光月楼/镜头 3.psd”、“大圈/镜头 3.psd”、“图层 6/镜头 3.psd”、“图层 5/镜头 3.psd”、“背景 2/镜头 3.psd”和“背景 1/镜头 3.psd”，并将其拖曳到“镜头 3”项目合成中。

STEP02 添加遮罩

选择“大圈/镜头 3.psd”图层，为其添加遮罩，定位时间指示器到 0:00:01:18 位置，设置遮罩动画。

STEP03 添加波纹特效

选择“背景 2/镜头 3.psd”图层，为其添加外挂插件“波纹”特效，并修改参数值。

STEP04 调整其他图层

选择“镜头 3”合成中的所有图层，按图 B-3-10 所示排列各图层位置，并将部分图层的层模式设置为“正片叠底”。

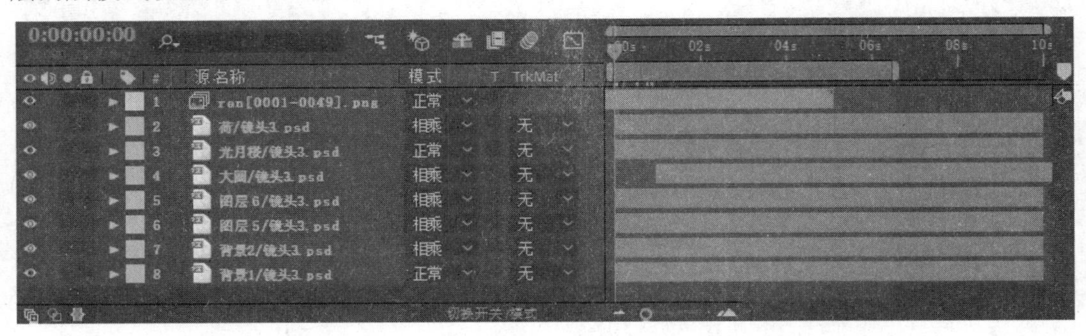

图 B-3-10　调整图层排列顺序及图层模式（3）

STEP05 制作缩放动画

❶新建项目合成，命名为“03”，设置“宽高”为“720×576px”，“帧速率”为“25 帧/秒”，“持续时间”为 0:00:10:00（10s）。

❷导入素材“圈/镜头 1.psd”、“银烛秋光冷画屏/镜头 3.psd”和“镜头 3”，并将其拖曳到“03”合成中。选中“银烛秋光冷画屏/镜头 3.psd”图层，定位时间指示器到 0:00:00:21 位置，为其添加淡入效果。

❸选中“镜头 3”合成，激活“变换”特效参数“位置”和“缩放”的关键帧记录器，制作动画，产生画面缩小的效果。参数设置如图 B-3-11 所示。

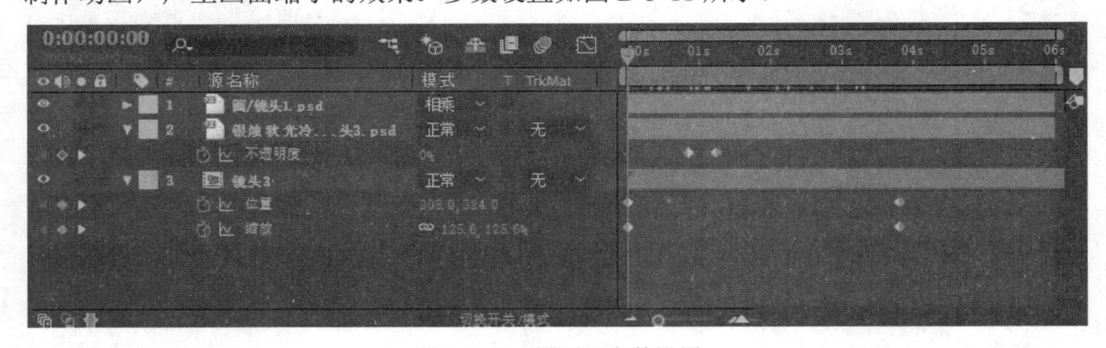

图 B-3-11　图层及参数设置

B.3.4　镜头 4　冬至阳生春又来

STEP01 新建合成

❶新建项目合成，命名为“镜头 4”，设置“宽高”为“720×576px”，“帧速率”为“25 帧/秒”，“持续时间”为 0:00:10:00（10s）。

❷导入素材“蓝/镜头 4.psd”、“梅花/镜头 4.psd”、“船 1/镜头 4.psd”、“船 2/镜头 4.psd”、

“水/镜头 4.psd”、“雪/镜头 4.psd”、“景色/镜头 4.psd”和“背景/镜头 4.psd”，并将其拖曳到“镜头 4”项目合成中。

STEP02 制作动画

选择“梅花/镜头 4.psd”、“船 1/镜头 4.psd”和“船 2/镜头 4.psd”图层，定位时间指示器到 0:00:00:00 位置，激活“变换”特效参数“位置”和“缩放”的关键帧记录器，调整各图层参数信息，产生动画效果，具体参数设置如图 B-3-12 所示。

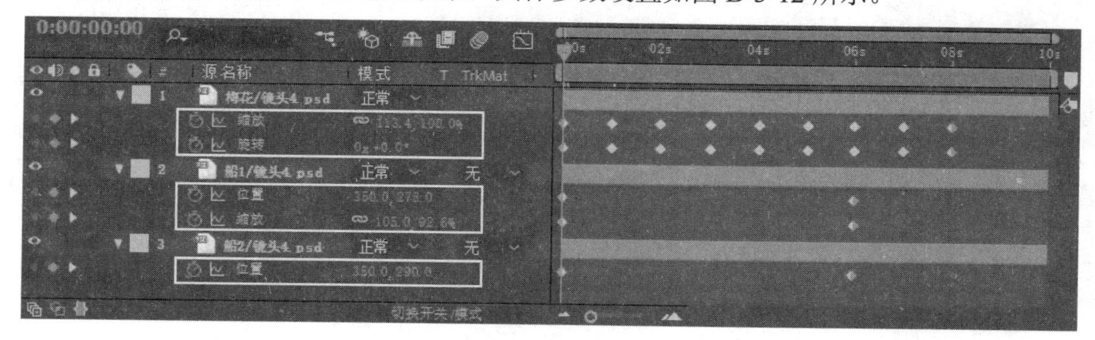

图 B-3-12　动画制作参数及图层

STEP03 添加特效

❶选择“雪/镜头 4.psd”图层，执行“效果→模拟与仿真→下雪”命令，添加“下雪”特效，并调整参数值。

❷选择“镜头 4”合成中的所有图层，按图 B-3-13 所示排列图层位置，并将部分图层的层模式设置为“正片叠底”。

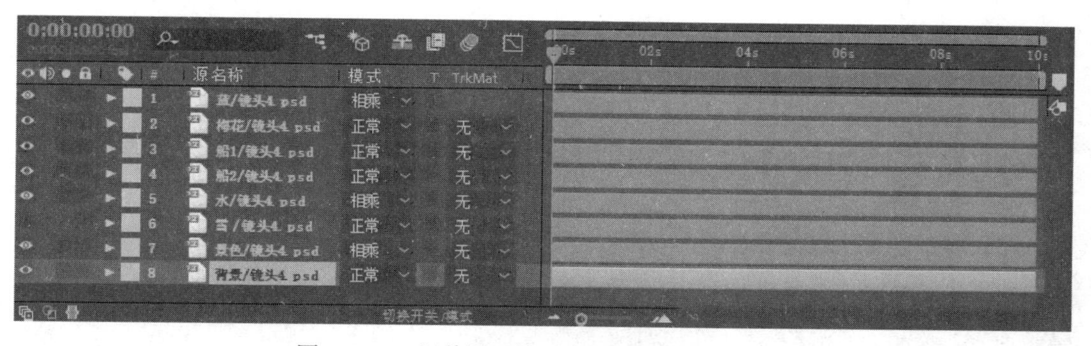

图 B-3-13　调整图层排列顺序及图层模式（4）

STEP04 新建合成

❶新建项目合成，命名为“04”，设置“宽高”为“720×576px”，“帧速率”为“25 帧/秒”，“持续时间”为 0:00:10:00（10s）。

❷导入素材“圈/镜头 1.psd”、“冬至阳生春又来/镜头 4.psd”和“镜头 4”到“项目”窗口，并将其拖曳到“04”合成中。

❸选择图层“冬至阳生春又来/镜头 4.psd”，制作水波荡漾动画，并为其添加淡入效果。

❹选择“镜头 4”合成，调整参数“缩放”，制作由小变大的动画效果。

❺调整各图层的排列顺序，如图 B-3-14 所示。

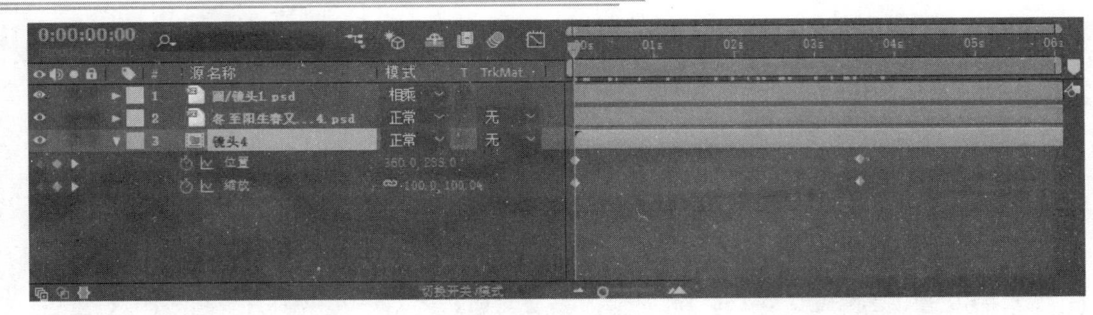

图 B-3-14　调整图层排列顺序（2）

B.3.5　镜头 5　聊城气象标版

STEP01 新建合成

❶新建项目合成，命名为“聊城气象”，设置“宽高”为“720×576px”，“帧速率”为“25 帧/秒”，“持续时间”为 0:00:10:00（10s）。

❷导入素材“聊城/镜头 5.psd”、“气象/镜头 5.psd”和“聊城气象/镜头 5.psd”，将其拖曳到“镜头 5”项目合成中，并调整“缩放”参数，使画面铺满全屏。

STEP02 新建标版

❶新建项目合成“标版”，设置“宽高”为“720×576px”，“帧速率”为“25 帧/秒”，“持续时间”为 0:00:10:00（10s）。选择“聊城气象”合成，将其拖曳到“标版”合成中。

❷选择图层“聊城气象”合成文件，制作一种水波荡漾效果，并为其添加淡入效果。

❸导入素材“标版”、“柳树/镜头 5.psd”、“背景/镜头 5.psd”、“背景 2/镜头 5.psd”、“景色/镜头 5.psd”和“图层 0/镜头 5.psd”，并将其拖曳到“镜头 5”项目合成中，调整“缩放”参数，使画面铺满全屏。

STEP03 调整图层顺序

选择“镜头 5”合成中的所有图层，按图 B-3-15 所示排列图层顺序，并调整部分图层的图层模式为“正片叠底”。

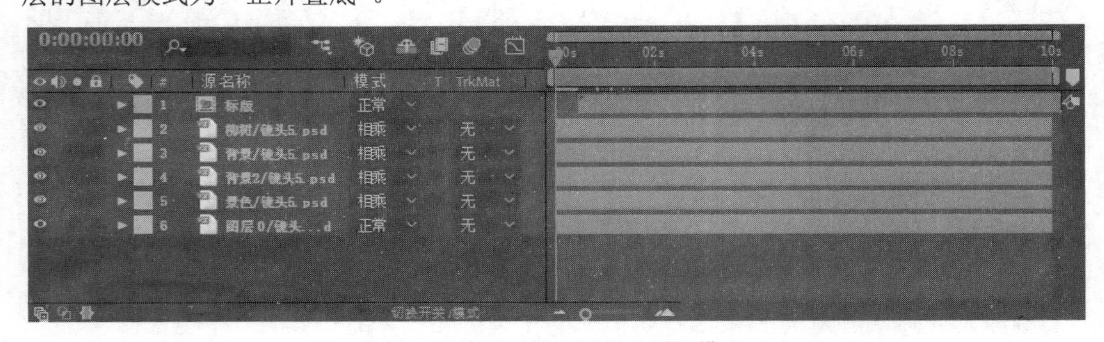

图 B-3-15　调整图层排列顺序及图层模式（5）

B.3.6　最终合成

❶新建项目合成，命名为“总合成”，设置“宽高”为“720×576px”，“帧速率”为“25 帧/秒”，“持续时间”为 0:00:20:00（20 秒）。

❷选择素材“01”、“02”、“03”、“04”、“镜头 5”和文件“[BTVKJ].flv”，将其拖曳到“总合成”项目合成中。

❸按照图 B-3-16 所示排列“总合成”合成中各图层的顺序。

❹预览影片效果，渲染输出，命名为“聊城气象.flv”。

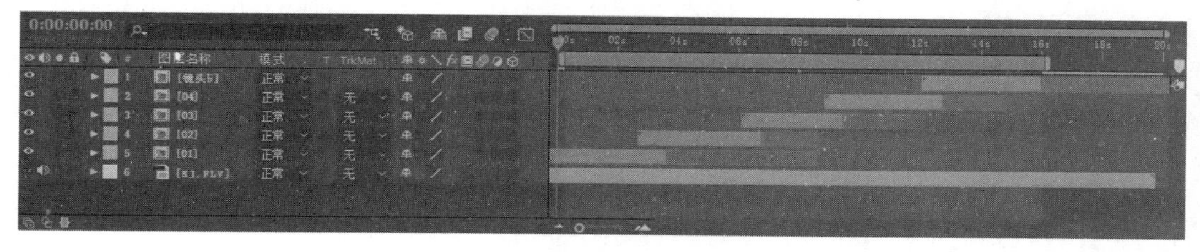

图 B-3-16　调整图层排列顺序（3）

案例 C

宣传短片《新年贺词》

C.1 项目描述

本项目是百姓健康频道（CHTV）为迎接 2013 年新年制作的一段频道宣传视频。该片以中国传统的古典红为基调，寓意老百姓的生活红红火火。画面元素中包括中国龙、中国结、“福”字、红灯笼和炫丽的烟花，音乐选用欢快的二胡笛子协奏“喜气洋洋贺新年”，点缀燃放鞭炮的音效，突出中国的传统文化，强调新年的喜庆、吉祥气氛，古典又不失现代美。效果如图 C-1-1 所示。

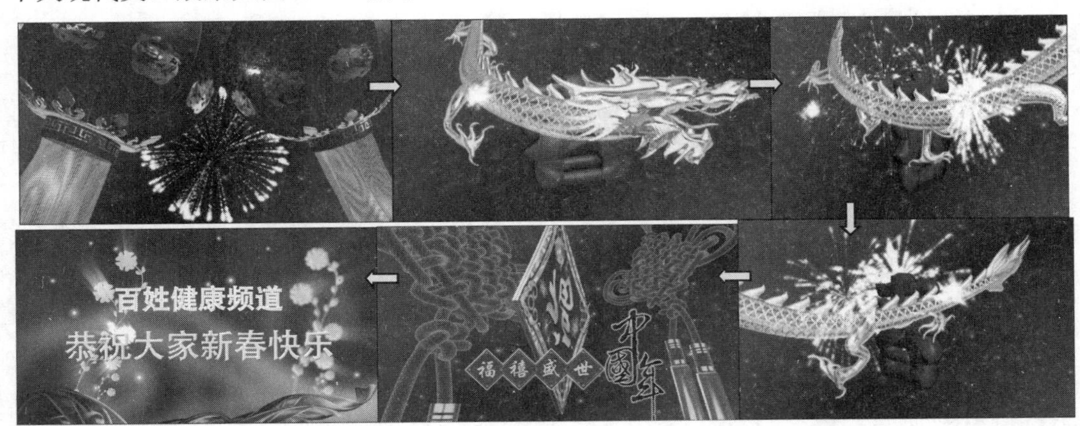

图 C-1-1 《新年贺词》效果图

C.2 技术分析

本项目应用影视后期特效软件 Adobe After Effects CC 2018 制作。项目制作包括 4 个镜头（转动的灯笼、飞舞的龙、旋转的“福”字、文字标版）和 1 个合成（合成以上 4 个镜头）。

按照以上层次划分，制作过程相应分为 5 个步骤：制作旋转的灯笼、制作飞舞的龙、制作旋转的“福”字、制作文字标版、合成以上 4 个镜头。

本项目使用的素材简单、朴素，通过网络很容易搜索到。根据剧本的基本要求，主要以素材合成为主，以特效插件配合调节动作细节。

本项目的效果也可以在 Premiere 中实现，请读者自行尝试。

C.3 项目制作

本项目制作中使用的所有素材从“企业案例/案例 C”文件夹及相应子文件夹中导入。

C.3.1 镜头 1 旋转的灯笼

镜头 1 主要由背景、旋转的灯笼、上升的星星、礼花等元素组成。

STEP01 创建项目合成

❶运行 After Effects CC 2018。新建项目合成“背景”，设置“宽高”为“1280×720px”，“帧速率”为“25 帧/秒”，“持续时间”为 0:00:05:24（5 秒 24 帧）。

❷创建一个固态层“White Solid1”，设置“宽高”为“1280×720px”，“颜色”为白色（255，255，255）。

❸为图层“White Solid 1”添加一个渐变插件。设置参数“开始色”为“红色”，“结束色”为“黑色”。设置位置参数“渐变起点”为（520.0，460.0），“渐变终点”为（560.0，542.0），选择“渐变形状”为“线性渐变”。

❹复制图层“White Solid 1”，生成新的固态层“White Solid 2”，修改参数如图 C-3-1 所示。

❺新建一个调整层，执行“效果→颜色修正→曲线”命令，参数设置如图 C-3-2 所示。

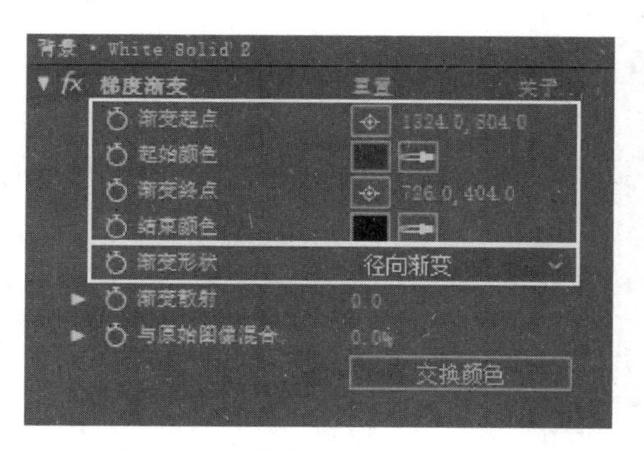

图 C-3-1 “梯度渐变”属性设置

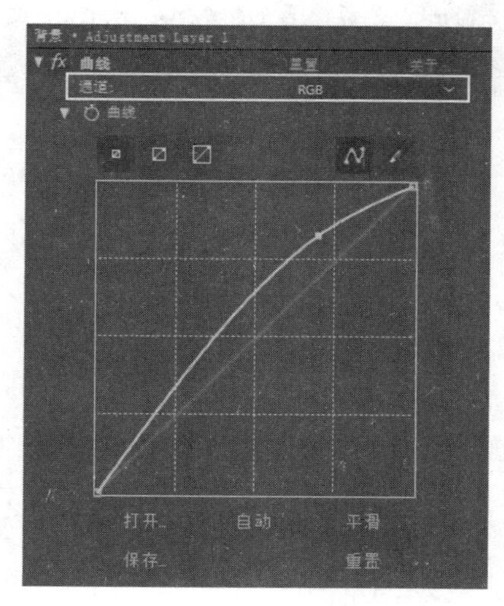

图 C-3-2 “曲线”效果属性（1）

STEP02 添加视频素材

❶新建合成“Comp1”，设置“宽高”为“1280×720px”，“帧速率”为“25 帧/秒”，“持续时间”为 0:00:05:09（5 秒 9 帧）。

❷把“背景”项目合成添加到“Comp1”合成中。导入视频“上升的星星”，将其拖曳到“Comp1”合成中，设置“位置”为（350，218），“缩放”为（163，163%），“混合模式”为“屏幕”。

❸导入视频“F_5”，拖曳“F_5”到“Comp1”合成中。设置“位置”为（350，218），“缩放”为（163，163%），“混合模式”为“屏幕”。

STEP03 设置视频属性

导入序列素材“礼花 e”、“礼花 f”和“礼花 d”，进行以下操作。

❶将素材“礼花 d”添加到“Comp1”合成中，设置“开始时间”为 0:00:02:09，“位置”为（728.0，510.0），“缩放”为（159.0，159.0%）。

❷复制“礼花 d”，设置“开始时间”为 0:00:03:06，“位置”为（726.0，470.0）。

❸将素材“礼花 f”添加到“Comp1”合成中。设置“开始时间”为 0:00:02:22，“位置”为（686.0，650.0）。

❹复制“礼花 f”，设置“开始时间”为 0:00:03:09。

❺将素材“礼花 e”添加到“Comp1”合成中。设置“开始时间”为 0:00:00:16，“位置”为（1004.0，334.0）。

❻导入序列素材“灯笼”，将其添加到“Comp1”合成中，设置“位置”为（640.0，368.0）。“缩放”为（166.3，198.2%）。

至此，镜头 1 制作完成，图层设置如图 C-3-3 所示。

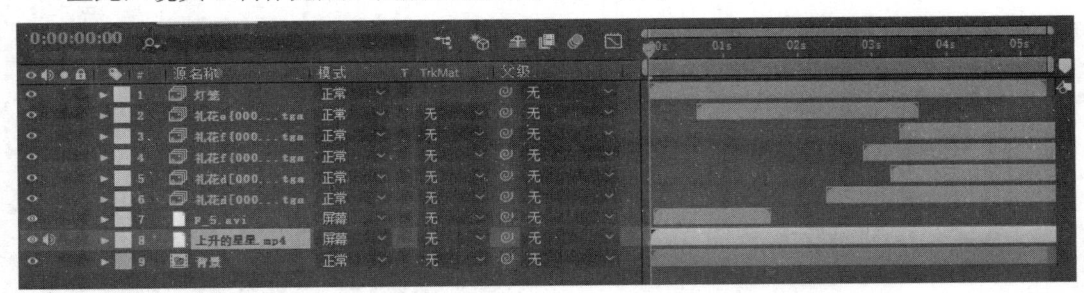

图 C-3-3　镜头 1 图层设置

C.3.2　镜头 2　飞舞的龙

STEP01 创建项目合成

❶新建一个项目合成，命名为“Comp2”，设置“宽高”为“1280×720px”，“帧速率”为“25 帧/秒”，“持续时间”为 0:00:10:00（10s）。

❷将“背景”项目合成添加到“Comp2”合成中。由于“背景”项目合成时长为 6s，“Comp2”合成时长为 10s，将“背景”项目合成复制一层，设置“开始时间”为 0:00:06:00。

STEP02 设置图层属性

❶导入视频素材“F_3”，将其拖曳到“Comp2”合成中，设置“开始时间”为 0:00:01:08，“位置”为（516.0，422.0），“缩放”为（169.0，169.0%），“混合模式”为“屏幕”。

❷复制视频素材“F_3”，设置“开始时间”为 0:00:06:21，“位置”为（638.0，428.0），“缩放”参数不变，“混合模式”为“屏幕”。

❸拖曳视频“上升的星星”到“Comp2”合成中，设置“缩放”为（1778.0，125.0%），“混合模式”为“屏幕”。

❹将序列“礼花 f”和“礼花 e”添加到“Comp2”合成中。设置“礼花 f”的“位置”为（1142.0，236.0）。设置“礼花 e”的“开始时间”为 0:00:02:22，“位置”为（272.0，238.0）。

❺将序列“礼花 e”复制两层，将其中一个的“开始时间”设置为 0:00:04:11，另一个的“开始时间”设置为 0:00:05:20，“位置”为（270.0，176.0），如图 C-3-4 所示。

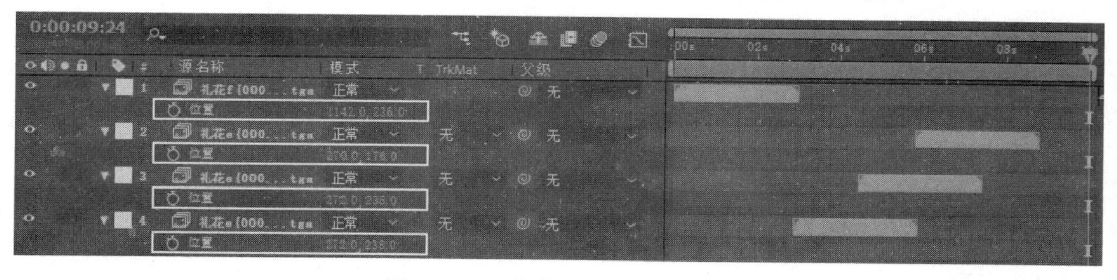

图 C-3-4 “礼花”图层属性设置

❻导入序列“春字”，并将其拖曳到“Comp2”合成中。设置“位置”为（642.0，408.0），“缩放”为（180.0，180.0%）。为“春字”添加“曲线”效果，如图 C-3-5 所示。

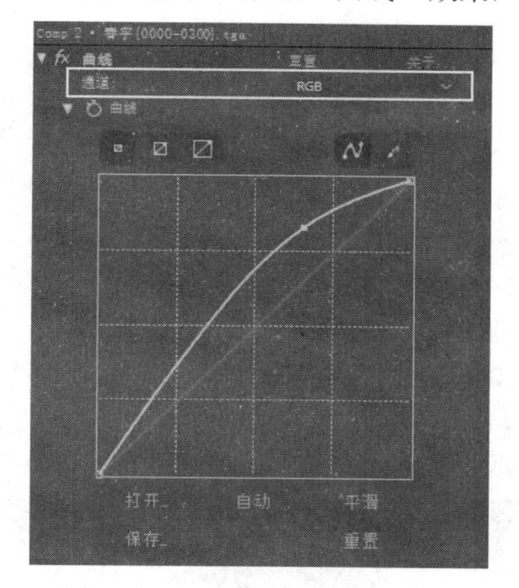

图 C-3-5 “曲线”效果属性（2）

❼导入视频素材“飞舞的龙视频”，并将其拖曳到“Comp2”合成中。设置“位置”为（634，324），“缩放”为（166.5，164%）。激活“透明度”参数的关键帧记录器，分别在 0:00:04:13、0:00:04:14、0:00:04:15 位置记录关键帧，并设置 0:00:04:14 位置的“透明度”为“0”。

至此，镜头 2 制作完成，图层设置如图 C-3-6 所示。

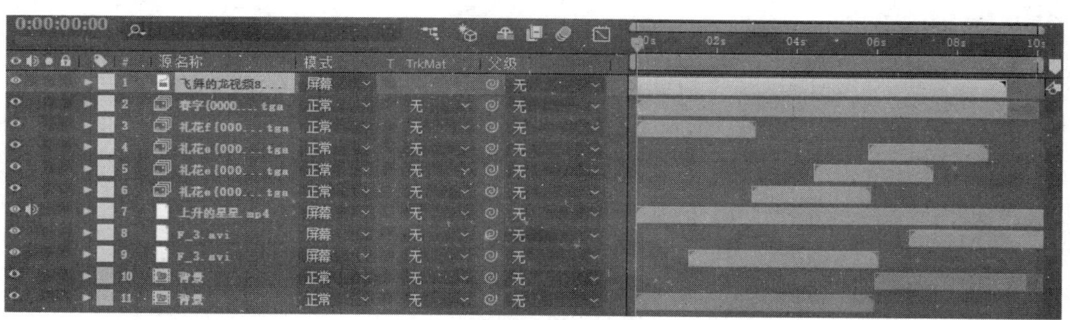

图 C-3-6 镜头 2 图层设置

C.3.3　镜头3　旋转的“福”字

❶新建一个项目合成，命名为“Comp3”，设置“宽高”为“1280×720px”，“帧速率”为“25 帧/秒”，“持续时间”为 0:00:05:14（5 秒 14 帧）。

❷将合成项目“背景”添加到“Comp3”合成中。将视频素材“上升的星星”拖曳到“Comp3”合成中。设置参数“缩放”为（177.8，125%），“混合模式”为“屏幕”。

❸导入序列“幸运节”，将其拖曳到“Comp3”合成中。打开“幸运节”的三维图层，设置“位置”为（634，355.9，564），“缩放”为（217，172，164%），“透明度”为“75%”。

❹导入序列“旋转的福字”，将其拖曳到“Comp3”合成中，设置“位置”为（640，492），“缩放”为（203，247%），添加“曲线”效果，参数设置如图 C-3-7 所示。

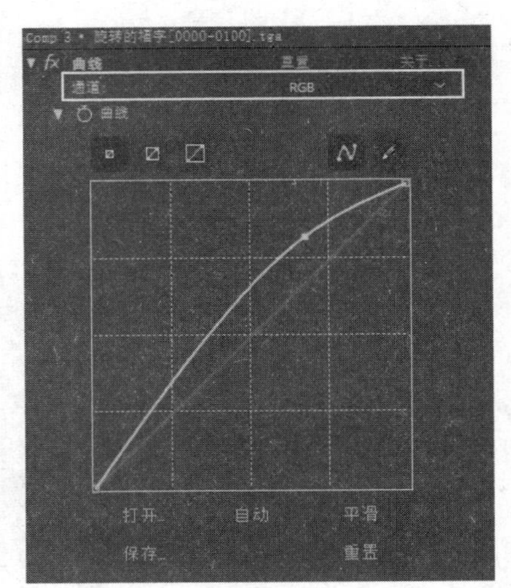

图 C-3-7　“曲线”效果属性（3）

❺导入图片素材“中国年字”，并拖曳其到“Comp3”合成中，设置“位置”为（664，544），激活“透明度”的关键帧记录器，在 0:00:03:02 位置设置值为“0”，在 0:00:03:14 位置设置值为“100”。

❻将视频素材“F_5”拖曳到“Comp3”合成中，设置“开始时间”为 0:00:04:02，“位置”为（938，526），“混合模式”为“屏幕”。

至此，镜头 3 制作完成，图层设置如图 C-3-8 所示。

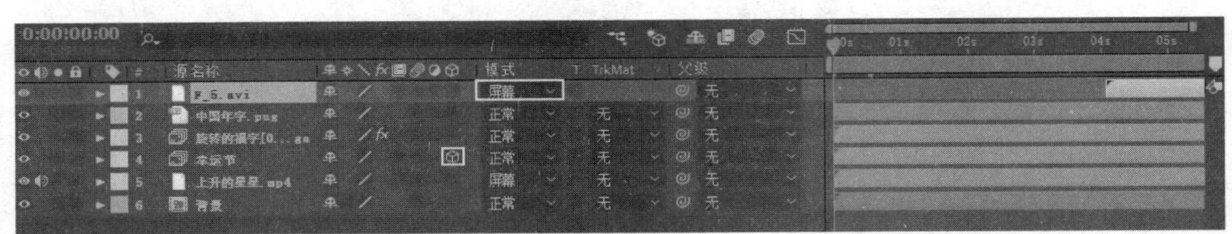

图 C-3-8　镜头 3 图层设置

C.3.4　镜头4　文字标版

❶新建一个项目合成，命名为“Comp4”，设置“宽高”为“1280×720px”，“帧速率”为“25 帧/秒”，“持续时间”为 0:00:08:07（8 秒 7 帧）。

❷导入视频素材“古典红黄—背景.mov”，并拖曳其到“Comp4”合成中。设置“缩放”为（80.7，80.7%），添加“曲线”效果，参数设置如图 C-3-9 所示。

❸导入图片“左飘带.png”，并拖曳其到“Comp4”合成中。将“缩放”属性的关联关闭，设置“位置”为（648，696），“缩放”为（207，125%）。

❹执行菜单“图层→新建→文字”命令，输入文字“百姓健康频道”，设置“字体大小”为“100”，颜色为“黄色”，“位置”为（644.0，296.0）。

❺执行菜单“图层→新建→文字”命令，输入文字“恭祝大家新春快乐”，设置“字

体大小”为“120”，颜色为“黄色”，“位置”为（168.0，476.0）。

❻先执行菜单“图层→新建→调整图层”命令，再执行菜单“效果→颜色修正→曲线”命令，为文字添加“曲线”效果，参数设置如图 C-3-10 所示。

❼将图层拖曳到文字层“百姓健康频道”下。

至此，镜头 4 制作完成，图层设置如图 C-3-11 所示。

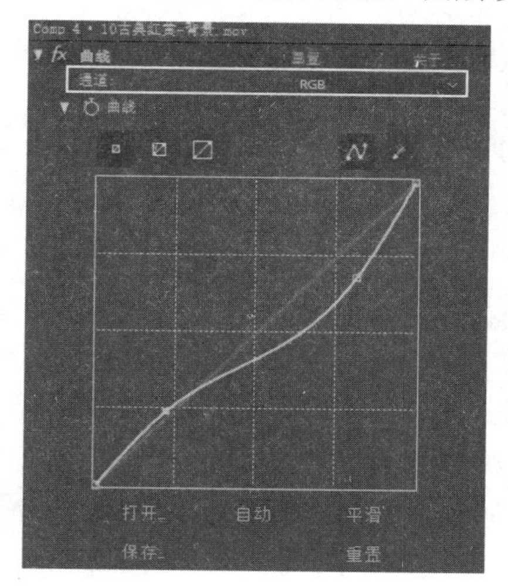

图 C-3-9 “曲线”效果属性（4）

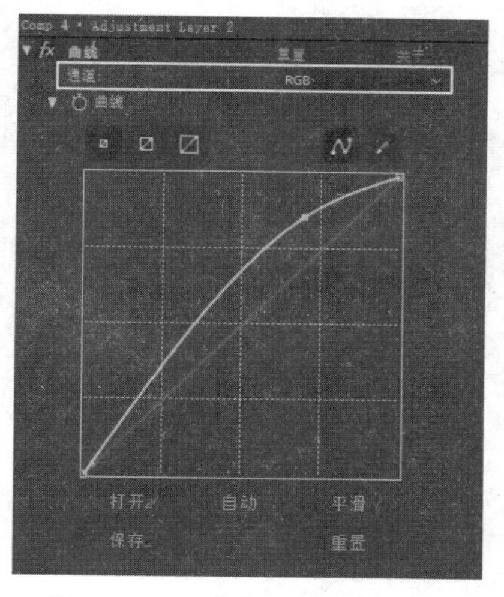

图 C-3-10 “曲线”效果属性（5）

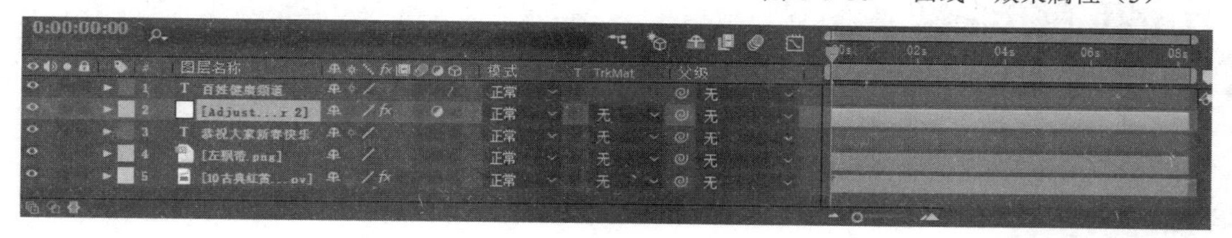

图 C-3-11 镜头 4 图层设置

C.3.5 镜头合成

接下来，需要把上面完成的 4 个镜头效果进行合成。

❶新建一个项目合成，命名为“总合成”，设置“宽高”为“1280×720px”，“帧速率”为“25 帧/秒”，“持续时间”为 0:00:25:03（25 秒 3 帧）。

❷将项目合成“Comp1”和“Comp2”添加到“总合成”合成中。激活“Comp2”合成的“透明度”参数的关键帧记录器，在 0:00:03:18 位置设置值为“100”，在 0:00:04:17 位置设置值为“0”。激活“Comp1”合成的“透明度”参数的关键帧记录器，在 0:00:03:20 位置设置值为“36”，在 0:00:04:16 位置设置值为“100”。

❸导入视频素材“光”，拖曳其到“总合成”合成中。设置“开始时间”为 0:00:12:15，“结束时间”为 0:00:14:23，“缩放”为（164，134%），“混合模式”为“屏幕”。

❹将项目合成“Comp3”和“Comp4”添加到“总合成”合成中。设置“Comp3”合成的“开始时间”为 0:00:12:24。激活“Comp3”合成的“透明度”参数的关键帧记录器，在 0:00:07:22 位置设置值为“100”，在 0:00:18:12 位置设置值为“0”。设置“Comp4”合成的“开始时间”为 0:00:17:20。

❺先执行菜单“图层→新建→调整图层”命令，再执行菜单“效果→颜色修正→曲线”命令，设置“曲线”参数如图 C-3-12 所示。

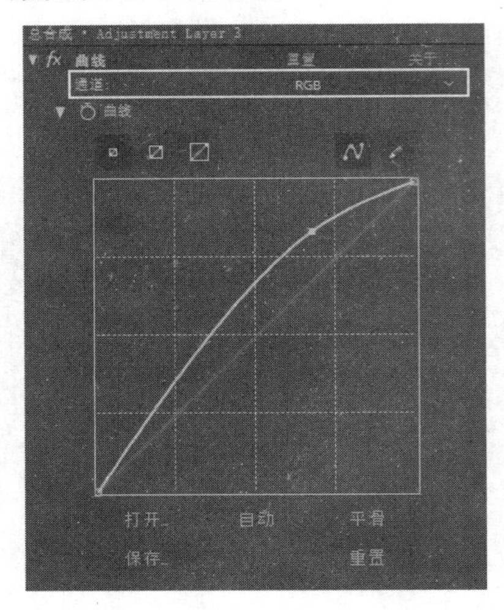

图 C-3-12 “曲线”效果属性（6）

❻导入音乐素材“music.mp3”，拖曳其到“总合成”合成中，并排列在底层。至此，全部镜头制作完成，项目图层设置如图 C-3-13 所示。

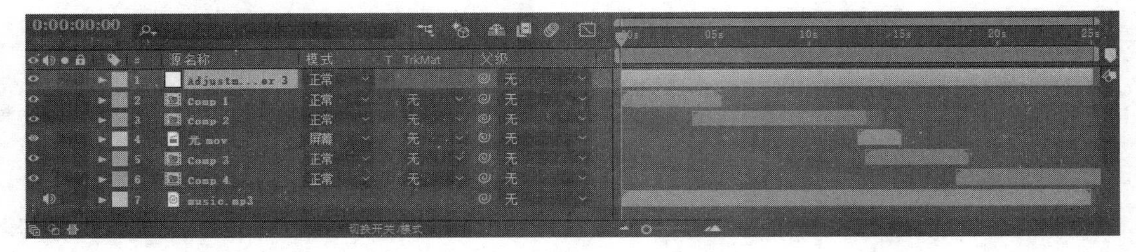

图 C-3-13 “新年贺词”图层设置

参 考 文 献

[1] 亿瑞设计．Premiere Pro CS 5.5 从入门到精通．北京：清华大学出版社，2013.

[2] 尹敬齐．Premiere Pro CS 5 影视制作项目教程（第 2 版）．北京：机械工业出版社，2013.

[3] 高敏，李少勇．中文 Premiere Pro CS 6 视频编辑剪辑完全自学教程．北京：北京希望电子出版社，2013.

[4] 何清超，纪春光，张志坚．Adobe 创意大学 Premiere Pro CS 5 影视剪辑师标准实训教材．北京：印刷工业出版社，2012.

[5] 曹茂鹏，瞿颖键．Premiere Pro CS 6 从入门到精通．北京：中国铁道出版社，2012.

[6] 江永春，王萍萍，崔海荣．After Effects 视频特效实用教程（第 2 版）．北京：电子工业出版社，2011.

[7] 王成志，李少勇，杜世友．Premiere Pro CS 5 视频编辑剪辑实战从入门到精通．北京：人民邮电出版社，2011.

[8] 点智文化．中文版 Premiere Pro CS 5 完全学习手册．北京：化学工业出版社，2011.

[9] 东阳飞天传媒，张纪华．After Effects CS 4 完全自学攻略．北京：电子工业出版社，2010.

[10] 高平．After Effects CS 4 影视特效实例教程．北京：机械工业出版社，2010.

[11] 薛元昕．影视编辑技术（项目式）．北京：人民邮电出版社，2010.

[12] 李涛．Adobe After Effects CS 4 高手之路．北京：人民邮电出版社，2010.